面向新工科"十三五"规划教材

交换与路由实用技术

主 编 阳 柳
副主编 曹炯清

清华大学出版社
北京交通大学出版社
·北京·

内 容 简 介

本书主要针对数据网络通信技术中的交换技术和路由技术进行了介绍。

全书共分8章，分别是第1章网络技术基础知识、第2章交换机基础、第3章交换机实用配置、第4章路由器基础、第5章路由协议、第6章路由器实用配置、第7章三层交换实用配置、第8章虚拟专用网配置。本书章节里的配置内容以Cisco配置命令为主，同时还针对国内主流的H3C产品编排了H3C的实验指导手册，并配备了相应的课程讲解视频及实验指导视频。

本书秉承由浅及深、循序渐进的教学思路，对教学内容进行精心编排，侧重于基础理论和实践操作，大部分理论教学内容都配有相应的实验内容进行验证，实现理论支持实践、实践印证理论并相互结合的教学方法，全面提高学生理论和实践结合的综合素质，并培养学生的独立思考、解决问题和创新的能力。

本书可作为本科学校计算机网络专业的教材，也适合用作网络技术方面的培训教材。此外，也可供网络工程技术专业人员参考使用。

本书封面贴有清华大学出版社防伪标签，无标签者不得销售。

版权所有，侵权必究。侵权举报电话：010-62782989　13501256678　13801310933

图书在版编目(CIP)数据

交换与路由实用技术/阳柳主编. —北京:北京交通大学出版社:清华大学出版社,2020.1
ISBN 978-7-5121-4113-1

Ⅰ.①交… Ⅱ.①阳… Ⅲ.①计算机网络-信息交换机　②计算机网络-路由选择
Ⅳ.①TN915.05

中国版本图书馆CIP数据核字(2019)第275472号

交换与路由实用技术

JIAOHUAN YU LUYOU SHIYONG JISHU

责任编辑：谭文芳

出版发行：清 华 大 学 出 版 社　　邮编：100084　　电话：010-62776969　　http://www.tup.com.cn
　　　　　北京交通大学出版社　　邮编：100044　　电话：010-51686414　　http://www.bjtup.com.cn
印　刷　者：北京时代华都印刷有限公司
经　　销：全国新华书店
开　　本：185 mm×260 mm　　印张：24.25　　字数：618千字
版　　次：2020年1月第1版　　2020年1月第1次印刷
书　　号：ISBN 978-7-5121-4113-1/TN·124
印　　数：1～3 000册　　定价：59.00元

本书如有质量问题，请向北京交通大学出版社质监组反映。对您的意见和批评，我们表示欢迎和感谢。

投诉电话：010-51686043,51686008；传真：010-62225406；E-mail：press@bjtu.edu.cn。

前　言

针对我国计算机网络技术教育教材的实际情况，结合国内外知名网络厂商的网络产品和技术规范，选择具有代表性的网络专业技术知识，与实际网络工程技术相结合，这是本书编写的初衷。

本书以培养计算机网络技术专业技术技能应用型人才为目标，重点训练学生的实际操作能力。在本书内容的选取、组织与编排上，强调先进性、技术性和实用性，突出实践，强调应用，秉承编者多年实际网络工程经验和教学经验，完全按照教学规律和实际网络工程技术相结合的思路，使用简洁明快的语言，采用大量的图解和实例，通过通俗易懂的讲解，针对所需的理论知识进行逐步循序渐进的介绍，并且根据每章中涉及的理论知识，安排了相应的实验项目，同时针对网络工程中实际使用技术进行分解，将实际网络技术分解到每一章的教学内容和每一个实验中。

本书以思科设备为例，重点讲解交换和路由技术，对交换设备、路由设备的配置和调试进行教学，同时配备了线上课程教学视频和实验指导视频。另外，针对现今国内主流的H3C产品，附加了40个实验项目，配备了含有关键知识点、配置命令、调试过程的实验手册，作为教学辅导和拓展教学资源。

本书所配备的教学资源，均可通过线上二维码获取。

由于作者水平有限，书中的不妥和错误在所难免，诚请各位专家、读者不吝指正，特此为谢。

编者

2019 年 11 月

目　　录

第 1 章　网络技术基础知识

1.1　OSI/RM 参考模型

1.1.1　OSI/RM 的形成

谈到计算机网络不能不谈 OSI/RM 参考模型，虽然 OSI/RM 参考模型的实际应用意义不是很大，但对其正确的理解可以更好地理解计算机网络系统的工作，同时对于学习 TCP/IP 协议体系也有着重要的意义。

经过 20 世纪 60 年代的发展，组建网络的技术、方法和理论日趋成熟。为了促进网络产品的开发和对网络市场的占有，各大计算机企业厂商纷纷制定自己企业的网络技术标准。

IBM 公司首先于 1974 年推出了本公司的系统网络体系结构（system network architecture，SNA），在 IBM 公司的主机环境中得到广泛的应用。DEC 公司也在 20 世纪 70 年代末开发了数字网络体系结构（digital network architecture，DNA），适用于 NEC 公司计算机系统和网络产品的组网建设，其后又有多家公司纷纷推出自己企业的网络标准。

但是这些网络技术标准只在一个企业标准的网络范围内有效，也就是说由于各个企业的网络体系结构和标准各不相同，所以导致按照不同企业标准建设的网络之间不能互联。

针对上述的情况，为了解决不同体系结构、不同标准的网络互联问题，国际标准化组织（International Standards Organization，ISO）于 1977 年设立专门的机构研究上述问题，并于 1981 年制定了开放系统互连参考模型（open system interconnection /reference model，OSI/RM）。作为国际标准，OSI/RM 规定了可以互联的计算机系统之间的通信协议，遵从 OSI/RM 的网络通信产品都是所谓的开放系统，也就是意味着可以与其他网络系统进行互联。

今天，几乎所有网络厂商的产品都是开放系统，不遵从国际标准的产品逐渐失去了市场。这种统一的标准化产品互相竞争的市场促进了网络技术的进一步发展。

1.1.2　OSI/RM 层次结构

1. 网络分层的必要性
相互通信的两个计算机必须高度协调工作才行，而这种“协调”是相当复杂的。

比如说两台计算机之间通过计算机网络系统进行通信，对于计算机网络系统而言，需要考虑和解决的问题包括很多，以下简单罗列一些：
- 需要解决传输线路的问题；
- 需要解决数据传输过程中信号编码的问题；
- 需要解决从源主机到宿主机的寻址问题；

- 需要解决传输过程中出现错误的问题;
- 需要解决网络出现拥塞的问题;
- 需要解决网络路由选择的问题;
- 需要解决数据表示的问题;
- 需要解决向用户提供应用的问题。

从以上可以看出,网络的通信过程极其复杂,解决复杂问题的最好方法就是将"大问题"分解为"小问题",而这些较小的问题就比较易于研究和处理,而这些较小的问题可以通过软件、硬件或软硬件的结合来解决,这些软硬件可以简单理解为功能模块,或者也可以称之为软硬件功能实体,具体情况如图 1-1 所示。

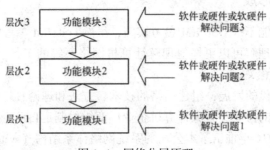

图 1-1 网络分层原理

而这些功能模块中,有些功能模块必须在其他功能模块先实现的基础上才能实现,比如说,要实现功能模块 2 去解决问题 2,就必须先实现功能模块 1 去解决问题 1,这样就形成了功能模块的分层结构。

2. OSI/RM 的层次结构

OSI/RM 是一个开放性的通信系统互连参考模型,有 7 层结构,如图 1-2 所示。图中简单介绍了这七层及其需要解决的问题。

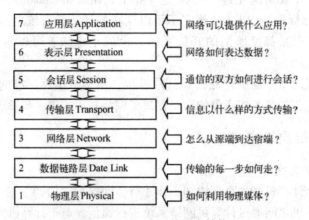

图 1-2 OSI/RM 的层次结构

在 OSI/RM 七层结构中,每一层都通过服务访问点(service access point,SAP)为其上一层提供服务,这种服务是垂直的。

1.2　TCP/IP 协议体系

在实际的计算机网络中，由于 OSI/RM 过于庞大和复杂而并不适用，而真正在网络中实用的标准是 TCP/IP 协议体系，也可以这么认为，OSI/RM 是理论上的网络标准，而 TCP/IP 协议体系是实际使用的网络标准。

TCP/IP 协议体系是 20 世纪 70 年代中期美国国防部为其高级研究项目专用网络（advanced research projects agency network，ARPANet）开发的网络体系结构和协议标准，以它为基础组建的 Internet 是目前世界上规模最大的计算机互联网络，正因为 Internet 的广泛使用，使得 TCP/IP 协议体系成为了事实上的标准。

TCP/IP 协议体系是网络中使用的最基本的通信协议集合，虽然从名字上看 TCP/IP 包括两个协议，传输控制协议 TCP 和网际协议 IP，但 TCP/IP 协议体系实际上是一组协议，它包括 TCP、IP、UDP、ICMP、RIP、TELNET、FTP、SMTP、ARP、TFTP 等许多协议，这些协议一起称为 TCP/IP 协议体系，或者称为 TCP/IP 协议栈、TCP/IP 协议族，这些协议都是由 Internet 体系结构委员会（Internet architecture board，IAB）作为 Internet 标准发布的协议。

关于协议的概念将在 1.2.3 节中详细说明。

1.2.1　TCP/IP 协议体系的层次结构

OSI/RM 和 TCP/IP 协议体系的对比示意图如图 1-3 所示。

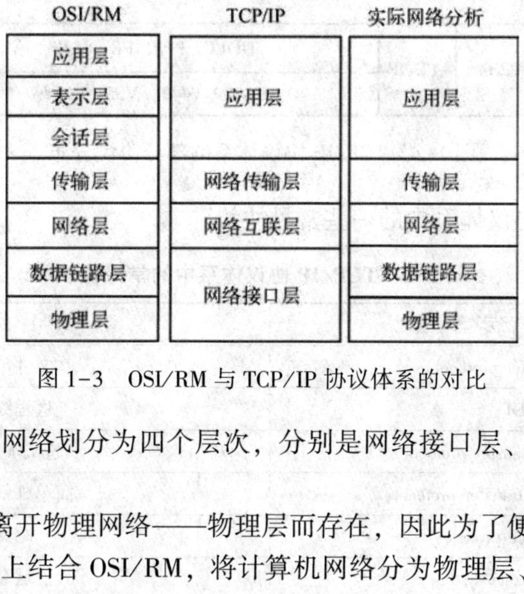

OSI/RM	TCP/IP	实际网络分析
应用层	应用层	应用层
表示层		
会话层		
传输层	网络传输层	传输层
网络层	网络互联层	网络层
数据链路层	网络接口层	数据链路层
物理层		物理层

图 1-3　OSI/RM 与 TCP/IP 协议体系的对比

TCP/IP 协议体系将网络划分为四个层次，分别是网络接口层、网络互联层、网络传输层、应用层。

计算机网络不可能离开物理网络——物理层而存在，因此为了便于实际的分析，通常在 TCP/IP 协议体系的基础上结合 OSI/RM，将计算机网络分为物理层、数据链路层、网络层、传输层和应用层。下面分别简单介绍各层的主要功能。

（1）应用层

应用层是 TCP/IP 体系结构中的最高层。应用层确定进程之间通信的性质以满足用户的需要（这反映在用户所产生的服务请求）。

（2）传输层

传输层的任务就是负责主机中两个进程之间的通信，其数据传输的单位是报文。

（3）网络层

网络层负责为不同网络中的不同主机之间提供通信。在网络层，数据的传送单位是分组或数据包。在 TCP/IP 体系中，网络层的分组叫作 IP 数据包。

（4）数据链路层

数据链路层的任务是在两个相邻结点间的线路上无差错地传输帧，每一帧包括数据和必要的控制信息。数据链路层的目的就是把一条有可能传输中出现差错的物理链路，转变成为从网络层向下看去是一条不出差错的数据链路。

（5）物理层

物理层的任务就是透明地传送比特流，并提供各种物理层标准的网络接口。

1.2.2　TCP/IP 协议体系的协议分布

前面已经提到 TCP/IP 协议体系是用于计算机通信的一组协议，而并非几个协议，部分协议分布情况如图 1-4 所示。

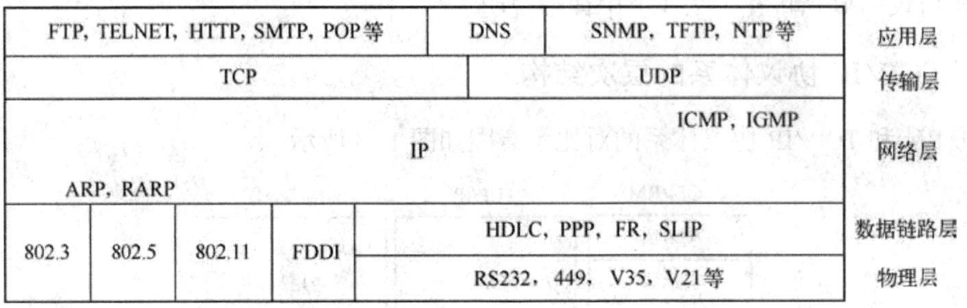

FTP, TELNET, HTTP, SMTP, POP等	DNS	SNMP, TFTP, NTP等	应用层
TCP		UDP	传输层
IP		ICMP, IGMP	网络层
ARP, RARP			
802.3	802.5	802.11	FDDI	HDLC, PPP, FR, SLIP	数据链路层
				RS232, 449, V35, V21等	物理层

图 1-4　TCP/IP 协议体系的部分协议分布

表 1-1 是 TCP/IP 协议体系中的一些常见协议。

表 1-1　TCP/IP 协议体系中的常见协议

协议/标准/规范名称	中文含义
FTP（file transfer protocol）	文件传输协议
TELNET	远程终端登录
HTTP（hypertext transfer protocol）	超文本传输协议
SMTP（simple mail transfer protocol）	简单邮件传输协议
POP（post office protocol）	邮局协议
DNS（domain name system）	域名系统
SNMP（simple network management protocol）	简单网络管理协议
TFTP（trivial file transfer protocol）	简单文件传输协议
NTP（network time protocol）	网络时间协议
TCP（transmission control protocol）	传输控制协议
UDP（user datagram protocol）	用户数据报协议

续表

协议/标准/规范名称	中 文 含 义
IP（Internet protocol）	网际协议
ICMP（Internet control messagemnet protocol）	网间控制报文协议
IGMP（Internet group management protocol）	网间组选报文协议
ARP（address resolution protocol）	地址解析协议
RARP（reverse ARP）	逆向地址解析协议
FDDI（fiber distributed data interface）	光纤分布数据接口
HDLC（high-level data link control）	高级数据链路控制规程
PPP（point to point protocol）	点对点协议
FR（frame relay）	帧中继
SLIP（serial line internet protocol）	串行线路网际协议
IEEE 802.3	总线访问控制方法及物理层规范（CSMA/CD）
IEEE 802.5	令牌环网访问控制方法及物理层规范
IEEE 802.11	无线局域网访问控制方法及物理层规范

其中应用层的协议分为三类，一类协议基于传输层的 TCP 协议，典型的如 FTP、TEL-NET、HTTP、SMTP、POP 等，一类协议基于传输层的 UDP 协议，典型的如 SNMP、TFTP、NTP 等，还有一类应用层协议较少，即基于 TCP 协议又基于 UDP 协议，典型的如 DNS。

传输层主要使用两个协议，即面向连接可靠的 TCP 协议和面向无连接不可靠的 UDP 协议。

网络层最主要的协议就是面向无连接不可靠的 IP 协议，另外还有 ICMP、IGMP、ARP、RARP 等协议。

数据链路层和物理层根据不同的网络环境，如局域网、广域网等情况，有不同的帧封装协议和物理层接口标准。

TCP/IP 协议体系的特点是上下两头大而中间小，应用层和网络接口层都有多种协议，而中间的 IP 层很小，上层的各种协议都向下汇聚到一个 IP 协议中，而 IP 协议又可以应用到各种数据链路层协议中，这种结构也可以表明，TCP/IP 协议体系可以为各种各样的应用提供服务，同时也可以连接到各种各样的网络类型，这种漏斗结构是 TCP/IP 协议体系得到广泛使用的最主要原因。

针对这样的结构，可以总结为 "All Over IP 和 IP Over All"，即 "所有基于 IP" 和 "IP 基于所有"，如图 1-5 所示。

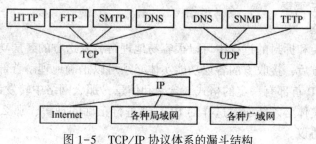

图 1-5 TCP/IP 协议体系的漏斗结构

1.2.3　TCP/IP 协议体系的协议数据封装拆封

1. 数据封装与拆封

在 TCP/IP 协议体系中，存在着数据的封装与拆封的过程，比如，源主机打开浏览器访问目的主机的网页（WWW 服务），首先源主机上的应用层实体将用户的数据通过 HTTP 协议进行封装，也就是给数据加上 HTTP 协议的首部，然后递交给传输层，由于 HTTP 协议是基于 TCP 协议的，传输层的实体再给上层递交下来的数据加上 TCP 协议首部，然后递交给网络层，网络层再给上层递交下来的数据加上 IP 协议首部，然后递交给数据链路层，根据实际的网络环境，数据链路层再加上帧头和帧尾（如在局域网可以加上以太网的帧头和帧尾，如在广域网可以加上 HDLC 的帧头和帧尾），最终帧进入物理层，在物理层转换为比特流信号进行发送，通过网络传输到达目的主机，过程如图 1-6 所示。其拆封过程与数据封装的过程相反。图中也列出了基于 UDP 协议的应用层 SNMP 协议的数据封装和拆封过程。

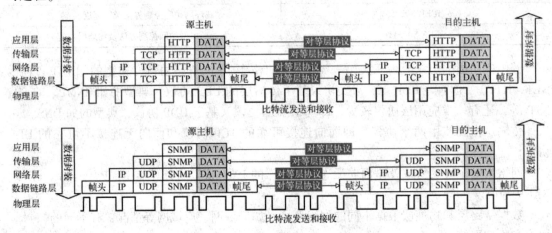

图 1-6　TCP/IP 协议体系的数据封装和拆封

由于网络中很少会出现源主机与目的主机直接连接的情况，源主机和目的主机之间需要通过网络互联设备才能进行通信，这些网络互联设备工作于 TCP/IP 协议体系的不同层次，例如，数据链路层设备会检查数据链路层封装的帧头和帧尾，然后进行处理转发，而网络层设备不光要检查数据链路层封装的帧头和帧尾，还要检查网络层封装的 IP 首部，然后进行处理转发，以此类推，最终到达目的主机，如图 1-7 所示。其中数据链路层设备主要有网桥、交换机等，网络层设备主要有路由器和三层交换机等。

2. 协议和协议三要素

（1）协议的概念

从上面数据封装和拆封的过程中可以很容易地理解，发送方的各层功能实体在各层加上的首部，到达接收方后，接收方的各层功能实体必须可以正确地理解首部，比如说，发送方网络层实体添加的 IP 首部有一定的格式、含义和信息，那么网络中转发设备的网络层实体、目的主机的网络层实体必须能够对这样的 IP 首部进行正确的理解，那么可以称为两个对等层实体遵循相同的协议。

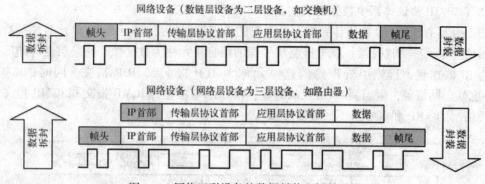

图 1-7 网络互联设备的数据封装和拆封过程

协议是控制两个对等层实体进行通信的规则的集合。协议是"水平的",即协议是控制对等层实体之间通信的规则,如图 1-8 所示。

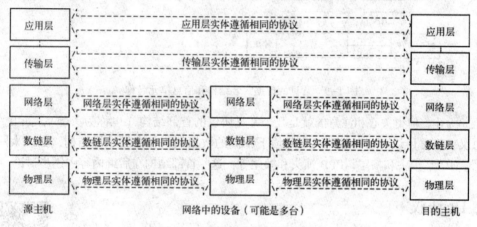

图 1-8 对等层遵循相同的协议

同样也可以认为网络中的计算机与计算机、计算机与网络设备之间要想正确地传送数据,必须在数据传输的顺序、数据的格式及内容等方面有一个约定或规则,这种约定或规则称为协议。

特别强调的是,协议最大的特点就是水平性,即对等层的双方实体遵循相同的协议。注意,协议是"水平"的,而服务是"垂直"的。

(2)协议的三要素

① 语法:数据与控制信息的结构和格式。

② 语义:数据传输中控制信息的含义。

③ 时序:实现数据传输的详细顺序和步骤。

以下以两个人相互打招呼(双方数据通信)来理解协议的三个要素。

甲向乙说"你好吗?",这个句型就是语法,不能说:"吗好你?"

甲说的"你好吗?",表达的一种问候的含义,这就是语义,乙不能认为是其他的含义。

甲先说"你好吗?",然后才和乙进行交谈,最后说"再见",这就是时序,而不能先说"再见",然后才进行交谈。

3. TCP/IP 协议体系中数据封装的名称

图 1-9 是在 TCP/IP 协议体系中几种常见的协议数据封装结构和信息单元名称，物理层处理的信息单元称为比特流，数据链路层处理的信息单元称为数据帧，网络层处理的信息单元称为 IP 数据包，传输层处理的信息单元称为 TCP 报文或 UDP 报文，同时，ICMP 和 IGMP 也处于网络层，但需要 IP 协议的封装，所以网络层还有 ICMP 报文和 IGMP 报文。注意，网络层的 ARP 和 RARP 不经过 IP 封装。

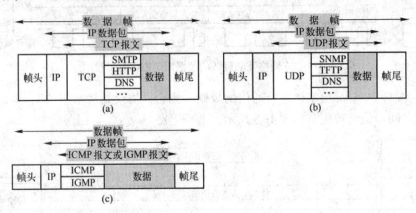

图 1-9　常见的数据封装结构和信息单元名称

至此为止，值得关心和注意的就是几个常见协议的首部结构（也称为头部），如 IP 协议、TCP 协议、UDP 协议，还有各种网络环境下不同的数据帧头和数据帧尾结构，如以太网帧头和帧尾、HDLC 帧头和帧尾、PPP 帧头和帧尾等，这些首部结构在后继内容中逐步讨论。

1.3　IP 协议

1.3.1　IP 协议及特点

IP 协议是 TCP/IP 协议体系中最核心的协议，它提供无连接不可靠的服务，也即依赖其他层的协议进行差错控制。

图 1-10 为 IP 数据包首部格式。

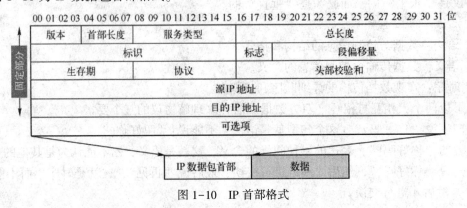

图 1-10　IP 首部格式

版本：占 4 位，指 IP 协议的版本，目前主要使用的 IP 协议版本号为 4。

首部长度：占 4 位，数值单位为 32 位，普通 IP 数据包（没有任何选项）该字段的值是 5，即 5×32 位＝160 位＝20 Byte，20 Byte 也是 IP 首部最小长度（固定部分）。报头长度最大值为 15，15×32 位＝480 位＝60 Byte，因此 IP 首部长度的最大值是 60 字节。

服务类型：占 8 位，其中前 3 位为优先级位。第 8 位保留未用。第 4 位至第 7 位分别表示延迟、吞吐量、可靠性和花费，当它们取值为 1 时分别表示该 IP 数据包要求路由器按照"最小延迟""最大吞吐量""最高可靠性""最小费用"进行处理转发，这 4 位的服务类型中只能置其中 1 位为 1，但 4 位可以全部置为 0，若全为 0 则表示一般服务，一般情况下，该 4 位均为 0。

总长度：占 16 位，指整个 IP 数据包的长度，单位为字节。IP 数据包最大长度为 65 535 字节。

标识：占 16 位，用来唯一地标识主机发送的每一份 IP 数据包。通常每发一份 IP 数据包，它的值会自动加 1。

标志：占 3 位，标志该 IP 数据包是否要求分段，由于各种类型网络的数据链路层对于最大传输单元（maximum transmission unit，MTU）的限定不一样，可能会出现某个 IP 数据包无法封装到数据链路层的帧中，因此 IP 数据包可能会出现分段情况，例如，以太网最大帧的数据部分为 1500 字节，而大于 1500 字节的 IP 数据包只有通过分段以后才能封装到以太网帧中。

段偏移量：占 13 位，如果一份 IP 数据包要求分段的话，此字段指明该段距原始数据包开始的偏移位置。

生存期：占 8 位，即为 TTL 值（time to live），用来设置 IP 数据包最多可以经过的路由器数量，由发送数据的源主机设置，通常为 32、64、128 等，每经过一个路由器，由路由器将该字段值减 1，直到 0 时如果还未达到目的主机，该数据包被最后路由器丢弃。

协议：占 8 位，指明 IP 数据包所封装的上层协议类型，该字段指出此 IP 数据包携带的数据使用何种协议，以便目的主机的网络层将数据部分上交给上层哪个实体处理。常见协议字段值与上层协议对应关系如表 1-2 所示。其中开放式最短路径优先（open shortest path first，OSPF）是路由协议。

表 1-2 IP 数据包首部协议字段值

协议字段值	1	2	6	17	89
上层协议名	ICMP	IGMP	TCP	UDP	OSPF

首部校验和：占 16 位，首部校验和只检验 IP 数据包的首部，不包括数据部分，也就是说 TCP/IP 体系中的网络层 IP 协议是无法进行数据差错检查的。

源 IP 地址和目的 IP 地址：各占 32 位，用来标明发送 IP 数据包的源主机地址和接收 IP 数据包的目的主机地址。

可选项：占 1 个字节到 40 个字节不等，用来定义一些任选项，如记录路径、时间戳等，实际上这些选项很少被使用。

从上面 IP 数据包的首部结构中，可以分析出 IP 协议是一个面向无连接不可靠的网络层协议，现在 Internet 上绝大多数的通信量都是属于"尽最大努力交付"的，如果数据必须可靠地无差错地交付给目的地，那么位于 IP 协议之上的高层协议必须负责解决这一问题，比如使用 TCP 协议解决 IP 协议的无连接不可靠的问题。

1.3.2　IP 地址与子网掩码

IP 协议首部中的 IP 地址是由 0 和 1 组成的 32 位二进制字符串，IP 地址采用点分八位十进制表示方法。

IP 地址由网络 ID 和主机 ID 两个部分组成。网络 ID 用来标识 Internet 中一个特定的网络，而主机 ID 则用来表示该网络中特定的主机，而子网掩码就是用来标识 IP 地址中哪些位是网络 ID，哪些位是主机 ID。子网掩码不能单独存在，它必须结合 IP 地址一起使用。子网掩码只有一个作用，就是将某个 IP 地址划分成网络 ID 和主机 ID 两部分。与 IP 地址相同，子网掩码的长度也是 32 位，左边是网络 ID，用二进制数字"1"表示；右边是主机 ID，用二进制数字"0"表示。

因此，IP 地址的编址方式明显地携带了位置信息。如果给出一个具体的 IP 地址，通过与子网掩码的配合，立刻就可以知道它位于哪个网络，这给 IP 数据包从源主机传输到目的主机带来很大好处。从某种意义上说，IP 地址类似于日常生活中使用的电话号码，如电话号码"08558239372"，其中"0855"表明了某个地区，而"8239372"表明了该地区中的某个电话，那么 IP 地址中的"网络 ID"表示了某个网络，而"主机 ID"表明了该网络中的某台主机。

图 1-11 所示就是 IP 地址 210.31.233.27，子网掩码为 255.255.255.0 的具体表示方法，其中网络 ID 为 210.31.233.0，而主机 ID 为 0.0.0.27，这就表明了具有 210.31.233.27 这个 IP 地址的主机位于 210.31.233.0 网络中，在这个网络中的编号为 0.0.0.27。

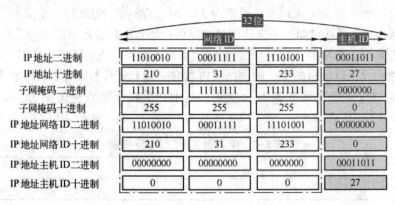

图 1-11　IP 地址与子网掩码的表示

1. IP 地址的分类

为了适应各种网络规模的不同，IP 协议将 IP 地址划分为 A、B、C、D、E 共 5 类地址，它们分别使用 IP 地址的前几位（地址类别）加以区分，如图 1-12 所示。常用的为 A、B 和 C 三类。

A 类 IP 地址范围：1.0.0.1~126.255.255.254，其网络 ID 或主机 ID 不能全为 0 或全为 1，A 类标准子网掩码为 255.0.0.0。

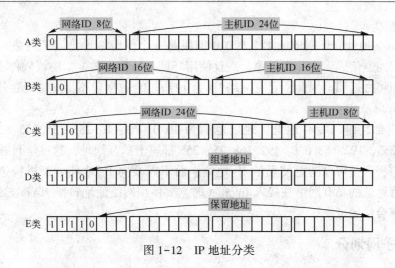

图 1-12　IP 地址分类

B 类 IP 地址范围：128.0.0.1～191.255.255.254，其主机 ID 不能全为 0 或全为 1，B 类标准子网掩码为 255.255.0.0。

C 类 IP 地址范围：192.0.0.1～223.255.255.254，同样，其主机 ID 不能全为 0 或全为 1。C 类标准子网掩码为 255.255.255.0。

D 类地址主要用于组播。

E 类地址被保留。

2. 特殊的 IP 地址

在 IP 地址中存在一些比较特殊的 IP 地址，现罗列如下。

（1）网络地址

网络地址包含了一个有效的网络 ID 和一个全 "0" 的主机 ID。例如，地址 113.0.0.0，子网掩码为 255.0.0.0，就表示该网络是一个 A 类网络的网络地址，而一个具有 IP 地址为 202.100.100.2、子网掩码为 255.255.255.0 的主机所处的网络地址为 202.100.100.0。

（2）广播地址

当一台主机向网络上所有的主机发送数据时，就产生了广播。为了使网络上所有主机能够注意到这样一个广播，必须使用一个可进行识别和侦听的 IP 地址。IP 协议的广播地址有两种形式，一种叫直接广播，另一种叫有限广播。

① 直接广播：如果广播地址包含一个有效的网络 ID 和一个全 "1" 的主机 ID，那么就称之为直接广播（directed broadcasting）地址。任意一台主机均可向其网络进行直接广播，例如 C 类地址 202.100.100.255（子网掩码为 255.255.255.0）就是一个直接广播地址，如果一台主机使用该地址作为 IP 数据包的目的地址，那么这个数据包将同时发送到 202.100.100.0 网络上的所有主机。直接广播的一个主要问题是在发送前必须知道目的网络的网络 ID。

② 有限广播：32 位全为 "1" 的 IP 地址（255.255.255.255）用于本网广播，该地址就称为有限广播（limited broadcasting）地址。实际上，有限广播将广播限制在最小的范围内。有限广播不需要知道网络 ID。因此，在主机不知道本机所处的网络时（如主机的启动过程中），只能采用有限广播方式。

（3）环回地址

即 Loopback 地址，环回地址 127.0.0.0 网段是一个保留地址，用于网络软件测试以及本地主机进程间通信。无论什么程序，一旦使用环回地址发送数据，协议软件不进行任何网络传输，立即将之返回。因此，含有网络 ID 为 127 的 IP 数据包不可能出现在任何网络上。

（4）私有地址

又称为内部地址、专有地址，地址范围为 10.0.0.0 ~ 10.255.255.255、172.16.0.0 ~ 172.31.255.255、192.168.0.0 ~ 192.168.255.255 都属于私有地址，这些地址被大量用于企业内部网络中，都是可以随意使用的 IP 地址，而不需要向 IP 地址分配机构进行申请和付费。使用私有地址的私有网络在接入 Internet 时，要使用网络地址转换 NAT 技术，将私有地址转换成公有合法地址。

1.3.3　IP 子网划分

1. IP 子网划分的方法

当一个组织申请了一段 IP 地址后，可能需要对 IP 地址进行进一步的子网划分。例如，某个规模较大的公司申请了一个 B 类 IP 地址 166.133.0.0，如果采用 B 类标准子网掩码 255.255.0.0 而不进一步划分子网，那么 166.133.0.0 网络中的所有主机（最多共 65 534 台）都将处于同一个直接广播范围内或有限广播范围内，网络中充斥的大量广播数据包将导致网络最终不可用。另外，如果不进行子网划分的话，就存在着 IP 地址大量浪费的情况，因为实际上任何一个企业都很少具有 65 000 多台主机。

解决方案是进行非标准子网划分。非标准子网划分的策略是借用主机 ID 的一部分充当网络 ID。具体方法是采用非标准子网掩码，而不采用默认的标准子网掩码。

例如，B 类地址 166.133.0.0，不使用 B 类标准子网掩码 255.255.0.0，而是使用非标准子网掩码，如 255.255.240.0、255.255.255.0 等将网络划分为多个子网。

下面分别以 C 类 IP 地址段为例讨论非标准子网划分。

对于标准的 C 类网络 210.31.233.0 来说，标准子网掩码为 255.255.255.0，即前 24 位为网络 ID，后 8 位为主机 ID，该 C 类网络可容纳 254 台主机，IP 地址范围为 210.31.233.1 到 210.31.233.254。

现在，借用 2 位的主机 ID 来充当子网络 ID 的情形，如图 1-13 所示。

为了借用原来 8 位主机 ID 的前两位充当子网络 ID，采用了新的、非标准子网掩码 255.255.255.192。

采用了新的子网掩码后，借用的 2 位子网号可以用来标识四个子网：00 子网、01 子网、10 子网和 11 子网（在现在大部分路由器上，全 1 子网和全 0 子网均可以使用）。以下举例暂不讨论全 0 子网和全 1 子网。

对于 01 子网，其网络 ID 为 210.31.233.64，该子网的 IP 地址范围是 210.31.233.65 到 210.31.233.126（注意：主机 ID 不能全 0 和全 1），共可容纳 62 台主机，对该子网的直接广播地址为 210.31.233.127。

对于 10 子网，其网络 ID 为 210.31.233.128，该子网的 IP 地址范围是 210.31.233.129 到 210.31.233.190（注意：主机 ID 不能全 0 和全 1），共可容纳 62 台主机，对该子网的直接广播地址为 210.31.233.191。

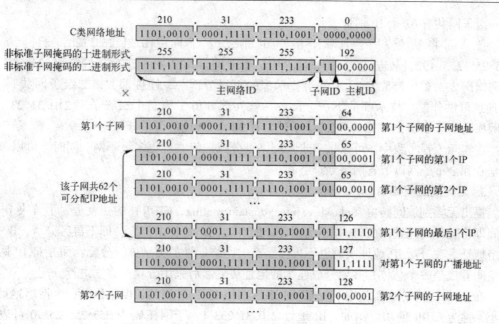

图 1-13　C 类 210.31.233.0 借用 2 位划分子网

同理，还可以借用 3 位、4 位等主机 ID 来充当子网 ID，相应的子网掩码、子网 ID、子网的地址范围、容纳主机数量、子网内广播地址也都不尽相同。

2. 可变长子网掩码

可变长子网掩码（variable length subnet mask，VLSM），规定了如何在一个进行了子网划分的网络中的不同部分使用不同的子网掩码。这对于网络内部不同网段需要不同大小子网的情形来说非常有效。

VLSM 实际上是一种多级子网划分技术，如图 1-14 所示。

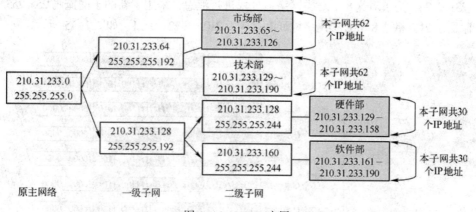

图 1-14　VLSM 应用

图 1-14 中，某公司有两个主要部门：市场部和技术部。技术部又分为硬件部和软件部。该公司申请到了一个完整的 C 类 IP 地址段 210.31.233.0，子网掩码为 255.255.255.0，为了便于分级管理，该公司采用了 VLSM 技术，将原主网络划分为两级子网（未考虑全 0 和全 1 子网）。

市场部分得了一级子网中的第一个子网，即 210.31.233.64，子网掩码为 255.255.255.192，该一级子网共有 62 个 IP 地址。

技术部将所分得的一级子网中的第二个子网 210.31.233.128,子网掩码为 255.255.255.192,又进一步划分成了两个二级子网。其中第一个二级子网 210.31.233.128,子网掩码 255.255.255.224,划分给技术部的下属分部——硬件部,该二级子网共有 30 个 IP 地址可供分配。技术部的下属分部——软件部分得了第二个二级子网 210.31.233.160,子网掩码 255.255.255.224,该二级子网共有 30 个 IP 地址可供分配。

在实际工程实践中,可以进一步将网络划分成三级或者更多级子网。同时,可以考虑使用全 0 和全 1 子网以节省网络地址空间。

3. 无类别域间路由

提出无类别域间路由(classless inter-domain routing,CIDR)的初衷是为了解决 IP 地址空间即将耗尽的问题。CIDR 并不使用传统的有类网络地址的概念,即不再区分 A、B、C 类网络地址。在分配 IP 地址段时也不再按照有类网络地址的类别进行分配,而是将 IP 网络地址空间看成是一个整体,并划分成连续的地址块,然后采用分块的方法进行分配。

在 CIDR 技术中,常使用子网掩码中表示网络 ID 二进制的长度来区分一个网络地址块的大小,称为 CIDR 前缀。例如,IP 地址 210.31.233.1、子网掩码为 255.255.255.0 可表示成 210.31.233.1/24;IP 地址 166.133.67.98、子网掩码 255.255.0.0 可表示成 166.133.67.98/16;IP 地址 192.168.0.1、子网掩码 255.255.255.240 可表示成 192.168.0.1/28 等。

CIDR 可以用来做 IP 地址汇总(或称超网、子网汇聚)。在未做地址汇总之前,路由器需要对外申明所有的内部网络 IP 地址空间段,这将导致 Internet 核心路由器中的路由表目项非常庞大。采用 CIDR 地址汇总后,可以将连续的地址空间块总结成一条路由条目。路由器不再需要对外申明内部网络的所有 IP 地址空间,这样,就大大减少了路由表中路由条目的数量,有关地址汇总的问题,请参阅本教材第 5 章路由协议中的 "有类路由和无类路由"。

例如,某公司申请到了 1 个网络地址块(共 8 个 C 类网络地址):210.31.224.0/24 到 210.31.231.0/24,为了对这 8 个 C 类网络地址块进行汇总,采用了新的子网掩码 255.255.248.0,CIDR 前缀为/21,将这 8 个 C 类网络地址汇总成为 210.31.224.0/21,如图 1-15 所示。

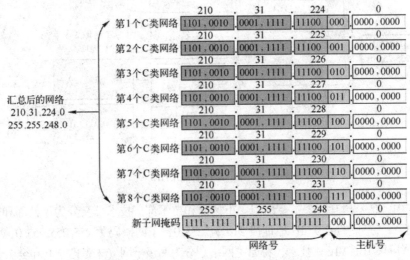

图 1-15　CIDR 子网汇聚

可以看出，CIDR 实际上是借用部分网络 ID 充当主机 ID 的方法，图中 8 个 C 类地址网络 ID 的前 21 位完全相同，变化的只是最后的 3 位网络 ID，因此，可以将网络 ID 的后 3 位看成是主机 ID，选择新的子网掩码为 255.255.248.0，将 8 个 C 类网络汇总成为 210.31.224.0/21。

1.4　TCP 协议和 UDP 协议

1.4.1　TCP 协议

TCP 协议是一种面向连接的、可靠的、基于字节流的传输层通信协议，该协议主要用于在源主机和目的主机之间建立一个虚拟连接，以实现高可靠性的数据交换。

通过 IP 协议并不能清楚地了解到数据是否顺利地发送到目的主机。而使用 TCP 协议就不同了，在 TCP 传输中，将数据成功发送给目的主机后，目的主机将向源主机发送一个确认，如果源主机在某个时限内没有收到确认，那么源主机将重新发送数据，这实际上就是延时重发的技术。另外，在传输的过程中，如果接收到无序、丢失及被破坏的数据，TCP 协议还可以负责恢复。

1. TCP 报头结构及特点

图 1-16 所示为 TCP 报文首部（TCP 报头）格式。

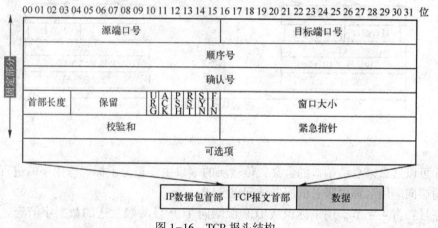

图 1-16　TCP 报头结构

源端口和目的端口字段：各占 2 字节，TCP 协议通过使用"端口"来标识源主机和目的主机的应用进程。端口号可以使用 0~65535 之间的任何数字。在网络的客户-服务器模式（client-server model）下，客户端的应用进程产生随机端口去访问服务器，而在服务器一端，每种服务在"众所周知的"端口（well-known port）为用户提供服务，如 TCP 80 端口就是 WWW 服务的端口，TCP 21 端口就是 FTP 服务的端口。

以下通过图 1-17 来理解端口的概念。

源主机需要访问目的主机的 WWW 服务（使用 HTTP 协议）和 FTP 服务（使用 FTP 协议），目的主机的 WWW 服务由 X 进程提供，而 FTP 服务由 Y 进程提供，源主机访问 WWW

服务的进程为 A 进程,访问 FTP 服务的进程为 B 进程,即 A 进程需要与 X 进程进行通信,而 B 进程需要与 Y 进程进行通信,源主机的 IP 为 1.1.1.1,目的主机的 IP 为 2.2.2.2,源主机在网络层封装的 IP 数据包首部中,源 IP 封装为 1.1.1.1,目的 IP 封装为 2.2.2.2,这样网络层的封装可以确保源主机发出的 IP 数据包可以寻址到达目的主机,为了确保 A 进程可以与 X 进程进行通信,在源主机的传输层 TCP 报文报头中封装源端口为 1111,目的端口为 80,为了确保 B 进程可以与 Y 进程进行通信,在源主机的传输层 TCP 报文报头中封装源端口为 2222,目的端口为 21。

则源主机 A 进程与目的主机 X 进程之间通信的数据封装结构为:

IP 首部 源 IP1.1.1.1→目的 IP 2.2.2.2	TCP 首部 源端口 1111→目的端口 80	HTTP 协议报头	数据

则源主机 B 进程与目的主机 Y 进程之间通信的数据封装结构为:

IP 首部 源 IP1.1.1.1→目的 IP 2.2.2.2	TCP 首部 源端口 2222→目的端口 21	FTP 协议报头	数据

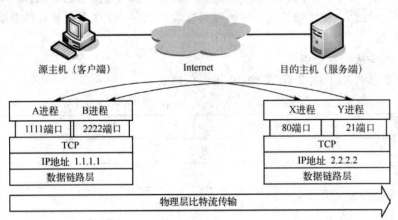

图 1-17　端口的概念

由此可以这么来总结端口的含义,传输层的端口主要是为了标识应用层的进程,端口也就是传输层向应用层提供服务的服务访问点 SAP。

顺序号:占 4 字节,用来标识从 TCP 源端向 TCP 目的端发送的数据字节流,它表示在这个报文段中的第一个数据字节。

确认号:占 4 字节,只有 ACK 标志为 1 时,确认号字段才有效,它表示的是期望收到对方的下一个报文段数据的第一个字节的序号。

首部长度:占 4 位,数值单位为 32 位,最小值为 5,即 TCP 报文首部长度为 5×32 位 = 160 位 = 20 字节,最大值为 15,即 TCP 报文首部长度为 15×32 位 = 480 位 = 60 字节。

保留字段——占 6 位,保留为今后使用,但目前应置为 0。

标志字段(URG、ACK、PSH、RST、SYN、FIN):占 6 位,各位含义如下。

① 紧急比特 URG:当 URG =1 时,表明紧急指针字段有效。它告诉系统此报文段中有紧急数据,应尽快传送(相当于高优先级的数据)。

② 确认比特 ACK:当 ACK =1 时确认号字段值有效。当 ACK =0 时确认号字段值无效。

③ 推送比特 PSH：接收方收到推送比特置 1 的 TCP 报文段，就尽快地交付给接收应用进程，而不再等到整个缓存都填满了后再向上交付。

④ 复位比特 RST：当 RST =1 时，表明 TCP 连接中出现严重差错，必须释放连接，然后再重新建立传输连接。

⑤ 同步比特 SYN：同步比特 SYN 置为 1，就表示这是一个建立 TCP 连接请求或 TCP 连接接受报文。

⑥ 终止比特 FIN：用来释放一个 TCP 连接。当 FIN =1 时，表明此 TCP 报文的发送端数据已发送完毕，并要求释放 TCP 连接。

窗口大小：占 2 字节，窗口字段用来控制对方发送的数据量，单位为字节。TCP 连接的一端根据设置的缓存空间大小确定自己的接收窗口大小，然后通知对方以确定对方的发送窗口的上限。

校验和：占 2 字节，校验和字段检验的范围包括首部和数据这两部分。

紧急指针：占 2 字节，紧急指针指出在本报文段中的紧急数据的最后一个字节的序号。

可选项：最多 40 字节，可能包括"窗口扩大因子""时间戳"等选项，实际情况很少使用。

从上面 TCP 数据报的首部结构，可以分析出 TCP 协议是一个面向连接可靠的传输层协议，具体表现在以下几方面。

① 应用层数据被分割成 TCP 协议认为最适合的数据段，然后进行发送。

② 当 TCP 连接的一端发出一个 TCP 报文后，它启动一个定时器，等待目的端确认收到这个 TCP 报文。如果不能及时收到一个确认，将重发这个 TCP 报文，即实现超时重发的机制。

③ 当 TCP 连接的一端收到发自 TCP 连接另一端的 TCP 报文，它将发送一个确认。

④ TCP 报头中包括了首部和数据的校验和。这是一个端到端的校验和，目的是检测数据在传输过程中的任何变化。如果收到 TCP 报文的校验和有差错，TCP 将丢弃这个报文并不确认收到此报文（希望发送端超时并重发）。

⑤ 既然 TCP 报文封装在 IP 数据包中进行传输，而 IP 数据包的到达可能会失序，因此 TCP 报文也可能会失序。如果必要，TCP 将对收到的数据进行重新排序，将收到的数据以正确的顺序交给应用层。

⑥ TCP 协议能提供流量控制，TCP 连接的每一端都有固定大小的缓冲空间，TCP 的接收端只允许另一端发送接收端缓冲区所能接纳的数据量。这将防止由于发送方的发送能力超过接收方的接收能力，接收方来不及接收而造成接收方主机的缓冲区溢出，即实现了端到端的流量控制。

2. TCP 连接的三次握手与释放的四次挥手

前面已经提到 TCP 是面向连接的传输层协议，因此在数据传输之前，就会存在建立 TCP 连接的过程，数据传输完成之后，就会存在释放 TCP 连接的过程。在网络术语中，把 TCP 建立连接的过程称为三次握手，而 TCP 释放连接的过程称为四次挥手。

三次握手的目的是使 TCP 报文的发送和接收同步，具体步骤示意图如图 1-18 所示。

① 源主机发送一个 SYN =1（表明请求建立连接）的 TCP 报文，同时标明初始发送序号为 200。初始发送序号是一个随机变化值。

② 目的主机收到该 TCP 报文后，如果有空闲，则发回确认 TCP 报文，其中 ACK = 1（表明确认序号有效）、SYN = 1（表明同意建立连接），同时标明发送序号为 500，确认序号为期望收到的下一个 TCP 报文序号 201（表明已收到 200，期望接收 201）。

③ 源主机再回送一个 TCP 报文，其中 ACK = 1（表明确认序号有效和表明连接建立），同时标明发送序号为 201，确认序号为期望收到的下一个 TCP 报文序号 501（表明已收到 500，期望接收 501）。

至此为止，TCP 连接的三次握手完成，然后可以进行数据的传输。

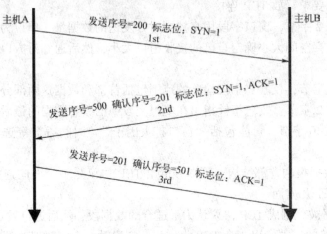

图 1-18　TCP 连接的三次握手

四次挥手的目的是释放源主机和目的主机的占用资源，具体步骤如图 1-19 所示。

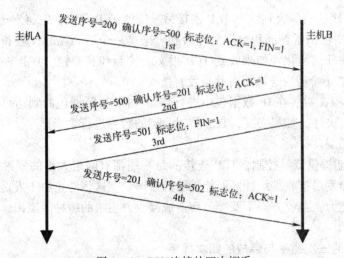

图 1-19　TCP 连接的四次挥手

① 源主机发送一个 FIN = 1（表明请求释放连接）的 TCP 报文，另外包含发送序号 = 200、确认序号 = 500 和 ACK = 1。

② 目的主机接收到释放连接请求以后，回送一个 TCP 报文，其中 ACK = 1，表明同意释放连接，还包含发送序号 = 500、确认序号 = 201。

③ 目的主机再发送一个 FIN = 1（表明请求释放连接）的 TCP 报文，另外包含发送序

号 = 501。

④ 源主机回送一个 TCP 报文，其中 ACK = 1，表明同意释放连接，还包含发送序号 201、确认序号 = 502。

至此为止，TCP 连接的四次挥手结束。

在 Windows 系统下，可以使用 netstat-an 命令查看本机与外部主机的端口 TCP 连接情况，如图 1-20 所示。

```
C:\WINDOWS\system32\cmd.exe

C:\Documents and Settings\Administrator>netstat -an

Active Connections

  Proto  Local Address          Foreign Address        State
  TCP    0.0.0.0:135            0.0.0.0:0              LISTENING
  TCP    0.0.0.0:445            0.0.0.0:0              LISTENING
  TCP    0.0.0.0:1025           0.0.0.0:0              LISTENING
  TCP    192.168.1.50:139       0.0.0.0:0              LISTENING
  TCP    192.168.1.50:1027      192.168.1.250:139      TIME_WAIT
  TCP    192.168.1.50:1030      111.85.121.198:80      ESTABLISHED
  TCP    192.168.1.50:1031      111.85.121.198:80      ESTABLISHED
  TCP    192.168.1.50:1033      61.4.185.34:80         ESTABLISHED
  TCP    192.168.1.50:1034      69.192.51.191:80       ESTABLISHED
  TCP    192.168.1.50:1035      61.4.185.34:80         ESTABLISHED
  TCP    192.168.1.50:1036      59.53.86.3:80          SYN_SENT
  TCP    192.168.1.50:1037      80.154.117.11:80       ESTABLISHED
  UDP    0.0.0.0:445            *:*
  UDP    0.0.0.0:500            *:*
```

图 1-20　netstat-an 命令运行情况

1.4.2　UDP 协议

UDP 协议是 TCP/IP 协议体系中一种无连接传输层协议，提供面向事务的简单不可靠信息传送服务。与 TCP 不同，UDP 并不提供对 IP 协议的可靠机制、流量控制及错误恢复等功能。由于 UDP 比较简单，UDP 头包含很少的字节，比 TCP 负载消耗少，而且不需要建立连接，在传送数据较少的情况下，UDP 比 TCP 更加高效。

UDP 适用于不需要 TCP 可靠机制的情形，比如，当高层协议或应用程序提供错误和流控制功能的时候。UDP 服务于很多知名应用层协议，包括 SNMP、DNS 及 TFTP 等。

图 1-21 所示为 UDP 报文首部（UDP 报头）格式。

00 01 02 03 04 05 06 07 08 09 10 11 12 13 14 15 16 17 18 19 20 21 22 23 24 25 26 27 28 29 30 31　位

源端口号	目的端口号
长度	校验和

IP数据包首部	UDP报文首部	数据

图 1-21　UDP 报文首部格式

（1）源端口号和目的端口号：各占 2 字节，作用与 TCP 报头中的端口号字段相同，用来标识源主机和目的主机的应用进程。

（2）长度：占 2 个字节，用来标明整个 UDP 报文的总长度字节。

（3）校验和：占 2 个字节，用来对 UDP 首部和 UDP 报文的数据部分进行校验。

1.5　ARP 协议和 ICMP 协议

1.5.1　ARP 协议

1. ARP 协议简介

ARP 协议即地址解析协议的缩写。所谓"地址解析"就是主机在发送数据帧前需要将目的 IP 地址转换成目的 MAC 地址的过程。ARP 协议的基本功能就是通过目的主机的 IP 地址，查询目的主机的 MAC 地址，以保证通信的顺利进行。

介绍 ARP 协议的工作原理之前，首先了解什么是 MAC 地址。

MAC 地址，又称为网卡地址（NIC address）、硬件地址（physical address）。

介质访问控制（media access control，MAC）子层是局域网数据链路层中与传输媒体相关的子层，MAC 地址是烧录在网卡（network interface card，NIC）里的硬件地址，MAC 地址 48 位（6 字节），具体表示的时候通常采用十六进制的数字组成，如 00-03-0D-88-6B-F1。

MAC 地址中高 24 位为生产厂商标识符，由 IEEE 的注册委员会统一分配给生产厂商，低 24 位为扩展标识符，由生产厂家自行定义（应保证每块网卡 MAC 地址的唯一性），也就是说，在网络底层的传输过程中，是通过 MAC 地址来识别主机的。形象地说，MAC 地址就如同身份证上的身份证号码，具有全球唯一性，而 IP 地址更像居住地点的门牌号，而 IP 地址中的网络 ID 就是居住的城市名称，这样一来可以通过城市名称—居住地点的门牌号—身份证号来寻找到某个人，而在网络中，通过网络 ID—IP 地址—MAC 地址就可以寻找到某台主机。

在 Windows 系统下，可以使用 ipconfig/all 命令查看本计算机的 MAC 地址，如图 1-22 所示。

图 1-22　MAC 地址的查看

至此，通过前面的介绍可以了解到在数据的封装过程中需要有网络层的地址信息（IP地址）、传输层的地址信息（端口号）和数据链路层的地址信息（MAC地址）。关于数据帧的结构，针对不同的局域网和广域网情况，在教材后续内容中再进行介绍。

这里总结一下，各层的信息单元名称和信息单元中的地址信息如表 1-3 所示。

表1-3　TCP/IP 协议体系下三层信息单元与地址

TCP/IP 协议体系层次	信息单元	地址信息
传输层	TCP 报文、UDP 报文	TCP 端口、UDP 端口
网络层	IP 数据包	IP 地址
数据链路层	数据帧	MAC 地址

2. ARP 工作过程

在图 1-23 所示的局域网的以太网环境中，当主机 A 要和主机 B 通信时，主机 A 会先检查其 ARP 缓存内是否有主机 B 的 IP 地址与主机 B 的 MAC 地址对应关系。如果没有，主机 A 会发送一个 ARP 请求广播，此广播内包含着要与其通信的主机 B 的 IP 地址。当主机 B 收到此广播后，会将自己的 MAC 地址利用 ARP 单播响应传给主机 A，并更新自己的 ARP 缓存，也就是将主机 A 的 IP 地址/MAC 地址对应关系保存起来，以供后面使用。主机 A 得到主机 B 的 MAC 地址之后，就可以与主机 B 通信了，同时，主机 A 也将主机 B 的 IP 地址/MAC 地址对应关系保存在自己的 ARP 缓存中。

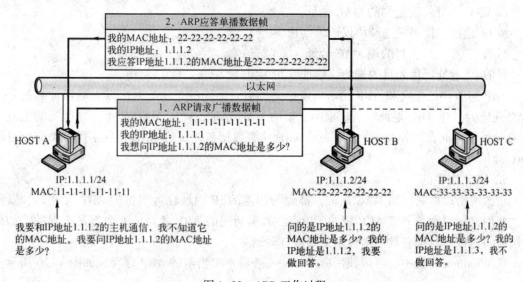

图 1-23　ARP 工作过程

3. ARP 报文格式

ARP 报文是被封装在以太网帧首部中传输的，如图 1-24 所示就是 ARP 请求广播的格式。注意，ARP 并不经过 IP 的封装。

图中灰色的部分是以太网的帧头，关于以太网的帧头结构在后面再详细讨论。其中，第一个字段 48 位是广播类型的 MAC 地址：FF-FF-FF-FF-FF-FF，其目的是网络上的所有主机网卡；第二个字段 48 位是源 MAC 地址，即请求地址解析的主机 MAC 地址；第三个字段是协议类型，这里用 0X0806 代表封装的上层协议是 ARP 协议。

00 01 02 03 04 05 06 07 08 09 10 11 12 13 14 15 16 17 18 19 20 21 22 23 24 25 26 27 28 29 30 31 位

广播MAC地址（全1）	
广播MAC地址（全1）	源MAC 地址
源MAC地址	
协议类型	
硬件类型	协议类型
硬件地址长度　协议地址长度	操作类型
源MAC 地址	
源MAC 地址	源IP 地址
源IP地址	目标MAC地址（全0）
目标MAC 地址（全0）	
目标IP 地址	

图 1-24　ARP 请求协议报文首部格式

接下来是 ARP 协议报文部分。其中各个字段的含义如下。

硬件类型：表明 ARP 实现在何种类型的网络上。

协议类型：代表解析协议，这里一般是 0800，即 IP 协议，表明要解析 IP 地址。

硬件地址长度：MAC 地址长度，此处为 6 个字节（48 位 MAC 地址）。

协议地址长度：IP 地址长度，此处为 4 个字节（32 位 IP 地址）。

操作类型：代表 ARP 数据包类型，0 表示 ARP 请求数据包，1 表示 ARP 应答数据包。

源 MAC 地址：发送端的 MAC 地址。

源 IP 地址：代表发送端协议地址（IP 地址）。

目的 MAC 地址：目的端 MAC 地址（待填充）。

目的 IP 地址：代表目的端协议地址（IP 地址）。

ARP 应答协议报文和 ARP 请求协议报文类似。不同的是，此时，以太网帧首部的目的 MAC 地址为发送 ARP 地址解析请求的主机的 MAC 地址，而源 MAC 地址为被解析的主机的 MAC 地址。同时，操作类型为 1，表示 ARP 应答数据包，目的 MAC 地址字段被填充以目的 MAC 地址。

4. ARP 缓冲区

每次解析以后获得的 MAC 地址，都会与相应的 IP 地址存入本机的 ARP 缓冲区，以备下次使用，同时为了节省 ARP 缓冲区内存，被解析过的 ARP 条目的寿命都是有限的。如果一段时间内该条目没有被使用，则条目被自动删除。

在 Windows 环境中，可以使用命令 arp-a 查看本机当前的 ARP 缓存，如图 1-25 所示。

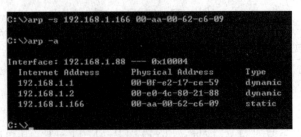

图 1-25　arp-a 输出结果

另外可以使用命令 arp -s，进行静态的 IP 地址与 MAC 地址关系绑定。使用命令 arp -d，可以清除 ARP 缓冲区。

1.5.2 ICMP 协议

1. ICMP 协议简介

IP 协议是一种不可靠的协议，无法进行差错控制。但 IP 协议可以借助其他协议来实现这一功能，如 ICMP 协议。

ICMP 协议是 TCP/IP 协议体系中的一个子协议，属于网络层协议，主要用于在主机与路由器之间传递控制信息，控制消息是指网络是否畅通、主机是否可达、路由是否可用等网络本身的消息。这些控制消息虽然并不传输用户数据，但是对于用户数据的传输起着重要的作用。当遇到 IP 数据包无法访问目的、IP 路由器无法按当前的传输速率转发数据包等情况时，会自动发送 ICMP 消息。

实际情况下，在网络中经常会使用到 ICMP 协议，只不过觉察不到而已。比如经常使用的用于检查网络是否畅通的 ping 命令，就使用了 ICMP 协议的类型 8 和类型 0，还有其他的网络命令，如跟踪路由的 tracert 命令，也是基于 ICMP 协议的。

2. ICMP 报文格式

ICMP 报文被封装在 IP 数据包内部传输。IP 首部的协议字段值为 1 时说明封装的是一个 ICMP 报文。

ICMP 报文格式如图 1-26 所示。

00 01 02 03 04 05 06 07	08 09 10 11 12 13 14 15	16 17 18 19 20 21 22 23 24 25 26 27 28 29 30 31 位
类型	代码	校验和
这32位内容取决于 ICMP 报文的类型		
ICMP的数据部分		

图 1-26 ICMP 报文格式

ICMP 首部中的类型用于说明 ICMP 报文的作用及格式，此外还有一个代码用于详细说明某种 ICMP 报文的类型，所有数据都在 ICMP 首部后面。

ICMP 报文的种类有两种，即 ICMP 差错报告报文和 ICMP 询问报文。具体如表 1-4 所示。

表 1-4 ICMP 报文类型

ICMP 报文种类	类型的值	ICMP 报文的类型
差错报告报文	3	终点不可达
	4	源站抑制
	11	时间超过
	12	参数问题
	5	改变路由
询问报文	8 或 0	回送请求或应答
	13 或 14	时间戳请求或回答
	17 或 18	地址掩码请求或回答
	10 或 9	路由器询问或通告

3. ICMP 报文的典型应用

（1）ping 命令

如图 1-27 所示，源主机发出 ICMP 报文类型 8（回送请求）到目的主机，如果途中没有异常（例如被路由器丢弃、目的主机不回应或传输失败），目的主机收到后发出 ICMP 报文类型 0（回送应答）回到源主机，这样源主机就可以知道目的主机的存活性和到目的主机的路径连通性是否正常。

ICMP报文类型8
ICMP报文类型0
ICMP报文类型8
ICMP报文类型0
ICMP报文类型8
ICMP报文类型0
ICMP报文类型8
ICMP报文类型0
源主机
192.168.1.50
目的主机
192.168.1.1

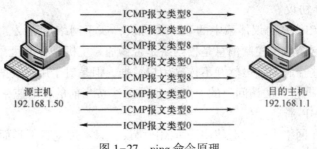

图 1-27　ping 命令原理

ping 命令默认情况下发出 4 个回送请求，正常情况下可以收到 4 个回送应答并进行显示，ping 命令运行结果如图 1-28 所示。ping -t 则是不停地发送回送请求，直到用户中断为止。

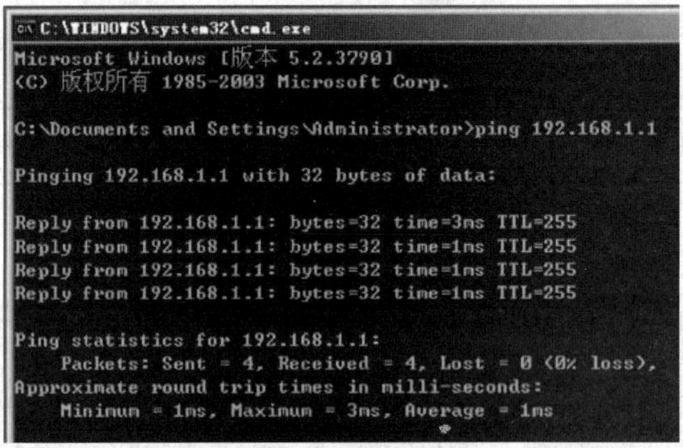

C:\WINDOWS\system32\cmd.exe
Microsoft Windows [版本 5.2.3790]
(C) 版权所有 1985-2003 Microsoft Corp.
C:\Documents and Settings\Administrator>ping 192.168.1.1
Pinging 192.168.1.1 with 32 bytes of data:
Reply from 192.168.1.1: bytes=32 time=3ms TTL=255
Reply from 192.168.1.1: bytes=32 time=1ms TTL=255
Reply from 192.168.1.1: bytes=32 time=1ms TTL=255
Reply from 192.168.1.1: bytes=32 time=1ms TTL=255
Ping statistics for 192.168.1.1:
Packets: Sent = 4, Received = 4, Lost = 0 (0% loss),
Approximate round trip times in milli-seconds:
Minimum = 1ms, Maximum = 3ms, Average = 1ms

图 1-28　ping 命令运行结果

（2）tracert 命令

路由跟踪的命令在 Windows 系统下命令为 tracert，在 UNIX 系统下为 traceroute。

tracert 过程中，源主机将向目的主机发送一连串的 IP 数据包，首先源主机发送第一个 IP 数据包（TTL 值设置为 1），当第一个数据包到达路径上的第一台路由器时，路由器收下后将 TTL 值减 1，由于 TTL 值为 0 了，第一台路由器就将该 IP 数据包丢弃，并向源主机发送一个 ICMP 时间超过（类型 11）的差错报告，源主机收到后接着发送第二个 IP 数据包（TTL 值设置为 2），该 IP 数据包到达路径上的第二台路由器时，第二台路由器收下后将 TTL 值减 1 而变为 0，第二台路由器就将该 IP 数据包丢弃，并向源主机发送一个 ICMP 时间超过（类型 11）的差错报告，以此类推。这样一来，源主机就可以收集到达目的主机所经过的路由器的信息。如图 1-29 为 tracert 命令运行结果。

```
C:\WINDOWS\system32\cmd.exe

C:\Documents and Settings\Administrator>tracert www.163.com

Tracing route to www.cache.gslb.netease.com [61.135.253.14]
over a maximum of 30 hops:

  1      2 ms      1 ms      1 ms  192.168.1.1
  2      6 ms      4 ms      4 ms  192.168.104.1
  3      2 ms      5 ms      2 ms  10.10.10.1
  4      *        20 ms      *     111.85.121.193
  5      8 ms      8 ms      5 ms  58.16.152.65
  6      5 ms      3 ms      3 ms  58.16.152.41
  7      5 ms      6 ms      5 ms  58.16.152.5
  8     24 ms     24 ms     24 ms  219.158.10.225
  9     60 ms     62 ms     58 ms  219.158.14.37
 10     74 ms     69 ms     68 ms  123.126.0.226
 11     61 ms     58 ms     61 ms  61.148.156.74
 12     58 ms     58 ms     58 ms  bt-229-122.bta.net.cn [202.106.229.122]
 13     62 ms     62 ms     63 ms  61.49.41.138
 14     63 ms     63 ms     63 ms  61.135.253.14

Trace complete.

C:\Documents and Settings\Administrator>
```

图 1-29　tracert 命令运行结果

1.6　以太网

1.6.1　局域网基础

1. 局域网的概念

局域网（local area network，LAN）是指在某一地域内由多台计算机互联成的计算机组。"某一地域"指的是同一办公室、同一建筑物、同一公司和同一学校等，一般是方圆几千米以内。局域网可以实现文件管理、应用软件共享、打印机共享、扫描仪共享、工作组内的日程安排、电子邮件和传真通信服务等功能。局域网是封闭型的，可以由办公室内的两台计算机组成，也可以由一个公司内的上千台计算机组成。

局域网硬件一般由服务器、用户工作站、传输介质、网络设备四部分组成。其中常用的传输介质有双绞线、同轴电缆、光纤等，常用的网络设备有网卡、中继器、集线器、交换机、三层交换机、防火墙、路由器等。

由于较小的地理范围，LAN 通常要比广域网具有更高的传输速率，例如，目前 LAN 的传输速率为 100 Mbps 以上，同时进行数据传输的过程中发生错误的概率也要要比广域网低。

2. 局域网中的拓扑结构

LAN 中常见的拓扑结构有：星状、环状、总线型、树状和混合型，如图 1-30 所示。

3. 局域网的传输方式

局域网中的传输方式有三种：单工、半双工和全双工。

单工，即单向通信，它是指在一条线路上只能存在单个方向的通信，反向无法进行，这种方式在局域网中不采用。

半双工，即双向交替通信，这是指同一时间内，通信双方中只能有一方发送信息，另一方接收，过一段时间后再反过来，局域网最早使用的传输方式就是这种方式。

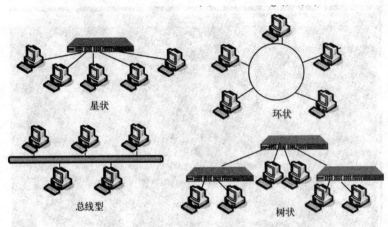

图 1-30　LAN 中常见拓扑结构

全双工，即双向同时通信，这是指同一时间内，通信双方既可以发送信息，也可以接收信息。全双工传输方式在局域网中的应用，提高了网络的通信能力，与半双工方式相比，理论上比半双工方式传输速度快一倍。目前大量的 LAN 交换机和网卡都采用全双工方式。

4. 局域网的类型

目前常见的局域网类型包括：以太网（Ethernet）、光纤分布式数据接口（FDDI）、异步传输模式（ATM）、令牌环网（token ring）等，它们在拓扑结构、传输介质、传输速率、数据格式等多方面都有许多不同。其中应用最广泛的当属以太网，也是目前发展最迅速、也是最经济的局域网。

1.6.2　以太网基础

1. 以太网的发展

1968 年，夏威夷大学的 Norman Abramson 及其同事研制了一个名为 ALOHA 系统的无线电网络，它使用共享的公共传输信道传送数据。该系统的独特之处在于用入境（inbound）和出境（outbound）两路无线电信道进行数据传输。

其中出境信道由于是 1 对多的关系，即一台主机对多台主机进行数据传输，不存在信道冲突的问题。而出境信道是多对 1 的关系，即多台主机使用同一信道与单台主机进行数据传输（多台主机共享同一信道），存在共享信道冲突的问题，Norman Abramson 采用了信道冲突延时重发的解决方法，并于 1970 年发表了一篇文章详细阐述了计算 ALOHA 系统的理论容量的数学模型，这就是闻名于世 ALOHA 模型。

在 1972 年秋，DEC 公司的网络专家 Bob Metcalfe 偶然发现了 Norman Abramson 的关于 ALOHA 系统的研究成果。经过深入研究，Bob Metcalfe 认识到可以通过优化把 ALOHA 系统的效率提高近 100%。1972 年底，Bob Metcalfe 和 David Boggs 根据 ALOHA 系统的原理，设计了一套网络，将不同的 ALTO 计算机连接起来。在研制过程中，Metcalfe 把这个网络命名为 ALTO ALOHA 网络。

这个世界上第一个计算机局域网络——ALTO ALOHA 网络首次在 1973 年 5 月开始运行。后来 Bob Metcalfe 写了一段备忘录，并将该网络改名为以太网（Ethernet），其灵感来自"电磁辐射是可以通过发光的以太来传播"的这一想法，最初的实验型以太网以 2.94 Mbps 的速度运行。

　　1980 年 9 月，DEC 公司、Intel 公司和 Xerox 公司三方在 Bob Metcalfe 的实验型以太网的基础上，正式推出了以太网 DIX 1.0 规范，DIX 1.0 以 10 Mbps 的速度运行，1982 年，3 家公司公布了以太网 DIX 2.0 规范作为终结。

　　后来这三家公司将此规范提交给电子电气工程师协会（Institute of Electrical and Electronics Engineers，IEEE）的 802 委员会，经过 IEEE 成员的修改并通过，变成了 IEEE 的正式标准，并编号为 IEEE 802.3。Ethernet 和 IEEE 802.3 虽然有很多规定不同，但术语上 Ethernet 通常认为与 802.3 是兼容的。

　　1995 年，IEEE 正式通过了 802.3u 快速以太网标准，以太网技术实现了第一次飞跃，传输速度从 10 Mbps 达到了 100 Mbps。1998 年，IEEE 802.3z 和 IEEE 802.3ab 千兆以太网标准正式发布，2002 年，IEEE 802.3ae 万兆以太网标准发布。

　　其中 802 委员会在制定局域网标准的时候，有以下一些特点。

　　① 为了使数据链路层能更好地适应多种局域网标准，802 委员会就将局域网的数据链路层拆成两个子层：逻辑链路控制（logical link control，LLC）子层，媒体访问控制（medium access control，MAC）子层。

　　② 与接入到传输媒体有关的内容都放在 MAC 子层，而 LLC 子层则与传输媒体无关，不管采用何种协议的局域网对 LLC 子层来说都是透明的。

　　在实际以太网的应用中，由于 TCP/IP 体系经常使用的以太网标准是 DIX 2.0 而不是 802.3 标准中的几种局域网，因此现在 802 委员会制定的逻辑链路控制子层 LLC（即 802.2 标准）作用已经不大了。很多厂商生产的网卡上就仅装有 MAC 协议而没有 LLC 协议。

　　2. 以太网的分类

　　如果按照以太网发展的历程和以太网传输速率的不同，以太网分为以下 4 类

　　① 传统以太网：标准为 IEEE 802.3，传输速率 10 Mbps，包含有 10 BASE-5、10 BASE-2、10 BASE-T、10 BASE-F 等标准。

　　② 快速以太网：标准为 IEEE 802.3u，传输速率 100 Mbps，包含有 100 BASE-Tx、100 BASE-Fx、100 BASE-T4、100 BASE-T2 等标准。

　　③ 千兆以太网：标准为 IEEE 802.3z 和 IEEE 802.3ab，传输速率 1000 Mbps，包含有 1000 BASE-T、1000 BASE-CX、1000 BASE-LX、1000 BASE-SX 等标准。

　　④ 万兆以太网：标准为 IEEE 802.3ae，万兆以太网目前只能在光纤上传输，而不能兼容在双绞线上传输，且这类设备价格昂贵，现仍属初级阶段。

　　现在使用最广泛的是快速以太网和千兆以太网，但其很多的工作原理和方式都是从传统以太网中发展过来的，因此本教材主要介绍传统以太网，从而可以了解快速以太网和千兆以太网的情况。

1.6.3　传统以太网

　　1. 传统以太网的工作原理

　　传统以太网，如 10 BASE-2、10 BASE-5，将许多计算机都连接到一根总线上共享带宽（即使是星状拓扑结构的 10 BASE-T，其逻辑拓扑结构还是总线型，只不过各台计算机共享集线器的背板总线）。

　　总线型的特点是：当一台计算机发送数据时，其他的计算机只能去接收，如果其他计算机也发送数据，就会产生冲突，这是一种共享信道的通信方式，同时由于一台计算机发送数据，总线上的所有计算机都能检测到这个数据，这种通信方式也是广播式通信。为了在总线上实现一对一的通信，可以使每一台计算机拥有一个与其他计算机都不同的地址。在发送数据帧时，在帧的首部写明接收站的地址。仅当数据帧中的目的地址与计算机的地址一致时，该计算机才能接收这个数据帧。计算机对不是发送给自己的数据帧，则一律不接收，这也就是 MAC 地址的由来。

　　这就好像在几个人开会谈话过程中，只能有一个人说话而其他人听，如果很多人说话就会杂乱而产生冲突，因为大家是共享信道，另外相互对话的是某两个人，相互说话都带有地址信息，但所有的人都收到了，只有对话双方会进行相互回应，而其他人都会丢弃该信息，因为大家的通信方式是广播式通信，如图 1-31 所示。

图 1-31　共享信道广播式通信

　　这种广播发送数据方式有许多不足：

　　① 用户数据向所有结点发送，很可能带来数据通信的不安全因素，一些网络攻击者很容易就能非法截获他人的数据；

　　② 由于所有数据都是向所有结点同时发送，加上以上所介绍的共享信道方式，就更加可能造成网络塞车现象，更加降低了网络效率；

　　③ 只能进行半双工传输，网络通信效率低，不能满足较大型网络通信需求。

　　可以理解在传统以太网中，多结点共享同一传输介质，易发生冲突，这称为共享式以太网。同时结点间通信采用广播方式，单结点发送数据，所有结点都可以收到，这又称为广播式以太网。

　　传统以太网使用载波监听多路访问/冲突检测（carrier sense multiple access/collision detect，CSMA/CD）来减少冲突，其具体含义如下。

　　① "载波监听"是指每一个站在发送数据之前先要检测一下总线上是否有其他计算机在发送数据，如果有，则暂时不要发送数据，以免发生冲突。

　　② "多路访问"表示许多计算机以多点接入的方式连接在一根总线上，总线可以多路访问，但只能一路使用。

　　③ "冲突检测"就是计算机边发送数据边检测信道上的信号电压大小。当几个站同时在总线上发送数据时，总线上的信号电压摆动值将会增大（互相叠加）。当一个站检测到的信号电压摆动值超过一定的门限值时，就认为总线上至少有两个站同时在发送数据，表明产生了冲突。在发生冲突时，总线上传输的信号产生了严重的失真，就无法从中恢复出有用的数据。

　　从上可以理解，每一个正在发送数据的站，一旦发现总线上出现了冲突，就要立即停止发送，免得继续浪费网络资源，然后等待一段随机时间后再次发送。同时当发送数据的站一旦发现发生了冲突时，除了立即停止发送数据外，还要再继续发送若干比特的人为干扰信号（jamming signal），以便让所有用户都知道现在已经发生了冲突。另外使用 CSMA/CD 协议的以太网不能进行全双工通信，而只能进行双向交替通信（半双工通信）。

　　总结 CSMA/CD 的工作原理就是先听后发、边发边听、冲突停止、延时重发。CSMA/CD 的工作过程如图 1-32 所示。

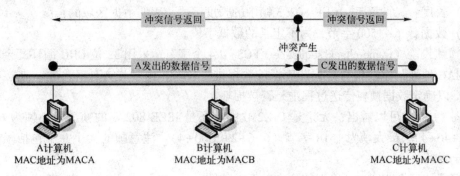

图 1-32　CSMA/CD 工作原理

　　A 计算机发送数据帧给计算机 C，在发送的以太网帧帧头中加上源 MAC 地址 MACA 和目的 MAC 地址 MACC，A 计算机先监听共享总线上是否有载波，如有，则推迟发送，如无，则将该帧转为比特流信号传输到共享的总线上，B 计算机也收到了，但 B 计算机的 MAC 地址为 MACB，故 B 计算机丢弃该帧，由于该帧还未到达 C 计算机，假设 C 计算机也要发送数据帧出去，同样先听后发，发现总线上没有载波，因此 C 计算机也发送数据帧到共享的总线上，则此时产生了冲突，冲突信号产生后，分别返回到 A 计算机和 C 计算机，A 计算机和 C 计算机都检测到了冲突的发生，分别停止发送数据，然后延长一段随机时间后重新尝试发送。

　　从上可以理解到 CSMA/CD 只适用于共享传输介质情况，并不适用于全双工模式和独享信道情况。

2. 传统以太网的帧结构

以太网的 MAC 帧格式有两种标准，一种是 DIX 2.0 标准，另一种是 IEEE 802.3 标准。这两种不同的 MAC 帧格式，如图 1-33 所示。

帧前导码 7字节 10101010	帧首定界符 1字节 10101011	目的MAC地址 6字节	源MAC地址 6字节	类型 2字节	数据 46~1500字节	帧校验FCS 4字节

DIX2.0帧结构

帧前导码 7字节 10101010	帧首定界符 1字节 10101011	目的MAC地址 6字节	源MAC地址 6字节	长度 2字节	数据 46~1500字节	帧校验FCS 4字节

IEEE 802.3帧结构

图 1-33　DIX2.0 帧结构和 IEEE 802.3 帧结构

　　（1）帧前导码：共 7 个字节的 10101010，又称为前同步码，帧前导码的作用是使接收端在接收帧的时候，能够迅速实现比特同步。

（2）帧首定界符：为1个字节的10101011，表示后面就是MAC帧。

（3）目的MAC地址：6个字节的接收方MAC地址。

（4）源MAC地址：6个字节的发送方MAC地址。在Windows操作系统下使用ipconfig／all命令可以查看本机网卡的MAC地址。

（5）类型：2个字节，DIX2.0帧中的类型字段，表明帧所携带的上层数据类型，如0X0800代表封装的上层协议是IP协议，0X0806代表封装的上层协议是ARP协议。

（6）长度：2个字节，IEEE 802.3帧中的长度字段，表明数据区域的长度。

（7）数据：46~1500字节，为不定长的数据字段。

（8）帧校验（frame check sequence，FCS）：4个字节，采用32位CRC循环冗余码对从"目的MAC地址"字段到"数据"字段的数据进行校验，由发送方计算产生，在接收方被重新计算以确定数据帧在传送过程中是否被损坏。

从图1-33中可以看出，无论是DIX2.0的帧还是IEEE 802.3的帧，最小帧为64字节（6+6+2+46+4），最大帧为1518字节（6+6+2+1500+4）。注意帧的大小并不包括帧前导码和帧首定界符。

根据帧的目的地址，可以把帧分为以下三种帧。

① 单播（unicast）帧（一对一），即目的MAC地址为单一的MAC地址，如00-50-56-C0-3F-01。

② 广播（broadcast）帧（一对全体），即发送给所有站点的帧（全1地址），也就是目的MAC地址为FF-FF-FF-FF-FF-FF。ARP请求报文就是通过这样的广播帧进行发送的。

③ 多播（multicast）帧（一对多），即发送给一部分站点的帧。

在这里区分一下广播帧和广播通信方式的概念，在传统以太网中，即使帧的目的地址为单一的MAC地址（单播帧），这个帧的传输还是广播通信方式，因为所有的站点共享传输介质，所有的站点都会收到这个帧，如果目的MAC地址与自己本站的MAC地址相同，则保留处理该帧，否则丢弃。

而如果帧的目的地址为广播帧（也就是目的MAC地址为FF-FF-FF-FF-FF-FF），这个帧的传输也是广播通信方式，只不过所有的站点收到这个广播帧后，都保留进行处理。如图1-34所示。

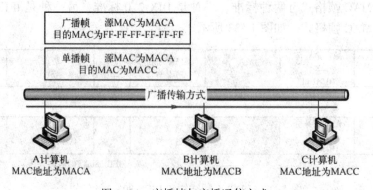

图1-34　广播帧与广播通信方式

因此广播帧只是针对帧的目的地址而言，与传输方式无关。也可以得到这样一个结论，当网络规模较大的时候，如果广播帧太多，就会严重消耗网络和站点的资源。

1.6.4　快速以太网

随着网络的发展，传统标准的以太网技术已难以满足日益增长的网络数据流量速度需求。1995 年 3 月 IEEE 宣布了 IEEE 802.3u 快速以太网标准（FastEthernet），就这样开始了快速以太网的时代。

100 Mbps 快速以太网标准又分为：100 BASE-TX 、100 BASE-FX、100 BASE-T4 三个子类。

1. 100 BASE-TX

这是一种使用 5 类非屏蔽双绞线或屏蔽双绞线的快速以太网技术。

它可以使用两对双绞线，一对用于发送，一对用于接收数据，在传输中使用 4B/5B 编码方式，信号频率为 125 MHz，符合 EIA568 的 5 类布线标准布线标准，使用同 10 BASE-T 相同的 RJ-45 连接器，它的最大网段长度为 100 m，它支持全双工的数据传输。

2. 100 BASE-FX

这是一种使用光缆的快速以太网技术，可使用单模和多模光纤。

多模光纤连接的最大距离为 550 m，单模光纤连接的最大距离为 3000 m，在传输中使用 4B/5B 编码方式，信号频率为 125 MHz，它使用 MIC/FDDI 连接器、ST 连接器或 SC 连接器，它支持全双工的数据传输，100 BASE-FX 特别适合于有电气干扰的环境、较长距离连接、高保密环境等情况下的适用。

3. 100 BASE-T4

这是一种可使用 3、4、5 类非屏蔽双绞线或屏蔽双绞线的快速以太网技术。

它使用 4 对双绞线，3 对用于传送数据，1 对用于检测冲突信号，在传输中使用 8B/6T 编码方式，信号频率为 25 MHz，符合 EIA568 结构化布线标准，它使用与 10 BASE-T 相同的 RJ-45 连接器，最大网段长度为 100 m。

1.6.5　千兆以太网

IEEE 802.3 工作组建立了 802.3z 和 802.3ab 千兆位以太网工作组，其任务是开发适应不同需求的千兆位以太网标准。该标准支持全双工和半双工 1000 Mbps，相应的操作采用 IEEE 802.3 以太网的帧格式和 CSMA/CD 介质访问控制方法。

目前，千兆以太网已经发展成为主流网络技术。大到成千上万人的大型企业，小到几十人的中小型企业，在建设企业局域网时都会把千兆以太网技术作为首选的高速网络技术。同时千兆以太网技术甚至正在成为城域网建设的主力军。

1. 1000 BASE-LX

1000 BASE-LX 对应于 802.3z 标准，既可以使用单模光纤也可以使用多模光纤。

1000 BASE-LX 所使用的光纤主要有：62.5 μm 多模光纤、50 μm 多模光纤和 8 μm 单模光纤。其中使用多模光纤的最大传输距离为 550 m，使用单模光纤的最大传输距离为 3 km。1000 BASE-LX 采用 8B/10B 编码方式。

2. 1000 BASE-SX

1000 BASE-SX 对应于 802.3z 标准，只能使用多模光纤。

1000 BASE-SX 所使用的光纤有：62.5 μm 多模光纤、50 μm 多模光纤。其中使用 62.5 μm

多模光纤的最大传输距离为 275 m，使用 50 μm 多模光纤的最大传输距离为 550 m。1000 BASE-SX 采用 8B/10B 编码方式。

3. 1000 BASE-CX

1000 BASE-CX 对应于 802.3z 标准，使用的是铜缆。

最大传输距离 25 m，使用 9 芯 D 型连接器连接电缆。1000 BASE-CX 采用 8B/10B 编码方式。1000 BASE-CX 适用于交换机之间的连接，尤其适用于主干交换机和主服务器之间的短距离连接。

4. 1000 BASE-T

1000 BASE-T 对应于 802.3ab 标准，使用屏蔽双绞线作为传输介质。

传输的最长距离是 100 m。1000 BASE-T 不支持 8B/10B 编码方式，而是采用更加复杂的编码方式。1000 BASE-T 的优点是用户可以在原来 100 BASE-T 的基础上进行平滑升级到 1000 BASE-T。

1.7 广域网基础

1.7.1 广域网的概念

广域网是一个地理覆盖范围超过局域网的数据通信网络。广域网大多数由一些结点交换机及连接这些交换机的链路组成。通常一个结点交换机往往与多个结点交换机相连。图 1-35 表示相距较远的局域网可以通过路由器与广域网相连，从而实现互通，而不同的广域网也可以通过路由器相互连接，这样就构成了一个覆盖范围更广的互联网，因特网（Internet）就是世界上最大的互联网，从这里可以看到路由器在整个网络互联中担负极其重要的角色。

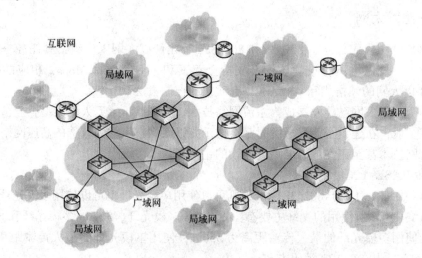

图 1-35 广域网连接示意图

构建广域网和构建局域网不同，构建局域网可由用户自行完成网络的建设，网络的传输速率可以很高。但构建广域网由于受各种条件的限制，必须借助公共传输网络。公共传输网络的内部结构和工作机制用户是不关心的，用户只需了解公共传输网络提供的接口，如何实现和公共传输网络之间的连接，并通过公共传输网络实现远程端点之间的数据传输。

1.7.2　广域网链路连接方式

广域网链路连接方式的分类如图 1-36 所示，主要有两种类型的广域网链路连接方式：专线连接和交换连接，交换连接又可以是电路交换或者是分组交换。

1. 专线连接

专线连接提供的是一条预先建立的、从客户端经过运营商网络到达远端目的网络的广域网通信路径。一条点对点链路就是一条租用的专线，可以在数据收发双方之间建立起永久性的固定连接。数字数据网（digital data network，DDN）、数字用户线（digital subscriber line，XDSL）都是这样的专线连接网络，专线连接线路的速率主要有 T1（1.544 Mbps）、E1（2.048 Mbps）、E3（34.064 Mbps）、T3（44.736 Mbps）等。

一条专线线路是两个结点间的连续可用的点对点的链路，专线一般使用同步串行链路。进行专线连接时，每个连接都需要路由器的一个同步串行连接接口，以及来自服务提供商的数据服务单元/通道服务单元设备（data service unit/channel service unit，DSU/CSU）和实际电路。

DSU/CSU 主要为设备间的通信提供信号时钟。图 1-37 显示了专线连接和 DSU/CSU 在网络中的位置。

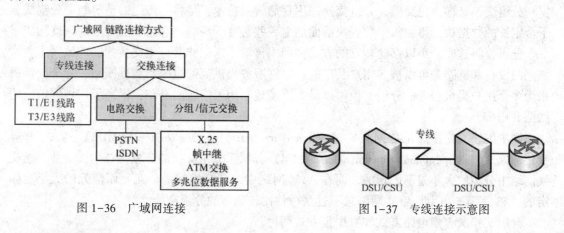

图 1-36　广域网连接　　　　　　　　　　　　　　图 1-37　专线连接示意图

2. 电路交换

电路交换包括以下三个阶段。

① 建立电路。在传送数据之前，由发送方发出建立电路请求，广域网交换机根据该请求，设法选择一条空闲的信道连接到接收方。接收方收到该请求后，返回一应答信号确认本次电路连接请求，则本次连接成功。

② 传送数据。建立电路连接后，发送方通过已建立的电路向接收方发送数据。

③ 拆除电路。数据传输完毕，发送方或接收方任意一方发出拆除信号，终止电路连接，释放所占用的信道资源。

典型的电路交换式链路有如下几种：通过公共交换电话网络（public switched telephone network，PSTN）网络进行路由器的异步串口连接（56 kbps）、综合业务数字网

（integrated services digital network，ISDN）基本速率接口（basic rate interface，BRI，2B+D，144 kbps）和基群速率接口（primary rate interface，PRI，23B+D 或 30B+D，1.544 Mbps 或 2.048 Mbps）。

电路交换的最大缺点就是在数据传送开始之前必须先设置一条专用的通路，在线路释放之前，该通路由一对用户完全占用，即信道独享，这就造成了信道的利用率较低，针对计算机网络数据触发式通信的特点，电路交换效率不高。

电路交换方式的示意图如图 1-38 所示。

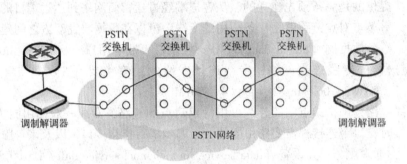

图 1-38　电路交换方式示意图

3. 分组交换

分组交换又称为包交换。分组交换采用存储转发技术，是将要传送的整份数据分割成若干个定长的数据块，再在每个数据块前面加上一些必要的控制信息组成的首部后，就构成了一个分组，将这些分组以存储转发的方式在网内传输。这意味着分组交换式的广域网中，广域网的设备和链路是可以被多用户共享的，允许服务提供商通过一条物理线路、一个交换机来为多个用户提供服务。分组交换可以最大限度地利用了广域网链路，提高了广域网链路的线路利用率。

帧中继、交换多兆位数据服务（switched multimegabit data service，SMDS）、X.25 和异步传输模式（asynchronous transfer mode，ATM）都属于分组交换的广域网技术。一般分组交换网络中分组的大小是不固定的，而在 ATM 网络中，其分组称为信元，而信元的大小是固定的（53 字节），因此 ATM 网络只不过是一种比较独特的分组交换。

分组交换又有虚电路方式和数据报方式两种。

虽然虚电路方式和数据报方式都是以分组为基本单位发送数据，分组都通过中间设备的存储转发到达接收端，在存储转发期间都要做差错控制，但虚电路方式和数据报方式还是有非常大的一些差异，具体比较如下。

（1）虚电路的特点

① 发送前需先建立虚连接，发送结束要拆除（释放）虚连接。每个分组都只需带上虚连接号（虚电路号）即可，不需要带有完整的目的地址信息；

② 分组到达接收端后，无乱序现象，无须重组；

③ 虚电路一旦中断，将无法继续通信，只能重新建立虚电路再进行传输。

（2）数据报的特点

① 不需要建立虚连接就可以进行传输，但要求每个分组必须带有完整的目的地址；

② 分组到达接收端后，可能乱序、重复和丢失，需要重组；

③ 各分组可通过不同路径传输，可靠性高，链路如果出现故障，只要存在冗余的链路，并不会影响继续传输。

1.7.3 广域网体系结构和数据链路层封装协议

OSI/RM 的 7 层体系结构同样适用于广域网，但广域网只涉及其中的下三层：物理层、数据链路层和网络层，图 1-39 按照 OSI/RM 列举了广域网各层的一些常见协议。

OSI/RM 模型	广域网协议
网络层	X.25 的 PLP、TCP/IP 的 IP
数据链路层	PPP（点对点协议） SLIP（串行线路互连协议） HDLC（高级数据链路控制规程） LAPB（链路访问过程平衡） frame relay（帧中继） ATM（异步传输模式） ……
物理层	EIA/TIA-232、EIA/TIA-449 EIA-530、EIA/TIA-612/613 V.35、X.21

图 1-39 广域网各层协议

1. 物理层协议

物理层协议描述了广域网如何提供电气、机械、过程和功能的连接到通信服务提供商。广域网物理层描述了数据终端设备（data terminal equipment，DTE）和数据通信设备（data communications equipment，DCE）之间的接口。连接到广域网的设备通常是一台路由器，它被认为是一台 DTE。而连接到另一端的设备是服务提供商提供的广域网设备，这就是一台 DCE，如调制解调器、CSU/DSU、帧中继交换机等。

广域网的物理层描述了连接方式，广域网的连接基本上属于专线连接、电路交换连接、分组交换连接这三种类型之一。它们之间的连接无论是专线连接、电路交换连接还是分组交换连接，都使用同步或异步串行连接，所谓同步连接即双方具有相同的接口时钟频率，而异步连接即双方的接口时钟频率可以不统一，同步接口需要广域网中的 DCE 端来提供时钟频率，以达到同步，而异步接口在传输的数据中已经包含了起始位和终止位，所以不需要时钟频率，但是传输效率比较低。许多物理层标准定义了 DTE 和 DCE 之间接口的控制规则，表 1-5 中列举了常用物理层标准和它们的连接器。

表 1-5 广域网物理层标准及其连接器

标　准	描　述
EIA/TIA-232	在近距离范围内，允许 25 针 D 型连接器上的信号速度最高可达 64 kbps，也称为 RS-232
EIA/TIA-449 EIA-530	是 EIA/TIA-232 的高速版本（最高可达 2 Mbps），它使用 36 针 D 型连接器，传输距离更远，也被称为 RS-422 或 RS-423
EIA/TIA-612/613	高速串行接口，使用 50 针 D 型连接器，可以提供 T3（45 Mbps）、E3（34 Mbps）和同步光纤网 SONET 的 STS-1（51.84 Mbps）速率接入服务

标　准	描　述
V.35	用来在网络接入设备和分组网络之间进行通信的一个同步、物理层协议的 ITU-T 标准，V.35 普遍用在美国和欧洲
X.21	用于同步数字线路上的串行通信 ITU-T 标准，它使用 15 针 D 型连接器，主要用在欧洲和日本

2. 数据链路层协议

在每个广域网连接上，数据在通过广域网链路前都被封装到帧中。为了确保使用恰当的协议，必须在路由器配置适当的第二层封装（数据链路层封装）。封装协议的选择需要根据所采用的广域网技术和通信设备确定。

路由器把分组以二层帧格式进行封装，然后传输到广域网链路。尽管存在几种不同的广域网封装，但是大多数有相同的原理，这是因为大多数的广域网封装都是从高级数据链路控制 HDLC 和同步数据链路控制 SDLC 演变而来的。尽管它们有相似的结构，但是每一种数据链路协议都指定了自己特殊的帧类型，不同类型是不相容的。

通常的广域网数据链路层协议有以下几种。

（1）PPP 协议

PPP 是一种标准协议，规定了同步或异步电路上的路由器对路由器、主机对网络的连接。

（2）SLIP 协议

SLIP 是 PPP 的前身，用于使用 TCP/IP 的点对点串行连接。SLIP 已经基本上被 PPP 取代。

（3）HDLC 协议

HDLC 是专线连接（点对点链路）和电路交换连接上默认的封装类型。HDLC 是按位访问的同步数据链路层协议，它定义了同步串行链路上使用帧标识和校验和的数据封装方法。

（4）链路访问过程平衡规程（link access procedure balanced，LAPB）

LAPB 是定义 DTE 与 DCE 之间如何连接的 ITU.T 标准，是在公用数据网络上维护远程终端访问与计算机通信的。LAPB 用于分组交换网络，用来封装位于 X.25 中第三层的 PLP 分组。

（5）FR

帧中继 FR 是一种高性能的分组交换式广域网协议，可以被应用于各种类型的网络接口中。帧中继适用于更高可靠性的数字传输设备上。

（6）ATM

ATM 是信元交换的国际标准，在定长 53 字节的信元中能传输各种各样的服务类型（如话音、音频、数据）。ATM 适于利用高速传输介质（如 SONET）。

目前，最常用的两个广域网协议是 HDLC 和 PPP。

图 1-40 显示了典型的广域网链路连接方式和典型的广域网数据链路层封装协议之间的关系情况。

3. 网络层协议

著名的广域网网络层协议有 X.25 的分组层协议（packet level protocol，PLP）和 TCP/IP 协议体系中的 IP 协议等，其中 IP 协议是广域网中网络层最常使用的协议。

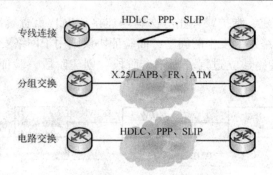

图 1-40 广域网数据链路层典型的封装协议

1.7.4 PPP 协议

1. PPP 协议简介

PPP 协议是从 SLIP 协议改进而来的。PPP 是为在同等单元之间传输数据包这样的简单链路设计的链路层协议。这种链路提供全双工操作，并按照顺序传递数据包。设计目的主要是用来通过拨号或专线方式建立点对点连接发送数据，使其成为各种主机、网桥和路由器之间简单连接的一种共通的解决方案。

2. PPP 的帧结构

PPP 的帧结构如图 1-41 所示。

标志字段 0X7E	地址字段 0XFF	控制字段 0X03	协议字段	数据字段	帧校验字段	标志字段 0X7E
1个字节	1个字节	1个字节	2个字节	不超过 1500字节	2个字节	1个字节

图 1-41 PPP 帧结构

标志字段：规定为 0X7E（二进制表示是 01111110），表示一个帧的开始或结束。

地址字段：规定为 0XFF，即全为 1，这是由于点对点链路只有两者存在。

控制字段：规定为 0X03。

协议字段：如果为 0X0021，表示数据字段为 IP 数据包，若为 0xC021，表示数据字段为 PPP 的链路控制协议数据。

数据字段：长度可变，不超过 1500 字节。

帧校验字段：采用 CRC 循环冗余码对整个帧进行差错编码。

3. PPP 链路建立过程

PPP 协议中提供了一整套方案来解决链路建立、维护、拆除、上层协议协商、验证等问题。

PPP 协议包含这样几个部分：链路控制协议（link control protocol，LCP）、网络控制协议（network control protocol，NCP）和验证协议，其中验证协议包括口令验证协议（password authentication protocol，PAP）和挑战握手验证协议（challenge-handshake authentication protocol，CHAP）。

其中，LCP 负责创建、维护或终止一次物理连接，NCP 负责解决物理连接上运行什么网络协议及解决上层网络协议发生的问题，而验证协议则用于网络安全方面的验证。

一个典型的 PPP 链路建立过程分为三个阶段：创建阶段、验证阶段和网络协商阶段，如图 1-42 所示。

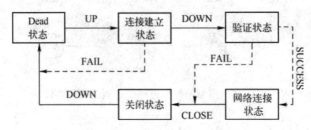

图 1-42　PPP 链路建立过程

（1）创建 PPP 链路

LCP 负责创建链路。在这个阶段，将对基本的通信方式进行选择。链路两端设备通过 LCP 向对方发送配置信息。一旦一个配置成功信息被发送且被接收，就完成了交换，进入了 LCP 开启状态。

应当注意，在链路创建阶段，只是对验证协议进行选择，用户验证将在第 2 阶段实现。

（2）用户验证

在这个阶段，客户端会将自己的身份发送给远端。该阶段使用一种安全验证方式避免第三方窃取数据或冒充远程客户接管与客户端的连接。在验证完成之前，禁止从验证阶段前进到网络层协议阶段。如果验证失败，应该跃迁到链路终止阶段。

在这一阶段里，只有链路控制协议、验证协议和链路质量监视协议的包是被允许的，在该阶段里接收到的其他的包必须被丢弃。

最常用的认证协议有 PAP 协议和 CHAP 协议。

（3）调用网络层协议

验证阶段完成之后，PPP 将调用在链路创建阶段选定的各种网络控制协议 NCP。选定的 NCP 解决 PPP 链路之上的高层协议问题，例如，在该阶段 IP 控制协议可以向拨入用户分配动态地址。

这样，经过三个阶段以后，一条完整的 PPP 链路就建立起来了。

4. 验证方式

（1）PAP 协议

PAP 验证过程如图 1-43 所示，过程如下。

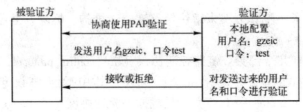

图 1-43　PAP 验证

① 被验证方发送用户名和口令到验证方。

② 验证方根据用户配置查看是否有此用户名及口令是否正确，然后返回不同的响应。

PAP 验证的特点是两次握手验证，过程为明文，由被验证方发起。

（2）CHAP 协议

CHAP 验证过程如图 1-44 所示，过程如下。

① 验证方向被验证方发送一个挑战（含有加密的用户名）。

② 被验证方针对接收到的挑战向验证方返回一个响应（含有加密的口令）。

③ 验证方根据收到的响应决定验证是否通过，然后返回接收或拒绝的响应。

CHAP 验证的特点是三次握手验证，过程为密文，由验证方发起。

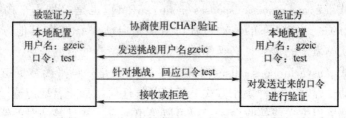

图 1-44　CHAP 验证

1.7.5　HDLC 协议

1. HDLC 协议简介

高级数据链路控制 HDLC 是一个在同步网络上传输数据、面向比特的数据链路层协议。

1975 年，IBM 公司率先提出了面向比特的同步数据链路控制规程（synchronous data link control，SDLC）。随后，ANSI 和 ISO 均采纳并发展了 SDLC，并分别提出了自己的标准：ANSI 的高级通信控制过程（advanced data control procedure，ADCCP）、ISO 的高级数据链路控制规程 HDLC。从 1981 年开始，ITU-T 又开发了一系列基于 HDLC 协议的协议，即链路访问规程 LAPs（包括 LAPB、LAPD、LAPF 等）。

这些协议的特点是所传输的一帧数据可以是任意位，而且它是靠约定的位组合模式，而不是靠特定字符来标志帧的开始和结束，故称"面向比特"的协议。

2. HDLC 站点类型、链路配置和通信方式

HDLC 是通用的数据链路控制协议，当开始建立数据链路时，允许选用特定的操作方式。所谓链路操作方式，通俗地讲就是某站点以主站方式操作、还是以从站方式操作，或者是二者兼备。

（1）HDLC 站点类型

HDLC 定义了三种类型的站，分别为主站、从站、复合站，在链路上用于控制目的称为主站，其他受主站控制的站称为从站，兼备主站和从站功能的称为复合站。

主站负责对数据流进行组织，并且对链路上的差错实施恢复。由主站发往从站的帧称为命令帧。从站在主站控制下进行操作，从站发出的帧称为响应帧。而复合站既可以发送命令帧也可发出响应帧。

（2）HDLC 链路配置

HDLC 协议有两种链路配置，分别为不平衡配置和平衡配置。

不平衡配置：适用于点对点链路和多点链路，这种线路配置由一个主站和多个从站组成，支持全双工或半双工传输。

平衡配置：仅用于点对点链路，这种配置由两个复合站组成，支持全双工或半双工传输。

（3）HDLC通信方式

HDLC中常用的数据通信方式有以下三种。

正常响应方式（normal responses mode，NRM）是一种不平衡数据链路操作方式。在这种操作方式中，传输过程由主站启动，从站只有收到主站某个命令帧后，才能作为响应向主站传输信息。响应信息可以由一个或多个帧组成。

异步响应方式（asynchronous responses mode，ARM）也是一种不平衡数据链路操作方式，与NRM不同的是，ARM下的传输过程可由从站启动。ARM在其他方面并没有改变主从关系，从一个从站发出的传输，必须经过主站转发到最终的目的地。

异步平衡方式（asynchronous balanced mode，ABM）是一种平衡数据链路操作方式，允许任何结点来启动传输。在这种操作方式下任何时候任何站都能启动传输操作，每个站都是复合站。任何站都可以发送或接收命令，也可以给出响应，并且各站对差错恢复过程都负有相同的责任。

3. HDLC帧结构

HDLC的帧结构如图1-45所示。

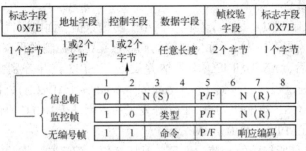

图1-45　HDLC帧结构

（1）标志字段

规定为0X7E（二进制表示是01111110），表示一个帧的开始或结束。

（2）地址字段

内容取决于所采用的操作方式。每一个从站和组合站都被分配一个唯一的地址。命令帧中的地址字段携带的是对方站的地址，而响应帧中的地址字段所携带的地址是本站的地址。一般在点对点类型的通信中，地址不是必需的。

（3）控制字段

用于构成各种命令和响应，以便对链路进行监视和控制，图中给出了1个字节情况的控制字段格式，控制字段中的第一位或第一、第二位表示传送帧的类型，HDLC定义了信息帧（I帧）、监控帧（S帧）和无编号帧（U帧）三种不同类型的帧。

① 信息帧（I帧）。

HDLC允许发送方连续发送多个帧。信息帧用来传送用户的数据。其中N(S)代表待发送的帧编号，N(R) 代表期望接收的对方下一个帧的帧标号（表达了对对方已发送过来的帧的确认）。

P/F 为探询/结束位。当主站发送一帧时，该位起探询作用。如果该位为 1，表示要求从站必须响应。当从站响应多个帧的时候，最后一帧中将 P/F 置 1，指示响应结束。

② 监控帧（S 帧）。

监控帧用来对通信链路进行控制、管理。其中类型字段的不同内容指示另一方怎样解释后面的 N(R)。此类型的帧用来实现简单的流量控制和检错重发。

③ 无编号帧（U 帧）。

无编号帧由于其控制字段不含发送帧编号 N(S) 和确认帧编号 N(R) 而得名。无编号帧主要用来提供各种附加的链路控制命令和响应的功能。

（4）数据字段

可以是任意的二进制比特串。比特串长度未作限定，目前国际上用得较多的是 1000 ~ 2000 比特，而下限可以为 0，即无信息字段。但是监控帧中规定不可有信息字段。

（5）帧校验字段

使用 16 位 CRC 循环冗余码，对两个标志字段之间的整个帧的内容进行校验。

本章实验

实验 1-1　　"Windows 环境常用网络命令的测试和分析"报告书

实验名称	Windows 环境常用网络命令的测试和分析	实验指导视频	
实验拓扑结构	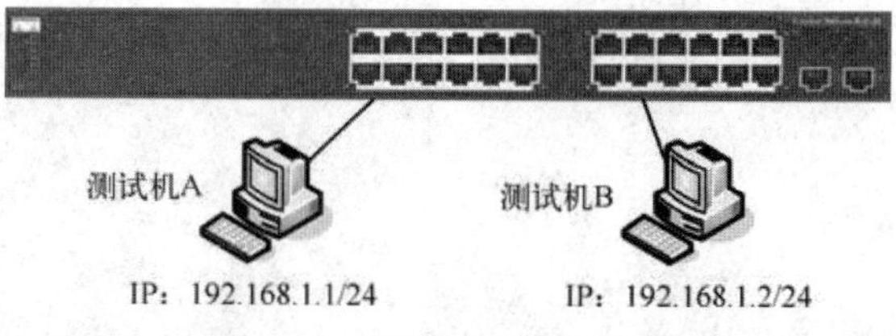	测试机A　IP: 192.168.1.1/24　　测试机B　IP: 192.168.1.2/24	
实验要求	对常用网络命令运行的结果进行详细分析		
实验报告	参考实验要求，学生自行完成实验摘要性报告		
实验学生姓名		完成日期	

实验 1-2　　"使用 Sniffer 软件捕获 IP 数据包进行分析"报告书

实验名称	使用 Sniffer 软件捕获 IP 数据包进行分析	实验指导视频	

实验拓扑结构	 测试机A　　　　　　测试机B IP：192.168.1.1/24　　　IP：192.168.1.2/24
实验要求	（1）捕获 ARP 工作过程中的 ARP 广播请求和 ARP 单播应答，对 ARP 的工作过程详细掌握。对 IP 首部、TCP 首部、ICMP 首部、以太网帧首部中的各项字段进行理解分析。 （2）分析 TCP 连接的三次握手和四次挥手过程；分析 ICMP 协议下 ping 回送请求和 ping 回送应答数据包的结构；对 TCP/IP 协议体系结构的封装过程和协议分布等进行充分认识
实验报告	参考实验要求，学生自行完成实验摘要性报告
实验学生姓名	完成日期

第 2 章 交换机基础

2.1 中继器和集线器

2.1.1 中继器的工作原理

由于传输线路噪声的影响，承载数据的信号只能传输有限的距离，当信号沿着传输介质进行传输的时候会产生衰减，如果传输介质过长，则信号将会变得很弱以至于信号失真，这样就会影响到数据的正常传输。于是必须在很长的线路中间安装一种设备可以接收信号、放大恢复信号，再进行转发信号，这样中继器（repeater）就应运产生了。

中继器只是对衰减的信号进行放大恢复，它完成物理线路的连接，保持与原数据相同，不对原数据本身做任何改动，也就是说中继器工作于物理层，只是对物理层的比特流信号进行再生恢复，如图 2-1 所示。中继器是最简单的物理层网络设备，最终目的就是延长网络的布线距离。

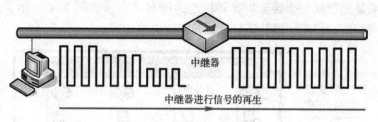

图 2-1　中继器工作原理

在这里需要强调的是信号与数据的区别，信号是数据在传输过程中的表现方式，而网络物理层的比特流就是这样的信号。中继器只能对信号进行放大恢复，而无法理解信号所表达的数据。

值得注意的是，通过中继器网络布线距离得到了延长，但是同样还是不能有两台计算机同时发送数据，因为中继器并不能隔离冲突，不能隔离冲突的原因如图 2-2 所示。

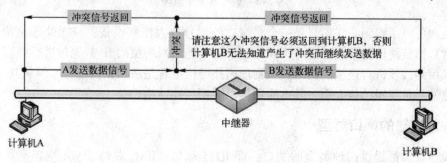

图 2-2　中继器不能隔离冲突

2.1.2　集线器的工作原理

中继器由于是双端口，分别连接两个物理网段，随着智能大厦综合布线的出现，总线型拓扑结构逐渐被淘汰，大量采用了星状拓扑结构，因此在中继器的基础上，就演变出来了集线器。

集线器的英文为 hub，它的实质就是多端口的中继器。hub 是"中心"的意思，集线器的主要功能和中继器一样，也是对接收到的信号进行再生整形放大，以扩大网络的传输距离，同时把所有结点集中在以它为中心的结点上。它和中继器一样，也是工作于 OSI/RM 的物理层。

图 2-3 就是一个 8 端口的以太网集线器和 1 扩 4 路光纤集线器。

图 2-3　以太网集线器和光纤集线器

集线器采用广播方式发送，也就是说当它要向某结点发送数据时，不是直接把数据发送到目的结点，而是把数据发送到与集线器相连的所有结点，如图 2-4 所示，换句话说也就是多结点共享集线器的信道，即共享集线器的背板总线带宽。

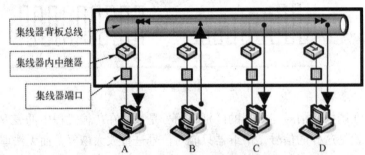

其中任意一个站点发送数据信号出来（如B），其他所有站点都会收到，由于每个站点具有自己的MAC地址，因此只有MAC地址正确的站点才会接收数据。从一个端口流入的流量从其他所有的端口流出，这称为泛洪Flood。

图 2-4　集线器工作原理

从上面可以了解到集线器只是一个多端口的信号放大恢复设备，只能处理比特流信号，而不能对数据链路层的数据帧进行判断处理，更不能对网络层的 IP 数据包进行处理。

所以用集线器进行连接的网络，从物理拓扑结构上看是星状拓扑结构，但从其工作原理上看，也就是从逻辑结构上看，其本质还是总线型拓扑结构。

2.1.3　集线器的端口类型

集线器通常都提供四种类型的端口，即 RJ45 端口、BNC 端口、AUI 端口和堆叠端口，以适用于连接不同类型线缆构建的网络，一些较好的集线器还提供光纤端口 SC。集线器常见的端口如图 2-5 所示。

这里需要强调的是，这里所指的端口是指集线器 HUB 所具有的物理端口，与 TCP 端口、UDP 端口所指的逻辑端口完全是两个概念。

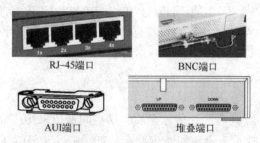

图 2-5 集线器端口类型

图 2-6 为计算机与 IEEE 802.3 的 10 BASE-5、10 BASE-2、10 BASE-T 的连接示意图。

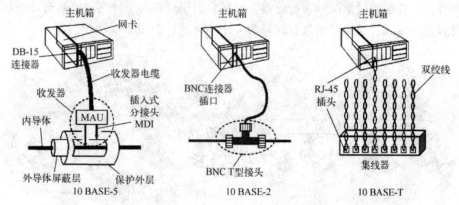

图 2-6 计算机与 10 BASE-5、10 BASE-2、10 BASE-T 的连接示意图

2.1.4 集线器的分类

集线器的产生早于交换机，虽然集线器已经被交换机所淘汰，但是它作为一种传统的基础网络设备仍然还在使用。集线器技术发展至今，也经历了许多不同主流应用的历史发展时期，所以集线器产品也有许多不同类型。

1. 按照端口数量划分

这是最基本的分类标准之一。如果要买一个 16 口或 24 口集线器，这 16 口、24 口指的就是集线器的端口数。目前主流集线器主要有 8 口、16 口和 24 口等大类。

2. 按照带宽划分

集线器也有带宽之分，如果按照集线器所支持的带宽不同，通常可分为 10 Mbps、100 Mbps、10/100 Mbps 自适应三种。

在这里要说明的一点就是这里所指的带宽是指整个集线器所能提供的总带宽，而非每个端口所能提供的带宽。在集线器中所有端口都是共享集线器背板带宽的，也就是说，如果集线器带宽为 10 Mbps，总共有 16 个端口，16 个端口同时使用时则每个端口的平均带宽只有 10/16 Mbps。当然所连接的结点数越少，每个端口所分得的带宽就会越多。

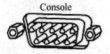

图 2-7　Console 配置端口

另外，某些集线器可提供对该设备的管理功能，即在集线器前面板或后面板都提供一个 Console 端口。虽然集线器 Console 端口的端口类型因不同厂商、品牌或型号可能不同，有的为 DB9 串行口、有的为 RJ-45 端口，如图 2-7 所示，但共同的一点就是在该端口都标注有"CONSOLE"字样，在实际使用中只需要找到标有这个字样的端口即是。

2.1.5　冲突域的概念

传统以太网中，多结点共享同一传输介质，结点间通信采用广播方式，易发生冲突。共享式以太网用 CSMA/CD 技术来避免和减少冲突。如果一个 CSMA/CD 网络上的两台计算机在同时通信时会发生冲突，那么这个 CSMA/CD 网络就是一个冲突域。

如果以太网中的各个网段以中继器连接，因为不能避免冲突，所以它们仍然是一个冲突域。如果各台计算机通过集线器进行连接，同样它们仍然是一个冲突域，各台计算机共享集线器的背板总线带宽，集线器的所有端口为一个冲突域，如图 2-8 所示。

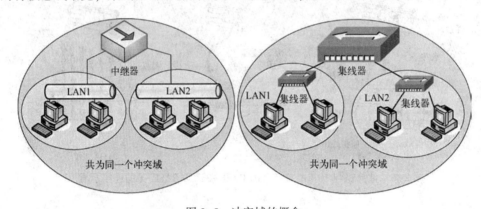

图 2-8　冲突域的概念

即如果所有结点使用物理层设备进行互联，则所有结点同处于一个冲突域中。

总的来说，冲突域就是连接在同一共享传输介质上的所有工作站的集合，或者说是同一物理网段上所有结点的集合，或者说是以太网上竞争同一带宽的结点集合。

2.2　交换机的产生和工作原理

2.2.1　交换网络产生的背景

从上面可以了解到，物理层设备（中继器、集线器）有着方便使用、廉价等优点，但由于共享信道广播式网络还是使用 CSMA/CD 的媒体访问控制方法，因此所有采用物理层设备连接的所有计算机整体上构成一个冲突域，冲突域的大小取决于连接计算机设备的多少，计算机越多，冲突发生的可能性就越大，冲突发生得越多，网络实际用于数据传输的效率就越低，即共享式网络存在的问题如下。

① 随着网络接入结点的增多，冲突增多，线路上数据有效传输严重下降，线路上充斥着大量无效无用的冲突信号，而严重影响网络的性能。

② 网络的扩大，数据流量应该本地化，也就是本地的两台计算机之间的通信，不应该影响其他计算机之间的数据通信。

③ 由于共享信道广播式通信，网络传输中数据的安全性无法得到保证，容易被窃听。

由于共享信道广播式网络存在以上的缺点，为了有效地隔离冲突域，即将一个大的冲突域减小为多个小的冲突域，从而减少冲突的发生，在 1993 年，局域网内可以隔离冲突域的交换设备应运而生，传统共享式网络也演变成为了交换式网络，如图 2-9 所示。

图 2-9　隔离冲突域的思路

那么局域网内交换设备如何隔离冲突域的呢？其基本的思路就是将共享信道广播式网络中的共享信道改变成为交换式网络的独享信道，如图 2-10 所示。

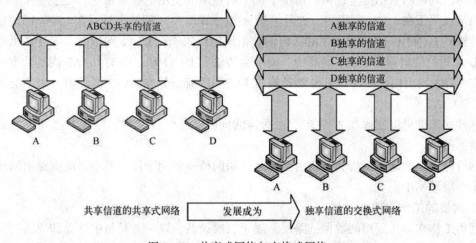

图 2-10　共享式网络与交换式网络

共享信道的共享式网络中 A、B、C、D 四个站点共享一个信道，这个信道只能是 A、B、C、D 四者之一可以使用，而不能同时使用，而独享信道的交换式网络中，A、B、C、D 四个站点都有自己独享的信道，A、B、C、D 四者可以同时进行数据的收发，同时可以发现在独享信道的交换式网络中，由于每台计算机都具有自己独享的信道，冲突不再存在，CSMA/CD 也不再适用，网络传输的效率将大幅度提高，同时如果站点可以工作于全双工模式，网络效率将更加翻倍。

2.2.2　网桥的工作原理和广播域的概念

1. 网桥的由来

在前面的内容中，介绍了由于中继器和集线器的所有端口都在同一个冲突域中，随着网络中包含越多的站点，越多的站点要尝试发送，那么可能发生的冲突增多，网络整体性能也会随之下降，在交换机出现之前，整个网络可以使用网桥来隔离冲突。

如图 2-11 所示，由于网桥对于冲突信号可以进行丢弃，那么 LAN1 内的冲突不会影响到 LAN2 和 LAN3，LAN2 内的冲突不会影响到 LAN1 和 LAN3，LAN3 内的冲突不会影响 LAN1 和 LAN2。

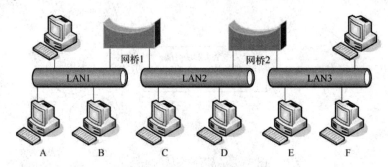

图 2-11　网桥隔离冲突和网段

同时网桥可以将整个局域网分成多个物理网段，如网段 LAN1、LAN2 、LAN3，通过隔离每个网段内部的数据流量，从而增加了每个结点所能使用的有效带宽，也就是 LAN1 内的数据流量仅限于在 LAN1 网段内，如计算机 A 与计算机 B 之间的流量只在 LAN1 网段中，而不会传输到 LAN2 和 LAN3；而 LAN2 内的数据流量仅限于在 LAN2 网段内，如计算机 C 与计算机 D 之间的流量只在 LAN2 网段中，而不会传输到 LAN1 和 LAN3；LAN3 内的数据流量仅限于在 LAN3 网段内，如计算机 E 和计算机 F 之间的流量只在 LAN3 网段中，而不会传输到 LAN1 和 LAN2。

这样一来就可以实现在 A 与 B 数据通信的同时，C 与 D 之间、E 与 F 之间都能够同时进行数据通信。

网桥可以分为透明网桥和源路由网桥，透明网桥一般用于以太网中，而源路由网桥则一般用于令牌环网中。

2. 网桥的工作原理

网桥工作在 OSI 模型的数据链路层，属于二层设备，这一点是与中继器和集线器完全不一样的，中继器和集线器工作于物理层，处理的信息单元是比特流信号，而网桥处理的信息单元是数据链路层的数据帧。

以下通过图 2-12 来介绍网桥的工作原理。

网桥连接了两个网段 LAN1 和 LAN2，当网桥启动后，会自动将收到的数据帧的源 MAC 地址和其对应的网桥端口保存到网桥的缓存中，这样的对应关系称为桥接表。经过一段时间后，网桥将会学习到 LAN1 和 LAN2 上所有主机的 MAC 地址及所在端口，这时网桥开始进行数据帧转发或数据帧过滤的工作。这就是网桥工作的五个特性，分别是学习、泛洪广播帧、泛洪未知目的帧、转发数据帧和过滤数据帧。图 2-13 为网桥的工作流程图。

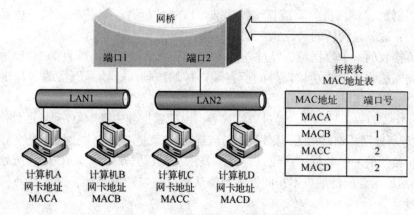

图 2-12　网桥的工作原理

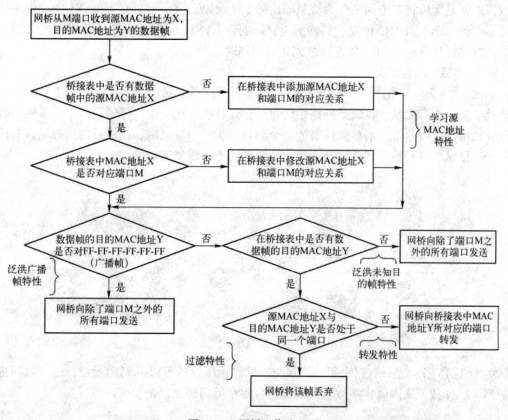

图 2-13　网桥工作流程图

当网桥接收到一个数据帧时,网桥将其源 MAC 地址和自身的桥接表进行比较,如果源 MAC 地址不在桥接表中,网桥会将该数据帧的源 MAC 地址加入到桥接表中,同时加入的还有接收该数据帧的网桥端口号,如果源 MAC 地址在桥接表中,但桥接表中对应的端口和接收该数据帧的网桥端口不一致,则更新桥接表中该 MAC 地址对应的端口号为接收该数据帧的网桥端口号。这就是网桥的"学习源 MAC 地址"特性。

如果网桥接收一个数据帧,如果该数据帧的目的 MAC 地址为 FF-FF-FF-FF-FF-FF

（即该帧为广播帧），则网桥向除接收该帧的端口以外的所有端口扩散该帧，也就是网桥不能隔离广播帧，这就是网桥的"泛洪广播帧"特性。

如果网桥接收的一个数据帧，经过查桥接表，如果没有查到该帧目的 MAC 地址所在端口，则网桥向除接收该帧的端口以外的所有端口扩散该帧，这就是网桥的"泛洪未知目的帧"特性。

如果网桥接收的一个数据帧，经过查桥接表，发现数据帧中源 MAC 地址所处网桥端口和目的 MAC 地址所处网桥端口相同，则网桥丢弃该帧，这就是网桥的"过滤数据帧"特性。

如果网桥接收的一个数据帧，经过查桥接表，发现数据帧中源 MAC 地址所处网桥端口和目的 MAC 地址所处网桥端口不相同，则网桥从相应端口转发该帧，这就是网桥的"转发数据帧"特性。

在图 2-12 中，可以知道，如果网桥的桥接表完备的时候，网桥将整个网络分为 2 个冲突域，也就是网桥将整个网络分为流量隔离的 2 个网段，这不但意味着 LAN1 中发生的冲突不会影响到 LAN2，LAN2 中发生的冲突不会影响到 LAN1，同时也表明计算机 A 与计算机 B 通信的时候，计算机 C 与计算机 D 之间也可以同时进行通信。

3. 广播域的概念

如图 2-14 所示，网桥可以隔离冲突，但由于网桥不能隔离广播帧，所以 LAN1、LAN2 还都处于同一个广播域，也就是网络中任意一台计算机发送一个广播帧，整个广播域中的所有计算机都会接收这个广播帧，网桥的每个端口都为一个冲突域，而网桥的所有端口共同构成一个广播域，这种情况同样适于用网桥隔离两个集线器连接的网络。

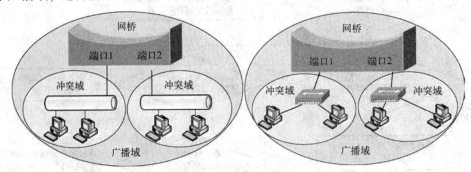

图 2-14 冲突域和广播域

如图 2-15 所示，只有路由器、三层交换机等 3 层设备可以隔离广播域，也可以用虚拟局域网 VLAN 技术来隔离广播域，这部分内容将在后面详细讨论。

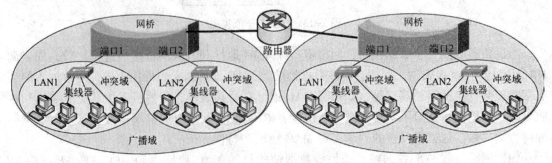

图 2-15 路由器可以隔离广播域

2.2.3　交换机工作原理

1. 交换机工作过程

交换机的英文为 "switch"，它是在网桥的基础上发展出来的，是集线器的升级替代产品，从外观上来看，它与集线器基本上没有多大区别，都是带有多个端口的长方形网络设备。

1990 年问世的交换式集线器（switching hub），可明显地提高局域网的性能，自 1994 年以后，局域网内基本不再采用使用集线器组建共享式网络，而是采用交换机组建交换式网络，交换式集线器常称为以太网交换机或第二层交换机（表明此交换机工作在数据链路层），通常简称为交换机。

与集线器不同，交换机之所以能够直接对目的结点发送数据帧，而不是像集线器那样以广播方式对所有结点发送数据帧，其中关键的技术就是交换机可以识别连在网络上的结点的网卡 MAC 地址，并把它们放到 MAC 地址表中，这个表类似于网桥的桥接表，在这一点上交换机与网桥的工作方式基本一致，同样具有学习源 MAC 地址、泛洪广播帧、泛洪未知目的帧、转发数据帧和过滤数据帧的五大特性。MAC 地址表如图 2-16 所示。这个 MAC 地址表存放于交换机的缓存中，这样一来当需要向目的地址发送数据时，交换机就可在 MAC 地址表中查找这个 MAC 地址的结点位置，然后直接向这个位置的结点发送。这种方式可以明显地看出：一方面效率高，不会浪费网络资源，只是对目的地址发送数据，一般来说不易产生网络堵塞；另一个方面，数据传输安全，因为它不是对所有结点都同时发送，发送数据时其他结点很难侦听到所发送的信息。

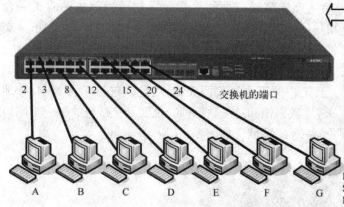

MAC地址表

MAC地址	端口号	VLAN信息	类型
MACA	2	100	DYNAMIC
MACB	3	100	DYNAMIC
MACC	8	200	STATIC
MACD	12	300	DYNAMIC
MACE	15	200	STATIC
MACF	20	300	DYNAMIC
MACG	24	100	STATIC

DYNAMIC说明该条是交换机自动学习获得的，STATIC说明该条是网络管理员手工设定的 MAC地址表中VLAN信息的作用在后续章节介绍

图 2-16　交换机工作过程

以太网交换机通常都有十几个端口，而网桥的端口数量很少。因此，以太网交换机实质上就是一个多端口的网桥，可见交换机同样工作在数据链路层，处理的信息单元是数据帧。

另外，交换机的 MAC 地址表中除了 MAC 地址和端口号以外，还有 VLAN 信息和类型信息，这些内容在后面相应的章节介绍。

总之，交换机是一种基于 MAC 地址识别，能完成封装转发数据帧功能的网络设备。目前，主流的交换机厂商有国外的 CISCO（思科）、3COM 等，国内主要有华为、神州数码、D-LINK 等。

2. 交换机、网桥、中继器和集线器的区别

以下通过表 2-1 来区分一下交换机、网桥、中继器和集线器。

表 2-1 交换机、网桥、中继器和集线器的区分

设备名称	英文名称	OSI/RM 层次	处理信息单元	设 备 目 的	备 注
中继器	repeater	物理层	比特流	延长网络布线距离	
集线器	hub	物理层	比特流	延长网络布线距离，适合星状结构布线	多端口中继器
网桥	bridge	数据链路层	数据帧	隔离冲突域、隔离数据流量	
交换机	switch	数据链路层	数据帧	隔离冲突域、隔离数据流量，适合星状结构布线	多端口网桥

（1）交换机与集线器的区别

在 OSI/RM 中的工作层次不同：交换机和集线器在 OSI/RM 中对应的层次不一样，集线器是工作在第一层（物理层），而交换机至少是工作在第二层，更高级的交换机可以工作在第三层（网络层）和第四层（传输层）。

交换机的数据传输方式不同：集线器的数据传输方式是共享信道广播方式，而交换机的数据传输是有目的的，数据只对目的结点发送，只是在自己的 MAC 地址表中找不到目的 MAC 地址的情况下才使用泛洪方式发送，然后因为交换机具有 MAC 地址学习功能，以后就不再是泛洪发送了，又是有目的地发送。

带宽占用方式不同：在带宽占用方面，集线器所有端口是共享集线器的总带宽，而交换机的每个端口都具有自己的带宽，这样交换机实际上每个端口的带宽比集线器端口可用带宽要高许多，也就决定了交换机的传输速度比集线器要快许多。换句话说，如果购买一台 100 Mbps 集线器，这个 100 Mbps 是指集线器的背板总线带宽，而如果购买一台 100 Mbps 交换机，这个 100 Mbps 是指交换机的每个端口都可以提供 100 Mbps 带宽。

（2）交换机的冲突域与广播域

交换机的实质就是多端口网桥，其工作原理也是按照 MAC 地址表进行学习源 MAC 地址、泛洪广播帧、泛洪未知目的帧、转发数据帧和过滤数据帧，也就是交换机的每一个端口为一个冲突域，交换机的所有端口同为一个广播域，如图 2-17 所示。

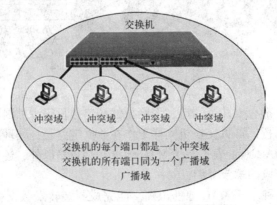

图 2-17 交换机的冲突域和广播域

2.3　交换机概述

2.3.1　交换机的功能概述

交换机除了具有上面所陈述的五个特性功能以外，交换机还有以下一些主要功能。

① 支持虚拟局域网（virtual local area network，VLAN）。交换机采用 VLAN 技术可以将局域网设备从逻辑上划分成一个个网段，从而实现虚拟工作组的数据交换，现在大部分交换机均支持 VLAN 技术。

② 消除桥接环路：当交换机之间存在有冗余的桥接环路时，交换机通过生成树协议（spanning tree protocol，STP）避免回路的产生，防止数据帧在网络中不断兜圈子的现象发生，同时允许存在后备路径。

③ 不同类型网络的互联：交换机除了能够连接同种类型的网络之外，还可以用于不同类型的网络。如今许多交换机都能够提供支持快速以太网或千兆以太网的高速连接端口，用于连接网络中的其他交换机或者为带宽占用量大的关键服务器提供附加带宽。

④ 隔离数据流量和网络中发生的故障，这样就可以减少每个网段的数据流量而使每个网络更有效，提高整个网络效率。

⑤ 流量控制技术：流量控制功能用于交换机与交换机之间在发生拥塞时通知对方暂时停止发送数据帧，以避免数据丢失。许多交换机还具有基于端口的流量控制功能，能够实现风暴抑制、端口保护和端口安全。广播风暴抑制可以限制广播流量的大小，对超过设定值的广播流量进行丢弃处理。

2.3.2　交换机的体系结构

交换机的体系结构基本可以分为三类，分别是总线结构、共享存储器结构和交换矩阵结构。

1. 总线结构

总线结构的特点是：各个模块共享同一背板总线结构，每个输入端通过输入处理部件（输入逻辑）连接到总线上，同时每个输出端通过输出处理部件（输出逻辑）连接到总线上，如图 2-18 所示。总线采用时分多路方式划分时隙分配给各个输入部件。

总线上传送速率有极限值，而且输入处理部件向总线发送数据和输出处理部件接收数据的速率也有极限值，因此总线结构交换单元的数据吞吐率会受到较大限制，一般情况下中低端交换机产品可采用这样的结构。

2. 共享存储器结构

共享存储器结构是总线结构的变形，使用大量的高速 RAM 来存储输入数据。各路输入数据经过输入处理部件进入存储器，输出处理部件从存储器中取出数据，形成各路输出信号。存储器相当于数据缓冲池，这种结构和总线结构的主要区别在于，数据的流动不再是在背板总线上，而是在存储器之间流动，如图 2-19 所示。

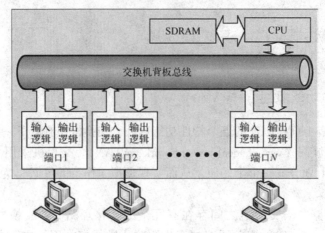

图 2-18　交换机总线结构

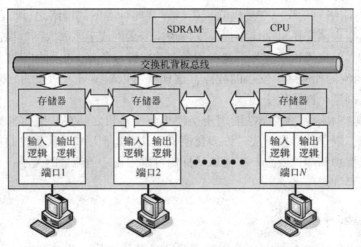

图 2-19　交换机共享存储器结构

由于数据直接从存储器传输到输出端口，这种设计不需要背板带宽的高容量。这类交换机易于实现，但端口数与存储器容量扩展到一定程度，存储器操作会有延迟，令这种设计中增加冗余交换引擎困难且成本高，故这种交换机无法避免单点故障隐患。共享存储型交换机适合于小系统、堆叠式系统或较大系统中的分布式交换模块。同样，这样的结构一般适用于中低端交换机产品。

3. 交换矩阵结构

交换矩阵结构交换机又称为纵横式交换机，目前绝大多数高端交换机都使用这种交换方式。交换机的矩阵结构如图 2-20 所示，由于高速集成电路的发展，这种结构易于构建高速的交换模块。结构的可扩展性与其实现方法有关，该类型交换机背板交换容量可以轻松扩展到 100 Gbps 以上，甚至达到 1000 Gbps 以上。成本和复杂性高是这种交换机容量增加的主要限制因素。

在交换矩阵结构交换机的全矩阵实施方案中，每个模块连接至其他模块，构成全网状背板，如图 2-21 所示，每个模块都有自己的一组连接线，因而不必设置中央交换阵列。背板

总容量等于 $N×(N-1)×$（一条点对点连路的传输速度）。N 等于连接点数量，一条点对点链路的传输速度可达到 1 Gbps 或更高。

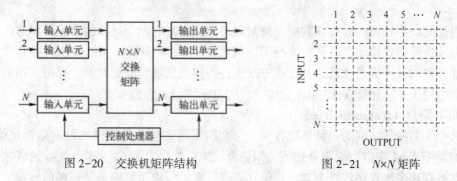

图 2-20　交换机矩阵结构　　　　　　　　　　　图 2-21　$N×N$ 矩阵

2.3.3　交换机的交换方式

交换机作为位于 OSI/RM 中数据链路层的网络设备，其主要作用是快速高效、准确无误地转发数据帧，交换机在传送源和目的端口的数据帧时可采用直通式、存储转发式和碎片隔离方式三种数据帧交换方式，其中存储转发方式是交换机的主流交换方式。

三种交换方式如图 2-22 所示。

目的 MAC 地址 6 字节	源 MAC 地址 6 字节	类型 2 字节	数据 46～1500 字节	帧校验 FCS 4 字节

直通方式：不进行帧校验，不但正常帧，而且可能存在的残帧、超长帧、错误帧都会被转发

目的 MAC 地址 6 字节	源 MAC 地址 6 字节	类型 2 字节	数据 46～1500 字节	帧校验 FCS 4 字节

存储转发方式：对所有的帧都进行帧校验，只有正常帧被转发，而残帧、超长帧、错误帧都会被丢弃

目的 MAC 地址 6 字节	源 MAC 地址 6 字节	类型 2 字节	数据 46～1500 字节	帧校验 FCS 4 字节

碎片隔离方式：对是否是最小帧64字节进行判断，正常帧、超长帧、错误帧被转发，而残帧会被丢弃
说明：残帧为小于64字节的帧，超长帧为超过1518字节的帧，错误帧为帧校验错误的帧

图 2-22　直通方式、存储转发方式、碎片隔离方式

1. 直通式（cut through）

采用直通交换方式的以太网交换机在输入端口检测到一个数据帧时，立刻检查该数据帧的帧头，获取帧的目的地址，启动内部的 MAC 地址表转换成相应的输出端口，把数据帧直通到相应的端口，实现交换功能。由于它只检查数据帧的帧头（通常只检查 14 个字节），不需要存储，所以该方式具有延迟小，交换速度快的优点。所谓延迟是指数据帧进入一个交换机到离开交换机所花的时间。

2. 存储转发（store and forward）

存储转发是交换技术中使用最为广泛的技术，交换机的控制器先将输入端口到来的数据帧缓存起来，然后对帧校验序列 FCS 进行循环冗余码 CRC 校验检查，这样可以检查数据帧中的内容是否正确，并同时过滤掉残帧、超长帧、错误帧。确定数据帧正确无错误后，取出目的 MAC 地址，通过查找 MAC 地址表找到想要发送的输出端口，然后将该数据帧发送出去。

正因如此，存储转发方式在数据处理时延时大，这是它的不足，但是它可以对进入交换机的数据帧进行错误检测，并且能支持不同速度的输入/输出端口间的交换，可有效地改善网络性能。它的另一优点就是这种交换方式支持不同速度端口间的转换，保持高速端口和低速端口间协同工作，比如在 10 Mbps 端口和 100 Mbps 端口之间。

3. 碎片隔离（fragment free）

这是介于前两者之间的一种解决方案。它在转发前先检查数据帧的长度是否足够 64 个字节，如果小于 64 字节，说明是残帧，则丢弃该帧；如果大于 64 字节，则发送该帧。该方式的数据处理速度比存储转发方式快，但比直通式慢，但由于能够避免残帧的转发，所以被广泛应用于低档交换机中。

2.3.4 交换机的性能指标

交换机主要的技术指标是围绕交换机的数据交换能力、端口的配置、数据帧转发速率等而形成的技术参数，主要有以下几个方面。

（1）转发方式

如上面所述，主要有直通方式、存储转发方式、碎片隔离方式三种方式，现在大部分的交换机产品都为存储转发方式。

（2）背板带宽

交换机的背板带宽，也叫交换带宽或交换能力（针对总线结构的交换机可以称为背板带宽，而对于其他结构的交换机称为背板带宽有些牵强，因此最好称为交换带宽）。背板带宽标志了交换机总的数据交换能力，单位为 Gbps，一般的交换机的背板带宽从几 Gbps 到几百 Gbps 不等，甚至达到上千 Gbps。一台交换机的背板带宽越高，所能处理数据的能力就越强，但同时设计成本也会越高。

（3）包转发速率

这里的包是指数据帧，包转发率高低标志了交换机转发数据帧能力的大小。单位一般为 pps（包每秒），一般交换机的包转发率在几十 kpps 到几百 Mpps 不等。包转发速率是指交换机每秒可以转发多少百万个数据帧（Mpps），即交换机能同时转发的数据帧的数量。包转发率以数据帧为单位体现了交换机的交换能力。

其实决定包转发率的一个重要指标就是交换机的背板带宽，背板带宽标志了交换机总的数据交换能力。一台交换机的背板带宽越高，所能处理数据的能力就越强，也就是包转发率越高。

（4）MAC 地址表大小

所谓 MAC 地址表大小是指交换机的 MAC 地址表中可以最多存储的 MAC 地址数量，存储的 MAC 地址数量越多，那么数据转发的速度和效率也就就越高。

但是不同档次的交换机每个端口所能够支持的 MAC 数量不同。在交换机的每个端口，都需要足够的缓存来记忆这些 MAC 地址，所以缓存容量的大小就决定了相应交换机所能记忆的 MAC 地址数多少。通常交换机只要能够记忆 1024 个 MAC 地址基本上就可以了，而一一般的交换机通常都能做到这一点，所以如果对网络规模不是很大的情况下，这参数无须太多考虑。当然越是高档的交换机能存储的 MAC 地址数就越多，这在选择交换机时要根据网络的规模而定。

（5）延时

交换机延时是指交换机从接收数据帧到开始向目的端口转发数据帧之间的时间间隔。有许多因素会影响延时大小，比如转发技术等。

（6）VLAN 支持（标准为 IEEE 802.1q）

VLAN 是一种将 LAN 从逻辑上划分成一个个网段，从而实现虚拟工作组的数据交换技术。

关于 VLAN 技术在后面的章节介绍。

（7）生成树支持（标准为 IEEE 802.1d、IEEE 802.1w、IEEE 802.1s）

由于交换机实际上是多端口的透明桥接设备，所以交换机也有桥接设备的固有问题——拓扑环（topology loops）。一般交换机采用生成树协议让网络中的每一个桥接设备相互知道，自动防止拓扑环现象的发生。

关于生成树技术在后面的章节介绍。

（8）流量控制支持（标准为 IEEE 802.3x）

流量控制用于防止在端口阻塞的情况下丢帧，流量控制可以有效地防止由于网络中瞬间的大量数据对网络带来的冲击，保证用户网络高效而稳定的运行。

（9）链路聚合支持（标准为 IEEE 802.3ad）

链路聚合意味着可以将多个低速端口组合起来形成高速的逻辑链路，同时可以实现负载均衡。

关于链路聚合技术在后面的章节介绍。

（10）QoS 支持

QoS 的英文为"quality of service"，中文名为"服务质量"。QoS 是网络的一种安全机制，是用来解决网络延迟和阻塞等问题的一种技术。在正常情况下，如果网络只用于特定的无时间限制的应用系统，并不需要 QoS。但是对关键应用和多媒体应用就十分必要。当网络过载或拥塞时，QoS 能确保重要业务数据流量不受延迟或丢弃，同时保证网络的高效运行。

关于 QoS 技术在后面的章节介绍。

（11）管理功能

交换机的管理功能是指用户通过何种方式对交换机进行管理配置。通常，交换机厂商都提供 CLI、Web、TELNET、SNMP 等管理方式。

交换机的其他性能指标读者可参阅相关交换机产品厂商网站的产品介绍。

2.3.5　交换机的分类

交换机的分类标准多种多样，由于以太网技术在局域网中的广泛应用，本教材中主要讨论以太网交换机。

1. 根据传输介质和传输速度划分

按照交换机使用的网络传输介质及传输速度的不同，一般可以将局域网交换机分为传统以太网交换机、快速以太网交换机、千兆以太网交换机、万兆以太网交换机等。

传统以太网交换机：标准为 IEEE 802.3，这种交换机用于带宽为 10 Mbps 的以太网。

快速以太网交换机：标准 IEEE 802.3u，这种交换机是用于 100 Mbps 快速以太网。快速以太网是一种在普通双绞线或者光纤上实现 100 Mbps 传输带宽的网络技术。要注意的是，快速以太网交换机的端口并不全是纯正的 100 Mbps 端口，而是 10/100 Mbps 自适应型端口的为主。一般来说这种快速以太网交换机通常所采用的介质也是双绞线，有的快速以太网交换机为了兼顾与其他光传输介质的网络互联，也会有少数的光纤端口。

千兆以太网交换机：标准为 IEEE 802.3ab 和 IEEE 802.3z，千兆以太网交换机适用千兆以太网中。它一般用于一个大型网络的骨干网段，所采用的传输介质有光纤、双绞线两种。

万兆以太网交换机：标准为 IEEE 802.3ae，万兆以太网交换机主要是为了适应当今万兆以太网络的接入，它一般是用于骨干网段上，采用的传输介质为光纤，其端口方式也就相应为光纤端口。

2. 根据交换机端口结构划分

交换机的端口类型通常有 RJ45 端口和光纤端口 SC，那么如果按交换机的端口结构来分，交换机大致可分为：固定端口交换机和模块化交换机两种不同的结构。

（1）固定端口交换机

固定端口顾名思义就是它所带有的端口数量是固定的。目前这种固定端口的交换机一般都是低端产品，端口数量标准一般是 8 端口、16 端口或 24 端口。

固定端口交换机因其安装方式又分为桌面式交换机和机架式交换机，机架式交换机的结构尺寸符合 19 英寸机架标准，可以与其他交换机、路由器、服务器等网络设备集中安装在一个机柜中。

（2）模块化交换机

模块化交换机虽然在价格上要贵，但拥有更大的灵活性和可扩充性，用户可任意选择不同数量、不同速率和不同端口类型的模块，以适应千变万化的网络需求。而且模块化交换机大都有很强的容错能力，支持交换模块的冗余备份，并且往往拥有可热插拔的双电源，以保证交换机的电力供应。

在选择交换机时，应按照需要和经费综合考虑选择模块化或固定方式。一般来说，骨干交换机应考虑其扩充性、兼容性和排错性，因此应当选用模块化交换机，而工作组交换机则由于任务较为单一，故可采用固定端口交换机。

3. 根据网络分层设计来划分

交换机的这种分类方法是现在最流行的分类方法之一。

通常在网络整体规划设计中，需要采用网络分层设计的方法。分层设计不但会因为采用模块化、自顶向下的方法细化而简化设计，而且经过分层设计后，每层设备的功能将变得清晰、明确，这有利于各层设备的选择和定位。更重要的是可以使得整个网络各层的设备运行在最佳状态，而且整个网络还具有可扩展性强、易于管理的特点。

网络的分层设计分为接入层、汇聚层和核心层，如图 2-23 所示。

将网络中直接面向用户连接或访问网络的部分称为接入层，又称为访问层，用户主机通过双绞线接入该层的交换机，对于该层交换机的主要要求就是低成本、高端口密度、提供高速上连端口，这层交换机通常为工作在数据链路层的二层交换机。

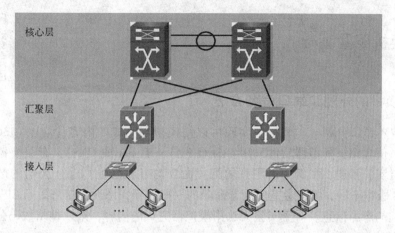

图 2-23　网络分层设计

　　将位于接入层和核心层之间的部分称为汇聚层或分布层，汇聚层是多台接入层交换机的汇聚点，它必须能够处理来自接入层设备的所有通信量，并提供到核心层的上行链路，因此汇聚层交换机与接入层交换机比较，需要更高的性能、更少的端口和更高的交换速率，通常这层的交换机为工作在网络层的三层交换机。

　　而将网络主干部分称为核心层，核心层的主要目的在于通过高速转发数据，提供优化、可靠的骨干传输结构，因此核心层交换机应拥有更高的可靠性、性能和吞吐量。为了保证数据的快速交换，核心层应该尽量避免使用如访问控制列表、数据包过滤等功能。核心层交换通常是模块化高性能、具有冗余容错能力的三层交换机。

　　如图 2-24 就是神州数码公司的接入层、汇聚层、核心层交换机系列产品。

图 2-24　神州数码公司的接入层、汇聚层、核心层交换设备

2.4　交换机配置基础

2.4.1　交换机的外观和端口命名方法

说明：自本章节开始，本教材中实验可以用模拟器完成的内容，均以 CISCO 公司的产品为主进行举例介绍，模拟器软件采用 CISCO Packet Tracer 或 GNS3，有关模拟器软件的使用参阅本教材实验手册，举例中所用到的配置命令均可适用于 CISCO 公司的产品，但由于 CISCO 的 IOS 版本不同，可能会造成配置命令的一些差异，请读者自行访问 CISCO 公司网站获取更为详细的产品信息。对于实验无法用模拟器完成的内容，则以神州数码公司的产品作为辅助介绍产品。

1. 交换机的外观

CISCO 公司的 Catalyst 2960-24TT 是一款工作在快速以太网和千兆位以太网下理想的接入层交换机，适用于小型企业或分支机构环境。

图 2-25 为 Catalyst 2960-24TT 交换机的前后面板图。

图 2-25　Catalyst 2960-24TT 交换机的前后面板图

CISCO Catalyst 2960-24TT 前面板上具有 24 个以太网 10/100 Mbps 端口，2 个 SFP 千兆位以太网端口，后面板上具有 1 个 Console 口，另外在前面板上还有若干指示灯。

这里对交换机的模块进行简单介绍，交换机的模块主要分为 GBIC 和 SPF 两类。

千兆位端口转换器（gigabit interface converter，GBIC）是安装在交换机上的一个连接器标准，GBIC 插槽位于交换机上，可安装 GBIC 模块。GBIC 模块分为两类，一是普通级联使用的 GBIC 模块，实现与其他网络设备的连接，连接端口有电口和光口之分（电口即 RJ45 接口，光口通常为光纤的 SC 接口）；二是堆叠专用的 GBIC 模块，实现与其他交换机的堆叠连接。

小型化可插入器件（small form pluggable，SFP）可以简单理解为 GBIC 的升级版本。SFP 模块体积比 GBIC 模块减少一半，可以在相同的面板上配置多出一倍以上的端口数量。SFP 模块的其他功能基本和 GBIC 一致。有些交换机厂商称 SFP 模块为小型化 GBIC（mini-GBIC）。

如图 2-26 为 GBIC 的光口模块、堆叠模块和 SFP 的光口模块。

2. 交换机端口的命名

交换机端口较多，为了较好地区分各个端口，需要对相应的端口命名。

一般情况下，交换机端口的命名规范为：端口类型 堆叠号/交换机模块号/模块上端口号（如交换机不支持堆叠，则没有堆叠号）。

图 2-26　GBIC 模块和 SFP 模块

如图 2-27 为 CISCO 公司 Catalyst 2960-24TT 交换机端口的命名情况。

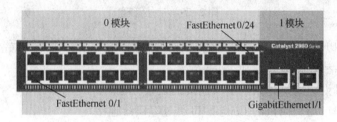

图 2-27　Catalyst 2960-24TT 交换机端口的命名方法

如图 2-28 为神州数码公司 DCS-3926S 三台交换机堆叠后端口命名情况。

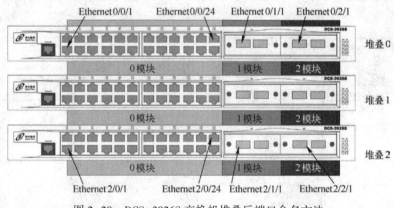

图 2-28　DCS-3926S 交换机堆叠后端口命名方法

2.4.2　带外管理和带内管理

1. 带外管理

带外管理（out-band management），就是不占用网络带宽的管理方式，如图 2-29 所示，即用户通过交换机的 Console 端口对交换机进行配置管理。

通常用户会在首次配置交换机或者无法进行带内管理时使用带外管理方式。交换机的配置线缆一般随交换机产品装箱。配置线缆一般一端为 RJ45 端口（连接交换机 Console 口），另一端为 DB9 端口（连接计算机 COM 串口）。

配置线缆正确连接后，可以通过 SecureCRT 程序来连接交换机，SecureCRT 是一款支持 SSH（SSH1 和 SSH2）的终端仿真程序，同时支持 Telnet 和 rlogin 协议。是用于连接运行包括 Windows、UNIX 和 VMS 的远程系统的理想工具。通过使用内含的 VCP 命令行程序可以进行加密文件的传输。

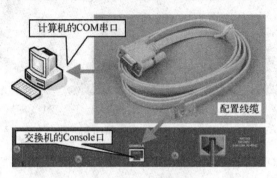

图 2-29　带外管理

SecureCRT 可以代替 Windows 自带的超级终端程序和 Telnet 命令。Win 7 以上系统的用户推荐使用此软件替代超级终端和 Telnet。

下面以交换机为例简要介绍其串口连接的设置方法。

① 将 PC 的串口与交换机的 Console 口通过串口线连接。

② 启动 SecureCRT。当安装好 SecureCRT 后，双击桌面上的"SecureCRT"图标，即可启动软件。

③ 建立快速链接。单击"快速连接"图标，弹出"快速连接"对话框，如图 2-30（a）所示。

图 2-30（a）　建立快速链接

④ 进行配置设置，如图 2-30（b）所示。协议选择"serial"；端口根据实际情况选择，本例选择"COM1"；波特率选择"9600"；数据位选择"8"；奇偶校验选择"None"；停止位选择"1"；流控部分，所有复选框不选；然后，选择"连接"。

⑤ 出现如图 2-30（c）所示界面，回车后，输入密码与用户名，出现如图 2-30（d）所示的命令行提示符（host#），此时就可以对交换机设备进行配置了。

图 2-30（b） 快速连接设置

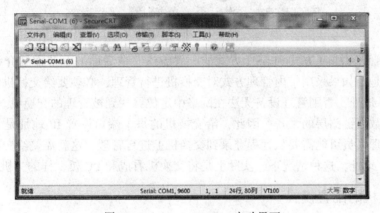

图 2-30（c） SecureCRT 启动界面

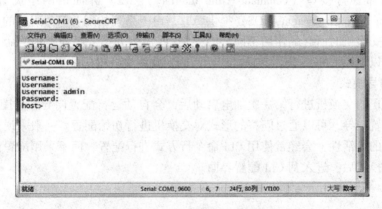

图 2-30（d） 设备配置界面

关于带外管理如何设置用户名和密码将在后面的内容中介绍。

2. 带内管理

所谓带内管理（in-band Management），就是需要占用网络带宽的管理方式，如图 2-31 所示，即带内管理通常为以下四种情况：

① 通过 Telnet 客户端软件使用 Telnet 协议登录到交换机进行管理；

② 通过 SSH 客户端软件使用 SSH 协议登录到交换机进行管理；

③ 通过 Web 浏览器使用 HTTP 协议登录到交换机进行管理；

④ 通过网络管理软件（如 CiscoWorks）使用 SNMP 协议对交换机进行管理。

是否支持所有这些管理方式，需要根据不同厂商的不同产品而定。

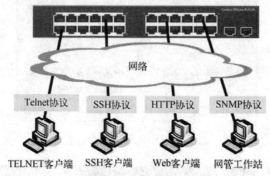

图 2-31　带内管理

　　关于带内管理 Telnet 方式和 SSH 方式的配置方法，在后面的章节详细介绍，不过这里首先要说明的是，如果采用带内管理方式对交换机进行管理，必须要给交换机配置一个用于网络管理的 IP 地址，否则管理设备无法在网络中定位寻找到被管理的交换机。

　　交换机是数据链路层的设备，因此，给交换机的每个端口设置 IP 地址是无意义的，但是有时网络管理人员可能需要从远程登录到交换机上进行管理，这就需要给交换机设置一个用于管理的 IP 地址，这种情况下，实际上是将交换机看成和 PC 机一样的主机。

2.4.3　交换机的配置模式

　　交换机的命令行接口（command-line interface，CLI）界面由网络设备的操作系统（internetworking operating system，IOS）提供，它是由一系列的配置命令组成的，根据这些命令在配置管理交换机时所起的作用不同，IOS 将这些命令分类，不同类别的命令对应着不同的配置模式，以下以 CISCO 公司交换机产品为例，介绍交换机的配置模式。

1. 配置向导模式

　　一台新出厂的交换机进行第一次加电启动后，会自动运行配置向导，如图 2-32 的提示内容，利用配置向导，可以通过问答的形式对交换机进行初始配置。一般来说，在很多情况下，为了配置的灵活性，会经常使用 CLI 命令行方式进行配置，而不采用配置向导配置，用户从配置向导模式后，进入到 CLI 配置界面。

```
--- System Configuration Dialog ---

Continue with configuration dialog? [yes/no]: y
At any point you may enter a question mark '?' for help.
Use ctrl-c to abort configuration dialog at any prompt.
Default settings are in square brackets '[]'.
Basic management setup configures only enough connectivity
for management of the system, extended setup will ask you
to configure each interface on the system
Would you like to enter basic management setup? [yes/no]:
```

图 2-32　配置向导模式

2. 一般用户配置模式

又称为普通用户模式，用户进入 CLI 命令行方式界面，首先进入的就是一般用户配置模式，提示符为 "Switch>"，符号 ">" 为一般用户配置模式的提示符。

这是一种"只能查看"的模式，不能更改交换机已有的配置。用户在一般用户配置模式下不能对交换机进行任何配置，只能查询交换机的一些基本信息，如交换机的时钟信息、交换机的软件版本信息等。

3. 特权用户配置模式

在一般用户配置模式下使用 enable 命令可以进入到特权模式，如果已经配置了进入特权模式的密码，则需要输入相应的密码，即可进入特权用户配置模式 "Switch#"，符号 "#" 为特权用户配置模式的提示符。

这种模式支持调试 debug 命令和各种测试命令，支持对交换机的详细检查、对配置文件的操作，并且可以由此进入配置模式。

在特权用户配置模式下，用户可以查询交换机配置信息、各个端口的连接情况、收发数据统计等，而且进入特权用户配置模式后就可以进入到全局模式，对交换机的各项配置进行修改，因此出于安全考虑，应该对进入特权用户配置模式设置特权用户密码，防止非特权用户的非法使用，对交换机配置进行恶意修改，造成不必要的损失。

4. 全局配置模式

进入特权用户配置模式后，只需要使用命令 config terminal，即可进入全局配置模式 "Switch（config）#"，符号 "（config）#" 为全局配置模式的提示符。

在全局配置模式，用户可以对交换机进行全局性的配置，如对 MAC 地址表、端口镜像、创建 VLAN、启动生成树等。用户在全局模式还可通过命令进入到其他子模式进行配置。

在全局配置模式下，使用命令 interface 就可以进入到相应的端口配置模式。

在全局配置模式下，使用命令 vlan 就可以进入到 VLAN 配置模式

在全局配置模式下，使用命令 ip access-list 可以进入到访问控制列表配置模式。

在全局配置模式下，使用命令 line 可以进入到线路配置模式。

图 2-33 为交换机的一些常用配置模式之间切换示意图。

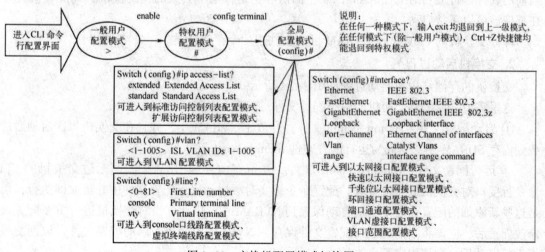

图 2-33 交换机配置模式切换图

2.4.4 交换机的存储介质和启动过程

1. 交换机中的存储介质

一般情况下，交换机中具有以下四种存储介质，分别具有不同的作用。

（1）BOOTROM

BOOTROM 是交换机的基本启动版本即硬件版本（或者称为启动代码）的存放位置，交换机加电启动时，会首先从 ROM 中读取初始启动代码，由它引导交换机进行基本的启动过程，主要任务包括对硬件版本的识别和常用网络功能的启用等。

在开机提示出现 10 秒之内按下 Ctrl + B 键或者 Ctrl + Break 键可以进入交换机的 BOOTROM 模式，在 BOOTROM 方式下可以执行部分优先级很高的操作，进入 BOOTROM 方式主要是为一些意外情况进行紧急处理，如交换机密码遗忘、交换机 IOS 故障等情况。

（2）SDRAM

SDRAM 是交换机的运行内存，主要用来存放设备的当前运行配置文件 running-config 和加载交换机操作系统 IOS。它是掉电丢失的，即每次重新启动交换机，SDRAM 中的原有内容都会丢失。

（3）FLASH

FLASH 存放有交换机操作系统，即交换机的软件版本或者操作代码，这样的操作系统用来统一调度网络设备各部分的运行，通常所说的交换机升级就是将 FLASH 中的交换机操作系统升级。

当交换机从 BOOTROM 中正常读取了相关内容并启动基本版本之后，即会在它的引导下从 FLASH 中加载当前存放的操作系统版本到 SDRAM 中运行。FLASH 中的内容在交换机每次重新启动后都不会丢失。

（4）NVRAM

NVRAM 中存放交换机启动配置文件，即 startup-config。当交换机启动到正常读取了操作系统并加载成功之后，即会从 NVRAM 中读取启动配置文件到 SDRAM 中运行，对交换机当前的硬件进行适当的配置。NVRAM 中的内容也是掉电不丢失的，交换机有无配置文件存在都应该可以正常启动。

部分交换机的 FLASH 和 NVRAM 可能会共用一个存储介质。

2. 交换机启动过程

交换机的存储结构和启动过程如图 2-34 所示。

这里需要强调的是交换机的两个配置文件。

① 启动配置文件：startup-config 文件，存放于 NVRAM 中，并且在交换机每次启动后加载到内存 SDRAM 中，变成为运行配置文件 running-config。

② 运行配置文件：running-config 文件，驻留在内存 SDRAM 中，当通过交换机的 CLI 命令行接口对交换机进行配置时，配置命令被实时添加到运行配置文件中并被立即执行，但是这些新添加的配置命令不会被自动保存到 NVRAM 中。因此，当对交换机进行重新配置或修改配置后，应该将当前的运行配置文件保存到 NVRAM 中变成为启动配置文件，以便交换机重新启动后，配置内容不会失效。

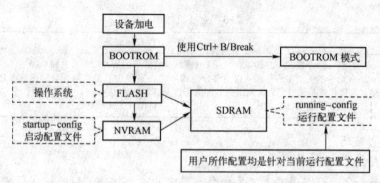

图 2-34 交换机的存储结构和启动过程

2.4.5 交换机配置技巧

1. 配置语法

交换机为用户提供了各种各样的配置命令，尽管这些配置命令的形式各不一样，但它们都遵循交换机配置命令的语法。以下是交换机提供的通用命令格式：

命令关键字 参数变量或可选项

下面是几种配置命令语法的具体说明。

① 如命令 show cdp neighbors，show 为关键字，cdp 为参数，neighbors 为可选项。

② 如命令 vlan 10，vlan 为关键字，10 为变量。

2. 支持快捷键

交换机为方便用户的配置，特别提供了多个快捷键，如上、下、左、右键及删除键 BackSpace 等。

表 2-2 列出了一些常用快捷键的功能。

表 2-2 配置常用快捷键

按 键	功 能	
删除键 BackSpace	删除光标所在位置的前一个字符，光标前移	
上光标键 "↑"	显示上一条输入命令	
下光标键 "↓"	显示下一条输入命令	
左光标键 "←"	光标向左移动一个位置	左右键的配合使用，可对已输入的命令做覆盖修改
右光标键 "→"	光标向右移动一个位置	
Ctrl+Z	从其他配置模式（一般用户配置模式除外）直接退回到特权用户模式	
Ctrl+C	终止交换机正在执行的命令进程	
Tab 键	当输入的字符串可以无冲突地表示命令或关键字时，可以使用 Tab 键将其补充成完整的命令或关键字	

3. 帮助功能

交换机为用户提供了"?"获取帮助信息，"?"的使用方法和功能参见表 2-3。

表 2-3　交换机帮助功能

帮　　　助	使用方法及功能
"?"	1. 在任一命令模式下，输入 "?" 获取该命令模式下的所有命令及其简单描述。 2. 在命令的关键字后，输入以空格分隔的 "?"，若该位置是参数，会输出该参数类型、范围等描述；若该位置是关键字，则列出关键字的集合及其简单描述。 3. 在字符串后紧接着输入 "?"，会列出以该字符串开头的所有命令

4. 常用配置技巧

（1）命令简写

在输入一个命令时可以只输入各个命令字符串的前面部分，只要长到系统能够与其他命令关键字区分就可以。例如，如果输入 "logging console" 命令，可只需输入 "logg c"，系统会自动进行识别。如果输入的缩写命令太短，无法与别的命令区分，系统会提示继续输入后面的字符。

（2）命令完成

如果在输入一个命令字符串的部分字符后键入 Tab 键，系统会自动补全该命令的剩余字符，形成一个完整的命令。例如，在输入 "logg" 后键入 Tab 键，系统会自动补全 "logging"。当然，所键入的部分字符也需要足够长，以区分不同的命令。

（3）否定命令的作用

对于许多配置命令，可以输入前缀 no 来取消一个命令的作用或者是将配置重新设置为默认值。例如在给交换机的管理 VLAN1 虚接口配置 IP 地址以后，可以使用 no 命令取消所配置的 IP 地址。

```
Switch(config)#interface vlan 1
Switch(config-if)#ip address 192.168.1.1 255.255.255.0
Switch(config-if)#no ip address 192.168.1.1 255.255.255.0
```

2.4.6　常用的交换机配置命令

（1）clock set

特权配置模式命令，用于设置系统日期和时钟。可以使用 show clock 查看系统日期和时钟。

举例：设置交换机当前日期为 2009 年 3 月 21 日 11 时 28 分 16 秒。

```
Switch#clock set 11:28:16 21 march 2009
Switch#show clock
 *11:41:19.724 UTCSat March 21 2009
Switch#
```

（2）hostname

全局配置模式命令，用于设置设备的名称，也就是出现在交换机 CLI 提示符中的名字。

举例：设置交换机的名称为 cisco2960

```
Switch(config)#hostname cisco2960
cisco2960(config)#
```

（3）enable password

全局配置模式命令，用于设置交换机的 enable 密码，也就是从一般用户模式进入特权用户模式的时候，需要输入的密码，使用 enable password 配置时此密码没有加密。配置 enable 密码，可以防止非特权用户的非法进入，建议网络管理员在首次配置交换机时就设定 enable 密码。系统默认的特权用户密码为空。

举例：设置交换机的 enable 密码（非加密）为 gzeic。

```
Switch(config)#enable password gzeic
```

配置完成后如果从一般用户配置模式进入到特权配置模式，会提示输入密码，显示如下，输入正确的 enable 密码才能进入特权配置模式。

```
Switch>enable
Password：*****
Switch#
```

（4）enable secret

全局配置模式命令，用于设置交换机的 enable 密码，也就是从一般用户模式进入特权用户模式的时候，需要输入的密码，使用 enable secret 配置时此密码会以 MD5 加密。如果 enable password 和 enable secret 均设置了密码，以 enable secret 设置的加密密码有效。

举例：设置交换机的 enable 密码（加密）为 cisco。

```
Switch(config)#enable secret cisco
```

（5）shutdown

接口配置模式命令，用于临时将某个端口关闭，当执行此命令后，系统会在终端控制台显示信息，通知端口转换为关闭状态，使用 no shutdown 命令可以启动该端口。

举例：关闭交换机的 fastethernet0/1 端口。

```
Switch(config)#interface fastEthernet 0/1
//进入 fastethernet0/1 的端口配置模式。
Switch(config-if)#shutdown
%LINK-5-CHANGED：Interface FastEthernet0/1, changed state to administratively down
%LINEPROTO-5-UPDOWN：Line protocol on Interface FastEthernet0/1, changed state to down
Switch(config-if)#no shutdown
%LINK-5-CHANGED：Interface FastEthernet0/1, changed state to up
%LINEPROTO-5-UPDOWN：Line protocol on Interface FastEthernet0/1, changed state to up
Switch(config-if)#
```

（6）earse startup-config

特权配置模式命令，用于删除启动配置文件。注意，删除启动配置文件后，对交换机所做的配置内容均丢失。

举例：删除启动配置文件。

```
Switch#erase startup-config
Erasing the nvram filesystem will remove all configuration files! Continue? [confirm] Y
```

```
[OK]
Erase of nvram: complete
%SYS-7-NV_BLOCK_INIT: Initialized the geometry of nvram
Switch#
```

（7）reload

特权配置模式命令，用于重新启动交换机（热启动）。输入 y 或 n 可以进行重启或取消重启。

举例：重启交换机。

```
Switch#reload
Proceed with reload? [confirm]
```

（8）ping

特权配置模式命令，用来测试设备间的连通性。"！"感叹号表示 ping 通，而"."点号表示没有 ping 通。

举例：ping 192.168.1.1 通，ping 192.168.1.254 不通。

```
Switch#ping 192.168.1.1
Type escape sequence to abort.
Sending 5, 100-byte ICMP Echos to 192.168.1.1, timeout is 2 seconds:
!!!!!
Success rate is 100 percent (5/5), round-trip min/avg/max =0/2/6 ms
Switch#ping 192.168.1.254
Type escape sequence to abort.
Sending 5, 100-byte ICMP Echos to 192.168.1.254, timeout is 2 seconds:
…
Success rate is 0 percent (0/5)
Switch#
```

（9）ip host

全局配置模式命令，用于设置主机名称与 IP 地址映射关系。本命令的 no 操作为删除该项映射关系。

举例：设置 IP 地址为 192.168.1.100 的主机名称为 server。

```
Switch(config)#ip host server 192.168.1.100
Switch(config)#exit
Switch#ping server
Type escape sequence to abort.
Sending 5, 100-byte ICMP Echos to 192.168.1.100, timeout is 2 seconds:
!!!!!
Success rate is 100 percent (5/5), round-trip min/avg/max =3/5/11 ms
```

（10）write 或 copy running-config startup-config

特权配置模式命令，用于将当前运行配置文件保存到 NVRAM 中成为启动配置文件。当用户完成一组配置，并且已经达到预定功能，应将当前配置保存到 NVRAM 中，即保存当前运行配置文件 running-config 为启动配置文件 startup-config，以便因不慎关机或断电时，系统可以自动恢复到原先保存的配置。使用 write 或 copy running-config startup-config 命令均可。

举例：保存运行配置文件为启动配置文件。

```
Switch#copy running-config startup-config
Destination filename [startup-config]?
Building configuration...
[OK]
Switch#write
Building configuration...
[OK]
Switch#
```

（11）show arp

特权配置模式命令，用于显示交换机上当前 ARP 缓冲区的内容。

举例：显示交换机的 ARP 缓冲区。

```
Switch#show arp
Protocol   Address          Age (min)   Hardware Addr    Type   Interface
Internet   192.168.1.1          -       00E0.B0A6.7B91   ARPA   Vlan1
Internet   192.168.1.12         2       00E0.F7D4.8826   ARPA   Vlan1
Internet   192.168.1.66         4       0005.5E5A.EA43   ARPA   Vlan1
Internet   192.168.1.88         1       000C.CF49.1929   ARPA   Vlan1
Internet   192.168.1.100       13       0001.C7BD.207B   ARPA   Vlan1
Internet   192.168.1.133       18       00D0.5848.C441   ARPA   Vlan1
Internet   192.168.1.251       53       0001.C71C.E763   ARPA   Vlan1
Switch#
```

（12）show mac-address-table

特权配置模式命令，用于显示交换机上的 MAC 地址表的内容。

举例：显示交换机的 MAC 地址表。

```
Switch#show mac-address-table
          Mac Address Table
-------------------------------------------
Vlan    Mac Address       Type        Ports
----    -----------       --------    -----
   1    0001.c71c.e763    DYNAMIC     Fa0/14
   1    0001.c7bd.207b    DYNAMIC     Fa0/1
   1    0005.5e5a.ea43    DYNAMIC     Gig0/1
   1    000c.cf49.1929    DYNAMIC     Fa0/23
   1    00d0.5848.c441    DYNAMIC     Fa0/15
   1    00e0.f7d4.8826    DYNAMIC     Fa0/7
Switch#
```

（13）show flash

特权配置模式命令，用于显示保存在 FLASH 中的文件及大小。

举例：显示交换机 FLASH 中的文件。

```
Switch#show flash：
System flash directory：
File    Length    Name/status
  1    8662192   c3560-advipservicesk9-mz. 122-37. SE1. bin
［8662192 bytes used，55354192 available，64016384 total］
63488K bytes of processor board System flash（Read/Write）
```

（14）show interface

特权配置模式命令，用于显示交换机的端口信息（包含交换机物理端口、VLAN 虚接口等）。

举例：显示 fastEthernet 0/1 的端口信息，以下只给出显示的部分内容，请注意交换机端口的状态信息为 up 或者 down。

```
Switch#show interfaces fastEthernet 0/1
FastEthernet0/1 is up，line protocol is up（connected）
Hardware is Lance，address is 00e0. f71b. eb01（bia 00e0. f71b. eb01）
   MTU 1500 bytes，BW 100000 Kbit，DLY 1000 usec，
reliability 255/255，txload 1/255，rxload 1/255
   Encapsulation ARPA，loopback not set
   Keepalive set（10 sec）
   Full-duplex，100Mb/s
   …
Switch#
```

（15）show running-config

特权配置模式命令，显示当前运行状态下生效的交换机运行配置文件。当用户完成一组配置后，需要验证是否配置正确，则可以执行 show running-config 命令来查看当前生效的参数。

（16）show startup-config

特权配置模式命令，显示当前运行状态下写在 NVRAM 中的交换机启动配置文件，通常也是交换机下次加电启动时所用的配置文件。show running-config 和 show startup-config 命令的区别在于，当用户完成一组配置之后，通过 show running-config 可以看到配置的内容增加了，而通过 show startup-config 却看不出配置内容的变化。但若用户通过 write 命令，将当前生效的配置保存到 FLASH 中时，show running-config 的显示结果与 show startup-config 的显示结果一致。

（17）show version

特权配置模式命令，显示交换机版本信息。通过查看版本信息可以获知硬件和软件所支持的功能特性。

2.5　交换机常用配置

2.5.1　交换机管理安全配置

　　交换机在网络中作为一个中枢设备，它与许多工作站、服务器、路由器相连接。大量的业务数据也要通过交换机来进行传送转发。如果交换机的配置内容被攻击者修改，很可能造成网络的工作异常甚至整体瘫痪，从而失去网络通信的能力。因此往往网络管理员都要对交换机的管理安全进行配置，保证其运行的安全。

　　以 CISCO 公司 Catalyst 3560-24PS 为例，常见的交换机管理安全结构如图 2-35 所示，以下配置命令适用于 CISCO 公司产品。

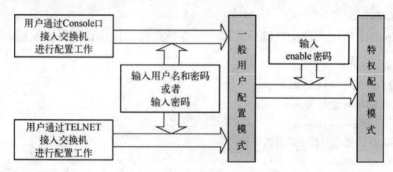

图 2-35　交换机的管理安全结构

1. Console 口管理安全配置

（1）配置要求 1

　　用户从 Console 口进入到交换机一般用户配置模式时，要求检查用户名和密码。配置内容如下：

```
Switch>enable
//从一般用户配置模式进入到特权配置模式。
Switch#configure terminal
//从特权配置模式进入到全局配置模式。
Switch(config)#username gzeic password apple
//定义一个本地的用户名 gzeic，密码为 apple。
Switch(config)#line console 0
//进入 Console 线路配置模式。
Switch(config-line)#login local
//Console 口登录时验证本地配置的用户名和密码。
Switch(config-line)#exec-timeout10
```
　　//设置退出特权用户配置模式超时时间为 10 分钟。为确保交换机使用的安全性，防止非法用户的恶意操作，当用户在做完最后一项配置后，开始计时，到达设置时间值时，如果用户没有任何操作，系统就自动退出特权用户配置模式。用户如果想再次进入特权用户配置模式，需要再次输入特权用户密码和口令。

```
Switch(config-line)#exit
```
//从 Console 线路配置模式退出到全局配置模式。
```
Switch(config)#exit
```
//从全局配置模式退出到特权配置模式。
```
Switch#write
```
//保存运行配置文件为启动配置文件。
```
Switch#reload
```
//交换机重新热启动,通过 Console 口登录时,显示内容如下,需要输入用户名 gzeic 和密码 apple。
```
User Access Verification
Username: gzeic
Password: *****
Switch>
```

（2）配置要求2

用户从 Console 口进入到交换机一般用户配置模式时，只检查密码。配置内容如下：

```
Switch(config)#line console 0
Switch(config-line)#password pear
```
//设置 Console 密码为 pear
```
Switch(config-line)#login
```
//Console 口登录时验证设置的密码
```
Switch(config-line)#exit
Switch(config)#exit
Switch#write
Switch#reload
```
//通过 Console 口登录时,显示内容如下,只需要输入密码 pear
```
User Access Verification
Password: ****
Switch>
```

说明：如果在 Console 线路配置模式下，使用 login local 则采用第一种验证方法，即不但验证用户名同时还验证密码，使用 login 则采用第二种验证方法，即只验证密码。

2. Telnet 方式管理安全配置

以图 2-36 作为示例图，对交换机带内管理 Telnet 方式进行介绍。

（1）配置要求1

用户 Telnet 登录进入到交换机一般用户配置模式时，要求检查用户名和密码。配置内容如下：

```
Switch>enable
Switch#configure terminal
Switch(config)#interface vlan 1
```
//进入管理 VLAN1 虚接口配置模式,交换机出厂时默认管理 VLAN 为 1。在进行带内管理之前,
必须通过带外管理即 Console 口方式配置交换机的 IP 地址
```
Switch(config-if)#ip address 192.168.1.1 255.255.255.0
```

//配置交换机的 IP 地址为 192.168.1.1,子网掩码为 255.255.255.0

Switch(config-if)#no shutdown

//启动接口

Switch(config-if)#exit

//退出接口配置模式

Switch(config)#ip default-gateway 192.168.1.254

//设置交换机的默认网关为 192.168.1.254。为了使网络管理人员可以在不同的 IP 网段管理此交换机,可以设置默认网关地址,此地址实际是和交换机某个端口相连的路由器以太网接口 IP 地址

Switch(config)#username gzeic password pineapple

//定义一个本地的用户名 gzeic,密码为 pineapple。

Switch(config)#line vty 0 4

//进入虚拟终端线路配置模式,编号为 0、1、2、3、4 共 5 个虚拟终端,0-4 表示可以同时打开 5 个会话,即同时可以有 5 个 TELNET 客户端登录到交换机上

Switch(config-line)#login local

//Telnet 登录时验证本地配置的用户名和密码

Switch(config-line)#exit

Switch(config)#

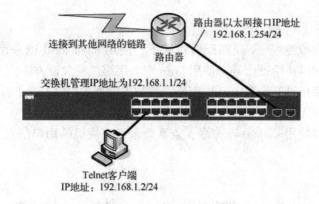

图 2-36　交换机带内管理 Telnet 方式

按照以上完成交换机配置以后,配置 Telnet 客户端 IP 地址为 192.168.1.2,进入 Windows 命令提示符下,输入 telnet 192.168.1.1,显示内容如下所示,输入正确的用户名 gzeic 和密码 pineapple,即可成功地进入到交换机的 CLI 配置界面。

C:>telnet 192.168.1.1

Trying 192.168.1.1 ... Open

User Access Verification

Username:gzeic

Password:*********

Switch>

(2) 配置要求 2

用户 Telnet 登录进入到交换机一般用户配置模式时,只检查密码。首先完成交换机的管

理 IP 地址配置之后，不需要配置本地用户，即不需要使用 username 命令，进行以下配置内容：

```
Switch(config)#line vty 0 4
Switch(config-line)#password watermelon
//设置 vty 密码为 watermelon
Switch(config-line)#login
//vty 登录时验证设置的密码
Switch(config-line)#exit
Switch(config)#
```

按照以上完成交换机配置以后，在 Telnet 客户端的命令提示符下，输入 telnet 192.168.1.1，显示内容如下所示，只需要输入正确的密码 watermelon，就可以成功地进入到交换机的 CLI 配置界面。

```
C:>telnet 192.168.1.1
Trying 192.168.1.1 ... Open
User Access Verification
Password:
Switch>
```

说明：如果在虚拟终端 vty 线路配置模式下，使用 login local 则采用第一种验证方法，即不但验证用户名同时还验证密码，使用 login 则采用第二种验证方法，即只验证密码。

另外，如果交换机没有设置 enable 密码，则带内管理虚拟终端 Telnet 方式只能进入到一般用户配置模式，而无法进入到特权配置模式。

在交换机上可以使用 show user 命令，查看登录到交换机的用户信息。Show user 命令结果如下所示。

```
Switch#show user
     Line       User       Host(s)           Idle       Location
*    0 con 0               idle              00:00:00
     2 vty 0               idle              00:02:51 192.168.1.2
Switch#
```

3. Enable 密码配置

参见 2.4.6 节常用的交换机配置命令 enable password 和 enable secret。

4. SSH 方式管理安全配置

Telnet 服务在本质上是不安全的，因为 Telnet 在网络上使用明文传送口令和数据，网络攻击者可以截获这些口令和数据，这样就会造成对网络设备安全性的威胁。

SSH 的英文全称是 Secure Shell。通过使用 SSH，可以把所有传输的数据进行加密，所以 SSH 是交换机带内管理的优选方法。

图 2-37 是 SSH 使用基于密钥安全验证级别的简单流程示意图。

示例图如图 2-38 所示，完成以下配置内容。

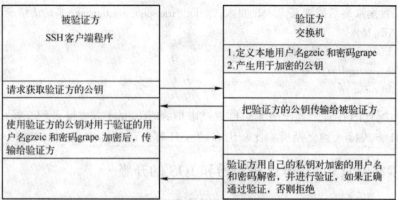

图 2-37　SSH（基于密钥安全验证级别）流程示意图

图 2-38　交换机带内管理 SSH 方式

Switch>enable

Switch#configure terminal

Switch(config)#interface vlan 1

Switch(config-if)#ip address 192. 168. 1. 1 255. 255. 255. 0

Switch(config-if)#no shutdown

Switch(config-if)#ip domain-name myzone. com

//设置交换机所在的域为 myzone. com

Switch(config)#crypto key generate rsa

//根据交换机的名称 switch. myzone. com 产生 SSH 所需的密钥

The name for the keys will be：Switch. myzone. com

Choose the size of the key modulus in the range of 360 to 2048 for your

　　General Purpose Keys. Choosing a key modulus greater than 512 may take

　　a few minutes.

How many bits in the modulus［512］：2048

//提示确定密钥的长度，默认为 512,推荐为 1024 或 2048

% Generating 2048 bit RSA keys，keys will be non-exportable...［OK］

Switch(config)#username gzeic password grape

//定义一个本地的用户名 gzeic,密码为 grape

Switch(config)#line vty 0 4

Switch(config-line)#transport input ssh

//设置虚拟终端的接入为 SSH 接入,默认为 transport input telnet,即默认情况虚拟终端允许
TELNET 接入
Switch(config-line)#login local
Switch(config-line)#exit
Switch(config)#

完成以上配置内容后,客户端无法再通过虚拟终端 Telnet 方式接入到交换机,只能通过虚拟终端 SSH 方式接入到交换机,比较出名的 SSH 客户端软件为 SecureCRT。

2.5.2　交换机配置文件、IOS 的备份和 IOS 的升级

对交换机做好相应的配置之后,网络管理员会把正确的配置从交换机上下载并保存在稳妥的地方,防止日后如果交换机出了故障导致配置文件丢失的情况发生。有了保存的配置文件,直接上传到交换机上,就会避免重新配置的麻烦。同时也需要将交换机的 IOS 进行备份,以便交换机 IOS 故障后可以进行恢复。下面就介绍一种目前较流行的上传和下载的方法——采用 TFTP 服务器。

TFTP 服务器是 FTP 服务器的简化版本,特点是功能精简、小而灵活,图 2-39 为CISCO 公司的 TFTP 服务器软件。运行该软件后,单击"查看"→"选项"命令,可设置TFTP 日志文件所在路径和日志文件名,可设置 TFTP 服务器根目录,为了将交换机的配置文件保存在安全目录,图中设置 TFTP 服务器根目录为 E:\configbackup,即交换机的配置文件通过 TFTP 会保存到该目录,也可从该目录将已有的配置文件传输到交换机上。

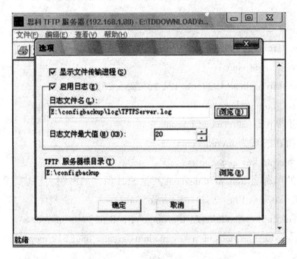

图 2-39　TFTP 服务器软件

在使用 TFTP 服务器上传和下载配置文件之前,要使得 TFTP 服务器与交换机是互相ping 通的,如图 2-40 所示。

1. 交换机配置文件的上传和下载

交换机配置文件上传是将交换机的当前运行配置文件 running-config 或启动配置文件startup-config 保存到 TFTP 服务器上做备份。交换机配置文件下载就是从 TFTP 服务器下载

以前备份的文件到交换机上，作为启动配置文件。

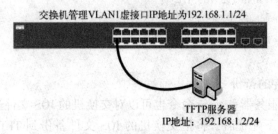

图 2-40　交换机配置文件维护示意图

① 在交换机上完成以下配置后，将把交换机的启动配置文件 startup-config 保存到 TFTP 服务器的根目录中，文件名为 backupstart，配置内容和显示结果如下。

```
Switch#copy startup-config tftp：
//拷贝启动配置文件到 TFTP 服务器上
Address or name of remote host [ ]？192. 168. 1. 2
//提示输入远程 TFTP 服务器的 IP 地址或主机名
Destination filename [Switch-confg]？ Backupstart
//提示输入目的文件名
!!
[OK - 1143 bytes]
1143 bytes copied in 0. 042 secs（27000 bytes/sec）
Switch#
```

② 在交换机上完成以下配置后，将把交换机的运行配置文件 running-config 保存到 TFTP 服务器的根目录中，文件名为 backuprunning，配置内容和显示结果如下。

```
Switch#copy running-config tftp：
//拷贝运行配置文件到 TFTP 服务器上
Address or name of remote host [ ]？192. 168. 1. 2
Destination filename [Switch-confg]？ Backuprunning
!!
[OK - 1143 bytes]
1143 bytes copied in 0. 014 secs（81000 bytes/sec）
Switch#
```

③ 将把 TFTP 服务器的根目录上备份的文件保存为交换机的启动配置文件 startup-config，配置内容和显示结果如下。

```
Switch#copy tftp：startup-config
//拷贝 TFTP 服务器上文件为启动配置文件
Address or name of remote host [ ]？192. 168. 1. 2
Source filename [ ]？ Backupstart
//提示输入源文件名
Destination filename [startup-config]？ startup-config
```

Accessing tftp：//192. 168. 1. 2/backupstart...

Loading backupstart from 192. 168. 1. 2：!

[OK - 1143 bytes]

1143 bytes copied in 0. 004 secs（285750 bytes/sec）

Switch#

2. 交换机 IOS 文件的备份

同样，使用 TFTP 服务器和 copy 命令也可以对交换机的 IOS 文件进行上传和下载。

在交换机上完成以下配置后，将把交换机的 IOS 文件备份到 TFTP 服务器的根目录上，配置内容和显示结果如下。

Switch#show flash

System flash directory：

File Length   Name/status

 3   8662192   c3560-advipservicesk9-mz. 122-37. SE1. bin

 2   28282   sigdef-category. xml

 1   227537   sigdef-default. xml

[8918011 bytes used, 55098373 available, 64016384 total]

63488K bytes of processor board System flash（Read/Write）

Switch#copy flash：tftp：

//拷贝 FLASH 中文件到 TFTP 服务器上

Source filename []？c3560-advipservicesk9-mz. 122-37. SE1. bin

Address or name of remote host []？192. 168. 1. 2

Destination filename [c3560-advipservicesk9-mz. 122-37. SE1. bin]？bk3560ios

!!!

!!!

[OK - 8662192 bytes]

8662192 bytes copied in 0. 713 secs（12148000 bytes/sec）

Switch#

3. 交换机 IOS 文件的升级

交换机的 IOS 文件升级过程很简单，首先将新的 IOS 文件拷贝到 FLASH 中，然后再配置交换机在下次重新启动时加载新的 IOS 文件即可，而原有的 IOS 文件，网络管理员可以保留或者删除。

举例如下，将 CISCO C2960 - 24TT 交换机的原来 IOS（C2960 - lanbase - mz. 122 - 25. FX. bin）升级为新的 IOS（C2960-lanbase-mz. 122-25. SEE1. bin），并设定 C2960-24TT 下次启动时，加载新的 IOS。配置过程和显示内容如下。

Switch#show flash：

Directory of flash：/

   1 -rw-   4414921   <no date>   c2960-lanbase-mz. 122-25. FX. bin

64016384 bytes total（59601463 bytes free）

Switch#copy tftp：flash：

Address or name of remote host []？192. 168. 1. 2

Source filename [ ]？c2960-lanbase-mz. 122-25. SEE1. bin

Destination filename [c2960-lanbase-mz. 122-25. SEE1. bin]？

Accessing tftp：//192. 168. 1. 2/c2960-lanbase-mz. 122-25. SEE1. bin...

Loading c2960-lanbase-mz. 122-25. SEE1. bin from 192. 168. 1. 2：

!!!

[OK - 4670455 bytes]

4670455 bytes copied in 0. 574 secs (654159 bytes/sec)

Switch#show flash：

Directory of flash：/

```
    1  -rw-     4414921        <no date>   c2960-lanbase-mz. 122-25. FX. bin
    2  -rw-     4670455        <no date>   c2960-lanbase-mz. 122-25. SEE1. bin
```

64016384 bytes total (54931008 bytes free)

Switch#config t

Switch(config)#boot system c2960-lanbase-mz. 122-25. SEE1. bin

//设定交换机启动时加载的 IOS 为 c2960-lanbase-mz. 122-25. SEE1. bin

Switch(config)#exit

Switch#write

Switch#delete flash：

Delete filename [ ]？c2960-lanbase-mz. 122-25. FX. bin

Delete flash：/c2960-lanbase-mz. 122-25. FX. bin？[confirm]

Switch#

本章实验

实验 2-1　"观察集线器共享信道广播式通信的过程"报告书

实验名称	观察集线器共享信道 广播式通信的过程	实验指导视频	
实验拓扑结构			
实验要求	理解物理层设备集线器共享信道广播式通信的过程和原理		
实验报告	参考实验要求，学生自行完成实验摘要性报告		
实验学生姓名		完成日期	

hub
IP:192.168.1.1/24
IP:192.168.1.2/24　　IP:192.168.1.3/24
IP:192.168.1.4/24

实验 2-2　"观察网桥隔离物理网段"报告书

实验名称	观察网桥隔离 物理网段	实验指导视频	
实验拓扑结构			

IP:192.168.1.1/24　IP:192.168.1.2/24　IP:192.168.1.3/24　IP:192.168.1.4/24

实验要求	理解数据链路层设备网桥隔离物理网段的过程和原理
实验报告	参考实验要求，学生自行完成实验摘要性报告
实验学生姓名	完成日期

实验 2-3　"交换机的配置模式和常用的配置命令"报告书

实验名称	交换机的配置模式 和常用的配置命令	实验指导视频	
实验拓扑结构			

console　switch C2950-24　RS232　配置机
IP:192.168.1.1/24　IP:192.168.1.2/24　IP:192.168.1.3/24　IP:192.168.1.4/24

实验要求	掌握交换机带外管理方式，交换机的配置模式之间的切换；掌握交换机的常用配置命令；掌握并理解交换机 MAC 地址表中的内容，理解交换机的工作原理
实验报告	参考实验要求，学生自行完成实验摘要性报告
实验学生姓名	完成日期

实验 2-4　"交换机管理安全配置"报告书

实验名称	交换机管理安全配置	实验指导视频	
实验拓扑结构		switch C2950-24 配置管理IP为192.168.1.1 192.168.1.2 Telnet客户端	
实验要求	掌握交换机的常用管理安全配置，包括 Telnet 连接管理、Console 连接管理、enable 密码和 SSH 连接管理		
实验报告	参考实验要求，学生自行完成实验摘要性报告		
实验学生姓名	完成日期		

实验 2-5　"交换机配置文件、IOS 的备份和 IOS 的升级"报告书

实验名称	交换机配置文件、IOS 的备份和 IOS 的升级	实验指导视频	
实验拓扑结构		switch C2950-24 配置管理IP为192.168.1.1 192.168.1.2 TFTP服务器	
实验要求	掌握交换机的配置文件的备份、IOS 的备份和 IOS 升级的配置		
实验报告	参考实验要求，学生自行完成实验摘要性报告		
实验学生姓名	完成日期		

第3章 交换机实用配置

3.1 VLAN 技术

3.1.1 VLAN 技术简介

虚拟局域网（virtual local area network，VLAN）是一种将局域网 LAN 从逻辑上划分（注意不是从物理上划分）成一个个网段（或者说是更小的局域网 LAN），从而实现虚拟工作组的数据交换技术。一般现在较好的交换机基本上都支持 VLAN 技术。

之所以发展出来 VLAN 技术，主要是从以下 3 个方面考虑。

① 基于网络性能考虑：VLAN 技术的出现，主要为了解决交换机在进行局域网互连时无法限制广播的问题。这种技术可以把一个 LAN 划分成多个逻辑的 VLAN，每个 VLAN 是一个广播域，VLAN 内的主机间通信就和在一个 LAN 内一样，而 VLAN 间则不能直接互通，这样广播被限制在一个 VLAN 内。

② 基于安全性的考虑：一个 VLAN 内部的广播和单播流量都不会转发到其他 VLAN 中，即使是两个 VLAN 有着同样的 IP 子网，只要它们没有相同的 VLAN 号，它们各自的广播流量就不会相互转发，从而有助于控制流量、减少设备投资、简化网络管理、提高网络的安全性。

③ 基于组织结构考虑：VLAN 技术允许网络管理者将一个物理的 LAN 逻辑地划分成不同的广播域，每一个广播域中都包含一组有着相同需求的计算机，与物理上形成的 LAN 有着相同的属性。但由于它是逻辑地而不是物理地划分，所以同一个 VLAN 内的各个工作站无需被放置在同一个地理区域里，即这些工作站不一定属于同一个物理 LAN 网段。

值得注意的是，既然 VLAN 隔离了广播风暴，同时也隔离了各个不同的 VLAN 之间的通信，所以不同的 VLAN 之间的通信是需要有三层设备（如路由器、三层交换机）来完成的。

如图 3-1 为单交换机上的 VLAN 情况。

在图 3-1 中，计算机 A 只能和 VLAN 10 内的计算机通信，如计算机 B，而计算机 A 发出的广播也只能在 VLAN 10 中转发，VLAN 20、VLAN 30 内的计算机是无法与计算机 A 通信，也无法收到 VLAN 10 内的广播，这也就是所谓的 VLAN 隔离广播的概念，这样一来也可以提高网络的安全性，比如说 VLAN 10 的财务部、VLAN 20 的市场部和 VLAN 30 的管理部之间是无法进行通信的，这不但从组织结构上对网络进行了划分，同时也保证了各个部门的数据安全性。当然在 VLAN 存在的基础上，如果要实现多个部门之间的通信，这就需要三层设备的支持。

在图 3-1 中，可以简单思考一下 VLAN 的工作原理，VLAN 是如何隔离广播和隔离 VLAN 之间的通信，这需要详细分析一下交换机的 MAC 地址表。

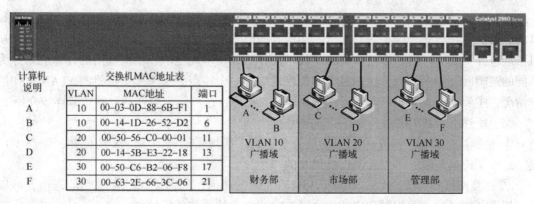

图 3-1   单交换机 VLAN 示意图

假设现在计算机 A 发出一个广播帧，交换机接收到这个广播帧后，根据交换机的 MAC 地址表可以发现，该广播帧是从端口 1 接收，为 VLAN 10 中的广播，那么交换机就会按照 MAC 地址表，将这个广播向所有 VLAN 10 的端口转发，而不会向其他 VLAN 20 和 VLAN 30 的端口转发该广播帧，这就实现了 VLAN 隔离广播。

再假设计算机 A 想要与计算机 C 通信，计算机 A 已知计算机 C 的 IP 地址，计算机 A 发出 ARP 广播请求，希望获取计算机 C 的 MAC 地址，但交换机根本不会将该广播转发给计算机 C，那么计算机 A 无法获得计算机 C 的 MAC 地址，计算机 A 也就无法和计算机 C 进行通信。另外，即使计算机 A 知道了计算机 C 的 MAC 地址，计算机 A 发送一个目的地址为计算机 C 的 MAC 地址的单播帧出来，这个单播帧到达交换机之后，交换机根据 MAC 地址表也会发现，这个单播帧是 VLAN 10 内发出的，而目的 MAC 地址却是 VLAN 20 的，那么交换机也不会转发这个单播帧给计算机 C。

以上是单交换机的 VLAN 情况，图 3-2 为多交换机的 VLAN 情况。

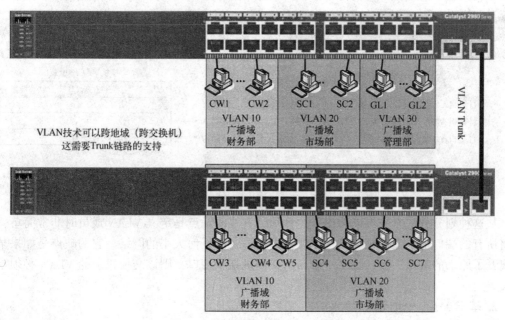

图 3-2   多交换机 VLAN 示意图

　　从图 3-2 上可以看到 VLAN 并没有局限于物理位置和物理 LAN 网段，例如，财务部和市场部可能不在同一个楼宇内，那么不同地点的财务部计算机和市场部计算机所接入的交换机可能也并不是同一台，但使用 VLAN 技术同样可以将不同地域、不同部门的计算机划分为不同的逻辑网段和广播域，这也是 VLAN 跨地域的一个特点。关于多交换机的 VLAN 工作原理情况，主要需要交换机之间的骨干链路 Trunk 支持，这部分内容在后面的章节详细介绍。

　　综上所述，VLAN 技术主要有以下的优点。

　　① 控制广播风暴，一个 VLAN 就是一个逻辑广播域，通过对 VLAN 的创建，隔离了广播，缩小了广播范围，可以控制广播风暴的产生。

　　② 提高网络整体安全性，隔离了 VLAN 之间的通信，如需要 VLAN 之间的通信，可以在三层设备商通过访问控制列表的方法对 VLAN 之间的通信进行控制。

　　③ 企业 LAN 中的部门组织结构不再受物理地域的限制，可以根据企业的部门组织结构对 LAN 进行划分。

　　④ 增强网络管理，采用 VLAN 技术可对整个网络进行集中管理，能够更容易地实现网络的管理性，用户可以根据业务需要快速组建和调整 VLAN。

3.1.2　VLAN 划分方式

　　VLAN 在交换机上的划分方法，大致可以分为以下两种。

1. 基于交换机端口划分 VLAN

　　这是最常用的一种 VLAN 划分方法，应用也最为广泛、最有效，目前绝大多数的交换机都提供这种 VLAN 配置方法。

　　基于交换机端口划分 VLAN 就是以交换机的端口作为划分 VLAN 的操作对象，将交换机中的若干个端口定义为一个 VLAN，其实质就是提前定义 VLAN 和交换机端口之间的关系，如图 3-3 所示。

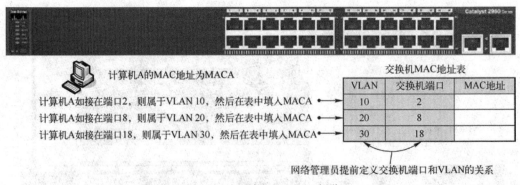

图 3-3　基于端口的 VLAN 划分

　　从这种划分方法本身可以看出，这种划分方法的优点是定义 VLAN 成员时非常简单，只要将所有的端口都定义为相应的 VLAN 即可，适合于任何大小的网络。它的缺点是如果某用户离开了原来的端口，接入到了一个新的交换机某个端口，则该交换机上的 VLAN 必须重新定义。

2. 基于 MAC 地址划分 VLAN

　　基于 MAC 地址划分 VLAN 就是根据每台主机的 MAC 地址作为划分 VLAN 的操作对象，

即对每个 MAC 地址的主机都配置所属于的 VLAN，其实质就是提前定义 VLAN 和主机 MAC 地址之间的关系，如图 3-4 所示。

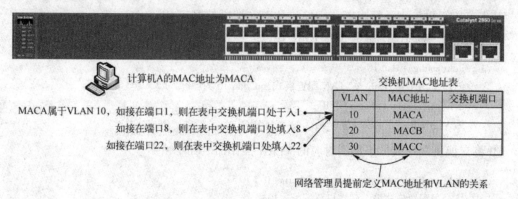

图 3-4　基于 MAC 地址的 VLAN 划分

由这种划分的方法可以看出，这种 VLAN 的划分方法的最大优点就是当用户物理位置移动时，即从一个交换机端口换到其他的端口时，VLAN 不用重新配置，因为它是基于用户的 MAC 地址，而不是基于交换机的端口。这种方法的缺点是初始化时，所有的用户都必须进行配置，如果有几百个甚至上千个用户的话，配置工作过于繁杂，所以这种划分方法通常适用于小型局域网，而且这种划分的方法也导致了交换机执行效率的降低，因为在每一个交换机的端口都可能存在很多个 VLAN 组的成员，保存了许多用户的 MAC 地址，查询起来相当不容易。

3.1.3　单交换机 VLAN 的配置

现在以 CISCO 公司的 Catalyst 2960 系列交换机 C2960-24TT 为例，介绍 VLAN 的划分方法。

① 在没有进行 VLAN 配置的情况下，使用 show vlan 命令查看 VLAN 情况，部分内容如下。

```
Switch#show vlan
vlan  Name                      Status    Ports
----  ------------------------  ------    ----------------------------
1     default                   active    Fa0/1, Fa0/2, Fa0/3, Fa0/4
                                          Fa0/5, Fa0/6, Fa0/7, Fa0/8
                                          Fa0/9, Fa0/10, Fa0/11, Fa0/12
                                          Fa0/13, Fa0/14, Fa0/15, Fa0/16
                                          Fa0/17, Fa0/18, Fa0/19, Fa0/20
                                          Fa0/21, Fa0/22, Fa0/23, Fa0/24
                                          Gig1/1, Gig1/2
1002  fddi-default              act/unsup
1003  token-ring-default        act/unsup
1004  fddinet-default           act/unsup
1005  trnet-default             act/unsup
```

```
…
Switch#
```

从上可以看出，默认情况下，交换机的所有端口都属于 VLAN 1。

② 创建 VLAN 的操作命令如下所示。

```
Switch(config)#vlan 10
//创建 VLAN 10,并进入 VLAN 配置模式,no vlan 10 为删除 VLAN 10
Switch(config-vlan)#name CWB
//为 VLAN 指定名称为 CWB。
```

③ 将交换机端口成员添加到对应的 VLAN 操作命令如下所示。

```
Switch(config)#interface range fastEthernet 0/1 - 5
//从全局配置模式进入到端口范围配置模式
Switch(config-if-range)#switchport access vlan 10
//设置交换机端口 fastethernet0/1、0/2、0/3、0/4、0/5 允许访问 VLAN 10,即 1-5 号端口添加到
VLAN 10 中,no swithport access vlan 10 可以从 VLAN 10 删除端口成员
Switch(config-if-range)#exit
Switch(config)#
```

④ 通过以上配置以后，可以使用 show vlan 命令来验证 VLAN 配置情况，部分显示结果如图 3-5 所示。

```
Switch#show vlan
VLAN Name              Status    Ports

1    default           active    Fa0/6, Fa0/7, Fa0/8, Fa0/9
                                 Fa0/10, Fa0/11, Fa0/12, Fa0/13
                                 Fa0/14, Fa0/15, Fa0/16, Fa0/17
                                 Fa0/18, Fa0/19, Fa0/20, Fa0/21
                                 Fa0/22, Fa0/23, Fa0/24, Gig1/1
                                 Gig1/2
10   CWB               active    Fa0/1, Fa0/2, Fa0/3, Fa0/4
                                 Fa0/5
…    …
```

| VLAN编号 | VLAN名称 | VLAN状态 | VLAN端口成员 |

图 3-5　show vlan 命令验证 VLAN 配置

3.1.4　IEEE802.1q 和跨交换机 VLAN 的配置

1. IEEE802.1q 帧标记法

（1）帧标记的含义

VLAN 可以通过交换机进行扩展，这意味着不同交换机上可以定义相同的 VLAN，可以将有相同 VLAN 的交换机通过 Trunk 端口互联，处于不同交换机、但具有相同 VLAN 定义的主机将可以互相通信，Trunk 链路的含义就是骨干链路或主干链路，该链路上可以运载多个 VLAN 信息。

如图 3-6 所示，连接到交换机 A 上的 CW 1 计算机发送数据帧，要与连接到交换机 B 上

CW 3 计算机进行通信，CW 1 发送出来的数据帧并没有携带所属 VLAN 信息，交换机 B 并不知道 CW 1 在交换机 A 上是属于 VLAN 10 的，也就是说交换机 B 并不知道 CW 1 发送出来的数据帧是属于 VLAN 10 的数据帧，因此在交换机 A 将该数据帧交付给交换机 B 之前，交换机 A 应该把收到的 CW 1 发出来的数据帧进行标识，标识该数据帧是 VLAN 10 的数据帧，然后通过 Trunk 链路再将该数据帧交付给交换机 B，这样当交换机 B 收到该数据帧后，交换机 B 就可以根据交换机 B 的 MAC 地址表来决定是否将该数据帧转发给 CW 3。

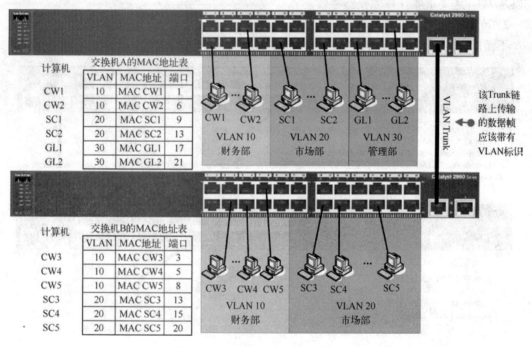

图 3-6　跨交换机 VLAN 工作原理

在数据帧中加入 VLAN 的标识，这项技术就称为帧标记法，现在帧标记方法的标准是 IEEE802.1q，现在大部分网络产品厂商生产的交换机都能够遵循 IEEE802.1q 标准，本教材主要也是介绍 IEEE802.1q。

（2）IEEE802.1q 帧标记格式

如图 3-6 所示，交换机 A 需要将 CW1 计算机发出的数据帧加上帧标识之后，然后交付给交换机 B，IEEE802.1q 使用了 4 字节的标记头来给数据帧加上 VLAN 标记，4 字节的标记头称为标签 Tag。Tag 的具体格式如图 3-7 所示。

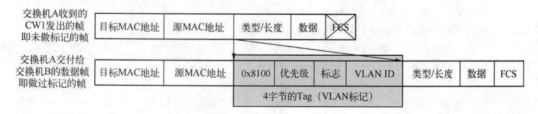

图 3-7　IEEE802.1q 帧格式

从图 3-7 中可以看到，IEEE802.1q 做的帧标记实际上就是在原有数据帧的源 MAC 地址后，即在类型/长度字段之前，加上了 4 个字节的 Tag，其中前两个字节用作帧标记协议标识，其值总是 0X8100，接下来的 3 位是优先级字段，用于标明此数据帧的服务优先级，接下来是 1 位的标志（当此位为 1 时表示是令牌环数据帧，否则为以太网数据帧），最后 12 位的 VLAN ID 用于标识该数据帧所属的 VLAN，因此，在 IEEE802.1q 中 VLAN 编号范围是 0～4095，但其中 0、1、4095 被保留不能使用。由于更改了原来数据帧的结构和内容，因此 IEEE802.1q 还要重新计算帧校验字段。

2. 跨交换机 VLAN 的配置

下面以图 3-8 为例，进行跨交换机 VLAN 的配置，并进行验证。

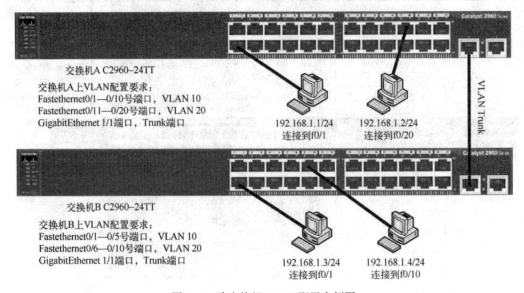

图 3-8　跨交换机 VLAN 配置实例图

① 交换机 A 上配置内容如下。

```
Switch A(config)#vlan 10
Switch A(config-vlan)#exit
Switch A(config)#vlan 20
Switch A(config-vlan)#exit
Switch A(config)#interface range fastEthernet 0/1 - 10
Switch A(config-if-range)#switchport access vlan 10
Switch A(config-if-range)#exit
Switch A(config)#interface range fastEthernet 0/11 - 20
Switch A(config-if-range)#switchport access vlan 20
Switch A(config-if-range)#exit
Switch A(config)#interface gigabitEthernet 1/1
Switch A(config-if)#switchport trunk encapsulation dot1q
//设置交换机的端口 trunk 模式使用 IEEE802.1q 的帧标记封装标准
Switch A(config-if)#switchport mode trunk
//设置交换机的端口为 Trunk 模式。工作在 Trunk 模式下的端口称为 Trunk 端口，Trunk 端口可以
```

通过多个 VLAN 的流量,通过 Trunk 端口之间的互联,可以实现不同交换机上相同 VLAN 的互通;工作在 Access 模式下的端口称为 Access 端口,Access 端口可以分配给一个 VLAN,并且同时只能分配给一个 VLAN。端口默认情况下为 Access 模式。

Switch A(config-if)#switchport trunk allowed vlan 10,20

//设置 Trunk 端口允许通过的 VLAN。Trunk 端口默认情况下允许通过所有 VLAN。用户可以通过本命令设置哪些 VLAN 的流量通过 Trunk 端口,没有包含的 VLAN 流量则被禁止

Switch A(config-if)#exit

Switch A(config)#

② 交换机 B 上配置内容如下。

Switch B(config)#vlan 10

Switch B(config-vlan)#exit

Switch B(config)#vlan 20

Switch B(config-vlan)#exit

Switch B(config)#interface range fastEthernet 0/1 - 5

Switch B(config-if-range)#switchport access vlan 10

Switch B(config-if-range)#exit

Switch B(config)#interface range fastEthernet 0/6 - 10

Switch B(config-if-range)#switchport access vlan 20

Switch B(config-if-range)#exit

Switch B(config)#interface gigabitEthernet 1/1

Switch B(config-if)#switchport trunk encapsulation dot1q

Switch B(config-if)#switchport mode trunk

Switch B(config-if)#switchport trunk allowed vlan 10,20

Switch B(config-if)#exit

Switch B(config)#

③ 完成以上配置之后,在 4 台计算机之间相互 ping,可以发现 192.168.1.1 可以与 192.168.1.3 相互 ping 通,而不能与 192.168.1.2、192.168.1.4 相互 ping 通,原因在于它们处于不同的 VLAN 内。

④ 在交换机 A 或交换机 B 上使用 show interfaces trunk 显示端口的 Trunk 配置,显示结果如下所示。

```
Switch B#show interfaces trunk
Port        Mode          Encapsulation   Status        Native vlan
Gig1/1      on            802.1q          trunking      1
Port        Vlans allowed on trunk
Gig1/1      10,20
Port        Vlans allowed and active in management domain
Gig1/1      10,20
Port        Vlans in spanning tree forwarding state and not pruned
Gig1/1      10,20
Switch B#
```

3.2　冗余链路与生成树相关协议

3.2.1　冗余拓扑结构

为了实现网络设备之间的冗余配置，往往需要对网络中关键的设备和关键的链路进行冗余设计，如图 3-9 所示。

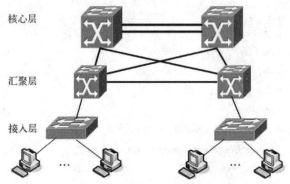

图 3-9　交换机间冗余拓扑结构

采用冗余拓扑结构保证了在设备及链路故障时能提供备份，从而不影响正常通信，但是，如果网络设计不合理，这些冗余设备及链路所构成的桥接环路（二层设备和链路构成的环路结构）将会引发很多问题，导致网络无法工作甚至瘫痪。

3.2.2　桥接环路的危害

桥接环路主要会产生广播风暴、单帧多次递交、MAC 地址表失效三个方面的危害。

通过图 3-10 来分析这三个方面的危害。图中，计算机 A 和服务器 B 之间为了实现冗余链路，由交换机 A 的 F0/1 号端口和交换机 B 的 F0/2 号端口之间形成了一条路径，由交换机 A 的 F0/13 号端口和交换机 B 的 F0/14 端口之间形成一条路径，从而形成冗余链路，分别是链路 1 和链路 2。

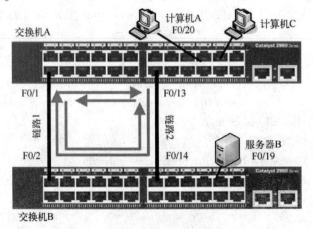

图 3-10　桥接环路的危害

1. 广播风暴

首先，冗余拓扑结构会导致最严重的问题就是广播风暴。

如图 3-10 所示，假设计算机 A 发出一个广播帧，交换机 A 收到这个广播帧后，它会将此广播向除了接收此帧的端口之外的所有端口转发，也就是进行广播泛洪。交换机 B 收到该广播帧以后，同样也会将该广播帧向除了接收此帧的端口之外的所有其他端口广播。同时，交换机 A 和交换机 B 也会收到对方转发过来的广播帧，它们仍然要向除接收端口之外的所有端口转发，依此类推。之后，在交换机 A、交换机 B 及两者之间的链路上将会出现越来越多同样的广播帧，另外，由于数据帧中没有类似于 IP 数据报中的 TTL 字段（生存时间），因此，这些广播帧将一直在网络中循环，直到网络完全瘫痪或交换机重新启动为止，这种现象称为广播风暴。

2. 单帧多次递交

冗余拓扑结构可能引起的第二个问题就是单帧多次递交。

如图 3-10 所示，假设交换机 A 和交换机 B 刚刚启动结束，此时，计算机 A 发送一个单播数据帧给计算机 C，由于此时交换机 A 的 MAC 地址表中没有任何条目，所以，交换机 A 要将未知目的 MAC 地址的数据帧进行泛洪，即向除了发送此帧的端口之外的所有其他端口转发，这时计算机 C 会收到此单播数据帧，同时，该数据帧会被转发到交换机 B 上，交换机 B 也要进行未知目的 MAC 地址数据帧的泛洪，这样，该数据帧又将回到交换机 A，交换机 A 又会将该帧交付给计算机 C，这样就造成了计算机 C 收到完全相同的两份数据帧，这种现象称为单帧多次递交。

单帧多次递交可能会导致目的主机上层协议栈的工作出现问题，同时，也引起交换链路上不必要的带宽消耗。

3. MAC 地址表失效

冗余拓扑结构还可能引起 MAC 地址表失效的问题。

如图 3-10 所示，假设交换机 A 和交换机 B 刚刚启动结束，此时，计算机 A 发送一个单播数据帧，交换机 A 会收到此帧并判断出计算机 A 处于自己的端口 F0/20，并将计算机 A 的 MAC 地址和 F0/20 端口记录进入 MAC 地址表，另外，交换机 A 要将此未知目的 MAC 地址的数据帧向除 F0/20 端口以外的所有其他端口泛洪，交换机 B 如在 F0/2 号端口收到该数据帧，将把计算机 A 的 MAC 地址和 F0/2 端口记录进入 MAC 地址表，交换机 B 还会在 F0/14 端口收到该数据帧，将把计算机 A 的 MAC 地址和 F0/14 端口记录进入 MAC 地址表，问题是出现在交换机 B 会从 F0/2 端口和 F0/14 端口各收到一份同样的数据帧，而无法确定计算机 A 到底是在 F0/2 还是在 F0/14 端口上，这样就造成了 MAC 地址表的不稳定。

针对桥接环路所出现的这些问题，可以通过生成树的相关协议进行解决。

生成树的相关协议较多，本教材按照这些协议的发展历程进行介绍说明。

3.2.3　IEEE802.1d 的 STP

1. STP 简介

生成树协议（spanning tree protocol，STP）是一个第二层数据链路层的管理协议，IEEE802 委员会制定的生成树协议规范为 802.1d，其目标是将一个存在桥接环路的物理网络变成一个没有环路的逻辑树形网络。

生成树协议通过在交换机上运行一套复杂的生成树算法（spanning‐tree algorithm，STA），使部分冗余端口处于"阻塞"状态，使得接入网络的计算机在与其他计算机通信时，只有一条链路生效。而当这个链路出现故障而无法使用时，STP 会重新计算网络链路，将处于"阻塞"状态的端口重新打开，从而既保障了网络正常运行，又保证了冗余能力。

如图 3‐11 所示，通过逻辑地将交换机 B 的 F0/14 端口阻塞来断开环路，使得任何两台主机之间只有一条唯一的通路，既达到了冗余又实现了无环的目的。

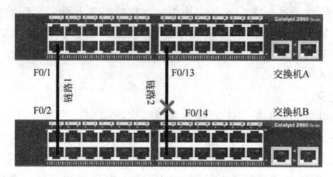

图 3‐11　生成树协议示意图

2. BPDU 的结构

在 STP 的工作过程中，交换机之间通过相互传递桥接协议数据单元（bridge protocol data unit，BPDU）获取各台交换机的参数信息，进而相互通信协商，将一个存在桥接环路的物理网络形成一个树状结构的逻辑网络。

BPDU 是封装在 IEEE802.3 帧中的一种特殊帧结构，其结构如下所示。

目的 MAC 地址 6 字节	源 MAC 地址 6 字节	长度 2 字节	LLC 首部 3 字节	BPDU 35 字节	填充 8 字节	帧校验 4 字节

其中，目的 MAC 地址为 STP 的多播目的地址 01‐80‐c2‐00‐00‐00，源 MAC 地址为发送此 BPDU 的交换机 MAC 地址，另外为了满足以太网最小帧 64 字节的要求，填充了 8 字节。

在 BPDU 中主要包括了生成树协议版本、BPDU 的类型、根桥 ID、路径开销、桥 ID、端口 ID 等内容。如表 3‐1 所示为 BPDU 的结构。

表 3‐1　BPDU 的格式

字节	字　段	描　　述
2	协议 ID	该值总为 0
1	生成树协议版本	IEEE802.1d 版本为 0
1	消息类型	BPDU 的类型，如值为 0，表示该 BPDU 为配置 BPDU；如值为 80，表示该 BPDU 为拓扑变更通告 BPDU
1	标志	用于拓扑变更时交换机之间相互通告
8	根桥 ID	根桥 ID
4	路径开销	到达根桥的路径开销
8	桥 ID	发送此 BPDU 的网桥的桥 ID

续表

字节	字　　段	描　　述
2	端口 ID	发送此 BPDU 的端口 ID，该 ID 等于端口优先级（默认为 128）+端口编号
2	消息寿命	从根桥发出的 BPDU 的寿命，每经过一个网络该值减 1
2	最大寿命	网桥在将根桥看作不可用之前保留根桥 ID 的最大时间，默认值为 20 秒
2	Hello 时间	发送 BPDU 的时间间隔，默认值为 2 秒
2	转发延迟	网桥在侦听和学习状态所停留的时间间隔，默认值为 15 秒

3. STP 的工作过程

STP 的工作要经过以下几个步骤。

（1）选择根桥

要将一个存在桥接环路的物理网络形成一个树状结构的逻辑网络，首先要解决的首要问题就是：哪台交换机可以作为树形结构的"根"。

选择根桥的原则是：所有交换机中桥 ID（Bridge ID）最小的交换机作为生成树的根桥。请记住，交换机的实质就是多端口网桥。

桥 ID 是 8 字节长，包含了 2 字节的桥优先级和 6 字节的交换机 MAC 地址，在默认情况下，桥优先级都是 32768，BPDU 每隔 2 秒发送一次，桥 ID 最小的交换机将被选举为根桥。

如图 3-12 所示，4 台交换机的桥优先级均为默认值 32 768，所以 4 台交换机的桥 ID 分别为：

交换机 A 的桥 ID32768000008D7120A；

交换机 B 的桥 ID32768000008D7120B；

交换机 C 的桥 ID32768000008D7120C；

交换机 D 的桥 ID32768000008D7120D。

显然，交换机 A 的桥 ID 最小，因此交换机 A 作为生成树中的根桥，而其他交换机均作为非根桥。

（2）选择根端口

确定了逻辑树状结构的根桥之后，需要在每台交换机上确定一个根端口。

选择根端口的原则是：每台交换机的所有端口中，到达根桥所花费的路径开销值为最小的端口被确定为该交换机的根端口。

常见的链路带宽与路径开销值如表 3-2 所示。

表 3-2　链路带宽与路径开销值对应表

链 路 带 宽	路径开销值
10 Mbps	100
100 Mbps	19
1000 Mbps	4
10 Gbps	2
10 Gbps 以上	1

　　如图 3-12 所示，假定此示例环境中的所有链路都是快速以太网 100 Mbps，交换机 B 从 E3 和 E5 分别接收到了来自相同根桥交换机 A 的 BPDU 后，它将会比较 E3 和 E5 到达根桥的路径开销，此时从 E5 收到的 BPDU 路径开销值为 57，而从 E3 收到的 BPDU 路径开销值为 19，说明从 E5 收到的 BPDU 经过了更多的交换机，因此确定 E3 成为非根桥交换机 B 的唯一的根端口，同样，交换机 C 也会确认其 E4 成为它的唯一的根端口。

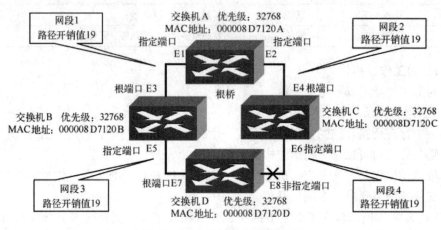

图 3-12　生成树协议工作原理

　　此时交换机 D 也分别在 E7 和 E8 接收到了来自根桥交换机 A 的 BPDU，交换机 D 会发现这两个端口收到的 BPDU 的路径开销值都是 38，是等价的，此时交换机 D 会比较 E7 和 E8 上联的交换机的桥 ID，E7 上联的交换机为交换机 B，桥 ID 为 32768000008D7120B，E8 上联的交换机为交换机 C，桥 ID 为 32768000008D7120C，上联的交换机的桥 ID 小的端口被选为根端口，因此交换机 D 确定 E7 为根端口。

　　（3）选择指定端口

　　确定根桥和根端口之后，STP 继续选择指定端口。

　　选择指定端口的原则是：每个网段中的所有端口中，到达根桥所花费的路径开销值为最小的端口被确定为该网段的指定端口。

　　网段 1 中包括了端口 E1、E3，到达根桥交换机 A 所花费的路径开销值最小的端口为 E1。

　　网段 2 中包括了端口 E2、E4，到达根桥交换机 A 所花费的路径开销值最小的端口为 E2。

　　网段 3 中包括了端口 E5、E7，到达根桥交换机 A 所花费的路径开销值最小的端口为 E5。

　　网段 4 中包括了端口 E6、E8，到达根桥交换机 A 所花费的路径开销值最小的端口为 E6。

　　因此，E1、E2、E5、E6 被确定为指定端口，实际上根桥上的端口肯定为指定端口。

　　有一种比较特殊的情况是，某个网段中的多个端口到达根桥所花费的路径开销值是一样的，那么将比较这多个端口所在网桥的桥 ID，然后再比较端口 ID。如图 3-13 所示，网段 1 中有 3 个端口可以到达根桥，并且这三个端口到达根桥的路径花费值都一样，那么，首先比较这 3 个端口所在网桥的桥 ID，所在网桥的桥 ID 越小，就越可能成为指定端口，在图 3-13

中，假设 Switch B 的桥 ID 小于 SwitchA 的桥 ID，那么网段 1 的指定端口就只能在 E2、E3 中选择一个，这时将比较 E2、E3 的端口 ID，端口 ID 由端口优先级（端口默认的优先级为128）和端口编号组成，端口优先级小的成为指定端口，如果端口优先级也一致，那么就比较这两个端口的端口编号，端口编号小的成为指定端口，假设 E2 的端口 ID 小于 E3 的端口ID，那么 E2 成为网段 1 的指定端口。

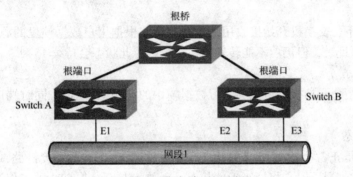

图 3-13 指定端口的选择

（4）决定非指定端口

既不是根端口，也不是指定端口的端口将成为非指定端口，在图 3-12 中，E8 为非指定端口。非指定端口将处于阻塞状态，不能收发任何用户数据，即 E8 成为阻塞端口。

至此为止，物理上环状拓扑结构经过生成树协议工作后，形成了树状的逻辑拓扑结构。

从上述的内容中，可以理解到在 STP 中，交换机的端口具有 3 种角色，分别是根端口、指定端口和非指定端口。

4. STP 交换机端口的状态

当运行 STP 的交换机启动后，其所有的端口都要经过一定的端口状态变化过程。在这个过程中，STP 要通过交换机间相互传递 BPDU 决定网桥的角色（根桥、非根桥）、端口的角色（根端口、指定端口、非指定端口）以及端口的状态。

交换机上的端口可能处于以下四种状态之一：阻塞、侦听、学习和转发，如图 3-14 所示。

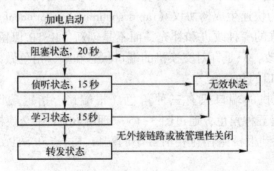

图 3-14 交换机端口的状态变化

（1）阻塞状态

当交换机启动时，其所有的端口都处于阻塞状态以防止出现环路。处于阻塞状态的端口可以发送和接受 BPDU，但是不能发送任何用户数据帧。此状态持续 20 秒。

（2）侦听状态

在侦听状态下，交换机间继续收发 BPDU，仍不能发送任何用户数据帧，在这个状态下，交换机间交换 BPDU 来决定根桥、决定根端口和指定端口，此状态会持续 15 秒。此状态结束时，那些既不是根端口也不是指定端口的端口将成为非指定端口，并退回到阻塞状态，而根端口和指定端口将转入学习状态。

（3）学习状态

在学习状态下，交换机开始接收用户数据帧，并根据用户数据帧里的源 MAC 地址建立交换机的 MAC 地址表，但仍然不能转发用户数据帧，此状态会持续 15 秒。

（4）转发状态

在转发状态下，交换机不但能够学习数据帧中的源 MAC 地址，同时端口开始正常转发用户的数据帧。

（5）无效状态

无效状态不是正常生成树协议的状态，当一个端口处于无外接链路或被管理性关闭（如 shutdown）的情况下，它将处于无效状态，无效状态不参与 STP 的工作过程，处于无效状态的端口也不接受 BPDU。

5. STP 的重新计算

拓扑结构的变化会引起端口状态的变化。例如，某个处于阻塞状态的端口仍然期望每隔两秒能收到其他交换机发来的 BPDU，如果经过"最大寿命"时间 20 秒后仍未收到任何 BPDU 消息，该端口将自动转入侦听状态。如果有可能，该端口最后会转到转发状态并收发用户数据帧。

当拓扑结构发生变化后而引起的生成树重新计算，从而使得网络重新由不稳定状态进入到稳定状态，这个过程称为生成树的收敛，在 STP 中，这样的收敛需要 30~50 秒的时间。

3.2.4 IEEE802.1w 的 RSTP

由于 STP 的收敛过程需要 30~50 秒，为了适应现代网络的需求，针对传统的 STP 收敛慢这一弱点，IEEE 制定了标准的 802.1w 协议，它使得收敛时间得以在 1~10 秒内完成，所以 IEEE802.1w 又被称为快速生成树协议（rapid spanning tree protocol，RSTP）。

RSTP 只是 STP 标准的一种改进和补充，而不是创新，RSTP 保留了 STP 大部分的术语和参数，并未做任何修改，只是针对交换机的端口状态和端口角色做出了一些修订。

1. RSTP 交换机端口的角色

相对于 STP 中交换机的端口只有三种角色（根端口、指定端口、非指定端口），在 RSTP 中交换机的端口有五种角色，通过图 3-15 来理解 RSTP 中交换机的端口角色。

① 根端口：非根桥到根桥路径花费值最小的端口，这点和 STP 一样，图中 P4、P5 为根端口。

② 指定端口：每个网段中的端口到达根桥路径花费最小的端口，这点也和 STP 一样。根桥的端口肯定为指定端口。在图 3-15 中假设 Switch A 的桥 ID 比 Switch B 的桥 ID 小，而且 Switch A 的 P1 端口和 P2 端口的优先级一致，而 P1 端口编号比 P2 端口编号 D 小，那么 P1 为指定端口。

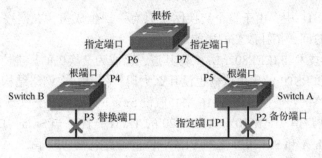

图 3-15　RSTP 中端口的角色

③ 替代端口：替代端口是除根端口和指定端口以外，能够阻断从其他网桥接收根桥 BPDU 的端口，图 3-15 中的 P3 端口为替代端口。如果活跃的根端口发生故障，那么替代端口将成为根端口，这样减少了当拓扑发生变化时收敛的时间。

④ 备份端口：备份端口是除根端口、指定端口、替代端口以外，在端口共享的网段中，能够在共享网段中阻断来自指定端口的 BPDU 的端口。图 3-15 中的 P2 端口为备份端口。如果共享网段中活跃的指定端口发生故障，那么备份端口将成为指定端口，这样也可以减少当拓扑发生变化时收敛的时间。

⑤ 禁用端口：在快速生成树工作的过程中，不担当任何角色的端口。

在图 3-15 中，替代端口和备份端口将转入阻塞状态，以避免环路的产生。

2. RSTP 交换机端口的状态

RSTP 中交换机的端口只存在 3 种端口状态，分别是丢弃状态、学习状态和转发状态，其中丢弃状态是 STP 中阻塞状态、侦听状态和无效状态的合并。表 3-3 为 RSTP 和 STP 端口状态的比较。通过缩减交换机的端口状态，RSTP 也可以加快生成树产生的时间。

表 3-3　RSTP 和 STP 端口状态的比较

STP 端口状态	RSTP 端口状态	端口是否位于活跃的拓扑中	端口是否学习 MAC 地址
无效		否	否
阻塞	丢弃	否	否
侦听		否	否
学习	学习	否	是
转发	转发	是	是

可见，RSTP 协议相对于 STP 协议的确改进了很多。为了支持这些改进，BPDU 的格式做了一些修改，但 RSTP 协议仍然向下兼容 STP 协议，可以混合组网，即网络中 RSTP 协议和 STP 协议可以同时工作在不同的交换机上，而不会影响环路的消除和生成树的产生。

3.2.5　CISCO 的 PVST/PVST+ 和 IEEE802.1s 的 MSTP

1. STP 和 RSTP 的缺点

前面所介绍的 STP 和 RSTP 同属于单生成树（single spanning tree，SST），也就是在网络中只会产生一棵用于消除环路的生成树，这注定了 STP 和 RSTP 有着它们自身的诸多缺陷，主要表现在三个方面。

① 在 STP 和 RSTP 中，由于整个交换网络只有一棵生成树，在网络规模比较大的时候会导致较长的收敛时间，拓扑改变的影响面也较大。

② 由于 VLAN 技术和 IEEE802.1q 大行其道，已成为交换机的标准协议。在网络结构对称的情况下，STP 和 RSTP 的单生成树也没什么大碍。但是，在网络结构不对称的时候，单生成树就会影响网络的连通性。图 3-16 中，假设 Switch A 是根桥，实线链路是 VLAN 10 的 Trunk 链路，虚线链路是 VLAN 10 和 VLAN 20 的 Trunk 链路。当 Switch B 的 E1 端口被阻塞的时候，显然 Switch A 和 Switch B 之间 VLAN 20 的通路就被切断了。

③ 在 STP 和 RSTP 中，当链路被阻塞后将不承载任何流量，这样会造成了带宽的极大浪费。如图 3-17 所示，假设核心层 Switch C 是根桥，汇聚层为 Switch A 和 Switch B，Switch B 的一个端口被阻塞。在这种情况下，Switch B 和 Switch C 之间链路将不承载任何流量，所有网络的流量都将通过 Switch A 进行转发，这增加了 Switch A 的工作压力，也增加了 Switch C 和 Switch A 之间的链路负担。

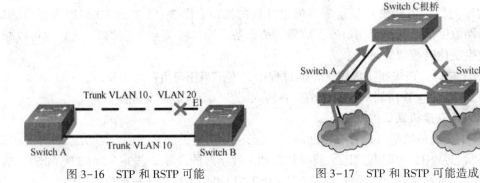

图 3-16　STP 和 RSTP 可能
阻断 Trunk 链路

图 3-17　STP 和 RSTP 可能造成
带宽的极大浪费

这些缺陷都是 STP 和 RSTP 这样单生成树协议所无法克服的，于是支持 VLAN 的多生成树协议出现了。

2. CISCO 专有的 PVST/PVST+

首先最直接、最简单的解决方法就是针对每个 VLAN 都生成一棵树。它能够保证每一个 VLAN 都不存在环路。但是由于种种原因，以这种方式工作的生成树协议并没有形成国际标准，而是各个厂商各有自己的标准，尤其是以 CISCO 的每 VLAN 生成树（per VLAN spanning tree，PVST）为代表。PVST 的 BPDU 格式和 STP/RSTP 的 BPDU 格式不一样，因此 PVST 协议并不兼容 STP/RSTP 协议。CISCO 针对这个情况很快又推出了经过改进的 PVST+协议，并成为 CISCO 公司交换机产品的默认生成树协议。经过改进的 PVST+可以与 STP 和 RSTP 互通，在 VLAN 1 上生成树状态按照 STP 协议计算，在其他 VLAN 上，交换机只会把 PVST 的 BPDU 按照 VLAN 号进行转发，但这并不影响环路的消除，只是有可能 VLAN 1 和其他 VLAN 的根桥状态可能不一致。

在 PVST+中，每个 VLAN 独自运行自己的生成树协议，独自地选举根桥、根端口、指定端口等。换句话说，不同 VLAN 对于根桥、根端口等的定义可能不同，而交换机的某个端口对于不同的 VLAN 生成树来说会处于不同的工作状态。

如图 3-18 所示，Switch A 是 VLAN 10 的根桥，而 Switch B 是 VLAN 20 的根桥。

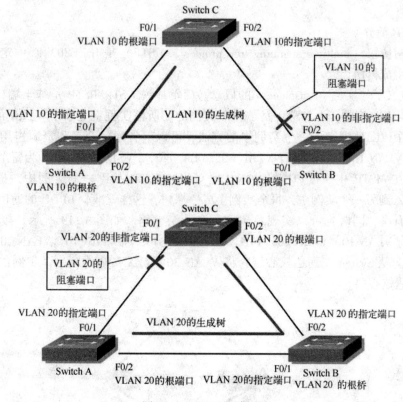

图 3-18　PVST+示例图

对于 Switch C 来说，它的端口 Fastethernet0/1 对于 VLAN 10 是根端口，可以收发数据；对于 VLAN 20 来说是非指定端口，处于阻塞状态，不能收发用户数据。

对于 Switch B 来说，它的端口 Fastethernet0/2 对于 VLAN 20 是指定端口，可以收发数据，对于 VLAN 10 来说是非指定端口，处于阻塞状态，不能收发用户数据。

这样一来，不同的 VLAN 有着不同的数据通路，这也为实现网络中的负载均衡和链路冗余提供了基础，这在以往的单生成树情况下是无法实现的。

PVST+协议实现了在生成树中的 VLAN 认知能力和负载均衡能力，但是新技术也带来了新问题，PVST/PVST+协议也有它们的缺陷。

① 由于每个 VLAN 都需要生成一棵树，PVST+的 BPDU 通信量将正比于 Trunk 的 VLAN 个数，也就是说 VLAN 的数量越多，PVST+的 BPDU 通信量也就越大。

② 在 VLAN 个数比较多的时候，维护多棵生成树的计算量和资源占用量将急剧增长。特别是当 VLAN 的 Trunk 端口状态变化的时候，所有生成树的状态都要重新计算，交换机的 CPU 将不堪重负。

③ 由于协议的私有性，CISCO 公司 PVST+不能像 IEEE 的 STP、RSTP 一样得到广泛的支持，不同厂家的设备并不能在这种模式下直接互通，只能通过一些变通的方式实现。

一般情况下，网络拓扑结构不会频繁变化的情况下，PVST+的这些缺点并不会很致命。但是，端口中 Trunk 大量 VLAN 数据量的这种需求还是存在的，而且为了解决不同厂商生成树协议标准统一的这个问题，于是 IEEE 在 PVST+的基础上又做了新的改进，推出了多实例化的 MSTP 协议。

3. MSTP 简介

多生成树协议（multiple spanning tree protocol，MSTP）是 IEEE802.1s 中定义的一种新型多实例化生成树协议。

MSTP 定义了"实例"（instance）的概念。简单地说，STP/RSTP 是基于端口的，PVST/PVST+是基于 VLAN 的，而 MSTP 就是基于实例的。所谓实例就是多个 VLAN 的一个集合，通过采用多个 VLAN 捆绑到一个实例中的方法，可以节省通信开销和资源占用率。换句话说，假设有 VLAN 10、VLAN 20、VLAN 30、VLAN 40，PVST/PVST+必须为每个 VLAN 生成一棵树，而在 MSTP 中，可以将 VLAN 10、VLAN 20 放入到一个实例中，把 VLAN 30、VLAN 40 放入到另一个实例中，每个实例生成一棵树，这样就减少 BPDU 的通信量和交换机上资源的占有率，同时也可以实现负载均衡和冗余链路。如图 3-19 所示，接入层交换机 Switch C 下有 VLAN 10、VLAN 20、VLAN 30、VLAN 40，将 VLAN 10、VLAN 20 放入一个实例，数据流向从 Switch A 到达核心层，将 VLAN 30、VLAN 40 放入一个实例，数据流向从 Switch B 到达核心层。

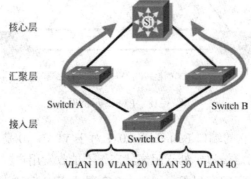

图 3-19　MSTP 实现负载均衡和链路冗余

MSTP 另一个精妙的地方在于把支持 MSTP 的交换机和不支持 MSTP 交换机划分成不同的区域，分别称作多生成树域（MST 域）和单生成树域（SST 域）。在 MST 域内部运行多实例化的生成树，在 MST 域的边缘运行 RSTP 兼容的内部生成树（internal spanning tree，IST），这样做到了和 STP、RSTP、PVST+的兼容性。

MSTP 相对于之前的各种生成树协议而言，优势非常明显。MSTP 具有 VLAN 认知能力，可以实现负载均衡，可以实现类似 RSTP 的端口状态快速切换，可以捆绑多个 VLAN 到一个实例中以降低资源占用率。最难能可贵的是，MSTP 可以很好地向下兼容 STP/RSTP 协议。而且 MSTP 是 IEEE 标准协议，推广的阻力相对小得多。现在基本上各个网络厂商的交换机产品均能够支持 MSTP。

3.2.6　生成树相关协议的配置和结果验证

在交换机上，生成树相关的协议几乎不需要任何配置就可以正常工作，但是，为了优化交换网络的性能，有时需要对生成树的工作状态进行诊断，必要的时候，还要进行调整，本节介绍常用的生成树协议配置命令和诊断命令。

在生成树的配置中，最主要的问题是选择根桥的问题，通常选择位于核心层的交换机作为根桥，这些交换机具有充足的 CPU 资源和交换能力。

1. PVST+的配置和结果验证

下面以图 3-20 为例介绍 PVST+的配置过程和结果验证，具体采用的交换机型号为 CISCO 公司的 C3560-24PS。

对于 VLAN 10，将 Switch A 配置为根桥，并且将 Switch B 配置为 VLAN 10 的辅助根桥。

对于 VLAN 20，将 Switch B 配置为根桥，并且将 Switch A 配置为 VLAN 20 的辅助根桥。

实现来自 Switch C 的 VLAN 10 流量走向 Switch A，来自 Switch C 的 VLAN 20 流量走向 Switch B，既达到负载均衡，也可以实现链路冗余。

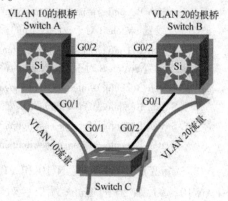

图 3-20　PVST+配置实例

对于根桥的选择，可以通过桥 ID 中的桥优先级进行调整，桥优先级越小就越可能成为根桥。桥优先级默认值为 32 768，根据 CISCO 的推荐，对于根桥可以调整为 4096，对于辅助根桥可以调整为 8192（实际情况，CISCO 交换机由于启用了 MAC 地址缩减的特性，实际的桥优先级=配置的桥优先级+VLAN ID，对于 MAC 地址缩减特性可参阅 CISCO 相关资料）。

① Switch A 上创建 VLAN 10 和 VLAN 20，启用 PVST+协议，并针对不同 VLAN 设定不同的桥优先级，使得 Switch A 成为 VLAN 10 的根桥，同时设定 G0/1、G0/2 为 VLAN 10、VLAN 20 的 Trunk 端口。

```
Switch A(config)#vlan 10
Switch A(config-vlan)#vlan 20
Switch A(config-vlan)#exit
Switch A(config)#spanning-tree mode pvst
//启用 PVST+协议,实际上 CISCO 交换机默认情况下已启用 PVST+协议。不同厂家、不同型号、不同 IOS 的交换机所支持的生成树协议不一样,需查看相关产品的说明。
Switch A(config)#spanning-tree vlan 10 priority 4096
//设置 Switch A 对于 VLAN 10 的桥优先级为 4096。
Switch A(config)#spanning-tree vlan 20 priority 8192
//设置 Switch A 对于 VLAN 20 的桥优先级为 8192。
Switch A(config)#interface range gigabitEthernet 0/1 - 2
Switch A(config-if)#switchport trunk encapsulation dot1q
Switch A(config-if-range)#switchport mode trunk
Switch A(config-if-range)#switchport trunk allowed vlan 10,20
```

② Switch B 上创建 VLAN 10 和 VLAN 20，启用 PVST+协议，并针对不同 VLAN 设定不同的桥优先级，使得 Switch B 成为 VLAN 20 的根桥，同时设定 G0/1、G0/2 为 VLAN 10、VLAN 20 的 Trunk 端口。

```
Switch B(config)#vlan 10
Switch B(config-vlan)#vlan 20
```

```
Switch B(config-vlan)#exit
Switch B(config)#spanning-tree mode pvst
Switch B(config)#spanning-tree vlan 10 priority 8192
//设置 Switch B 对于 VLAN 10 的桥优先级为 8192。
Switch B(config)#spanning-tree vlan 20 priority 4096
//设置 Switch B 对于 VLAN 20 的桥优先级为 4096。
Switch B(config)#interface range gigabitEthernet 0/1 - 2
Switch B(config-if)#switchport trunk encapsulation dot1q
Switch B(config-if-range)#switchport mode trunk
Switch B(config-if-range)#switchport trunk allowed vlan 10,20
```

③ Switch C 上创建 VLAN 10 和 VLAN 20，启用 PVST+协议，同时设定 G0/1、G0/2 为 VLAN 10、VLAN 20 的 Trunk 端口，对于 VLAN 10 和 VLAN 20 不设定桥优先级，即采用默认值 32 768。

```
Switch C(config)#vlan 10
Switch C(config-vlan)#vlan 20
Switch C(config-vlan)#exit
Switch C(config)#spanning-tree mode pvst
Switch C(config)#interface range gigabitEthernet 0/1 - 2
Switch C(config-if)#switchport trunk encapsulation dot1q
Switch C(config-if-range)#switchport mode trunk
Switch C(config-if-range)#switchport trunk allowed vlan 10,20
```

④ 在 Switch A 上使用 show spanning-tree vlan 10 命令，得到如图 3-21 所示的结果。

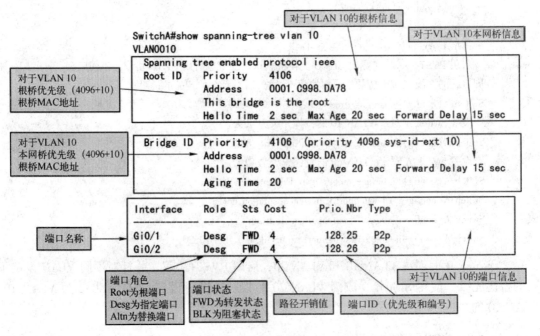

图 3-21　Switch A 上 show spanning-tree vlan 10 的结果

在 Switch A 上使用 show spanning-tree vlan 20 命令，得到如下的结果。

```
Switch A#show spanning-tree vlan 20
VLAN0020
  Spanning tree enabled protocol ieee
  Root ID      Priority     4116
               Address      000B. BEA4. 3A75
               Cost         4
               Port         26( GigabitEthernet0/2)
               Hello Time   2 sec   Max Age 20 sec   Forward Delay 15 sec
  Bridge ID    Priority     8212    ( priority 8192 sys-id-ext 20)
               Address      0001. C998. DA78
               Hello Time   2 sec   Max Age 20 sec   Forward Delay 15 sec
               Aging Time   20

Interface          Role Sts Cost      Prio. Nbr Type
---------------- ---- --- --------- -------- ------------------------
Gi0/1              Desg FWD 4         128. 25   P2p
Gi0/2              Root FWD 4         128. 26   P2p
```

⑤ 在 Switch B 上使用 show spanning-tree vlan 10 和 show spanning-tree vlan 20 命令，得到如下的结果。

```
Switch B#show spanning-tree vlan 10
VLAN 0010
  Spanning tree enabled protocol ieee
  Root ID      Priority     4106
               Address      0001. C998. DA78
               Cost         4
               Port         26( GigabitEthernet0/2)
               Hello Time   2 sec   Max Age 20 sec   Forward Delay 15 sec
  Bridge ID    Priority     8202    ( priority 8192 sys-id-ext 10)
               Address      000B. BEA4. 3A75
               Hello Time   2 sec   Max Age 20 sec   Forward Delay 15 sec
               Aging Time   20

Interface          Role Sts Cost      Prio. Nbr Type
---------------- ---- --- --------- -------- ------------------------
Gi0/2              Root FWD 4         128. 26   P2p
Gi0/1              Desg FWD 4         128. 25   P2p
Switch B#show spanning-tree vlan 20
VLAN 0020
  Spanning tree enabled protocol ieee
  Root ID      Priority     4116
               Address      000B. BEA4. 3A75
               This bridge is the root
```

	Hello Time	2 sec　Max Age 20 sec　Forward Delay 15 sec			
Bridge ID	Priority	4116	(priority 4096 sys-id-ext 20)		
	Address	000B. BEA4. 3A75			
	Hello Time	2 sec　Max Age 20 sec　Forward Delay 15 sec			
	Aging Time	20			

Interface	Role Sts Cost	Prio. Nbr Type
Gi0/2	Desg FWD 4	128. 26　P2p
Gi0/1	Desg FWD 4	128. 25　P2p

⑥ 在 Switch C 上使用 show spanning-tree vlan 10 和 show spanning-tree vlan 20 命令，得到如下的结果。

```
Switch C#show spanning-tree vlan 10
VLAN0010
  Spanning tree enabled protocol ieee
```

Root ID	Priority	4106	
	Address	0001. C998. DA78	
	Cost	4	
	Port	25(GigabitEthernet0/1)	
	Hello Time	2 sec　Max Age 20 sec　Forward Delay 15 sec	
Bridge ID	Priority	32778	(priority 32768 sys-id-ext 10)
	Address	0060. 3E97. A3AA	
	Hello Time	2 sec　Max Age 20 sec　Forward Delay 15 sec	
	Aging Time	20	

Interface	Role Sts Cost	Prio. Nbr Type
Gi0/1	Root FWD 4	128. 25　P2p
Gi0/2	Altn BLK 4	128. 26　P2p

```
Switch C#show spanning-tree vlan 20
VLAN0020
  Spanning tree enabled protocol ieee
```

Root ID	Priority	4116	
	Address	000B. BEA4. 3A75	
	Cost	4	
	Port	26(GigabitEthernet0/2)	
	Hello Time	2 sec　Max Age 20 sec　Forward Delay 15 sec	
Bridge ID	Priority	32788	(priority 32768 sys-id-ext 20)
	Address	0060. 3E97. A3AA	
	Hello Time	2 sec　Max Age 20 sec　Forward Delay 15 sec	
	Aging Time	20	

Interface	Role Sts Cost	Prio. Nbr Type
Gi0/1	Altn BLK 4	128. 25　P2p

```
Gi0/2          Root FWD 4    128.26    P2p
```

⑦ 通过分析以上各台交换机上 show spanning-tree vlan 的结果，可以得到该 PVST+为 VLAN 10、VLAN 20 建立的生成树情况和各端口的状态，如图 3-22 所示。

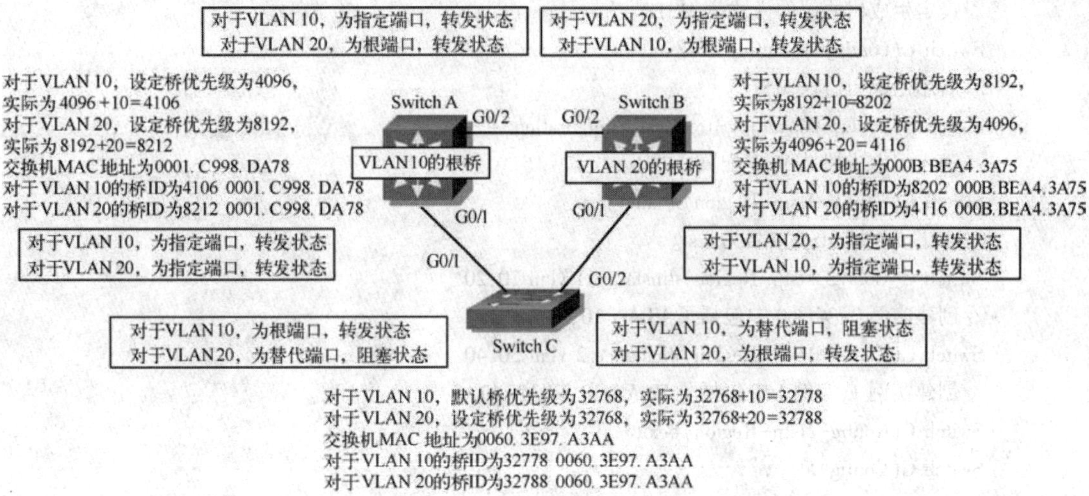

对于VLAN 10，为指定端口，转发状态
对于VLAN 20，为根端口，转发状态
对于VLAN 20，为指定端口，转发状态
对于VLAN 10，为根端口，转发状态
对于VLAN 10，设定桥优先级为4096，
实际为4096+10=4106
对于VLAN 20，设定桥优先级为8192，
实际为8192+20=8212
交换机MAC地址为0001.C998.DA78
对于VLAN 10的桥ID为4106 0001.C998.DA78
对于VLAN 20的桥ID为8212 0001.C998.DA78
Switch A
Switch B
G0/2
G0/2
VLAN10的根桥
VLAN 20的根桥
对于VLAN10，设定桥优先级为8192，
实际为8192+10=8202
对于VLAN 20，设定桥优先级为4096，
实际为4096+20=4116
交换机MAC地址为000B.BEA4.3A75
对于VLAN 10的桥ID为8202 000B.BEA4.3A75
对于VLAN 20的桥ID为4116 000B.BEA4.3A75
G0/1
G0/1
对于VLAN 10，为指定端口，转发状态
对于VLAN 20，为指定端口，转发状态
G0/1
G0/2
对于VLAN 20，为指定端口，转发状态
对于VLAN 10，为指定端口，转发状态
对于VLAN10，为根端口，转发状态
对于VLAN20，为替代端口，阻塞状态
Switch C
对于VLAN 10，为替代端口，阻塞状态
对于VLAN 20，为根端口，转发状态
对于VLAN 10，默认桥优先级为32768，实际为32768+10=32778
对于VLAN 20，设定桥优先级为32768，实际为32768+20=32788
交换机MAC 地址为0060.3E97.A3AA
对于VLAN 10的桥ID为32778 0060.3E97.A3AA
对于VLAN 20的桥ID为32788 0060.3E97.A3AA

图 3-22　PVST+实例分析

另外，对于生成树相关的协议还可以使用以下命令查看运行结果：

```
switch#show spanning-tree detail
//显示生成树的详细细节
switch#show spanning-tree interface interface-id
//显示指定端口的生成树信息
switch#show spanning-tree summary
//显示交换机上所配置每个 VLAN 的生成树汇总信息
```

2. MSTP 的配置

下面以图 3-23 为例介绍 MSTP 的配置，Switch C 作为一台汇聚层的交换机，汇聚了 VALN 10、VLAN 20、VLAN 30、VLAN 40 的流量，现在需要将 VLAN 的流量进行分流后送入冗余的核心层，以达到负载均衡和冗余链路的作用。

VLAN 10、VLAN 20的根桥
VLAN 30、VLAN 40的根桥
Switch A
Switch B
核心层
G0/2
G0/2
Si
Si
G0/1
G0/1
VLAN 10、VLAN 20的流量，实例1
G0/1
G0/2
Switch C
VLAN 30、VLAN 40的流量，实例2
汇聚层
VLAN 10 VLAN 20 VLAN 30 VLAN 40

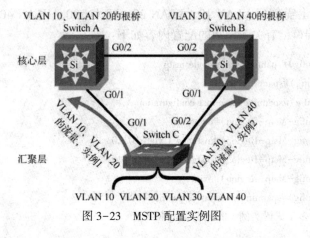

图 3-23　MSTP 配置实例图

① 在 Switch C 上需创建 VLAN 10、VLAN 20、VLAN 30、VLAN 40，并将 G0/1、G0/2 端口设置为 Trunk 端口，有关 MSTP 的配置内容如下：

> Switch C(Config)#spanning-tree mode mstp
> //设定生成树协议的模式为 MSTP。
> Switch C(config)#spanning-tree
> //启用生成树协议 MSTP。
> Switch C(config)#spanning-tree mst configuration
> //进入多生成树域 MST 配置模式。
> Switch C(Config-Mstp-Region)#name test
> //多生成树域 MST 取名为 test。
> Switch C(Config-Mstp-Region)#instance 1 vlan 10,20
> //创建实例 0，实例 0 中包括了 VLAN 10、VLAN 20。
> Switch C(Config-Mstp-Region)#instance 2 vlan 30,40
> //创建实例 1，实例 1 中包括了 VLAN 30、VLAN 40。
> Switch C(Config-Mstp-Region)#exit
> Switch C(Config)#

② 在 Switch A 上需创建 VLAN 10、VLAN 20、VLAN 30、VLAN 40，并将 G0/1、G0/2 端口设置为 Trunk 端口，有关 MSTP 的配置内容如下：

> Switch A(Config)#spanning-tree mode mstp
> Switch A(config)#spanning-tree
> Switch A(config)#spanning-tree mst configuration
> Switch A(Config-Mstp-Region)#name test
> Switch A(Config-Mstp-Region)#instance 1 vlan 10,20
> Switch A(Config-Mstp-Region)#instance 2 vlan 30,40
> Switch A(Config-Mstp-Region)#exit
> Switch A(Config)#spanning-tree mst 1 priority 4096
> //设定 MST 多生成树实例 1 的优先级为 4096。
> Switch A (Config)#spanning-tree mst 2 priority 8192
> //设定 MST 多生成树实例 2 的优先级为 8192。

③ 在 Switch B 上需创建 VLAN 10、VLAN 20、VLAN 30、VLAN 40，并将 G0/1、G0/2 端口设置为 Trunk 端口，有关 MSTP 的配置内容如下：

> Switch B(Config)#spanning-tree mode mstp
> Switch B(config)#spanning-tree
> Switch B(config)#spanning-tree mst configuration
> Switch B(Config-Mstp-Region)#name test
> Switch B(Config-Mstp-Region)#instance 1 vlan 10,20
> Switch B(Config-Mstp-Region)#instance 2 vlan 30,40
> Switch B(Config-Mstp-Region)#exit
> Switch B(Config)#spanning-tree mst 2 priority 4096
> //设定 MST 多生成树实例 1 的优先级为 4096。

Switch B(Config)#spanning-tree mst 1 priority 8192

//设定 MST 多生成树实例 1 的优先级为 8192。

④ 完成以上配置内容之后可以使用以下命令对 MSTP 的配置进行验证，显示内容此处省略。

Switch#show spanning-tree mst

//显示 MSTP 协议信息。

Switch#show spanning-tree mst 1

//显示 MSTP 协议实例信息。

Switch#show spanning-tree mst 1 detail

//显示特定实例的详细信息。

3.3　链路聚合技术

3.3.1　链路聚合技术和 IEEE802.3ad

链路聚合，又称为端口汇聚、端口捆绑技术。功能是将交换机的多个低带宽端口捆绑成一条高带宽链路，同时通过几个端口进行链路负载平衡，避免链路出现拥塞现象，也可以防止由于单条链路转发速率过低而出现的丢帧的现象，在网络建设不增加更多成本的前提下，既实现了网络的高速性，也保证了链路的冗余性，这种方法比较经济，实现也相对容易。

如图 3-24 所示，可以将 4 个 100 Mbps 的快速以太网链路使用链路聚合技术合并成为一个高速链路，这条高速链路在全双工条件下就可以达到 800 Mbps 的带宽，这样可以保证两台交换机之间不会出现带宽的瓶颈。同时在聚合后的高速链路中，只要还存在能正常工作的成员链路，整个传输链路就不会失效，如果链路 1 和链路 2 先后故障，它们的数据任务会迅速转移到链路 3 和链路 4 上，并继续保持负载的平衡，因而两台交换机间的连接不会中断。

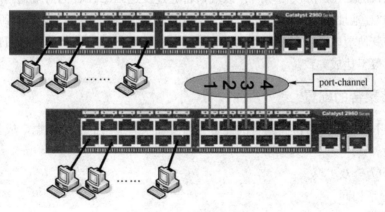

图 3-24　链路聚合示意图

链路聚合技术与生成树相关协议并不冲突，生成树相关协议会把链路聚合后的高速链路当作单个逻辑链路进行生成树的建立，例如在图3-24中，链路1、2、3、4聚合之后，就产生了一个端口通道port-channel，这个端口通道在生成树相关协议的工作中，是作为单条链路进行生成树计算的。

链路聚合有以下优点。

① 提高链路容错性：链路聚合中，成员链路互相动态备份。当某一链路中断时，其他成员能够迅速接替其工作。与生成树协议不同，链路聚合启用备份的过程对链路聚合之外的其他链路是不可见的，而且启用备份过程只在聚合链路内，与其他链路无关，切换可在数毫秒内完成。

② 增加链路容量：聚合技术的另一个明显的优点是为用户提供一种经济的提高链路传输率的方法。通过捆绑多条物理链路，用户不必升级现有设备就能获得更大带宽的数据链路，其容量等于各物理链路容量之和。聚合模块按照一定算法将数据流量分配给不同的成员链路，实现链路级的负载分担功能。

③ 易于实现、高性能低价格：价格便宜，性能接近千兆以太网，而且不需要重新布线，可以捆绑任何相关的端口，也可以随时取消设置，这样提供了很高的灵活性。

当然，在实际应用中，并非捆绑的链路越多越好。首先，考虑到捆绑的数目越多，其消耗掉的交换机端口数目就越多，其次，捆绑过多的链路容易给服务器带来难以承担的重荷，以至于崩溃。所以大部分应用最多采用4条链路聚合的方案，其提供的全双工800 Mbps的速率已接近千兆网的性能，而且相应的端口消耗和服务器端负担都还能够承受。

现在主要的链路聚合技术的标准有，CISCO公司的端口汇聚协议（port aggregation protocol，PAGP）和IEEE802.3ad的链路汇聚控制协议（link aggregation control protocol，LACP），其中PAGP只支持在CISCO公司的产品上，而大部分厂家均支持LACP（当然也包括CISCO公司），因此在本教材中主要介绍LACP的配置技术。

在链路聚合的过程中需要交换机之间通过LACP协议进行相互协商，LACP协议通过链路汇聚控制协议数据单元（link aggregation control protocol data unit，LACPDU）与对端交互信息。当某端口的LACP协议启动后，该端口将通过发送LACPDU向对端通告自己的系统优先级、系统MAC地址、端口优先级、端口号和操作密钥等信息。对端接收到这些信息后，将这些信息与其他端口所保存的信息比较以选择能够汇聚的端口，从而双方可以对端口加入或退出某个汇聚组达成一致。

3.3.2 链路聚合的配置

在LACP下，如果进行链路聚合的配置，需要加入通道组的交换机端口成员必须具备以下相同的属性。具体要求罗列如下：

① 端口均为全双工模式；

② 端口速率相同；

③ 端口的类型必须一样，比如同为以太网口或同为光纤口；

④ 端口同为Access端口并且属于同一个VLAN，或者同为Trunk端口。

以下以 CISCO 公司 C3560-24PS 交换机为例，如图 3-25 所示进行链路聚合的配置，并进行配置后的验证。

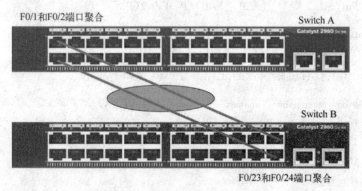

F0/1和F0/2端口聚合

Switch A

Switch B

F0/23和F0/24端口聚合

图 3-25　链路聚合的配置

① Switch A 上配置内容如下：

Switch A(config)#interface range fastEthernet 0/1 - 2

Switch A(config-if-range)#channel-protocol lacp

//配置链路聚合的协议为 LACP。

Switch A(config-if-range)#channel-group 1 mode active

//建立链路聚合的通道组 1，并设定模式为激活，该端口组包括了 f0/1 和 f0/2。

Switch A(config-if-range)#exit

Switch A(config)#

② Switch B 上配置内容如下：

Switch B(config)#interface range fastEthernet 0/23 - 24

Switch B(config-if-range)#channel-protocol lacp

Switch B(config-if-range)#channel-group 1 mode active

Switch B(config-if-range)#exit

Switch B(config)#

③ 在 Switch A 上查看链路聚合的配置，显示内容如下所示。

Switch A#show etherchannel summary

Flags： D - down　　　　P - in port-channel

I - stand-alone　s - suspended

H - Hot-standby (LACP only)

R - Layer3　　　S - Layer2

U - in use　　　f - failed to allocate aggregator

u - unsuitable for bundling

w - waiting to be aggregated

d - default port

Number of channel-groups in use：1

Number of aggregators：　　　　1

```
Group  Port-channel  Protocol   Ports
------+-------------+-----------+-----------------------------
1      Po1(SU)        LACP     Fa0/1(P)  Fa0/2(P)
```

最后一行 Po1 表示端口通道 1，SU 表示二层链路正在使用，LACP 表示所使用的协议，Fa0/1(P) Fa0/2(P) 表示两个端口正在端口通道 1 中。

④ 在 Switch B 上查看链路聚合的配置，显示内容如下所示。

```
Switch B#show etherchannel summary
Flags:  D - down          P - in port-channel
        I - stand-alone   s - suspended
        H - Hot-standby (LACP only)
        R - Layer3        S - Layer2
        U - in use        f - failed to allocate aggregator
        u - unsuitable for bundling
        w - waiting to be aggregated
        d - default port
Number of channel-groups in use: 1
Number of aggregators:           1
Group  Port-channel  Protocol   Ports
------+-------------+-----------+-----------------------------
1      Po1(SU)        LACP     Fa0/23(P)  Fa0/24(P)
```

⑤ 当然链路聚合技术也可以和 VLAN 技术相结合，比如如图 3-25 所示进行链路聚合后，可以把聚合后的链路作为 Trunk 链路，配置内容如下，这样就可以实现链路聚合后的高速链路成为交换机之间 VLAN 的 Trunk 链路。

```
Switch A(config)#vlan 10
Switch A(config-vlan)#vlan 20
Switch A(config-vlan)#exit
Switch A(config)#interface port-channel 1
//进入端口通道配置模式。
Switch A(config-if)#switchport trunk encapsulation dot1q
Switch A(config-if)#switchport mode trunk
Switch A(config-if)#switchport trunk allowed vlan 10,20
```

针对以上的配置内容，在这里有必要对 channel group 通道组和 port-channel 端口通道进行区分。如图 3-26 所示，channel group 是配置层面上的一个物理端口组，配置到 channel group 里面的物理端口才可以参加链路聚合，并成为 port-channel 里的某个成员端口。加入 channel group 中的物理端口满足某些条件时才能链路聚合成功，形成一个 port-channel。可以简单地这么理解，首先把多个端口捆绑成了一个 channel group，这些捆绑后的端口要满足某些条件后（如端口速率、全双工模式等），才能和对端的 channel group 共同形成一个 port-channel。

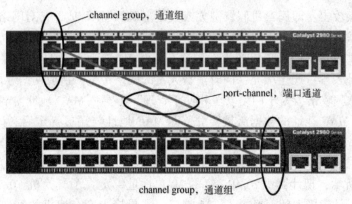

图 3-26 channel group 和 port-channel 的关系

3.4 端口安全和端口镜像技术

3.4.1 端口安全

1. 端口安全的概念

通常交换机支持动态学习 MAC 地址的功能，每个端口可以动态学习多个 MAC 地址，从而实现交换机通过 MAC 地址表进行相应的转发。

换句话说，交换机某端口上学习到某 MAC 地址后可以进行转发，如果将连线切换到另外一个端口上交换机将重新学习该 MAC 地址，从而在新切换的端口上实现数据转发。如图 3-27 所示，计算机 A 按实线接入交换机 F0/1 端口，假设交换机的 F0/1 属于 VLAN 1，则在交换机的 MAC 地址表中添加了如图上方的表目项，当计算机 A 从 F0/1 端口拔出，按虚线改接在交换机的 F0/8 端口，假设交换机的 F0/8 属于 VLAN 1，则在交换机的 MAC 地址表中添加了如图下方所示的表目项，而原有的表目项无效后被清除，这主要就是因为 MAC 地址表的 Dynamic 动态性。

图 3-27 交换机 MAC 地址表的动态性

交换机主动学习 MAC 地址，并建立、维护端口和 MAC 地址对应的 MAC 地址表。MAC 地址表的大小是固定的，不同的交换机 MAC 地址表大小不同。

这里简单介绍一下 ARP 病毒产生的 ARP 攻击，自 2006 年以来，基于病毒的 arp 攻击愈演愈烈，几乎所有的校园网都有遭遇过。ARP 攻击原理虽然简单，易于分析，但是网络攻击往往是越简单，越易于散布，造成的危害越大。ARP 病毒产生的攻击主要分为以下两类。

① ARP 欺骗攻击：即病毒机假冒网关或关键主机的 MAC 地址，对网络中其他的主机进行 MAC 地址欺骗。

② ARP 泛洪攻击：即病毒机产生大量含有虚假 MAC 地址的 ARP 广播请求，不但对交换机的 MAC 地址表容量产生填充，同时浪费大量的网络带宽，造成网络性能下降。

针对 ARP 欺骗攻击，为了网络安全和便于管理，需要将 MAC 地址与端口进行绑定，端口只允许已绑定 MAC 地址的数据流量转发。即 MAC 地址与端口绑定后，该 MAC 地址的数据帧只能从绑定端口进入，如果该 MAC 地址接入到其他端口，具有该 MAC 地址的计算机将无法与其他计算机进行通信。

如图 3-28 所示，把计算机 A、B、C 的 MAC 地址绑定在了交换机 F0/24 端口上，那么计算机 A、B、C 只能接入到交换机 F0/24 端口，如果接入到交换机的其他端口，将无法正常通信。同样也可以对路由器的 MAC 地址在交换机上与端口进行绑定，这就是具有数据链路层特性的端口安全，即 MAC 地址-交换机端口的绑定。

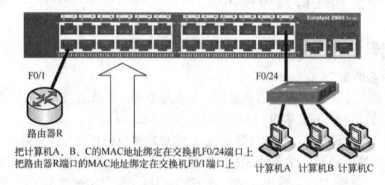

图 3-28　交换机端口与 MAC 地址绑定示意图

以上网络中可能出现的问题和用户管理的要求，都可以通过端口安全配置实现，端口安全主要可以完成以下的功能：

① 限制接入交换机某个端口的 MAC 地址最大数量；

② 可以限制接入交换机某个端口的 MAC 地址；

③ 对于接入交换机某个端口所发生的违规情况进行处理。

但是，端口安全功能与 802.1x（访问控制和认证协议）、生成树相关协议、链路聚合功能存在互斥关系，因此如果要打开端口的安全特性，就必须关闭端口上的 802.1x、生成树、链路聚合功能，且打开 MAC 地址绑定功能的端口不能是 Trunk 端口。

2. 端口安全的配置和验证

下面以图 3-29 为例，介绍端口安全的配置内容，并进行结果验证。要求把计算机 A、B、C 绑定到交换机 A 的 F0/24 端口，并且限定 F0/24 端口最多只能接入 3 台计算机，对于接入过多的计算机，就把 F0/24 端口关闭。

① 在 Switch A 上完成以下配置内容：

```
Switch A(config)#interface fastEthernet 0/24
Switch A(config-if)#switchport mode access
//如果要启用端口安全,端口不能是 Trunk 模式,只能是 Access 模式
Switch A(config-if)#switchport port-security maximum3
```

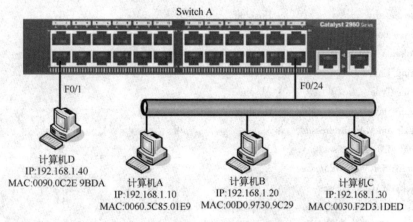

图 3-29 端口安全配置示例图

//设定端口最多可接入的 MAC 地址数量,最多可以接入 3 个 MAC 地址

Switch A(config-if)#switchport port-security mac-address0060. 5C85. 01E9

//设定端口可接入的 MAC 地址,接入的 MAC 地址可以是计算机 A 的 MAC 地址 0060. 5C85. 01E9

Switch A(config-if)#switchport port-security mac-address00D0. 9730. 9C29

//设定端口可接入的 MAC 地址,接入的 MAC 地址可以是计算机 B 的 MAC 地址 00D0. 9730. 9C29

Switch A(config-if)#switchport port-security mac-address 0030. F2D3. 1DED

//设定端口可接入的 MAC 地址,接入的 MAC 地址可以是计算机 C 的 MAC 地址 0030. F2D3. 1DED

Switch A(config-if)#switchport port-security violation shutdown

//设定端口安全违规行为的处理方式,对于违反端口安全规定的 violation(违规)情况,采用 shutdown 参数,关闭 F0/24 端口。(violation 后有三种参数可供选择,protect:端口仅仅关闭动态 MAC 地址学习功能;restrict:端口继续工作,只是把来自未授权主机的数据帧丢弃;shutdown:关闭 端口,只有管理员手工使用 no shutdown 进行恢复)

Switch A(config-if)#switchport port-security

//启动端口安全功能

Switch A(config-if)#exit

② 完成以上配置后,从计算机 D 可以 ping 通计算机 A、B、C,在 Switch A 上使用以下 命令进行验证。

Switch A#show mac-address-table

　　　　Mac Address Table

Vlan	Mac Address	Type	Ports
1	0030. f2d3. 1ded	STATIC	F0/24
1	0060. 5c85. 01e9	STATIC	F0/24
1	00d0. 9730. 9c29	STATIC	F0/24

从上可以看出,在 MAC 地址表中,端口和 MAC 地址之间的关系类型不再是动态 Dynamic 而是静态 Static。显示端口 F0/24 的安全特性结果如下。

Switch A#show port-security interface fastEthernet 0/24

```
Port Security                : Enabled
Port Status                  : Secure-up
Violation Mode               : shutdown
Aging Time                   : 0 mins
Aging Type                   : Absolute
SecureStatic Address Aging   : Disabled
Maximum MAC Addresses        : 3
Total MAC Addresses          : 3
Configured MAC Addresses     : 3
Sticky MAC Addresses         : 0
Last Source Address:Vlan     : 0030. F2D3. 1DED:1
Security Violation Count     : 0
```

从上可以看出 F0/24 端口最多允许 3 个 MAC 地址接入，对于违反端口安全的情况采用端口 shutdown 的处理办法。

③ 将计算机 D 从 F0/1 改接到 f0/24 端口，则 F0/24 端口会自动 shutdown，只能由管理员进行手工恢复，也可以在全局配置模式下使用以下配置命令，使得出现违规行为后端口自动恢复正常。

Switch A(config)#err-disable recovery cause secure-violation
//设置由于端口安全违规行为而引起的端口故障自动进行恢复，即在上面配置中，如果出现端口安全违规行为,端口将进行 shutdown,这里设置端口自动恢复为正常
Switch A(config-if)#err-disable recovery interval 180
//端口故障后自动恢复的时间为 180 秒,即在上面配置中,如果出现端口安全违规行为,端口 shutdown 180 秒后恢复正常

④ 将计算机 A、B、C 任意一台接入到交换机除 F0/24 以外的其他端口，可以发现该计算机将无法与其他计算机进行通信。

⑤ 修改 Switch A 的配置，即将违规采用 shutdown 的处理方法修改为违规采用 restrict 的处理方法。此时将计算机 D 从 F0/1 改接到 F0/24 端口，则 F0/24 端口不会关闭。

Switch A(config-if)#switchport port-security violation restrict

通过以上的配置了解了端口安全的特点和适用性，但是在实际情况下，采用手工配置 MAC 地址和端口的静态关系是一项费时费力的工作，为了避免上述情况，CISCO Catalyst 交换机支持端口安全的 sticky 特性（黏性），通过以下配置命令可以用交换机端口安全的 sticky 特性。

Switch A(config-if)#switchport port-security mac-address sticky

使用 sticky 特性后，在学习到地址之后，交换机将所学习到的 MAC 地址动态地转化为 sticky MAC 地址，并且随后将其加入到运行配置文件中，就如同它们是端口安全所允许的单个 MAC 地址的静态表项，但却不会复制到启动配置文件，如果将它们保存到启动配置文件中，交换机重启后将不必再重新学习。

如图 3-30 所示，如果在 Switch A 上完成以下的配置内容，设定了 F0/24 口最多 3 个

MAC 地址接入，采用端口 sticky 特性，违反端口安全采用丢弃处理，那么 Switch A 只要从计算机 A、B、C、D 四台主机中学满任意 3 个 MAC 地址，这 3 个 MAC 地址在交换机 MAC 地址表中都会转变为静态类型，而剩下的一台主机 MAC 地址的数据帧将会被拒绝接收。

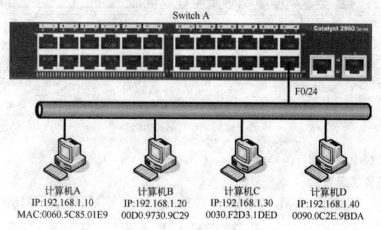

图 3-30　端口安全 sticky 特性

Switch A(config)#interface fastEthernet 0/24

Switch A(config-if)#switchport mode access

Switch A(config-if)#switchport port-security maximum3

Switch A(config-if)#switchport port-security mac-address sticky

Switch A(config-if)#switchport port-security violation restrict

Switch A(config-if)#switchport port-security

另外，也可以使用以下命令进行端口和 MAC 地址的静态绑定，则该 MAC 地址只能连接在绑定的端口可以与其他计算机通信，否则无法通信。

Switch A(config)#mac-address-table static 0090.0C2E.9BDA vlan 1 interface fastEthernet 0/1

//将 MAC 地址 0090.0C2E.9BDA 绑定到 VLAN1 的 F0/1 端口，MAC 地址和端口的关系为静态，该 MAC 地址只能接在 F0/1 端口可以与其他计算机通信。

3.4.2　端口镜像

1. 端口镜像的概念

端口镜像就是通过设置交换机，使交换机将某一端口的流量在必要的时候镜像给网络管理设备所在的端口，其中被复制流量的端口称为镜像源端口，复制流量的端口称为镜像目的端口。从而实现网络管理设备对交换机某一端口或多个端口的流量监视。通常在镜像目的端口处连接一个协议分析软件（如 Sniffer）或者 IDS (intrusion detection system，入侵检测系统)，这样可以实现监视和管理网络，并且能诊断网络故障，端口镜像完全不影响所被镜像端口的工作。端口镜像的原理如图 3-31 所示。

配置端口镜像有以下的要求：

① 端口镜像中的目的端口不能是链路聚合端口组成员，也不能是生成树相关协议中的阻塞端口；

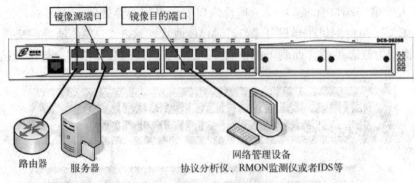

图 3-31　端口镜像的原理

② 端口镜像中的源和目的端口必须位于同一个 VLAN 中。

2. 端口镜像的配置

下面如图 3-32 所示,以神州数码公司的 DCS-3926S 交换机进行端口镜像的配置。

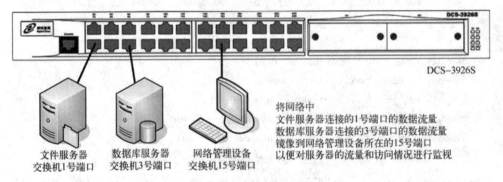

图 3-32　端口镜像配置

DCS-3926S 对镜像源端口数量没有限制,可以是一个端口,也可以是多个端口,但对于镜像的目的端口只能是一个端口。

交换机上配置内容如下:

DCS-3926(config)#monitor session 1 source interface ethernet 0/0/1
//指定镜像源端口 e0/0/1,session 1 为镜像会话 1,镜像源端口和镜像目的端口必须同处于一个镜像会话中。
DCS-3926(config)#monitor session 1 source interface ethernet 0/0/3
//指定镜像源端口 e0/0/3。
DCS-3926(config)#monitor session 1 destination interface ethernet 0/0/15
//指定镜像目的端口,需要注意的是,作为镜像目的端口不能是链路聚合组的成员,并且端口吞吐量最好大于或等于它所镜像的所有源端口的吞吐量的总和。

完成以上配置后,可以在特权模式下使用 show monitor 命令查看端口镜像的配置。

```
Switch #show monitor
Session ID      Mode         SourcePort        destinationPort
_____      _____    _____     _____

1            RX/TX        e0/0/1,e0/0/3       e0/0/15
```

本章实验

实验 3-1 “单交换机 VLAN 配置和结果验证”报告书

<table>
<tr><td>实验名称</td><td>单交换机 VLAN 配置和结果验证</td><td>实验指导视频</td><td></td></tr>
<tr><td>实验拓扑结构</td><td colspan="3">

VLAN编号 VLAN名称 VLAN成员
VLAN 10 SCB F0/1、F0/2
VLAN 20 CWB F0/3、F0/4</td></tr>
<tr><td>实验要求</td><td colspan="3">理解 VLAN 的概念和隔离广播域的作用，VLAN 之间无法通过二层设备相互访问。掌握基于交换机端口划分 VLAN 的方法，同时对配置的结果进行分析</td></tr>
<tr><td>实验报告</td><td colspan="3">参考实验要求，学生自行完成实验摘要性报告</td></tr>
<tr><td>实验学生姓名</td><td></td><td>完成日期</td><td></td></tr>
</table>

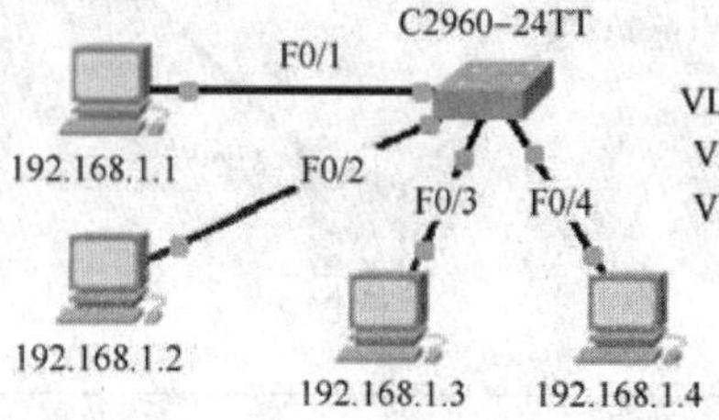

实验 3-2 “跨交换机 VLAN 配置和结果验证”报告书

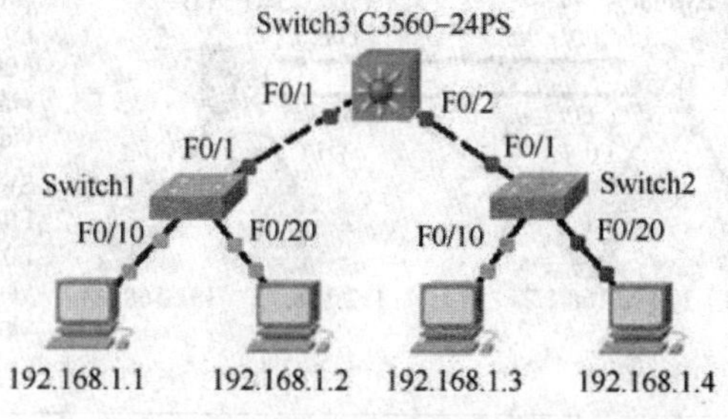

<table>
<tr><td>实验名称</td><td>跨交换机 VLAN 配置和结果验证</td><td>实验指导视频</td><td></td></tr>
<tr><td>实验拓扑结构</td><td colspan="3">

Switch1
F0/10 vlan 10
F0/20 vlan 20
F0/1 trunk
Switch2
F0/10 vlan 10
F0/20 vlan 20
F0/1 trunk
Switch3
F0/1、F0/2 trunk</td></tr>
<tr><td>实验要求</td><td colspan="3">理解 IEEE802.1Q 的概念和作用。掌握跨交换机相同 VLAN 通信时 Trunk 链路的配置，同时对配置的结果进行分析</td></tr>
<tr><td>实验报告</td><td colspan="3">参考实验要求，学生自行完成实验摘要性报告</td></tr>
<tr><td>实验学生姓名</td><td></td><td>完成日期</td><td></td></tr>
</table>

实验 3-3　"CISCO PVST+配置和结果验证" 报告书

实验名称	CISCO PVST+ 配置和结果验证	实验指导视频	
实验拓扑结构			
实验要求	掌握生成树相关协议的概念。掌握生成树相关协议工作的过程，评选根桥、根端口、指定端口的规则。掌握生成树相关协议的配置过程。理解生成树相关协议与负载均衡的关系和配置		
实验报告	参考实验要求，学生自行完成实验摘要性报告		
实验学生姓名		完成日期	

实验 3-4　"链路聚合 LACP 配置和结果验证" 报告书

实验名称	链路聚合 LACP 配置和结果验证	实验指导视频	
实验拓扑结构			Switch A F0/1、F0/2 channel group 1 F0/1、F0/2 Trunk vlan 10 F0/3 vlan 20 F0/4 Switch B F0/23、F0/24 channel group 1 F0/23、F0/24 Trunk vlan 10 F0/1 vlan 20 F0/2
实验要求	掌握链路聚合的概念及链路聚合的配置过程，理解 channel group 和 port-channel 的关系		
实验报告	参考实验要求，学生自行完成实验摘要性报告		
实验学生姓名		完成日期	

实验 3-5　"端口安全配置和结果验证"报告书

实验名称	端口安全配置和结果验证	实验指导视频	
实验拓扑结构			
实验要求	理解端口安全的概念、用途、可实现功能和配置方法，以及端口安全防范 ARP 病毒的原理		
实验报告	参考实验要求，学生自行完成实验摘要性报告		
实验学生姓名		完成日期	

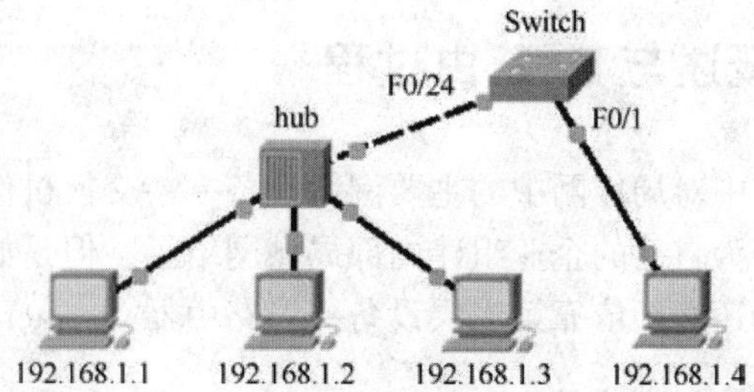

实验 3-6　"端口镜像配置和结果验证"报告书

实验名称	端口镜像配置和结果验证	实验指导视频	
实验拓扑结构			
实验要求	掌握端口镜像的原理，理解端口镜像在实际网络中的作用，掌握端口镜像的配置过程		
实验报告	参考实验要求，学生自行完成实验摘要性报告		
实验学生姓名		完成日期	

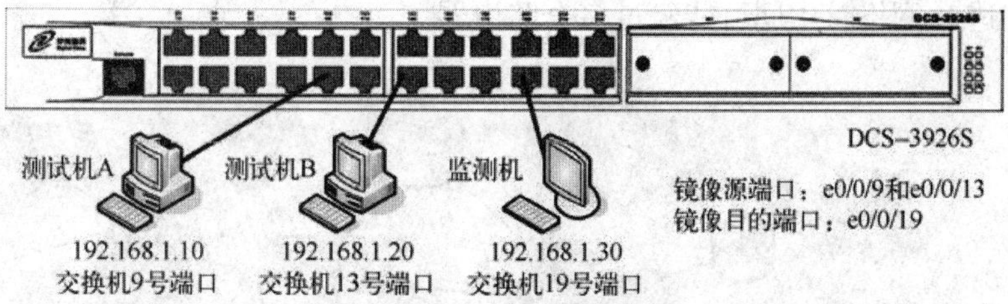

第4章 路由器基础

4.1 路由器概述与 IP 路由过程

在前面的章节中对局域网中的主要网络设备——交换机作了比较全面的介绍，通过对交换机的学习，可以为自己的企业组建内部局域网络了，但是如果企业网络还需要与其他网络进行连接的话，则还必须依靠第三层设备——路由器（router）。

4.1.1 路由器概述和功能

1. 路由器概述

是什么把网络相互连接起来？是路由器，路由器是互联网络的枢纽，这些网络中有局域网、广域网、城域网等。

路由器是用于连接多个逻辑上分开的网络，所谓逻辑网络是代表一个单独的网络或者一个 IP 子网。当数据包从一个逻辑网络传输到另一个逻辑网络时，可通过路由器来完成。因此，路由器具有判断网络地址和选择路径的功能，它能在多网络互联环境中，建立灵活的连接，可用完全不同的数据分组和介质访问方法连接各种网络。

要解释路由器的概念，首先得知道什么是路由。所谓"路由"，是指把数据包从一个地方传送到另一个地方的行为和动作，而路由器，正是执行这种行为动作的设备。一般来说，在数据包路由过程中，数据包至少会经过一个或多个路由器，如图 4-1 所示，A 网络的数据包要到达 B 网络，中间可能经过多个路由器。

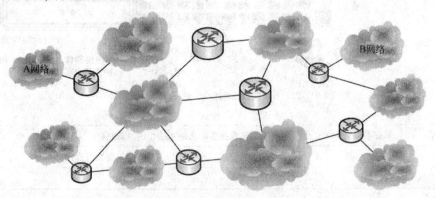

图 4-1　路由器互联网络

路由器的主要工作就是为经过路由器的每个数据包寻找一条最佳传输路径，并将该数据包有效地传送到目的站点。如图 4-1 所示，从 A 网络到达 B 网络具有多条路径，这就需要互联各个网络的路由器在多条路径中选择一条最佳传输路径。由此可见，选择最佳路径的策略即路由算法是路由器的关键所在。为了完成这项工作，在路由器中保存着各种传输路径的相关数据——路由表（routing table），供路由选择时使用，也就是说路由器转发数据包是根据路由表进行的，这一点有点类似于交换机，交换机转发数据帧是根据 MAC 地址表进行的。

路由表中保存着网络的网络 ID、路径的代价和下一个路由器的 IP 地址等内容。路由表可以是由系统管理员固定设置好的，也可以由路由器系统自动创建并动态维护，即路由表有静态路由表和动态路由表之分，关于路由表的详细结构将在第 5 章详细讨论。

① 静态路由表：由系统管理员事先设置好、固定的路由表称为静态（static）路由表，它不会随网络拓扑结构的改变而改变。

② 动态路由表：动态路由表是路由器根据互联网络系统的运行情况，而自动创建、调整和维护的路由表。路由器根据路由协议（routing protocol）提供的功能，自动学习和记忆网络运行情况，在需要时自动计算数据包传输的最佳路径，并去创建动态路由表。

作为不同网络之间互相连接的枢纽，路由器系统构成了基于 TCP/IP 的国际互联网络Internet 的主体脉络，也可以说，路由器构成了 Internet 的骨架。它的处理速度是网络通信的主要瓶颈之一，它的可靠性则直接影响着网络互联的质量。生产路由器的国外厂商主要有CISCO 公司、3COM、港湾网络有限公司等，国内厂商包括华为、神州数码等。

2. 路由器的功能

路由器的功能主要集中在两个方面：路由寻址和协议转换。路由寻址主要包括为数据包选择最优路径并进行转发，同时学习并维护网络的路径信息（即路由表）。协议转换主要包括连接不同通信协议网段（如局域网和广域网）、过滤数据包、拆分大数据包、进行子网隔离等。

下面针对这两个方面，分别进行简要介绍。

（1）数据包转发

在网络之间接收 IP 数据包，然后根据数据包中的目的 IP 地址，对照自己缓存中的路由表，把 IP 数据包转发到目的网络，这是路由器的最主要、最基本的路由功能。

（2）路由选择

为网络间通信选择最合理的路径，这个功能其实是上述路由功能的一个扩展。如果有几个网络通过各自的路由器连在一起，一个网络中的用户要向另一个网络的用户发送数据包，存在多条路径，路由器就会分析目的地址中的网络 ID 号，找出一条最佳的通信路径进行转发。

（3）不同网络之间的协议转换

目前多数路由器具有多通信协议支持的功能，这样就可以起到连接两个不同通信协议网络的作用。由于在广域网和广域网之间、局域网和广域网之间可能会采用不同的协议栈，这些网络的互联都需要靠路由器来进行相应的协议转换。可以通过路由器进行网络之间的协议转换而实现相互通信，这也就是常说的异构网络互联。

（4）拆分和包装数据包

有时在数据包转发过程中，由于网络带宽等因素，数据包过大的话，很容易造成网络堵塞，这时路由器就要把大的数据包根据对方的网络协议、网络带宽的状况拆分成小的数据包，到了目的网络的路由器后，目的网络的路由器就会再把拆分的数据包组装成一个原来大小的数据包。

（5）解决网络拥塞问题

拥塞现象是指到达通信网络中某一部分的数据包数量过多，使得该部分网络来不及处理，以致引起这部分乃至整个网络性能下降的现象，严重时甚至会导致网络通信业务陷入停顿，即出现死锁现象。这种现象跟公路网中经常所见的交通拥挤一样，当节假日公路网中车辆大量增加时，各种走向的车流相互干扰，使每辆车到达目的地的时间都相对增加（即延迟增加），甚至有时在某段公路上车辆因堵塞而无法开动（即发生局部死锁），而在网络中路由器之间可以通过拥塞控制、负载均衡等方法解决网络拥塞问题。

（6）网络安全控制

目前许多路由器都具有防火墙功能，比如说简单的包过滤防火墙，它能够起到基本的防火墙功能，可以实现屏蔽内网 IP 地址、根据安全策略实施访问控制等功能，使网络更加安全。

3. 路由器与交换机的区别

路由器与交换机的主要区别体现在以下几个方面。

① 工作层次不同。最初的交换机是工作在 OSI/RM 模型的数据链路层，也就是第二层，而路由器一开始就设计工作在 OSI 模型的第三层网络层。由于交换机工作在 OSI 的第二层数据链路层，所以它的工作原理比较简单，而路由器工作在 OSI 的第三层网络层，可以得到更多的协议信息，路由器可以做出更加智能的转发决策。

② 数据转发所依据的对象不同。交换机处理的信息单元是数据帧，而路由器处理的信息单元是数据包（在 TCP/IP 协议体系中，就是 IP 数据包）。交换机是利用物理地址或者说MAC 地址来确定转发数据，而路由器则是利用不同网络的 ID 号（即 IP 地址中的网络 ID）来确定数据转发。

③ 传统的交换机只能隔离冲突域，不能隔离广播域，而路由器可以隔离广播域。由交换机连接的网段仍旧属于同一个广播域，广播数据帧会在交换机连接的所有网段上传播，在某些情况下会导致通信拥挤和安全漏洞。连接到路由器上的网络会被分割成不同的广播域，广播帧不会穿过路由器。虽然交换机具有 VLAN 功能，也可以分割广播域，但是各 VLAN 之间是不能通信的，它们之间的通信仍然需要路由器。

4.1.2　IP 路由过程

下面开始讨论路由器最基本的功能，也就是 IP 数据包的转发，即 IP 路由的过程。这里从两个方面讨论 IP 数据包的路由过程。

第一个方面是主机发出的 IP 数据包怎样到达路由器？这就是主机发送 IP 数据包流程。

第二个方面是到达路由器的 IP 数据包，路由器又是怎样将它转发到目的主机的？这就是路由网络路由 IP 数据包过程。

1. 主机发送 IP 数据包流程

以下首先通过一个示例来理解主机 IP 数据包发送时对网络的判断。

如图 4-2 所示，可以做这样一个实验，连接在同一台交换机上的计算机 A 和计算机 B。

如果计算机 A 的 IP 地址配置为 192.168.250.1，子网掩码为 255.255.0.0，计算机 B 的IP 地址配置为 192.168.150.1，子网掩码 255.255.0.0，这两台计算机之间是可以相互 ping通的。

图 4-2 子网掩码不同主机间通信情况不同

而如果计算机 A 的 IP 地址不变，把子网掩码改变成 255.255.224.0，计算机 B 的 IP 地址也不变，把子网掩码改变成 255.255.224.0，这两台计算机之间却不能够相互 ping 通。

这是什么原因呢？其实道理很简单。

如果计算机 A 和计算机 B 的子网掩码都为 255.255.0.0，那么计算机 A 和计算机 B 都属于 192.168.0.0 网络，因此，它们之间可以 ping 通。

如果计算机 A 和计算机 B 的子网掩码都为 255.255.224.0，那么计算机 A 属于 192.168.224.0 网络，而计算机 B 属于 192.168.128.0 网络，所以，它们之间无法 ping 通。

通过以上的解释可以理解，如果源 IP 主机和目的 IP 主机同处于一个 IP 网络，那么源 IP 主机是可以和目的 IP 主机直接进行数据传输的，而不需要通过路由器。而如果源 IP 主机与目的 IP 主机不处于同一个 IP 网络，那么它们之间又是如何通信呢？

要理解这个问题，首先需要知道什么是默认网关。

网络管理员会为网络上的每一台主机配置一个默认路由器，即默认网关（default gateway），默认网关可以提供对远程网络上主机的访问，如图 4-3 所示。

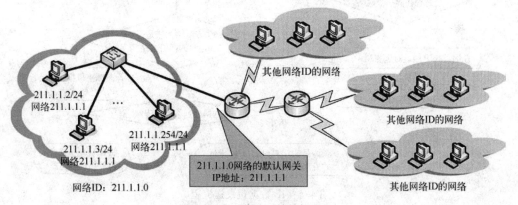

图 4-3 默认网关的概念

在 211.1.1.0/24 网络中的所有主机都会配置一个默认的网关，图 4-4 所示就是 Windows 环境下配置默认网关的界面，211.1.1.0 网络中的计算机如果想和其他网络 ID 的网络中主机通信，则必须将 IP 数据包发送给默认网关 211.1.1.1，这个 211.1.1.1 的 IP 地址，实际上就是连接 211.1.1.0 网络的路由器的接口 IP 地址，这里可以理解到不同 IP 网络之间的主机通信必须通过路由器才能进行。

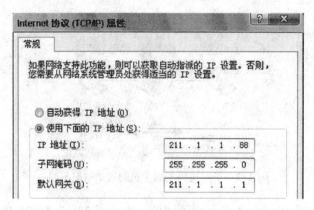

图 4-4　Windows 下的默认网关配置

现在来理解主机发送 IP 数据包的流程，以及 IP 数据包在网络中转发的流程，流程如图 4-5 所示。

① 源主机用自己的 IP 地址与自己的子网掩码逻辑与，获得自己 IP 所在的源网络 ID。用目的 IP 地址与自己的子网掩码逻辑与，获得目的网络 ID。

② 如果目的网络 ID 与自己的源网络 ID 相符，说明源主机和目的主机同处于一个网络，然后源主机查询目的主机 IP 地址的 MAC 地址（通过 ARP 或自己的 ARP 缓存），获得后进行数据帧的封装，将数据发送给目的 IP 的计算机。

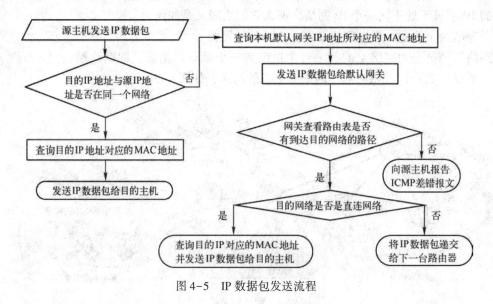

图 4-5　IP 数据包发送流程

③ 如果目的网络 ID 与自己的源网络 ID 不符，说明源主机和目的主机不处于一个网络，源主机需要将 IP 数据包发送给自己的默认网关路由器，因此源主机查询默认网关路由器的 MAC 地址（通过 ARP 或自己的 ARP 缓存），获得后进行数据帧的封装，将 IP 数据包发送给自己的默认网关。

④ 默认网关实质就是一台路由器，这台路由器接收到 IP 数据包后，提取出 IP 数据包的目的 IP 地址，与自己的路由表进行匹配查找，查询自己路由表是否有到达目的网络的

路径。

⑤ 如果默认网关路由器在自己路由表中找到了有到达目的网络的路径，它会去判断这条路径是否和自己直接相连，如果直接相连，则去查询目的主机 IP 地址的 MAC 地址，并发送 IP 数据包给目的主机，如果不是直接相连，则递交 IP 数据包给路由表中指向的下一台路由器。

⑥ 经过多次传递之后，源主机发出的 IP 数据包经过 IP 路由最终到达目的主机。

2. 路由网络 IP 数据包路由过程

下面这个例子阐述了 IP 数据包是如何从一台主机路由到另一台主机。图 4-6 描绘了其拓扑结构，包括源主机 X、目的主机 Y、3 个中间路由器和 4 个不同的网络（128.1.0.0 网络、128.2.0.0 网络、128.3.0.0 网络和 128.4.0.0 网络），同时为了描述方便，假设 4 个网络均为以太网。图 4-6 中，每台路由器上端的表格为每台路由器的路由表部分内容。

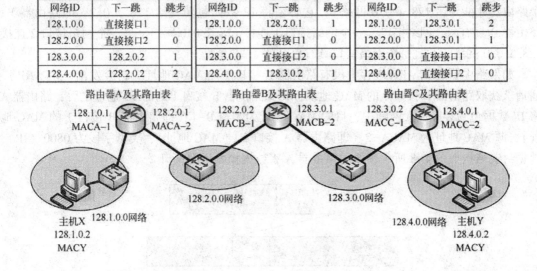

图 4-6　IP 路由过程

假设网络 128.1.0.0 网络上的主机 X 想要 Telnet 远程登录网络 128.4.0.0 网络上的主机 Y，Telnet 是一个远程终端访问协议，是一个基于 TCP 协议的应用层协议。

（1）网络 128.1.0.0 上的 IP 数据包和数据帧结构

因为主机 X 和主机 Y 在不同的网络上，主机 X 必须使用 IP 路由器的服务才能把 IP 数据包传输给主机 Y，主机 X 知道自己的默认网关是路由器 A，IP 地址为 128.1.0.1，因此，主机 X 知道所有到其他网络的 IP 数据包都必须送到路由器 A。路由器 A 具有两个网络接口，一个网络接口 1 连接 128.1.0.0 网络，另一个网络接口 2 连接 128.2.0.0 网络，并且每个网络接口具有自己的 MAC 地址。

如果主机 X 的 ARP 缓存中没有路由器 A 接口 1 的 MAC 地址，则主机 X 通过 ARP 广播请求获取路由器 A 接口 1 的 MAC 地址为 MACA-1，并进行数据封装后将以太网数据帧发送给路由器 A，数据封装结构如图 4-7 所示。

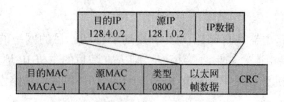

图 4-7　网络 128.1.0.0 上的数据封装

（2）网络 128.2.0.0 上的 IP 数据包和数据帧结构

当路由器 A 接收到来自主机 X 的数据帧后，路由器作为一个网络层设备，首先路由器 A 删除以太网帧头，检查类型字段，然后将以太网帧数据部分（即 IP 数据包）送给路由器 A 上的 IP 路由功能实体（软件进程），IP 路由功能实体检查 IP 数据包中的目的 IP 地址 128.4.0.2 的网络 ID 为 128.4.0.0，并且在其路由表中定位于 128.4.0.0 的路由上。

由路由器 A 的路由表中可知，路由器 A 知道目的网络有 2 个跳步的距离（即还要经过 2 个路由器才能到达 128.4.0.0 网络），它必须将 IP 数据包转发给 128.2.0.2，即路由器 B。路由器 B 具有两个网络接口，一个网络接口 1 连接 128.2.0.0 网络，另一个网络接口 2 连接 128.3.0.0 网络，并且每个网络接口具有自己的 MAC 地址。

如果路由器 A 的 ARP 缓存中没有路由器 B 接口 1 的 MAC 地址，它会发出一个 ARP 广播请求获取路由器 B 接口 1 的 MAC 地址，得到路由器 B 接口 1 的 MAC 地址之后，路由器 A 将 IP 数据包封装在以太网帧中，目的 MAC 地址为 MACB-1（即路由器 B 接口 1 的 MAC 地址），源 MAC 地址为 MACA-2（即路由器 A 接口 2 的 MAC 地址），类型字段为 0800（IP），数据封装结构如图 4-8 所示，然后路由器 A 将数据帧发送到接口 2。

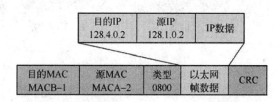

图 4-8　网络 128.2.0.0 上的数据封装

（3）网络 128.3.0.0 上的 IP 数据包和数据帧结构

当路由器 B 接收到来自路由器 A 的数据帧后，路由器 B 删除以太网帧头，检查类型字段，然后将以太网帧数据部分（即 IP 数据包）送给路由器 B 上的 IP 路由功能实体（软件进程），IP 路由功能实体检查 IP 数据包中的目的 IP 地址 128.4.0.2 的网络 ID 为 128.4.0.0，并且在其路由表中定位于 128.4.0.0 的路由上。

由路由器 B 的路由表中可知，路由器 B 知道目的网络有 1 个跳步的距离（即还要经过 1 个路由器才能到达 128.4.0.0 网络），它必须将 IP 数据包转发给 128.3.0.2，即路由器 C。路由器 C 具有两个网络接口，一个网络接口 1 连接 128.3.0.0 网络，另一个网络接口 2 连接 128.4.0.0 网络，并且每个网络接口都具有自己的 MAC 地址。

如果路由器 B 的 ARP 缓存中没有路由器 C 的 MAC 地址，它会发出一个 ARP 广播请求获取路由器 C 接口 1 的 MAC 地址，得到路由器 C 接口 1 的 MAC 地址之后，路由器 B 将 IP 数据包封装在以太网帧中，目的 MAC 地址为 MACC-1（即路由器 C 接口 1 的 MAC 地址），源 MAC 地址为 MACB-2（即路由器 B 接口 2 的 MAC 地址），类型字段为 0800（IP），数据封装结构如图 4-9 所示，然后路由器 B 将数据帧发送到接口 2。

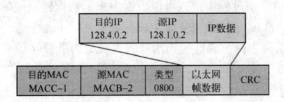

图 4-9　网络 128.3.0.0 上的数据封装

（4）网络 128.4.0.0 上的 IP 数据包和数据帧结构

当路由器 C 接收到来自路由器 B 的数据帧后，路由器 C 删除以太网帧头，检查类型字段，然后将以太网帧数据部分（即 IP 数据包）送给路由器 C 上的 IP 路由功能实体（软件进程），IP 路由功能实体检查 IP 数据包中的目的 IP 地址 128.4.0.2 的网络 ID 为 128.4.0.0，并且在其路由表中定位于 128.4.0.0 的路由上。

由路由器 C 的路由表中可知，路由器 C 知道目的网络有 0 个跳步的距离（即 128.4.0.0 网络与自己是直接连接的），它可以将 IP 数据包转发给 128.4.0.2，即主机 Y。路由器 C 具有两个网络接口，一个网络接口 1 连接 128.3.0.0 网络，另一个网络接口 2 连接 128.4.0.0 网络，并且每个网络接口具有自己的 MAC 地址。

如果路由器 C 的 ARP 缓存中没有主机 Y 的 MAC 地址，它会发出一个 ARP 广播请求获取主机 Y 的 MAC 地址，得到主机 Y 的 MAC 地址之后，路由器 C 将 IP 数据包封装在以太网帧中，目的 MAC 地址为 MACY（即主机 Y 的 MAC 地址），源 MAC 地址为 MACC-2（即路由器 C 接口 2 的 MAC 地址），类型字段为 0800（IP），数据封装结构如图 4-10 所示，然后路由器 C 将数据帧发送到接口 2。

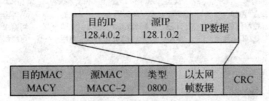

图 4-10　网络 128.4.0.0 上的数据封装

主机 Y 收到该数据帧后，主机 Y 删除以太网帧头，检查类型字段，然后将以太网帧数据部分（即 IP 数据包）送给主机 Y 上的 IP 路由功能实体（软件进程），IP 路由功能实体将 IP 数据包中的目的 IP 地址与自己的 IP 地址相比较，发现相符，说明该 IP 数据包是发送给自己的，然后经过处理之后，删除 IP 数据包报头，将 TCP 数据报送给传输层的 TCP 功能实体，TCP 功能实体检查端口号，将数据递交给 Telnet 端口号所对应的应用层 Telnet 功能实体。至此，主机 X 发送给主机 Y 的数据顺利到达。

最后，主机 Y 的应用层 Telnet 功能实体做好响应主机 X 的准备之后，整个过程将反向进行。

以上介绍了 IP 数据包是如何从一台主机路由到另一台主机，IP 数据包的传输，这就好像进行接力棒传递一样，由路由器根据路由表进行传输路径判断，逐步递交到目的主机，这就是 IP 数据包的路由过程，而在这个过程中，起到决定作用的就是路由表，关于路由表的内容在随后的章节中还要详细讨论。

从上面 IP 数据包的路由过程中，也可以看得出来，数据链路层的 MAC 地址负责点和点之间的传输，而网络层的 IP 地址负责从源主机到达目的主机，传输层的逻辑端口（TCP 端口、UDP 端口）负责从源主机上的进程到达目的主机上的进程（端到端之间）。

4.2 路由器结构

4.2.1 路由器的组成

路由器实质上是一种专门设计用来完成数据包存储、路径选择和转发的专用计算机，可以想象，从这个角度来说，它的组成应该和常用的计算机很类似，实际上，它们的结构大同小异，都包括了输入、输出、运算、储存等部件，也可以简单理解为，路由器就是一台具有多个网络接口、用于数据包转发的专用计算机。甚至可以在普通的计算机上运行路由软件，将一台普通计算机模拟成为一台路由器，如 Windows 2003 中的"路由和远程访问"通过配置，同样也可以把一台具有多个网络接口、装有 Windows 2003 操作系统的计算机变成一台路由器，如图 4-11 所示，只不过这样的路由器在硬件结构中没有专门的设计，其 IP 数据包的转发能力无法和专用路由器相媲美。

图 4-11   Windows 2003 路由和远程访问

虽然路由器实质上是一台特殊的专门执行数据包处理的计算机，但从功能上看，路由器与计算机还是有较大的区别。这种区别虽然在大多数低档路由器上表现得并不突出，但当网络系统的规模、速度、种类、应用达到一定程度，这些网络系统本身的变化当然要导致作为网络核心的路由器的体系结构发生巨大变化，这已经是普通计算机模拟成路由器所无法做到的了。

路由器主要是由硬件和软件组成的。硬件主要由中央处理器、存储器件、网络接口等物理硬件和电路组成，软件主要由路由器的 IOS 操作系统、协议栈等组成，路由器的内部结构如图 4-12 所示。

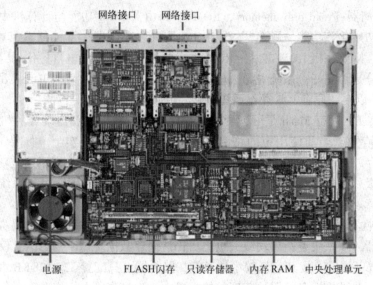

图 4-12 路由器内部组成

4.2.2 路由器硬件和软件结构

1. 路由器硬件结构

路由器的内部是一块印刷电路板，电路板上有许多大规模集成电路，还有一些插槽，用于扩充 Flash、内存 RAM、接口、总线。实际上路由器和计算机一样，有 4 个基本部件：CPU、内存 RAM、接口和总线。路由器和普通计算机的差别也是明显的，路由器没有显示器、软驱、硬盘、键盘及多媒体部件，然而它有 NVRAM、Flash、丰富的网络接口卡等部件。路由器硬件结构框图如图 4-13 所示。

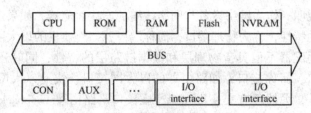

图 4-13 路由器硬件结构框图

（1）中央处理器

与计算机一样，路由器也包含了一个中央处理器（CPU）。不同系列和型号的路由器，其中的 CPU 也不同。路由器的 CPU 主要负责执行路由器操作系统 IOS 的命令，解释和执行用户输入的命令，各类计算和数据包的转发工作，如维护路由器所需的各种表（路由表、NAT 转换表、ACL 表等）及路由运算等。路由器对数据包的处理速度很大程度上取决于CPU 的类型和性能。

（2）存储器

路由器的存储器类型和交换机存储器类型基本上是一样的，路由器采用了以下几种不同类型的存储器，每种存储器以不同方式协助路由器工作。

① 只读存储器 (read only memory, ROM)：路由器 ROM 功能与计算机中的 ROM 相似，主要用于系统初始化等功能。顾名思义，ROM 是只读存储器，不能修改其中存放的代码。如要进行升级，则要替换 ROM 芯片。ROM 中主要包含：系统加电自检代码，用于检测路由器中各硬件部分是否完好；系统引导区代码，用于启动路由器并载入 IOS 操作系统；备份的 IOS 操作系统，以便在原有 IOS 操作系统被删除或破坏时使用。

② 闪存 Flash：闪存 Flash 是可读可写的存储器，在系统重新启动或关机之后仍能保存数据。Flash 中存放着当前使用中的路由器的操作系统 IOS。事实上，如果 Flash 容量足够大，甚至可以存放多个操作系统，这在进行 IOS 升级时十分有用。当不知道新版 IOS 是否稳定时，可在升级后仍保留旧版 IOS，当出现问题时可迅速退回到旧版操作系统，从而避免长时间的网络故障。

③ 非易失性存储器 (non-volatile random access memory, NRAM)：非易失性存储器是可读可写的存储器，在系统重新启动或关机之后仍能保存数据。由于 NVRAM 仅用于保存启动配置文件 startup-config，故其容量较小，通常在路由器上只配置 32~128 KB 大小的非易失性存储器。同时，非易失性存储器的速度较快，成本也比较高。

④ 随机存储器 (random access memory, RAM)：内存 RAM 也是可读可写的存储器，但它存储的内容在系统重启或关机后将被清除。它的功能和计算机内存一样，路由器中的 RAM 也是运行期间暂时存放操作系统和数据的存储器，让路由器的 CPU 能迅速访问这些信息。RAM 的存取速度优于前面所提到的 3 种内存的存取速度。路由器运行期间，RAM 中包含路由表、ARP 缓冲项目、日志项目和队列中排队等待发送的数据包等。除此之外，还包括运行配置文件 running-config、正在执行的代码、IOS 操作系统程序和一些临时数据信息。

（3）各种网络接口和配置接口

由于路由器作为与其他网络连接的枢纽，其网络接口类型极其丰富，在后面的章节中详细介绍路由器的网络接口。

在这里做一点说明，作为网络设备与网络线缆的连接适配器，如果连接适配器只具备物理层和数据链路层的特性，称为物理端口，简称端口，如交换机的以太网端口、快速以太网端口等；如果连接适配器不但具备物理层和数据链路层的特性，同时还具备有网络层的特性，均称为网络接口，简称接口，如路由器的以太网接口、快速以太网接口、同步串行接口、异步串行接口等，另外还有交换机 VLAN 虚接口、路由器 Loopback 接口等。当然传输层的逻辑端口与物理端口、网络接口纯属另外的概念。

2. 路由器软件结构

图 4-14 所示为一个比较典型的路由器软件体系结构图，按照 OSI/RM 及软件模块的调用关系给出路由器软件系统结构图，物理层一般为操作系统接口及各种业务模块的驱动。数据链路层为实现各种链路层协议的各个模块，网络层、传输层、应用层都可按模块功能定义成相应层协议。

简单地说，路由器软件系统主要包括了路由器操作系统、路由器配置文件、路由器各类协议等。

（1）路由器操作系统 IOS

路由器之所以可以连接不同类型的网络并对数据包进行路由，除了必备的硬件条件外，更主要的还是因为每个路由器都有一个核心操作系统来统一调度路由器各部分的运行。

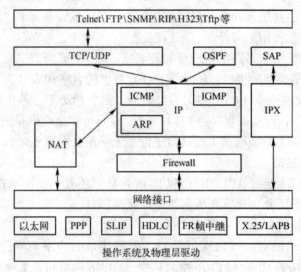

图 4-14　路由器软件体系结构

不同的路由器平台采用了不同版本的 IOS，但是，IOS 在不同平台之间保持了相同的用户接口。这使得在配置不同型号路由器的相同功能时可以使用相同的命令。IOS 配置通常是通过基于文本的命令行接口（command line interface，CLI）进行的，但也有越来越多的路由器提供了图形化的配置界面，如 Web 方式，但从配置的灵活性来看，还是使用 CLI 进行配置更为便捷。

（2）路由器的配置文件

路由器与交换机一样，也有如下两种类型的配置文件。

① 启动配置文件：即 startup-config 文件，也称为备份配置文件，被保存在 NVRAM 中，并且在路由器每次初始化启动时加载到内存中变成运行配置文件。由于 Flash 的生产成本低于 NVRAM，有部分厂商为了降低成本，启动配置文件 startup-config 保存在 Flash 中。

② 运行配置文件：即 running-config 文件，也称为活动配置文件，驻留在内存中，当对路由器进行配置之后，配置命令被实时添加到路由器的运行配置文件中并被立即执行。但是，这些新添加的配置命令不会被自动保存为启动配置文件，因此，通常对路由器进行配置或配置修改后，应该将当前的运行配置文件保存成启动配置文件。

（3）路由器的各类协议

路由器上运行了大量的软件协议模块，如 PPP、HDLC、IP、IPX、RIP、OSPF 等，通过这些协议，路由器可以实现异构网络的互联，也可以进行路由表的动态维护等工作。

通过上面了解了路由器的硬件和软件结构，可以了解到路由器的启动过程与交换机的启动过程基本一致，此处不再详述，请参见第 2 章交换机的启动过程。

4.2.3　路由器接口类型

路由器具有非常强大的网络连接和路由功能，它可以与各种各样不同的网络进行物理连接，这就决定了路由器的接口技术非常复杂，越是高档的路由器其接口种类也就越多，因为它所能连接的网络类型越多。

路由器的接口归纳起来主要有 3 类。

① 局域网接口：主要用来和内部局域网连接。

② 广域网接口：主要用来和外部广域网连接。

③ 配置接口：主要用来对路由器进行配置。

路由器上具有较多类型的接口，每个接口都有自己的名字和编号，一个路由器接口的名称由它的类型标志与数字编号构成，编号自 0 开始。通常情况下，路由器接口的命名格式为"类型" / "插槽" / "接口适配器" / "接口号"，这点也和交换机是类似的。

如 serial1/1/0 表示 1 号插槽第 1 个接口适配器上的第 0 个同步串行接口。

1. 路由器局域网接口

常见的局域网接口主要有 AUI、BNC 和 RJ45 接口，还有 FDDI、ATM、千兆以太网等都有相应的网络接口，下面分别介绍几种主要的局域网接口。

（1）RJ45 接口

RJ45 接口是最常见的双绞线以太网接口。根据接口的速率不同，RJ45 接口又可分为 10 Mbps、100 Mbps、1000 Mbps 接口几种。其中，10 Mbps 接口在路由器中通常是标识为 "ETH"，而 100 Mbps 接口则通常标识为 "FE""TX""TP" 等，具体情况可参阅生产厂商的产品说明。如图 4-15 所示分别为 10 Mbps RJ45 接口和 100 Mbps RJ45 接口。

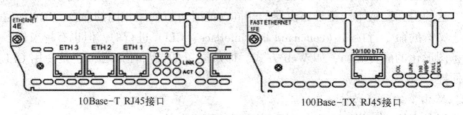

图 4-15　RJ45 接口

（2）SC 接口

SC 接口也就是常说的光纤接口，它是用于与光纤的连接。路由器光纤接口通常是不直接连接至工作站，而是通过光纤连接到快速以太网或千兆以太网等具有光纤接口的核心交换机。这种接口通常以 "FX" 标注，如图 4-16 所示。

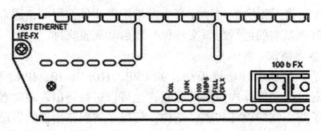

图 4-16　SC 接口

2. 路由器的广域网接口

在上面就讲过，路由器不仅能实现局域网之间连接，更重要的应用还在于局域网与广域网、广域网与广域网之间的连接。但是因为广域网规模大，网络环境复杂，所以也就决定了路由器用于连接广域网的接口类型较多，除了以上路由器的 AUI 接口、RJ45 接口以外，还有以下一些广域网接口类型。

（1）同步串行接口

在路由器的广域网连接中，应用最多、最广泛的接口是"同步串口"（SERIAL）了，所谓同步串行接口即连接双方具有相同的接口时钟频率，如图 4-17 所示。

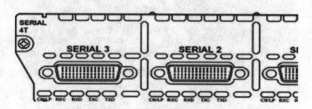

图 4-17 SERIAL 接口

这种接口主要是用于连接目前应用非常广泛的 DDN、帧中继 Frame Relay、X.25 等网络连接模式。在企业网之间有时也通过 DDN 或 X.25 等广域网连接技术进行专线连接。这种同步串行接口传输速率较高，一般来说通过这种接口所连接的网络两端都要求实时同步。

（2）异步串行接口

异步串行接口 ASYNC 主要是应用于 Modem 或 Modem 池的连接，异步串行接口并不要求连接双方具有相同的接口时钟频率。如图 4-18 所示，它主要用于实现远程计算机通过公用电话网拨入网络。

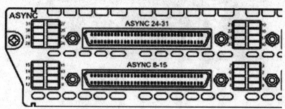

图 4-18 ASYNC 接口

（3）ISDN BRI 接口

因 ISDN 这种互联网接入方式连接速度上有它独特的一面，所以在当时 ISDN 刚兴起时，在互联网的连接方式上得到了充分的应用。ISDN 有两种速率连接接口，一种是 ISDN 基本速率接口 BRI，另一种是 ISDN 基群速率接口 PRI。ISDN BRI 接口是采用 RJ45 标准，与 ISDN NT1 的连接使用 RJ45-to-RJ45 直通线。如图 4-19 所示的 BRI 为 ISDN BRI 接口。

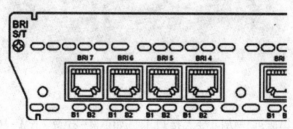

图 4-19 ISDN BRI 接口

以下以 CISCO 公司的部分路由器接口卡为例，说明路由器的几种常见接口类型。

① CISCO 模块化路由器可以安装多种异步串行接口卡，如 NM-8A、NM-16A、NM-

32A 等。如图 4-20 所示为 NM-32A 异步串行接口卡。

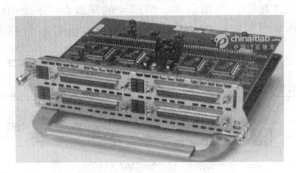

图 4-20　CISCO NM-32A 异步串行接口卡

②CISCO 模块化路由器可以安装多种同步串行接口卡，如 WIC-1T、WIC-2T 等。如图 4-21 为 WIC-1T 同步串行接口卡。

图 4-21　CISCO WIC-1T 同步串行接口卡

③CISCO 模块化路由器可以安装多种异步/同步串行接口卡，如 NM-4A/S、NM-8A/S，如图 4-22 为 NM-8A/S 异步/同步串行接口卡。

图 4-22　CISCO NM-8A/S 异步/同步串行接口卡

④CISCO 也提供集成远程访问接入接口卡，如 NM-8AM、NM-16AM 等，该接口卡将调制解调器集成到远程访问接入模块中从而节省了外接调制解调器占用的空间及投资。该接口卡提供了 8 或 16 个 RJ11 接口，可以将电话线直接接入远程访问模块。如图 4-23 为远程访问接口卡 NM-8AM。

图 4-23 CISCO NM-8AM 远程访问接口卡

3. 路由器配置接口

路由器的配置接口有两个, 分别是 "Console" 和 "AUX"。

(1) Console 接口

Console 接口使用配置专用连线直接连接至计算机的串口, 利用终端仿真程序 (如 Windows 下的 "超级终端") 进行路由器本地配置。路由器的 Console 接口多为 RJ45 接口。如图 4-24 所示, 就包含了一个 Console 配置接口。

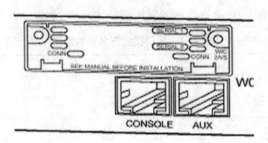

图 4-24 Console 接口和 AUX 接口

(2) AUX 接口

如图 4-24 所示, AUX 接口为异步接口, 可用于通过与 MODEM 进行连接, 这样远程的路由器可以通过电话线路实现配置。

以下选用 CISCO 公司 2800 系列的 2811 路由器和神州数码公司的 DCR-2611 两款路由器产品, 针对它们的接口进行介绍。

图 4-25 为 CISCO 公司 2811 路由器的前后面板图, 2811 属于模块化路由器, 其中固定接口只有 Fastethernet0/0 和 Fastethernet0/1, 其他扩展接口卡可安装在插槽 slot0 和 slot1 中, 其中 slot0 又有 4 个接口适配器, 如在 slot0 的适配器 0 上安装 CISCO 公司的 WIC-2T 同步串口卡, 则上面的同步串口编号为 Serail 0/0/0 和 Serial 0/0/1, 即 "类型" / "插槽" / "接口适配器" / "接口号"。CISCO 公司 2800 系列路由器提高了插槽性能和密度, 支持 90 多种模块的安装, 从而提供了极大的性能优势。

图 4-26 为神州数码 DCR-2611 后面板, 图中标明了各个接口的类型和编号, 其中 Serial0/2 和 Serial0/3 为一拖二同步串口。

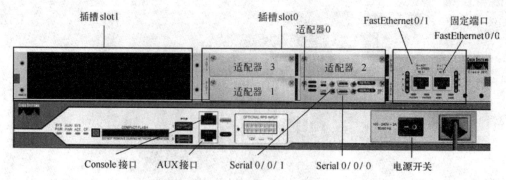

图 4-25　CISCO 2811 路由器接口

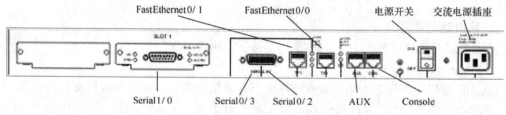

图 4-26　DCR-2611 路由器接口

一般各个厂家常见接口类型与名称的对照表如表 4-1 所示。

表 4-1　接口类型与名称对照表

接 口 类 型	类 型 名 称	类 型 简 称
同步串行口	Serial	s
异步口/AUX	Async	a
10 Mbps 以太网	Ethernet	e
100 Mbps 快速以太网	FastEthernet	f
ISDN BRI	BRI	b
环回接口	Loopback	l

4.3　路由器配置基础

1. 路由器的管理方式

路由器的管理方式基本上与交换机的管理方式相同，如图 4-27 所示。主要有以下几种管理方式：

　　① 通过 Console 接口管理路由器（带外管理）；

　　② 通过 AUX 接口管理路由器（带外管理）；

　　③ 通过 Telnet 虚拟终端管理路由器（带内管理）；

　　④ 通过安装有网络管理软件的网管工作站管理路由器（带内管理）。

　　其中主要是依靠 Console 接口和 Telnet 两种方式对路由器进行管理。TFTP 服务器主要用于路由器文件的上传和下载。

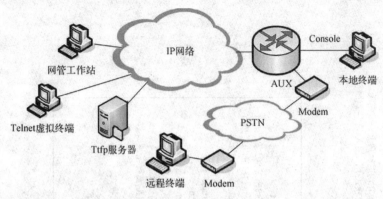

图 4-27 路由器的管理方式

2. 路由器的配置模式

路由器配置模式基本上与交换机的配置模式相类似，主要区别在于路由器多了路由协议配置模式。

以下介绍路由器的一些常用配置模式。

成功登录到路由器后，首先看到提示符为 Router>。此时路由器的配置模式称为普通用户模式，这种模式是一种只读模式，用户可以浏览关于路由器的某些信息，但不能进行任何配置修改。

在用户模式下输入 enable 命令，并按提示输入 enable 密码（前提是配置了 enable 密码）后将进入特权模式，此时路由器的提示符为 Router#，在此配置模式下可以查看路由器的详细信息，还可以执行测试和调试命令。

在特权模式下输入 config terminal 命令后可以进入全局配置模式，此时的路由器提示符为 Router(config)#。在全局配置模式下可以配置路由器的全局参数。

在全局配置模式下，通过键入 interface 命令可以进入接口配置模式，此时的路由器提示符为 Router(config-if)#。接口配置模式主要用来对路由器各个接口的参数进行配置。

在全局配置模式下，通过键入 Line 命令可以进入到线路配置模式，此时的路由器提示符为 Router(config-line)#。线路配置模式主要用来对 Console 线路、虚拟终端线路等参数进行配置。

在全局配置模式下，通过键入 ip access-list 命令可以键入访问控制列表配置模式，此时根据配置标准访问控制列表和扩展访问控制列表的不同情况，提示符分别为 Router(Config-Std-Nacl)#和（Config-Ext-Nacl)#，此时可以进行相应的访问控制配置。

在全局配置模式下，通过键入命令 router rip，可以进入到 RIP 路由协议配置模式，键入命令 router ospf，可以进入到 OSPF 路由协议配置模式，键入命令 router eigrp，可以进入到 EIGRP 路由协议配置模式。

各种配置模式之间相互切换如图 4-28 所示。

路由器的配置语法、快捷键支持、帮助功能、支持不完全匹配、配置技巧等都与交换机大同小异，部分常见命令参见第 2 章交换机配置命令，如 clock set、enable password、ip host、shutdown、hostname、write、reload、show running-config、show startup-config、show flash、show interface、ping，等等，这里就不再一一阐述了。

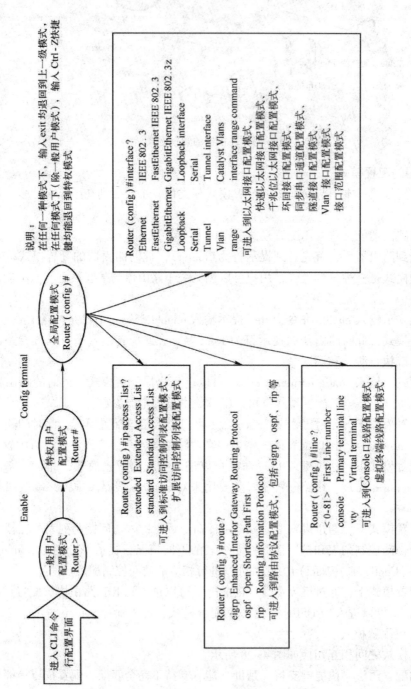

图4-28 路由器的配置模式

4.4　路由器常用配置

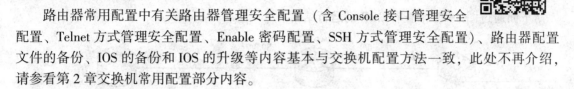

　　路由器常用配置中有关路由器管理安全配置（含 Console 接口管理安全配置、Telnet 方式管理安全配置、Enable 密码配置、SSH 方式管理安全配置）、路由器配置文件的备份、IOS 的备份和 IOS 的升级等内容基本与交换机配置方法一致，此处不再介绍，请参看第 2 章交换机常用配置部分内容。

4.4.1　CISCO CDP 协议

1. CDP 协议概述

　　Cisco 发现协议（Cisco discovery protocol，CDP）是 CISCO 公司专有的协议，目前版本是 2.0，CDP 是所有 CISCO 设备所默认启用的一种第二层协议，能够识别与自身相连接的其他 CISCO 设备的详细信息。

　　CDP 与网络层协议类型无关，并且运行在所有的 CISCO 设备中，包括了路由器和交换机。通过 CDP 协议，CISCO 设备可以了解它的邻居设备相关信息，包括邻居设备名称、IP 地址、设备平台等信息。

　　2005 年通过的 IEEE802.1ab 标准称为链路层发现协议（link layer discovery protocol，LLDP），其功能等同于 CISCO 公司的 CDP 协议，网络设备可以通过 LLDP 在本地网络中通告自己的身份和部分信息，不过由于 LLDP 推出时间较短，有部分厂商的设备还不支持，因此本教材选用 CISCO 的 CDP 协议进行介绍。

　　CDP 协议通过 CISCO 网络设备之间周期性发送 CDP 消息来互相通告设备相关信息，这样的 CDP 消息使用多播 MAC 地址 01-00-0C-CC-CC-CC 进行相互通告，CDP 消息中包括了设备 ID、网络地址、发送消息的接口名称、发送设备的类型、硬件平台、软件版本等信息，具体的 CDP 消息格式可查阅 CISCO 相关资料，此处不再详述。需要注意的是在交换机中，CDP 消息只能在 VLAN1 中传送。

　　CDP 消息默认情况下每隔 60 秒发送一次，同时，如果在 180 秒内没有收到对方 CDP 消息，认为对方设备故障或不存在，则从本设备缓存中删除掉该条 CDP 条目。

2. CDP 协议的配置和验证

　　CISCO 设备默认情况下开启 CDP 协议功能，如果需要，可以在全局配置模式下禁用 CDP 协议，命令如下：

```
Router(config)#no cdp run
```

　　为了网络中的设备信息安全，可以在接口配置模式下设置该接口是否运行 CDP 协议，如下配置可以实现在 Fastethernet0/0 接口上禁用 CDP，而在 Serial0/1 接口上启用 CDP 协议。

```
Router(config)#cdp run
Router(config)#interface fastethernet 0/0
Router(config-if)#no cdp enable
Router(config-if)#exit
Router(config)#interface serial 0/1
```

```
Router(config-if)#cdp enable
Router(config-if)#exit
Router(config)#
```

下面通过图 4-29 来查看 CDP 的运行结果。

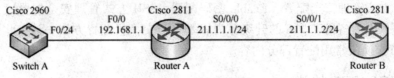

图 4-29　CDP 示例图

① 在 Router A 上运行 show cdp neighbor 命令查看运行结果，如图 4-30 所示。

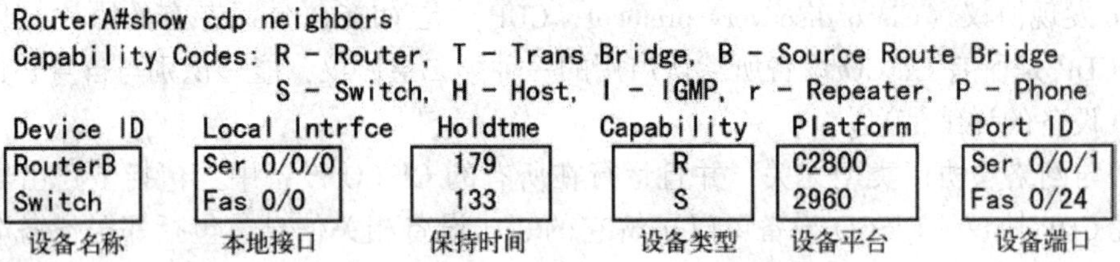

```
RouterA#show cdp neighbors
Capability Codes: R - Router, T - Trans Bridge, B - Source Route Bridge
                  S - Switch, H - Host, I - IGMP, r - Repeater, P - Phone
Device ID    Local Intrfce    Holdtme    Capability    Platform    Port ID
RouterB      Ser 0/0/0        179        R             C2800       Ser 0/0/1
Switch       Fas 0/0          133        S             2960        Fas 0/24
设备名称      本地接口          保持时间    设备类型       设备平台     设备端口
```

图 4-30　show cdp neighbors 命令的结果

其中 Holdtime（保持时间）为 180 秒的倒计时，如果该条目在 180 秒内没有收到 CDP
消息，该条目将自动删除。

② 使用 show cdp 命令可以查看 cdp 协议工作的发送时间和保持时间。

```
RouterA#show cdp
Global CDP information：
        Sending CDP packets every 60 seconds
        Sending a holdtime value of 180 seconds
        Sending CDPv2 advertisements is enabled
```

③ 使用 show cdp entry RouterB 命令可以查看邻居设备 RouterB 的详细信息，包括邻居设
备的名称、邻居设备接口 IP 地址、邻居设备平台、邻居接口编号、邻居设备的 IOS 版本等
信息。

```
RouterA#show cdp entry RouterB
Device ID：RouterB
Entry address(es)：
   IP address：211.1.1.2
Platform：cisco C2800, Capabilities：Router
Interface：Serial0/0/0, Port ID (outgoing port)：Serial0/0/1
Holdtime：125
Version：
Cisco IOS Software, 2800 Software (C2800NM-ADVIPSERVICESK9-M), Version 12.4(15)T1, RE-
LEASE SOFTWARE (fc2)
Technical Support：http://www.cisco.com/techsupport
```

Copyright (c) 1986—2007 by Cisco Systems, Inc.

Compiled Wed 18-Jul-07 06:21 by pt_rel_team

advertisement version: 2

Duplex: full

RouterA#

4.4.2　路由器接口配置

路由器作为网络之间的连接设备，可以应用于局域网与局域网之间、局域网与广域网之间、广域网和广域网之间的连接，其接口也极其丰富，因此，对于路由器的接口，网络管理员经常需要做出配置。

关于接口的配置，主要是从以下几个方面来进行：进入接口配置模式、配置接口二层封装协议、接口 IP 地址配置、启用接口、显示接口配置状态。

以下配置命令均参考 CISCO 公司产品。接口配置主要步骤如下。

（1）进入接口配置模式

从全局配置模式进入接口配置的命令格式为：

Interface TYPE interface-number

其中 Type 字段可以是：Ethernet、fastethernet、serial、tokenring、fddi、loopback、dialer、null、atm、bri、async 等。

（2）配置接口二层协议封装

由于路由器接口不但连接了局域网，还连接有广域网，因此根据不同的网络类型需要配置不同的接口二层协议类型。

对于以太网类型接口不需要配置接口二层封装协议，其他广域网接口关于二层封装协议的配置内容单独放在教材 4.4.3 节进行介绍。

（3）接口 IP 地址配置

在接口配置模式下，接口 IP 地址配置的命令格式为：

ip address ip-address subnet-mask

其中 ip-address 为设置的接口 IP 地址，subnet-mask 为接口 IP 地址对应的子网掩码。

（4）启用接口

在接口配置模式下，完成接口 IP 地址配置后，该接口并不会立刻自动启动并开始工作，而是出于"管理性关闭"（administratively down）状态，必须手工启动接口，启用该接口的命令为 no shutdown，执行该命令后将提示该接口被启动。

下面以图 4-31 为例，对 RouterA 上的快速以太网接口 Ft0/0 进行配置。

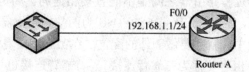

图 4-31　快速以太网接口配置示例图

```
RouterA(config)#interface fastEthernet 0/0
RouterA(config-if)#ip address 192. 168. 1. 1 255. 255. 255. 0
//配置接口的 IP 地址,对于以太网接口来说,不需要指定二层接口协议,默认为 DIX2. 0 封装
RouterA(config-if)#no shutdown
%LINK-5-CHANGED: Interface FastEthernet0/0, changed state to up
%LINEPROTO-5-UPDOWN: Line protocol on Interface FastEthernet0/0, changed state to up
RouterA(config-if)#
```

(5) 显示接口配置状态

在特权用户模式下,可以使用 show interface <interface-number>命令来查看接口的详细信息,图 4-32 为显示 F0/0 接口的部分信息内容。

```
RouterA#show interfaces fastEthernet 0/0
FastEthernet0/0 is up, line protocol is up (connected)
  Hardware is Lance, address is 00d0. 973e. ab01 (bia 00d0. 973e. ab01)
  Internet address is 192. 168. 1. 1/24
  MTU 1500 bytes, BW 100000 Kbit, DLY 100 usec,
     reliability 255/255, txload 1/255, rxload 1/255
  Encapsulation ARPA, loopback not set
  ARP type: ARPA, ARP Timeout 04:00:00,
......
RouterA#
```

图 4-32 show interface fastEthernet 0/0 的输出结果

对于显示的接口信息内容,主要关心的是两个 up 和一个 Encapsulation。

这里两个 up,前面一个是管理性的 up,后面一个是二层链路协议的 up。如果接口没有物理线路连接,或者接口被管理员 shutdown,第一个 up 处的状态为 "administratively down"。如果接口二层封装协议配置错误,或者与对端接口协议不匹配,或者与对端接口时钟频率不匹配,第二个 up 处的状态为 "down"。只有这两处都为 up,该接口才能正常工作。

另外就是 Encapsulation,这里表明的是该接口数据链路层的封装协议。图 4-32 中的封装协议显示为 ARPA,即为标准的以太网 2. 0 版封装方法。

4. 4. 3 路由器接口 HDLC 协议封装配置

不同的广域网可能使用不同的广域网封装协议,比如常见的 HDLC、PPP 和 FR 等,各种不同的广域网封装协议对于路由器的广域网接口来说,配置的方法也有所不同。

这里首先说明 HDLC 协议的封装,同步串行线路上的 HDLC 封装主要用在像 DDN 专线这样的场合。在实际网络工作中,HDLC 几乎不需要配置就可以工作了,因为广域网络中提供了通道服务单元、数据业务单元 DSU /CSU 这样的通信设备。

在实际网络中,两个远程路由器之间是不能直接相连的,因为它们都是 DTE 设备,必须通过 DSU/CSU 这样的设备互连,依靠 DSU/CSU 为两端的路由器提供用于同步的时钟。

但是,在实验室环境中,就需要做额外的配置。在实验室环境中,由于条件限制,有时不得不将两个路由器直接相连(称为背靠背连接)。背靠背连接也可以用于新购置设备的测试。这时,必须规定哪个路由器是 DTE,哪个是 DCE,由 DCE 路由器提供时钟,同时还要

设置 DCE 路由器的时钟频率。

如图 4-33 所示，图中说明了实际网络情况和实验室情况路由器之间同步串口的连接。

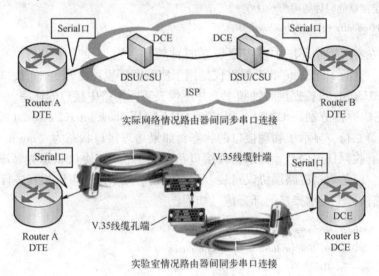

图 4-33 路由器之间的连接

其实，在将两个路由器的同步串行接口用 V.35 线缆背靠背连接起来的时候，就已经决定了哪个路由器会充当 DCE 端。因为路由器可以自动识别同步串行接口所接入的电缆类型。

可以通过观察 V.35 线缆形式判断哪个路由器会充当 DCE 端，方法是看连接线缆 V.35 一端，如果是孔端，则此线缆的另一端就是 DCE 设备，如果是针端，线缆另一端所接的就是 DTE 设备。

下面以图 4-34 给出的点到点链路同步串行连接为例，介绍 HDLC 的配置过程。

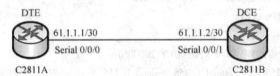

图 4-34 HDLC 协议配置示例图

① 首先，配置作为 DTE 端的 C2811A，配置内容如下所示。

C2811A(config)#interface serial 0/0/0

C2811A(config-if)#encapsulation hdlc

//设定接口的二层封装协议为 HDLC。

C2811A(config-if)#ip address 61.1.1.1 255.255.255.252

C2811A(config-if)#no shutdown

② 接下来配置作为 DCE 端的 C2811B，配置内容如下所示。和 C2811A 不同的是，作为 DCE 的一端，还需要使用命令 clock rate 设置 DCE 端的时钟，范围为 1200~4000000。

C2811B(config)#interface serial 0/0/1

C2811B(config-if)#encapsulation hdlc

C2811B(config-if)#ip address 61. 1. 1. 2 255. 255. 255. 252

C2811B(config-if)#clock rate 64000

//设定接口的时钟频率为 64000。

C2811B(config-if)#no shutdown

请注意，在实际网络环境中不需要设置时钟频率，因为通信服务提供商会利用 DSU/CSU 提供时钟，并且 clock rate 的设置仅仅是用于实验室环境路由器 Serial 接口之间背靠背的连接，模拟 DSU/CSU 设备提供时钟频率，并不代表实际网络中接口的速率。

③ 配置完成后，分别在 C2811A 和 C2811B 上使用 show interface serial 检查接口状态。其中重要的是第二行，显示了物理接口的状态，如果物理接口状态为"down"，表明物理连接有问题，没有收到任何信号；如果物理接口状态为"up"，协议状态为"down"，则表明物理连接正常，但是数据链路层协议封装工作有问题。接下来，可以相互进行 ping 通测试。

C2811A 路由器上显示接口的部分信息如下。

C2811A#show interfaces serial 0/0/0

Serial0/0/0 is up, line protocol is up (connected)

　　Hardware is HD64570

　　Internet address is 61. 1. 1. 1/30

　　MTU 1500 bytes, BW 1544 Kbit, DLY 20000 usec,

　　　　reliability 255/255, txload 1/255, rxload 1/255

　　Encapsulation HDLC, loopback not set, keepalive set (10 sec)

　　…

C2811B 路由器上显示接口的部分信息如下。

C2811B#show interfaces serial 0/0/1

Serial0/0/1 is up, line protocol is up (connected)

　　Hardware is HD64570

　　Internet address is 61. 1. 1. 2/30

　　MTU 1500 bytes, BW 1544 Kbit, DLY 20000 usec,

　　　　reliability 255/255, txload 1/255, rxload 1/255

　　Encapsulation HDLC, loopback not set, keepalive set (10 sec)

　　…

C2811A 路由器上 ping 通 C2811B，显示的信息如下。

C2811A#ping 61. 1. 1. 2

Type escape sequence to abort.

Sending 5, 100-byte ICMP Echos to 61. 1. 1. 2, timeout is 2 seconds：

!!!!!

Success rate is 100 percent (5/5), round-trip min/avg/max =4/15/57 ms

C2811A#

4. 4. 4　路由器接口 PPP 协议封装和 PAP、CHAP 验证配置

PPP 协议是目前广域网上应用最广泛的协议之一，它的优点在于简单、具备用户验证

能力、可以解决 IP 分配等。关于 PPP 协议、PAP 验证、CHAP 验证的内容参见本教材第 1 章。

1. PPP 协议封装和 PAP 验证配置

下面通过实验室环境，对链路封装 PPP 协议和 PPP 协议的 PAP 验证进行配置。

PPP 协议封装和 PAP 验证示例图如图 4-35 所示。此配置为双向验证，即 C2811A 验证 C2811B 的身份，C2811B 也验证 C2811A 的身份，PAP 也支持单向验证。

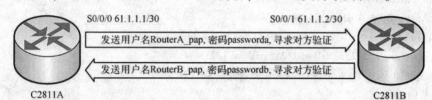

图 4-35 PPP 封装和 PAP 验证示例

① C2811A 上配置内容和说明如下所示。

C2811A(config)#username RouterB_pap password passwordb
//配置本地用户名 RouterB_pap 和密码 passwordb,用于对路由器 C2811B 发过来的用户名和密码进行验证。
C2811A(config)#interface serial 0/0/0
C2811A(config-if)#encapsulation ppp
//配置接口的二层封装协议为 PPP。
C2811A(config-if)#ppp authentication pap
//配置 ppp 的验证方式采用 PAP。
C2811A(config-if)#ppp pap sent-username RouterA_pap password passworda
//发送用户名 RouterA_pap 和密码 passworda 给路由器 C2811B 进行验证。
C2811A(config-if)#ip address 61.1.1.1 255.255.255.252
C2811A(config-if)#no shutdown
C2811A(config-if)#

② C2811B 上配置内容和说明如下所示。

C2811B(config)#username RouterA_pap password passworda
//配置本地用户名 RouterA_pap 和密码 passworda,用于对路由器 C2811A 发过来的用户名和密码进行验证。
C2811B(config)#interface serial 0/0/1
C2811B(config-if)#encapsulation ppp
C2811B(config-if)#ppp authentication pap
C2811B(config-if)#ppp pap sent-username RouterB_pap password passwordb
//发送用户名 RouterB_pap 和密码 passwordb 给路由器 C2811A 进行验证。
C2811B(config-if)#ip address 61.1.1.2 255.255.255.252
C2811B(config-if)#clock rate 64000
C2811B(config-if)#no shutdown

③ 配置完成后，分别在 C2811A 和 C2811B 上使用 show interface serial 检查接口状态，并且可以相互 ping 通。

C2811A 路由器上显示接口的部分信息如下。

```
C2811A#show interfaces serial 0/0/0
Serial0/0/0 is up, line protocol is up（connected）
    Hardware is HD64570
    Internet address is 61.1.1.1/30
    MTU 1500 bytes, BW 1544 Kbit, DLY 20000 usec,
        reliability 255/255, txload 1/255, rxload 1/255
    Encapsulation PPP, loopback not set, keepalive set（10 sec）
    LCP Open
    Open：IPCP, CDPCP
…
C2811A#
```

C2811B 路由器上显示接口信息部分内容如下。

```
C2811B#show interfaces serial 0/0/1
Serial0/0/1 is up, line protocol is up（connected）
    Hardware is HD64570
    Internet address is 61.1.1.2/30
    MTU 1500 bytes, BW 1544 Kbit, DLY 20000 usec,
        reliability 255/255, txload 1/255, rxload 1/255
    Encapsulation PPP, loopback not set, keepalive set（10 sec）
    LCP Open
    Open：IPCP, CDPCP
…
C2811B#
```

2. PPP 协议封装和 CHAP 验证配置

PPP 协议封装和 CHAP 验证配置示例如图 4-36 所示。此配置为双向验证，即 C2811A 验证 C2811B 的身份，C2811B 也验证 C2811A 的身份，CHAP 也支持单向验证。

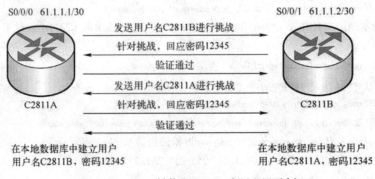

图 4-36　PPP 封装和 CHAP 验证配置示例

① C2811A 上配置内容和说明如下所示。

```
Router(config)#hostname C2811A
C2811A(config)#username C2811B password 12345
//配置用于 chap 验证的用户名 C2811B 和密码 12345。
C2811A(config)#interface serial 0/0/0
C2811A(config-if)#encapsulation ppp
C2811A(config-if)#ppp authentication chap
//配置 ppp 的验证方式采用 CHAP。
C2811A(config-if)#ip address 61. 1. 1. 1 255. 255. 255. 252
C2811A(config-if)#no shutdown
```

② C2811B 上配置内容和说明如下所示。

```
Router(config)#hostname C2811B
C2811B(config)#username C2811A password 12345
C2811B(config)#interface serial 0/0/1
C2811B(config-if)#encapsulation ppp
C2811B(config-if)#ppp authentication chap
C2811B(config-if)#ip address 61. 1. 1. 2 255. 255. 255. 252
C2811B(config-if)#clock rate 64000
C2811B(config-if)#no shutdown
```

③ C2811A 和 C2811B 上使用 show interface 命令显示接口信息，并且两台路由器之间可以相互 ping 通，显示结果这里不再罗列。

4.4.5 路由器接口帧中继协议封装配置

帧中继是一种用于连接计算机系统、面向分组的通信方法。它主要用在公共或专用网上的局域网互联及广域网连接。大多数公共电信局都提供帧中继服务，把它作为建立高性能的虚拟广域连接的一种途径。

帧中继所提供的服务是面向连接的虚电路服务，关于分组交换的虚电路和数据报技术参见第 1 章广域网内容，这里要说明的就是帧中继网络中的数据链路连接标识符（data link connection identifier，DLCI），帧中继网络中使用 DLCI 来标识 DTE 路由器和帧中继交换机之间的虚电路。帧中继交换机将两端的 DLCI 关联起来，如图 4-37 所示，帧中继交换机的 S0 接口提供一个 DLCI 值等于 50 的虚电路给 C2811A，帧中继交换机的 S1 接口提供一个 DLCI 值等于 100 的虚电路给 C2811B，在帧中继交换机的路径表中，把 S0 的 DLCI 50 虚电路和 S1 的 DLCI 100 虚电路连接在一起，从而实现了两台路由器通过帧中继网络相互连接。有关面向连接的虚电路服务参见本教材第 1 章。

帧中继网络数据链路层采用的协议是帧模式服务链路访问规程（link access procedure for frame mode services，LAPF），LAPF 是 HDLC 协议的一个变种，LAPF 的帧格式如图 4-38 所示，图中给出了最常见的 2 字节地址格式。

下面对 2 字节地址格式中各字段的含义进行解释。

① DLCI：数据链路连接标识符，共 10 位，取值为 0~1023，其中分配给帧中继过程使用的为 16~1007，其余用于帧中继呼叫控制、链路管理及保留未用。DLCI 只具有本地意义。

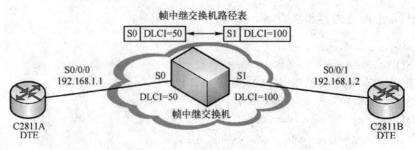

图 4-37　帧中继封装示例图

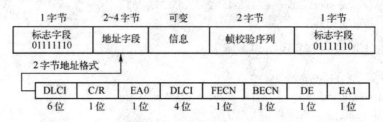

图 4-38　帧中继的 LAPF 帧格式

② C/R：命令/响应，与高层的应用有关，帧中继本身并不使用。

③ EA0 和 EA1：当 EA 为 0 时表示下一个字节仍为地址字段，当 EA 为 1 时表示地址字段到此为止。

④ FECN：前向拥塞通知，若某结点将 FECN 置 1，则表明与该帧同方向传输的帧可能受到网络拥塞的影响而产生时延。

⑤ BECN：后向拥塞通知，若某结点将 BECN 置 1，则指示与该帧相反方向传输的帧可能受到网络拥塞的影响而产生时延。

⑥ DE：丢弃指示，当 DE 置 1，表明在网络发生拥塞时，为了维持网络的服务水平，该帧与 DE 为 0 的帧相比应先丢弃。

以下以图 4-37 为例，对帧中继封装进行配置。

① 路由器 C2811A 上配置内容如下。

```
C2811A(config)#interface serial 0/0/0
C2811A(config-if)#encapsulation frame-relay
//采用帧中继封装协议 Cisco 模式。对于 CISCO 公司的路由器来说,帧中继有两种封装模式:默认
的 Cisco 模式和 IETF 模式。如果使用命令 encapsulation frame-relay ietf 则是采用帧中继封装协议
IETF 模式
C2811A(config-if)#frame-relay lmi-type cisco
//设置帧中继的本地管理接口 lmi 类型为 CISCO 标准。可供选择参数有:ansi 表示 lmi 类型为
ANSI 标准; cisco 表示 lmi 类型为 CISCO 标准;q933a 表示 lmi 类型为 ITU-T 标准
C2811A(config-if)#frame-relay interface-dlci 50
//设置本地接口的 DLCI 为 50
C2811A(config-if)#frame-relay map ip 192.168.1.2 50 broadcast
//将连接到本路由器的 DLCI 50 静态映射对端路由器的 IP 地址 192.168.1.2,同时还允许帧中继
能传输广播分组
C2811A(config-if)#ip address 192.168.1.1 255.255.255.0
```

//配置本地接口 IP 地址 192.168.1.1

C2811A(config-if)#no shutdown

② 路由器 C2811B 上配置内容如下。

C2811B(config)#interface serial 0/0/1

C2811B(config-if)#encapsulation frame-relay

//采用帧中继封装协议 CISCO 模式

C2811B(config-if)#frame-relay lmi-type cisco

//设置帧中继的本地管理接口 lmi 类型为 CISCO 标准。

C2811B(config-if)#frame-relay interface-dlci 100

//设置本地接口的 DLCI 为 100

C2811B(config-if)#frame-relay map ip 192.168.1.1 100 broadcast

//将连接到本路由器的 DLCI 100 静态映射对端路由器的 IP 地址 192.168.1.1,同时还允许帧中继能传输广播分组

C2811B(config-if)#ip address 192.168.1.2 255.255.255.0

//配置本地接口 IP 地址 192.168.1.2

C2811B(config-if)#no shutdown

③ 路由器 C2811A 上可以 ping 通 192.168.1.2,运行 show frame-relay pvc 显示帧中继永久虚电路的信息,运行 show frame-relay map 显示静态映射地址的信息。

C2811A#show frame-relay pvc

PVC Statistics for interface Serial0/0/0 (Frame Relay DTE)

DLCI = 50, DLCI USAGE = LOCAL, PVC STATUS = ACTIVE, INTERFACE = Serial0/0/0

input pkts 14055   output pkts 32795   in bytes 1096228

out bytes 6216155   dropped pkts 0   in FECN pkts 0

in BECN pkts 0   out FECN pkts 0   out BECN pkts 0

in DE pkts 0   out DE pkts 0

out bcast pkts 32795   out bcast bytes 6216155

C2811A#show frame-relay map

Serial0/0/0 (up): ip 192.168.1.2 dlci 50, static, broadcast, CISCO, status defined, active

C2811A#

④ 路由器 C2811B 上可以 ping 通 192.168.1.1,运行 show frame-relay pvc 显示帧中继永久虚电路的信息,运行 show frame-relay map 显示静态映射地址的信息。

C2811B#show frame-relay pvc

PVC Statistics for interface Serial0/0/1 (Frame Relay DTE)

DLCI = 100, DLCI USAGE = LOCAL, PVC STATUS = ACTIVE, INTERFACE = Serial0/0/1

input pkts 14055   output pkts 32795   in bytes 1096228

out bytes 6216155   dropped pkts 0   in FECN pkts 0

in BECN pkts 0   out FECN pkts 0   out BECN pkts 0

in DE pkts 0   out DE pkts 0

out bcast pkts 32795   out bcast bytes 6216155

C2811B#show frame-relay map

Serial0/0/0（up）：ip 192.168.1.1 dlci 100, static, broadcast, CISCO, status defined, active

C2811B#

4.4.6　路由器接口 X.25 协议封装配置

X.25 网络是第一个面向连接的网络，也是第一个公共数据网络，20 世纪 80 年代被帧中继网络所取代。

X.25 协议是面向连接、可靠的数据传输协议，它主要包括了 OSI/RM 数据链路层的链路访问过程平衡协议（link access procedure balanced，LAPB）和网络层的分组层协议（packet level protocol，PLP），X.25 规程定义了两种类型的设备：DTE 和 DCE。使用 X.25 封装的路由器可以作为 DTE 或 DCE 设备。

LAPB 作为 HDLC 的一个演变类型，提供设备间以帧为单位的可靠的连接。X.25 可以与多个设备建立连接，这些连接称为虚电路。在 X.25 网络中，IP 数据包是封装在 X.25 分组中进行传输的。具体封装格式如下：

LAPB 首部	PLP 首部	IP 首部	IP 负载	LAPB 帧校验

在 X.25 网络中，X.121 地址是一个 ITU-T 地址格式，X.121 地址类似于电话系统中的电话号码，IP 地址可以被映射到 X.121，从而实现 IP 数据包在 X.25 网络的传输。

下面通过在实验室环境中，如图 4-39 所示，两台路由器通过同步串口背靠背连接方式，进行 X.25 封装的配置。

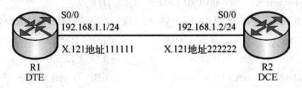

图 4-39　X.25 封装配置实例图

① R1 上配置内容和说明如下。

R1（config）#interface serial 0/0

R1（config-if）#ip address 192.168.1.1 255.255.255.0

R1（config-if）#encapsulation x25 dte

//设置封装协议为 X.25，作为 DTE 端

R1（config-if）#x25 address 111111

//设置 X.25 的 X.121 地址为 111111。

R1（config-if）#x25 map 192.168.1.2 222222

//设置 IP 地址 192.168.1.2 映射为 X.25 的 X.121 地址 222222

R1（config-if）#no shutdown

R1（config-if）#

② R2 上配置内容和说明如下。

R2（config）#interface serial 0/0

R2（config-if）#ip address 192.168.1.2 255.255.255.0

R2(config-if)#encapsulation x25 dce

//设置封装协议为 X. 25,作为 DCE 端

R2(config-if)#x25 address 222222

//设置 X. 25 的 X. 121 地址为 222222

R2(config-if)#x25 map 192. 168. 1. 1 111111

//设置 IP 地址 192. 168. 1. 1 映射为 X. 25 的 X. 121 地址 111111

R2(config-if)#clock rate 64000

//DCE 端设置时钟频率

R2(config-if)#no shutdown

③ R1 上显示接口信息内容如下,使用 show x25 map 可以显示映射配置内容,并可以 ping 通 192. 168. 1. 2。

R1#show interfaces serial 0/0

Serial0/0 is up, line protocol is up

  Hardware is M4T

  Internet address is 192. 168. 1. 1/24

  MTU 1500 bytes, BW 1544 Kbit, DLY 20000 usec,

    reliability 255/255, txload 1/255, rxload 1/255

  Encapsulation X25, crc 16, loopback not set

  Restart-Delay is 0 secs

  X. 25 DTE, address 111111, state R1, modulo 8, timer 0

    Defaults: idle VC timeout 0

      cisco encapsulation

      input/output window sizes 2/2, packet sizes 128/128

    Timers: T20 180, T21 200, T22 180, T23 180

    Channels: Incoming-only none, Two-way 1-1024, Outgoing-only none

    RESTARTs 1/0 CALLs 0+0/0+0/0+0 DIAGs 0/0

  LAPB DTE, state CONNECT, modulo 8, k 7, N1 12056, N2 20

    T1 3000, T2 0, interface outage (partial T3) 0, T4 0

    VS 1, VR 1, tx NR 1, Remote VR 1, Retransmissions 0

    Queues: U/S frames 0, I frames 0, unack. 0, reTx 0

    IFRAMEs 1/1 RNRs 0/0 REJs 0/0 SABM/Es 26/1 FRMRs 0/0 DISCs 0/0

…

R1#show x25 map

Serial0/0: X. 121 222222 <-> ip 192. 168. 1. 2

  permanent, 0 VC:

R1#

④ R2 上显示接口信息内容如下,使用 show x25 map 可以显示映射配置内容,并可以 ping 通 192. 168. 1. 1。

R2#show interfaces serial 0/0

Serial0/0 is up, line protocol is up

  Hardware is M4T

Internet address is 192. 168. 1. 2/24

MTU 1500 bytes, BW 1544 Kbit, DLY 20000 usec,

 reliability 255/255, txload 1/255, rxload 1/255

Encapsulation X25, crc 16, loopback not set

Restart-Delay is 0 secs

X. 25 DCE, address 222222, state R1, modulo 8, timer 0

 Defaults：idle VC timeout 0

  cisco encapsulation

  input/output window sizes 2/2, packet sizes 128/128

 Timers：T10 60, T11 180, T12 60, T13 60

 Channels：Incoming-only none, Two-way 1-1024, Outgoing-only none

 RESTARTs 0/0 CALLs 0+0/0+0/0+0 DIAGs 0/0

LAPB DCE, state CONNECT, modulo 8, k 7, N1 12056, N2 20

 T1 3000, T2 0, interface outage (partial T3) 0, T4 0

 VS 1, VR 1, tx NR 1, Remote VR 1, Retransmissions 0

 Queues：U/S frames 0, I frames 0, unack. 0, reTx 0

 IFRAMEs 1/1 RNRs 0/0 REJs 0/0 SABM/Es 1/0 FRMRs 0/0 DISCs 0/0

…

R2#show x25 map

Serial0/0：X. 121 111111 <-> ip 192. 168. 1. 1

 permanent, 0 VC：

R2#

本章实验

实验 4-1 "路由器的配置模式和常用的配置命令" 报告书

实验名称	路由器的配置模式和常用的配置命令	实验指导视频	
实验拓扑结构			
实验要求	掌握路由器的配置模式之间的切换，常用的路由器配置命令，理解 IP 数据包路由过程		
实验报告	参考实验要求，学生自行完成实验摘要性报告		
实验学生姓名		完成日期	

拓扑图说明：

C2811

F0/0 192.168.1.1   F0/1 192.168.2.1

Switch 1   Switch 2

IP:192.168.1.100/24 网关：192.168.1.1

IP:192.168.2.100/24 网关：192.168.2.1

实验 4-2　"CISCO CDP 协议结果验证"报告书

实验名称	CISCO CDP 协议结果验证	实验指导视频	
实验拓扑结构			
实验要求	理解 CDP 协议的作用,理解 CDP 协议为二层协议的概念,掌握 CDP 的配置和 CDP 结果的观察		
实验报告	参考实验要求,学生自行完成实验摘要性报告		
实验学生姓名		完成日期	

实验 4-3　"路由器接口 HDLC 协议封装配置"报告书

实验名称	路由器接口 HDLC 协议封装配置	实验指导视频	
实验拓扑结构			
实验要求	掌握路由器 Serial 接口 HDLC 封装的配置,理解实验室环境背靠背连接的含义,理解 DTE 和 DCE 端上配置的区别		
实验报告	参考实验要求,学生自行完成实验摘要性报告		
实验学生姓名		完成日期	

实验 4-4　"路由器接口 PPP 协议封装和 PAP、CHAP 验证配置"报告书

实验名称	路由器接口 PPP 协议封装和 PAP、CHAP 验证配置	实验指导视频	
实验拓扑结构			
实验要求	掌握路由器 Serial 接口 PPP 封装的配置，掌握 PAP 验证的过程、特点和配置内容，掌握 CHAP 验证的过程、特点和配置内容		
实验报告	参考实验要求，学生自行完成实验摘要性报告		
实验学生姓名		完成日期	

实验 4-5　"路由器接口 Frame Relay 协议封装配置"报告书

实验名称	路由器接口 Frame Relay 协议封装配置	实验指导视频	
实验拓扑结构			
实验要求	掌握路由器 Serial 接口 Frame Relay 封装的配置，理解帧中继面向连接的服务和 DLCI 的作用		
实验报告	参考实验要求，学生自行完成实验摘要性报告		
实验学生姓名		完成日期	

实验 4-6　"路由器接口 X.25 协议封装配置"报告书

实验名称	路由器接口 X.25 协议封装配置	实验指导视频	
实验拓扑结构			
实验要求	掌握路由器 Serial 接口 X.25 封装的配置		
实验报告	参考实验要求，学生自行完成实验摘要性报告		
实验学生姓名		完成日期	

第5章 路由协议

5.1 路由表

5.1.1 路由表的结构

　　路由器就是在互联网中数据包的中转站，网络中的数据包通过路由器转发到目的网络。在每个路由器的内部都有一个路由表（routing table），路由表是路由条目项的集合，这个路由表中包含有路由器掌握的目的网络地址，以及通过此路由器可以到达这些网络的最佳路径，正是由于路由表的存在，路由器才能依据它进行转发数据包，关于 IP 数据包路由过程参阅本教材第 4 章。

　　在学习路由相关协议和配置之前，先需要理解路由表的结构。图 5-1 所示是路由器 RA 的路由表和路由器 RA 连接的网络拓扑结构图。

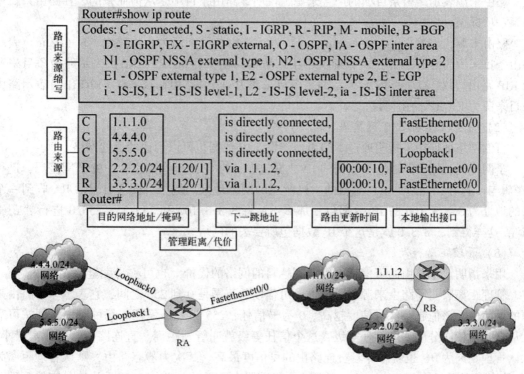

图 5-1　路由表示意图

　　这里首先简单说明一下，图中有 1.1.1.0/24、2.2.2.0/24、3.3.3.0/24、4.4.4.0/24、5.5.5.0/24 共 5 个网络，路由器 RA 有 Fastethernet0/0、Loopback0、Loopback1 共 3 个网络

接口。

在图 5-1 中，如果路由器 RA 收到一个要去 1.1.1.0/24 网络的 IP 数据包，在路由表中说明了 1.1.1.0/24 网络是直接连接在路由器 RA 的 Fastethernet0/0 接口，路由器 RA 可以直接将该数据包发往该网络中的目的主机。

同样道理如果路由器 RA 收到一个要去 4.4.4.0/24 或者 5.5.5.0/24 网络的 IP 数据包，在路由表中说明了 4.4.4.0/24 网络和 5.5.5.0/24 网络分别直接连接路由器 RA 的 Loopback0 和 Loopback1 接口上（Loopback 接口为路由器的环回接口，路由器的环回接口可以设置虚拟的地址，主要用于路由器的管理和路由器的测试），路由器 RA 可以直接将数据包发往这两个网络中的目的主机。

如果路由器 RA 收到一个要去 2.2.2.0/24 网络的 IP 数据包，在路由表中说明了，路由器将把该数据包从自己的 Fastethernet0/0 接口发出，发往 IP 地址为 1.1.1.2 的下一跳路由器，由下一跳路由器再进行转发。

如果路由器 RA 收到一个要去 3.3.3.0/24 网络的 IP 数据包，在路由表中说明了，路由器将把该数据包从自己的 Fastethernet0/0 接口发出，发往 IP 地址为 1.1.1.2 的下一跳路由器，由下一跳路由器再进行转发。

下面对路由表中各项内容进行介绍。

（1）路由来源

路由来源表示路由条目项的产生来源，说明该路由条目项是从何而来的，在路由条目中用第一项标识。

路由来源代码缩写中，C（connected）表示路由条目来源为直连路由，S（static）表示路由条目来源为静态路由（即管理员手工配置的路由条目），R（RIP）表示路由条目来源为 RIP 路由协议，O（OSPF）表示路由条目来源为 OSPF 路由协议，D（EIGRP）表示路由条目来源为 EIGRP 路由协议。

（2）目标网络地址/子网掩码

目的网络地址用来指明通过本路由器转发、IP 数据包可以到达的目的网络。

子网掩码，用于路由器将收到的 IP 数据包中目的 IP 地址和路由表中的子网掩码，进行"逻辑与"操作，然后可以得到目的主机所在的网络地址。例如，图 5-1 中，RA 收到一个目的地址为 3.3.3.100 的 IP 数据包，那么 RA 将 3.3.3.100 和 255.255.255.0 进行"逻辑与"，这样得到 3.3.3.0 就是这个 IP 数据包所要去的网络。

（3）管理距离和代价

用来指明该条路由的可信程度以及到达目的网络的代价（也可称为度量值、花费等）。

管理距离表明了路由来源的可信度。可信度的范围是 0 到 255 之间，它表示一个路由来源的可信值，该值越小，可信度越高。0 为最信任，255 为最不信任。每种路由来源按可靠性从高到低依次分配一个信任等级，这个信任等级就叫管理距离。直连路由管理距离最小，默认管理距离为 0，也就意味着直连路由的可信度最高。其次为静态路由，默认管理距离为 1，具体管理距离见表 5-1。表 5-1 总结了路由器中常见的一些路由来源及其对应的管理距离值。

表 5-1 常见的管理距离值

路 由 来 源	默认管理距离
Connected	0
Static	1
EIGRP	90
IGRP	100
OSPF	110
RIP	120
EGP	140
未知/不可信任的	255

下面来理解一下什么是管理距离。

管理距离可以用来评定多种路由协议同时运行时的优先级别。管理距离值越低，优先级别越高。当一个路由器同时运行多种路由协议时，它可能通过多种不同的路由协议学习到去往相同目标网络的多条不同最优路径。对于不同的路由协议到一个目的地的路由信息，路由器首先根据管理距离决定相信哪一个协议。路由器在进行路由选择时，会选出最小管理距离的路由。

如图 5-2 所示，从 R1 有两条到达目标网络 B 的路径，分别是由 RIP 协议和 EIGRP 协议发现的，RIP 协议认为走上面路径最优，原因在于上面路径的跳数最少（即经过的路由器数最少），而 EIGRP 认为走下面路径最优，原因在于下面路径的代价值最小（关于 EIGRP 的代价值计算参见第 5.6 节 EIGRP 协议），RIP 的默认管理距离是 120，EIGRP 的默认管理距离是 90，那么在路由器 R1 的路由表中，由于 EIGRP 的管理距离小于 RIP 的管理距离，因此 R1 的路由表中将安装管理距离小的 EIGRP 发现的路由条目。

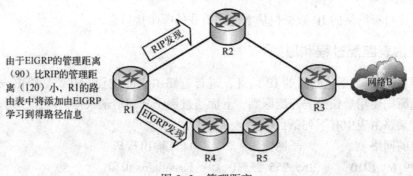

图 5-2 管理距离

从以上内容可以很容易地理解，路由器最相信的直连路由，其次是静态路由而不是其他的动态路由协议，因为路由表设计时就认为管理员人为配置的路由表条目应该是可靠的、不会出错的。

下面来理解什么是路由代价。

对于同一种路由协议来说，该路由协议可能会发现到达同一个目的网络的多条路径，路由器将从若干候选的路径中选择一条代价最小的路径安装到自己的路由表中，通常会影响到路由代价值因素有：延迟、带宽、线路占有率、线路可信度、跳数、最大传输单元，等等。

不同的动态路由协议会选择以上的一种或几种因素来计算代价值。该代价值只在同一种路由协议内有对比意义。不同的路由协议之间的路由代价值没有可比性，也不存在换算关系。例如：RIP 协议，路由代价值就是指到达目标网络所要经过的路由器数目，即跳数。

如图 5-3 所示，运行了 RIP 协议的 R1 路由器发现到达网络 B 有两条路径，其中一条要经过 R4、R5、R3 到达，代价为 3，而另一条要经过 R2、R3 到达网络 B，代价为 2，那么 R1 路由器中的路由表将添加第二条路由信息，因为第二条路径的代价小。如果有多条路径的代价值相同，那么可以将多条路径均加入到路由表中，这样路由器就可以在这些路径之间均衡负载。

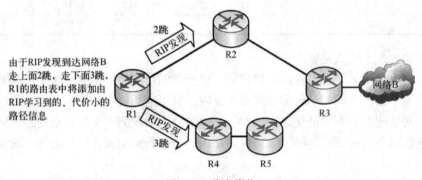

图 5-3　路由代价

至此可以做这样的总结，管理距离是用于不同路由来源之间的比较，而代价是同一路由来源不同路径代价值之间的比较。

（4）下一跳

标明被路由的 IP 数据包，将被送到的下一跳路由器的入口 IP 地址。

（5）输出接口

指明去往目标网络的 IP 数据包从本地路由器的哪个接口送出。

5.1.2　路由表匹配过程和原则

路由器根据 IP 数据包的目的 IP 地址，进行查路由表的过程，这就是路由表匹配过程，路由表匹配原则使用最长掩码匹配原则。下面通过例子来理解最长掩码匹配原则。

例如，某路由表中有下列条目项：

目的网络	子网掩码	输出接口
179.69.10.0	255.255.255.0	Fastethernet0/0
179.69.0.0	255.255.0.0	Fastethernet0/1
0.0.0.0	0.0.0.0	Fastethernet0/2

假设该路由器收到一个目的地址为 179.69.10.8 的 IP 数据包，该路由器提取该数据包中的目的地址 179.69.10.8，用该 IP 地址与路由表中的子网掩码进行"逻辑与"操作，进行匹配查找。匹配操作过程如下。

第一种情况：

IP 数据包中的目的 IP 地址：　　179. 69. 10. 8

路由表中的子网掩码：　　　　　　255. 255. 255. 0

　　　　"逻辑与"操作的结果：　　　　179. 69. 10. 0

　　　　路由表中的目的网络：　　　　179. 69. 10. 0

　　　　与路由表中的目的网络是否匹配：是

第二种情况：

　　　　IP 数据包中的目的 IP 地址：　179. 69. 10. 8

　　　　路由表中的子网掩码：　　　　255. 255. 0. 0

　　　　"逻辑与"操作的结果：　　　　179. 69. 0. 0

　　　　路由表中的目的网络：　　　　179. 69. 0. 0

　　　　与路由表中的目的网络是否匹配：是

第三种情况：

　　　　IP 数据包中的目的 IP 地址：　179. 69. 10. 8

　　　　路由表中的子网掩码：　　　　0. 0. 0. 0

　　　　"逻辑与"操作的结果：　　　　0. 0. 0. 0

　　　　路由表中的目的网络：　　　　0. 0. 0. 0

　　　　与路由表中的目的网络是否匹配：是

　　该路由器中的 3 条路由条目都可以匹配成功，那么路由器应该将这个目的 IP 地址为 179. 69. 10. 8 的 IP 数据包从 Fastethernet0/0、Fastethernet0/1、Fastethernet0/2 中哪一个接口发送出去呢？

　　这里进行匹配查找的原则就是选择具有最长（最精确）的子网掩码，这就是所谓的最长掩码匹配原则，因为子网掩码越长越能详细地描述该网络。以上的例子中，该 IP 数据包应该从 Fastethernet0/0 接口发出，只有在没有第 1 条路由条目的时候，才会采用第 2 条路由，以此类推。只有当没有任何路由条目匹配待路由的数据包时，路由才会采用最后一条路由条目——网络号和子网掩码全为 0 的路由，该路由称默认路由，也就是任何一个目的 IP 地址都可以匹配成功的路由。

5.2　路由和路由协议的分类

1. 路由的分类

根据路由来源的不同，可以将路由分为直连路由、动态路由和静态路由。

（1）直连路由

直连路由是路由器自动发现并安装的路由信息，直连路由不需要进行配置维护。直连路由只能产生于本路由器所属接口的直接连接网络，给路由器接口配置完成 IP 地址及相关的封装协议之后，并且该接口处于 UP 状态下，直连路由就会在路由表中自动安装。在路由表中用字母"C"表示。由于直连路由是路由器接口所在的网络，因此直连路由是最可靠的，管理距离最小。如图 5-4 所示，由"C"作开始标识的条目就是直连路由。

（2）静态路由

静态路由是由网络管理员在路由表中设置的固定的路由条目。除非网络管理员干预，否则静态路由不会发生变化。由于静态路由不能对网络的改变作出反应，一般用于网络规模不大、拓扑结构固定的网络中。静态路由的优点是简单、高效、可靠。在所有的路由中，静态路由优先级较高。当动态路由与静态路由发生冲突时，以静态路由为准。

如图 5-4 所示，由"S"作开始标识的条目就是静态路由。而默认路由是静态路由的特例，由"S*"作开始标识的条目就是默认路由。

（3）动态路由

动态路由是由路由协议维护的路由。如果路由更新信息表明发生了网络变化，路由器上的路由协议软件就会重新计算路由，并发出新的路由更新信息，同时更新自己的路由表。这些信息通过各个网络，引起各路由器重新启动其路由算法，并更新各自的路由表以动态地反映网络拓扑变化。动态路由适用于网络规模大、网络拓扑复杂的网络。当然，各种动态路由协议会不同程度地占用网络带宽和路由器 CPU 资源。如图 5-4 所示，由"R"（表示 RIP 路由协议）作开始标识的条目就是动态路由。

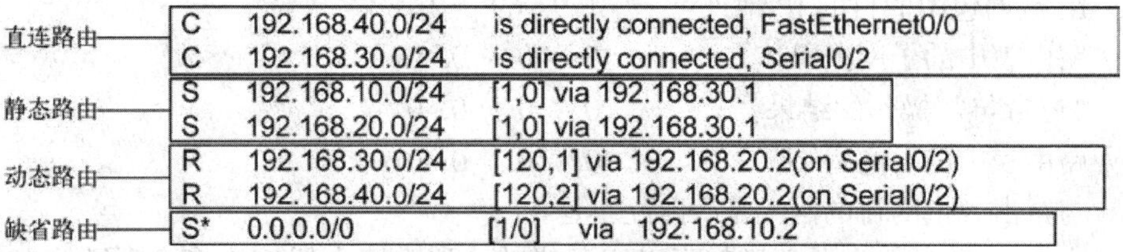

直连路由	C	192.168.40.0/24	is directly connected, FastEthernet0/0
	C	192.168.30.0/24	is directly connected, Serial0/2
静态路由	S	192.168.10.0/24	[1,0] via 192.168.30.1
	S	192.168.20.0/24	[1,0] via 192.168.30.1
动态路由	R	192.168.30.0/24	[120,1] via 192.168.20.2(on Serial0/2)
	R	192.168.40.0/24	[120,2] via 192.168.20.2(on Serial0/2)
缺省路由	S*	0.0.0.0/0	[1/0]　via　192.168.10.2

图 5-4　直连路由、静态路由和动态路由

2. 路由协议的分类

总体而言，路由协议负责学习最佳路径，建立路由表，并转发数据包，路由协议的种类有很多，如 OSPF、RIP、IGRP、EIGRP、EGP、BGP、IS-IS 等。

下面就不同分类方法对路由协议进行分类。

（1）内部网关协议和外部网关协议

根据是否在一个自治系统（autonomous system，AS）内部使用，路由协议分为内部网关协议（interior gateway protocol，IGP）和外部网关协议（exterior gateway protocol，EGP）。

这里的自治系统指具有统一管理机构、统一路由策略的网络。Internet 由一系列的自治系统组成，各个自治系统之间由核心路由器相互连接。每个自治系统一般是一个组织实体（比如公司、ISP 等）的网络与路由器结合。

① 内部网关协议。在一个自治系统内部运行的路由协议称为内部网关协议 IGP，目前比较常用的是 RIP 协议、OSPF 协议、EIGRP 等，这些协议没有一个是占主导地位的，但是 RIP 可能是最常见的 IGP 协议。

② 外部网关协议。用于不同自治系统之间的路由协议称为外部网关协议 EGP。外部网关协议起着连接不同自治系统，并在各个自治系统之间转发路由信息的桥梁作用。典型的外部网关协议是边界网关路由协议（border gateway protocol，BGP）。

内部网关协议和外部网关协议的关系如图 5-5 所示。

（2）距离矢量和链路状态路由协议

路由协议可以按照路由器间互相通信以确定路由表的方式大致分成两类：距离矢量路由协议和链路状态路由协议。

① 距离矢量路由协议。距离矢量路由协议基于距离矢量路由算法（distance vector-based routing algorithms），也称贝尔曼-福特算法（Bellman-Ford algorithms）。距离矢量路由

协议计算网络中所有链路的矢量（即什么方向）和距离（有多远）。它是为小型网络环境设计的，在大型网络环境下，这类协议在学习路由及保持路由时将产生较大的流量，占用过多的带宽。基于距离矢量路由选择算法的路由协议包括 RIP、IGRP 等。

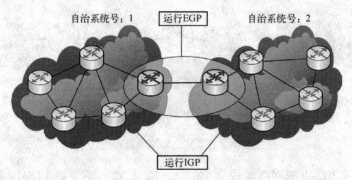

图 5-5　内部网关协议和外部网关协议

② 链路状态路由协议。链路状态路由协议基于链路状态路由选择算法（link‑state routing select algorithms），也称为最短路径优先算法（shortest-path fast algorithms，SPF）。它在路由选择过程中使用很多的网络参数来综合计算代价，如链路带宽、费用、可靠性等，而不是简单地根据跳数。

基于链路状态路由选择算法的路由协议包括 OSPF、IS-IS 等。

这里简单地对距离矢量路由协议和链路状态路由协议做个工作流程上的比较。

↳ 在使用距离矢量路由协议的网络中，所有路由器都只将自己整个路由表或者路由表的一部分，发送给邻居路由器，邻居路由器根据收到的信息判断是否需要对自己的路由表进行修改。这一过程是周期性地定期进行的。

↳ 在使用链路状态路由协议的网络中，每台路由器仅在自己接口或链路的状态发生变化时，才将变化后的状态发送给其他所有的路由器（或者是区域内的路由器），每台路由器都使用收到后的信息，重新构建拓扑和链路状态数据库，重新计算前往每个网络的最佳路径，并将计算出来的最佳路径写入自己的路由表中。这一过程是不定期进行的。

（3）有类路由和无类路由

有些路由协议不在路由更新消息中发布和网络相关的子网掩码信息，即将网络看成是标准的 A、B、C 类网络，这些路由协议称为有类路由协议。另外一些路由协议支持在路由更新消息中携带子网掩码信息，称为无类路由协议。

① 有类路由协议。有类路由协议的特点是发送路由信息包的时候不携带路由条目的子网掩码。正是因为这个本质特点，有类路由协议在运行的时候可能会出现问题，有类路由协议具有以下一些特点。

首先，在边界路由器上面会产生自动汇总，并且这个自动汇总是无法关闭的。所谓的自动汇总就是把一些比较小的、相邻网段的路由，合并汇聚成一个大的网段路由，这样可以减少路由表的大小，同时节省路由通告的频率，降低路由信息广播对带宽的占用，加快路由的汇聚。

如图 5-6 所示，RA 将网络 10.1.0.0/16 通告给 RB，RB 收到后，把自己直连网络

10.2.0.0/16 和收到的 10.1.0.0/16 进行自动汇总，汇总后的 10.0.0.0/8 发送给 RC。同样，RC 将网络 172.16.1.0/24 通告给 RB，RB 收到后，把自己直连网络 172.16.2.0/24 和收到的 172.16.1.0/24 进行自动汇总，汇总后的 172.16.0.0/16 发送给 RA。

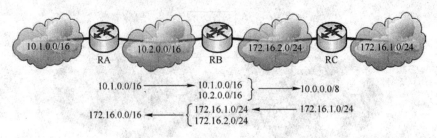

图 5-6   有类路由协议的自动汇总

其次，由于有类路由把网络看成标准的 A、B、C 类，不支持 VLSM，这样就造成了同一个主网络下的子网掩码必须一致，否则会出现子网丢失。

最后，有类路由协议不支持不连续的子网规划，对于不连续子网，必然导致多个路由器通告相同的、汇总后的路由更新，这样将导致网络不正常。这也就意味着在网络建设时，必须采用连续子网进行网络的规划。

如图 5-7 所示，RB 将 10.1.0.0/16、10.2.0.0/16 和 172.16.1.0/24、172.16.2.0/24，分别汇总为 10.0.0.0/8 和 172.16.0.0/16 发送给 RA。RC 将 10.3.0.0/16、10.4.0.0/16 和 172.16.3.0/24、172.16.4.0/24，分别汇总为 10.0.0.0/8 和 172.16.0.0/16 发送给 RA。这将导致 RA 上的路由表混乱而造成网络工作异常。

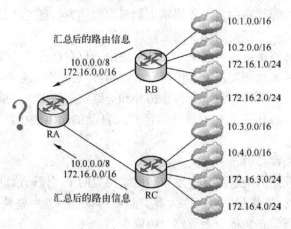

图 5-7   有类路由协议不支持不连续的子网规划

典型的有类路由协议是 RIPv1 和 IGRP。

② 无类路由协议。无类路由协议在发送路由更新包的时候会携带自己的子网掩码信息。无类路由协议具有以下一些特点。

首先因为发送子网掩码，可以支持 VLSM。其次，在边界路由器上面的自动汇总可以关闭，可以支持不连续子网。同时无类路由协议可以手动控制是否在一个网络边界进行总结，甚至可以控制总结的数量。

典型的无类路由协议包括 RIPv2、EIGRP、OSPF、IS-IS 等。基于现在所使用的网络一般都需要使用 VLSM，所以，现在都会使用无类的路由协议。

5.3 静态和默认路由配置

1. 静态路由简介

静态路由是由管理员在路由器中手动配置的固定路由，路由明确地指定了数据包到达目的地必须经过的路径，除非网络管理员干预，否则静态路由不会发生变化。静态路由不能对网络的改变作出反应，所以一般说静态路由用于网络规模不大、拓扑结构相对固定的网络。

静态路由有以下特点：它允许对路由的行为进行精确的路由选择控制；不需启动动态路由协议进程，减少了路由器的运行资源开销，减少了网络流量，网络安全保密性高，配置简单。

2. 静态路由的配置命令

在全局配置模式下，利用 ip route 命令可以配置静态路由协议。ip route 命令的相关参数进一步确定了静态路由的行为。只要路径是有效的，其相关的路由条目就会存在于路由表中。

配置命令的方法有两种，分别说明如下。

第一种：ip route 目的网络地址 子网掩码 本路由器输出接口 管理距离

第二种：ip route 目的网络地址 子网掩码 下一跳路由器 IP 地址 管理距离

路由管理距离，即路由来源的优先级，取值范围为 1~255，值越小优先级越高。默认静态路由的管理距离为 1，如把这条静态路由的管理距离设置为 255，则该条静态路由最不可信任。

在配置静态路由时，可采用指定本路由器输出接口或下一跳路由器 IP 地址两种方法之一。由于数据链路层协议的不同，只能在点对点链路的接口上使用本路由器输出接口配置静态路由，其他链路协议不能指定接口而应使用下一跳路由器 IP 地址配置静态路由。

在对比之下，方法二的通用性更强。如果采用第一种方法，只能针对点对点的链路，即无论对端路由器的 IP 地址怎样改变，也不会影响到该路由条目的有效性。但是在点到多点或广播类型的网络中，则必须使用指定下一跳 IP 地址的方法。建议配置静态路由时使用下一跳路由器 IP 地址。

同时可以利用 no ip route 命令删除一条去往某一网络的静态路由条目。

3. 配置实例

如图 5-8 所示为一小型网络拓扑结构图。在该环境中，网络拓扑结构非常简单，所以可以采用静态路由。

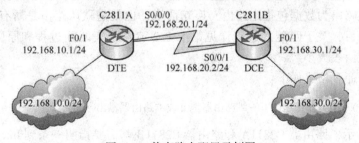

图 5-8 静态路由配置示例图

① 路由器 C2811A 上接口和 IP 地址的相关配置省略，静态路由配置内容和说明如下。

C2811A(config)#ip route 192.168.30.0 255.255.255.0 192.168.20.2

//在路由器 C2811A 上指定，凡是目的地址是 192.168.30.0/24 网络的 IP 数据包将发送给 IP 地址为 192.168.20.2 的下一跳路由器。如果是点对点链路，也可以采用 ip route 192.168.30.0 255.255.255.0 serial 0/0/0 命令进行配置，指定要去 192.168.30.0/24 网络的数据由 C2811A 的串行接口 Serial 0/0/0 发送出去

② 路由器 C2811B 上接口和 IP 地址的相关配置省略，静态路由配置内容和说明如下。

C2811B(config)#ip route 192.168.10.0 255.255.255.0 192.168.20.1

//在路由器 C2811B 上指定，凡是目的地址是 192.168.10.0/24 网络的 IP 数据包将发送给 IP 地址为 192.168.20.1 的下一跳路由器。如果是点对点链路，也可以采用 ip route 192.168.10.0 255.255.255.0 serial 0/0/1 命令进行配置，指定要去 192.168.10.0/24 网络的数据由 C2811B 的串行接口 Serial 0/0/1 发送出去

③ 在正确配置完相应的静态路由后，可以回到路由器的特权模式下使用 show ip route 命令，查看配置后的静态路由信息。C2811A 上 show ip route 运行结果部分内容如下：

C2811A#show ip route

…

C   192.168.10.0/24 is directly connected, FastEthernet0/1
C   192.168.20.0/24 is directly connected, Serial0/0/0
S   192.168.30.0/24 [1/0] via 192.168.20.2

C2811A#

④ C2811B 上 show ip route 运行结果部分内容如下：

C2811B#show ip route

…

S   192.168.10.0/24 [1/0] via 192.168.20.1
C   192.168.20.0/24 is directly connected, Serial0/0/1
C   192.168.30.0/24 is directly connected, FastEthernet0/1

C2811B#

4. 默认路由配置

默认路由是静态路由的一个特例，一般需要管理员手工配置管理，但也可通过动态路由协议产生。路由器收到数据包时查找对应路由表，当没有可供使用或匹配的路由选择信息时，将使用默认路由为数据包指定路由，换句话说，也就是默认路由是所有 IP 数据包都可以匹配的路由条目，关于匹配的过程详见第 5.1.2 节路由表匹配过程和原则。配置默认路由，可以减少路由表大小。

默认路由的命令格式如下：

ip route 0.0.0.0 0.0.0.0 下一跳路由器地址或本路由器输出接口

如图 5-9 所示，路由器 C2811A 和路由器 C2811B 都需要指明一条到 Internet 的路由，这时需要配置默认路由，用于指明路由表中无法找到网络地址的数据包，则按默认路由的指示

发送数据包。

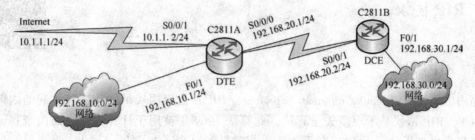

图 5-9　默认路由配置示例图

① 路由器 C2811A 上接口和 IP 地址的相关配置省略，关于静态和默认路由配置内容和说明如下。

> C2811A(config)#ip route 0. 0. 0. 0 0. 0. 0. 0 10. 1. 1. 1
> //在路由器 C2811A 上指定,默认路由为 10. 0. 0. 1,即所有本路由器的路由表中无法找到匹配路径的 IP 数据包,均发往下一跳路由器 IP 地址 10. 1. 1. 1
> C2811A(config)# ip route 192. 168. 30. 0 255. 255. 255. 0 192. 168. 20. 2
> //配置到达 192. 168. 30. 0 网络的静态路由
> C2811A(config)#

② 路由器 C2811B 上接口和 IP 地址的相关配置省略，默认路由配置内容如下。

> C2811B(config)#ip route 0. 0. 0. 0 0. 0. 0. 0 192. 168. 20. 1

③ 在正确配置完相应的静态路由和默认路由后，可以回到路由器的特权模式下使用 show ip route 命令查看路由表。C2811A 上 show ip route 运行结果部分内容如下：

> C2811A#show ip route
> …
> C   10. 1. 1. 0 is directly connected, Serial0/0/1
> C   192. 168. 10. 0/24 is directly connected, FastEthernet0/1
> C   192. 168. 20. 0/24 is directly connected, Serial0/0/0
> S   192. 168. 30. 0/24 [1/0] via 192. 168. 20. 2
> S ∗ 0. 0. 0. 0/0 [1/0] via 10. 1. 1. 1
> C2811A#

④ C2811B 上 show ip route 运行结果部分内容如下。

> C2811B#show ip route
> …
> C   192. 168. 20. 0/24 is directly connected, Serial0/0/1
> C   192. 168. 30. 0/24 is directly connected, FastEthernet0/1
> S ∗ 0. 0. 0. 0/0 [1/0] via 192. 168. 20. 1
> C2811B#

5.4　RIP 协议

5.4.1　RIP 概述

路由信息协议（routing information protocol，RIP）是应用较早、使用较普遍的内部网关协议 IGP，RIP 协议基于距离矢量算法，此算法 1969 年被用于计算机网络路由选择，正式协议首先是由施乐公司于 1970 年开发的，当时是作为施乐公司的 networking services（NXS）协议族的一部分。

RIP 现有 v1 和 v2 两个版本，无论 v1 还是 v2 版本，RIP 协议都是一个是基于 UDP 协议的应用层协议，也就是说，RIP 协议所传递路由信息都封装在 UDP 数据报中，所使用源端口和目的端口都是 UDP 端口 520，在经过 IP 封装时，RIPv1 版本和 RIPv2 版本有一些区别，RIPv1 的目的 IP 地址为 255.255.255.255（有限广播），RIPv2 的目的 IP 地址为组播地址 224.0.0.9，源 IP 为发送 RIP 报文的路由器接口 IP 地址，RIPv1 和 RIPv2 的封装结构如图 5-10 所示。

图 5-10　RIPv1 和 RIPv2 的封装结构

1. RIPv1 报文封装结构

RIPv1 首部只有命令、版本两个有效字段。报文内容部分由路由信息组成，路由信息中含有地址类型标识、网络地址、代价值三个有效字段，报文内容中最多可以包含 25 个路由信息，如果超过 25 个路由信息要传输，就封装成多个 RIP 报文，故 RIPv1 最大报文为 25×20+4＝504 字节，RIPv1 报文封装结构如图 5-11 所示。

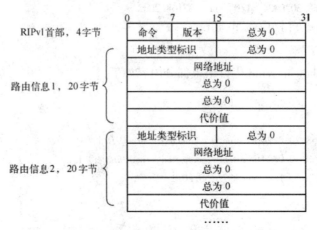

图 5-11　RIPv1 报文封装结构

RIPv1 报文中各字段的含义解释如下。

① 命令：1 字节，值为 1 时表示路由信息请求，值为 2 时表示路由信息响应。

② 版本：1 字节，值为 1 表示 RIP 协议版本为 1，值为 2 表示 RIP 协议版本为 2。

③ 地址类型标识：2 字节，用来标识所使用的地址协议，如果该字段值为 2，表示后面网络地址使用的是 IP 协议。

④ 网络地址：路由表中路由条目的目的网络地址。

⑤ 代价值：表示到达某个网络的跳数，最大有效值为 15。

2. RIPv2 报文封装结构

RIPv2 的报文封装结构与 RIPv1 基本相同，主要是在路由信息中增加了 4 个字段，分别是路由标记、子网掩码、下一跳路由器 IP 地址、RIP 验证。图 5-12 所示为 RIPv2 路由信息报文，图 5-13 所示为 RIPv2 验证信息报文，如果是 RIPv2 路由信息报文，则报文内容部分最多可以有 25 个路由信息，如果是 RIPv2 验证信息报文，则报文内容包含 20 字节的验证信息和最多 24 个路由信息，故 RIPv2 最大报文仍为 25×20+4＝504 字节。

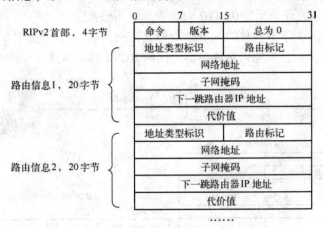

图 5-12　RIPv2 路由信息报文封装结构

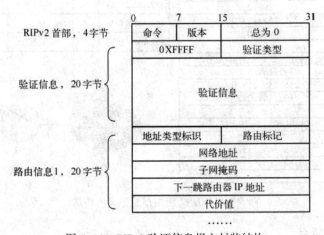

图 5-13　RIPv2 验证信息报文封装结构

RIPv2 增加字段的含义解释如下。

① 路由标记：2 字节，提供这个字段来标记外部路由或重分发到 RIPv2 协议中的路由。

如果某路由器收到路由标记为 0 的 RIPv2 路由信息报文，说明该报文是和本路由器同属一个自治系统的路由器发出的，如果收到路由标记不为 0 的 RIPv2 路由信息报文，说明该报文是路由标记数字所指示的自治系统发出的。使用这个字段可以提供一种从外部路由中分离内部路由的方法，用于传播从外部路由协议 EGP 获得的路由信息。

② 子网掩码：路由表中路由条目的子网掩码。

③ 下一跳：路由表中路由条目的下一跳路由器 IP 地址。

RIPv2 在 v1 版的基础上新增了验证功能。这样就避免了许多不安全因素。没有验证的情况下，路由器可能会接收到一些不合法的路由更新，而这些路由更新的源头可能是一些恶意的攻击者，他们试图通过欺骗路由器，使得路由器将正常数据转发到黑客的路由器上，通过 Sniffer 等工具抓包来获得一些机密信息。

RIPv2 支持明文验证，它的实现方法是将 RIP 报文中，原本属于第一个路由信息的 20 字节交给验证功能。0xFFFF 为验证标志。现在没有公开的标准来支持 RIPv2 的密文验证，不过在 CISCO 公司的产品中，支持 MD5 密文验证。

④ 验证类型：当验证类型为 0x0002 时，表示采用明文验证。

⑤ 验证信息：16 个字节存放的为 RIP 的明文密码，不足 16 位时用 0 补足。

下面以图 5-14 为例，说明两台路由器之间的 RIPv2 路由信息报文格式。

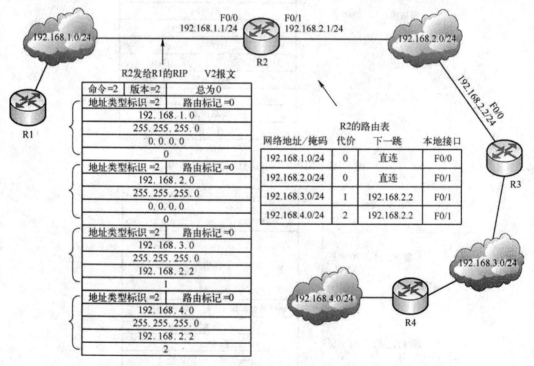

图 5-14　RIPv2 路由信息报文的传送

3. RIP 协议的特点

RIP 属于典型的距离矢量路由协议。管理距离都为 120。

RIP 以到目的网络的最少跳数作为路由选择度量标准，即基于跳数 hops，而不是在链路的带宽、延迟、费用等基础上进行选择。RIP 的跳数计数限制为 15 跳，16 跳即表示不可达，这限制了网络的规模。

RIPv1 是一种有类路由协议,不支持 VLSM,不支持不连续子网规划;而 RIPv2 是一种无类路由协议,支持 VLSM,支持不连续子网规划。

运行 RIP 协议的路由器都将以周期性的时间间隔,把自己完整的路由表作为路由更新消息,发送给所有的邻居路由器,默认更新周期时间为 30 秒。路由器在失效时间内没收到关于某条路由的任何更新信息,则认为此路由为无效,默认的失效时间为 180 秒。

由于 RIP 协议需要周期性发送整个路由表给所有邻居,在低速链路、广播式通信及广域网等情况中将占用较多的网络带宽。

当网络拓扑结构发生变化,某台路由器的某条路由条目发生改变,网络中的所有路由器需要全部更新它们的路由表,而使得网络重新达到稳定,这个时间称为网络收敛时间。RIP协议的收敛时间较长,收敛速度慢。

RIPv2 使用非常广泛,它简单、可靠、便于配置,但是只适用于小型的同构网络。

由于 RIPv1 是有类路由协议,因此很少使用。RIPv1 已经被 RIPv2 所取代,本教材随后的内容中只对 RIPv2 进行介绍。

5.4.2　RIP 路由表形成过程

1. 路由表的初始状态

当把路由器各接口的 IP 地址和子网掩码配置完成,并保证各接口为 UP 状态后,各路由器会将自己所直连的网络信息写入自己的路由表。如果路由表信息如图 5-15 所示,说明各路由器的直连路由已经自动识别。图中第一项是网络,表示所知的目的网络;第二项是接口,表示到达目的网络应该走的接口;第三项是跳数,表示到达目的网络所需经过的路由数目,0 表示直连。

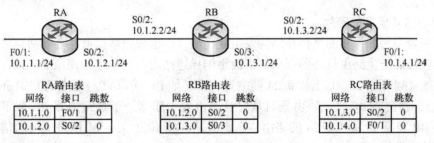

图 5-15　RIP 路由表形成的初始状态

2. 路由表的更新

如图 5-16 所示,路由器 RA 接收到路由器 RB 发来的路由更新信息,信息中包含有10.1.2.0 和 10.1.3.0 网络信息,路由器 RA 中已有 10.1.2.0 网络信息,并且直连,则该信息不作任何处理。10.1.3.0 网络信息在路由器 RA 上没有,则将该路由信息加入路由表中,说明路由器 A 要到达 10.1.3.0 网络必须经过路由器 RB,所以该路由条目的跳数在原基础上加 1,并把新跳数记入路由表中。同理,路由器 RB 收到路由器 RA 和 RC 的网络信息,经选择和计算后加入自己路由信息表中;路由器 RC 收到路由器 RB 的网络信息,经选择和计算后加入自己路由信息表中。第一次的路由更新信息交换结束,路由表信息如图 5-16 所示。

按上面的方法继续进行更新后,3 台路由器将得到 4 个网络的完整路由信息,即网络达到了收敛稳定状态，各路由器上路由表如图 5-17 所示。

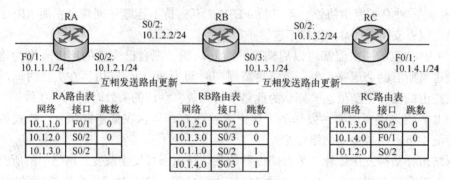

图 5-16 RIP 路由表第一次更新后状态

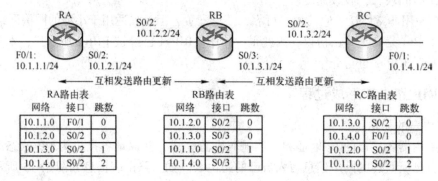

图 5-17 RIP 路由表收敛完成后状态

5.4.3 路由自环问题及解决方法

1. 路由自环问题的产生

在路由表中，如果在网络拓扑结构发生变化后，由于收敛缓慢产生的不协调或矛盾的路由信息，就可能产生路由自环的现象。下面举例描述路由自环产生的现象。

如图 5-18 所示，当 10.1.4.0/24 网络失效后（如 RC 接口 F0/1 被管理员 shutdown 或者链路故障），路由器 RC 将此路由条目从自身路由表中删除，于是路由器 RC 就不能再向邻居路由器 RB 转发 10.1.4.0/24 的路由信息，但是有关 10.1.4.0/24 网络失效的信息没有及时更新到路由器 RA 和 RB。

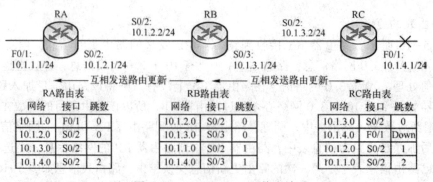

图 5-18 10.1.4.0/24 网络失效

在路由器 RB 的发送周期到时，路由器 RB 将向路由器 RC 发送自己的路由更新，并在路由更新中包含有到达网络 10.1.4.0/24 的路由信息。路由器 RC 在收到路由器 RB 路由更新信息后，发现收到的路由信息中有一条到达 10.1.4.0/24 的路由条目，RC 认为自己直接连接的 10.1.4.0/24 虽然不可达了，但是存在通过 RB 到达 10.1.4.0/24 网络的可能，所以会在路由表中添加一条新的路由条目：目的网络为 10.1.4.0/24，输出接口为自己的 S0/2 接口，代价为原代价加 1，即 RC 认为可以通过 RB 到达 10.1.4.0/24 网络，如图 5-19 所示。

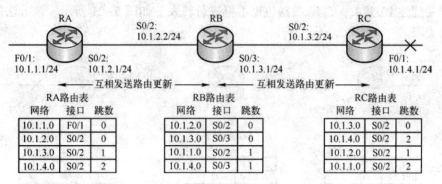

图 5-19　不协调的路由更新导致错误的路由信息

路由器 RC 的发送周期到时，路由器 RC 将更新后的路由信息向路由器 RB 发送，路由器 RB 在收到路由器 RC 路由更新信息后，发现原来通过 RC 到达 10.1.4.0/24 网络为 1 跳，但是现在 RC 告诉 RB，通过 RB 到达 10.1.4.0/24 网络为 2 跳，因此 RC 会按路由更新中的指示修改原路由条目：目的网络为 10.1.4.0/24，输出接口为自己的 S0/3 接口，代价为原代价加 1。各个路由器之间路由更新周期性发送，这个过程将继续下去，导致包括 RA 在内的所有路由器的路由表中关于到网络 10.1.4.0/24 的代价值的不断增加。如图 5-20 所示。

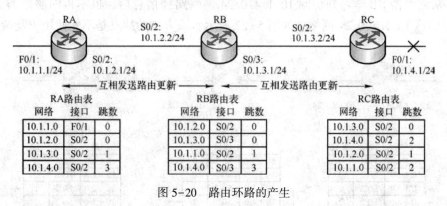

图 5-20　路由环路的产生

如此往复，三个路由器之间不断重复这个更新过程，在路由器 RA、路由器 RB 和路由器 RC 之间来回传递路由表中存在的错误路由信息。

可以假想，如果这时候图中任意一台路由器收到一个要去 10.1.4.0/24 网络的 IP 数据包，这个数据包将在这三台路由器之间相互转发，直到该 IP 数据包的 TTL 生存时间到零而被丢弃，这样将会浪费宝贵的网络带宽，也加重路由器不必要的工作压力。

2. 路由自环解决技术

在 RIP 协议中，采用以下几种办法解决路由自环的问题。

（1）定义最大代价值

为了避免路由自环产生以后，某条路由的代价值被无穷地增大，RIP 协议定义了一个代表不可达网络的代价值为 16 跳，也就是说，一旦路由表中某个网络的代价值达到 16，就视为该网络不可到达，将不再接收和发送任何其他路由器关于这个网络的路由更新信息，同时如果收到要到达 10.1.4.0 的 IP 数据包也不再进行转发。如图 5-21 所示。该方法的缺点是网络规模受限。

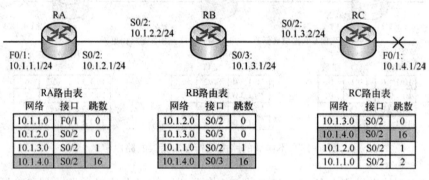

图 5-21　定义最大代价值

（2）水平分割

水平分割的规则就是不向原始路由更新的方向再次发送路由更新信息（可理解为单向更新、单向反馈）。如图 5-22 所示，路由器 RB 是从路由器 RC 学习到访问网络 10.1.4.0/24 的路由信息后，路由更新时就不再向路由器 RC 声明自己可以到达 10.1.4.0/24 网络，路由器 RA 是从路由器 RB 学习到访问 10.1.4.0/24 网络路径信息后，也不再向路由器 RB 声明自己可以到达 10.1.4.0/24 网络。如图 5-22 所示。该方法的缺点是不能使用于复杂的网络。

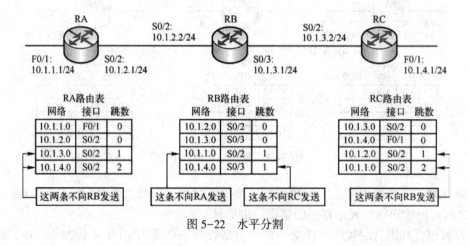

图 5-22　水平分割

（3）触发更新、路由毒化和反向毒化

正常情况下，路由器会定期将路由信息发送给邻居路由器，而触发更新就是如果某台路由器发现网络拓扑结构发生变化，不必等到更新时间，而是立刻发送路由更新信息，以响应某些变化。如上示例中，路由器 RC 发现 10.1.4.0/24 网络故障后，不必等到更新时间，而是立即发送 10.1.4.0 故障的触发更新，邻居路由器接收后并依次产生触发更新通知它们的邻居路由器，使整个网络上的路由器在最短的时间内收到更新信息，从而快速了解整个网络的变化。但这样还是可能存在问题，因为有可能触发更新信息数据包在网络的传输中丢失或损坏，其他路由器没能及时收到触发更新。

定义最大值在一定程度上解决了路由环路问题，但并不彻底，可以看到在达到最大值之前，路由环路还是存在的。为此，又提出了路由中毒的解决方法。其原理是这样的：如图 5-23 所示，当网络 10.1.4.0/24 出现故障无法访问的时候，路由器 RC 首先将 10.1.4.0/24 网络的代价值设定为最大值 16（表示不可达），然后向邻居路由器 RB 发送相关路由触发更新信息，通知 RB 网络 10.1.4.0/24 不可到达，这就是一个毒化消息，RB 收到毒化消息后将该网络的代价值设定为最大值 16，表示该网络路径已经失效，并向邻居路由器 RA 通告，依次在各个路由器毒化 10.1.4.0/24 这个网络路径信息，从而避免了路由环路。

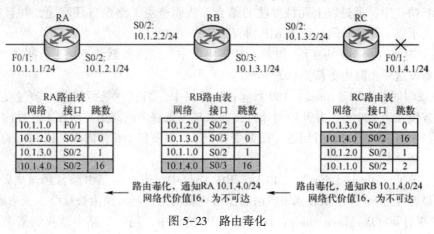

图 5-23　路由毒化

结合上面的方法，当路由器 RB 看到到达网络 10.1.4.0/24 的代价值为 16 的时候，就发送一个叫作反向毒化的更新信息给路由器 RC，说明 10.1.4.0/24 这个网络不可达到，这是超越水平分割的一个特例，这样保证所有的路由器都接收到了毒化的路由信息，如图 5-24 所示。

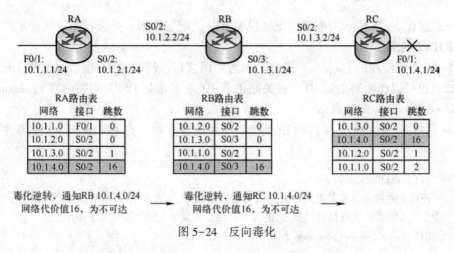

图 5-24　反向毒化

（4）抑制时间

抑制时间用于阻止定期更新的消息在不恰当的时间内重置一个已经坏掉的路由。抑制时间告诉路由器把可能影响路由的任何改变暂时保持一段时间，抑制时间通常比更新信息发送到整个网络的时间要长。

当路由器从邻居接收到以前能够访问的网络现在不能访问的更新后，就将该路由标记为不可访问，并启动一个抑制时间，如果再次收到从邻居发送来的更新信息，包含一个比原来路径具有更好代价值的路由，就标记该网络为可以访问，并取消抑制计时器。如果在抑制时间超时之前从不同邻居收到的更新信息包含的代价值比以前的更差，更新信息将被忽略，这样可以有更多的时间让更新信息传遍整个网络。

如图 5-24 所示，RC 发现 10.1.4.0/24 网络故障后，就启动一个抑制时间（RIP 协议默认的抑制时间为 180 秒），如果在抑制时间内收到比原来更好的关于 10.1.4.0/24 网络的代价值，则更新该条路由信息，否则一直到抑制时间结束。

在 RIP 协议中，通过以上几种办法的结合，从而避免了路由自环问题，并且在 RIP 协议中，定义了以下几种时间，用于 RIP 协议的工作中。

① 更新时间（update time）：30 秒。RIP 协议中，路由器默认情况下，平均每 30 秒向邻居路由器发送一个路由更新消息。

② 失效时间（invalid time）：180 秒。RIP 协议中，当有一条新的路由被建立，失效计时器就会被设置为 180 秒，并开始倒计时，如果某一条路由的路由更新在 180 秒内还没有收到，则该路由将被标记为不可到达（跳数变成 16），如果在 180 秒内收到该路由的路由更新信息，则重新计时。

③ 清空时间（flushed time）：240 秒。RIP 协议中，当一条路由条目经过失效时间 180 秒后，如果再经过 60 秒还未收到该网络的路由更新消息，则该路由被从路由表中删除。

④ 抑制时间（holddown time）：180 秒。RIP 协议中，当一个路由器收到某个网络不可达的路由更新消息时，就开始启动抑制计时器，在抑制时间到时之前，该路由器不会重新安装不可达网络的路由条目，除非收到具有比原来的代价值更小的、到不可达网络的路由更新消息。

5.4.4   RIPv2 的配置

以下通过图 5-25 所示的配置情况来说明 RIP 的配置内容，并进行配置后的结果验证。

1. RIPv2 的配置

图 5-25 中所使用的 Loopback 接口，称为环回接口，简写为 Lo 接口，常用于路由器的配置测试，也可以作为路由器 ID（有关路由器 ID 内容参见 OSPF 相关内容），Loopback 接口不需要 no shutdown 即可启动。

① 在路由器 C2811A 上接口和 IP 地址的相关配置省略，有关 RIP 路由协议配置内容和说明如下。

C2811A（config）#router rip
//开启 RIP 路由进程并进入 RIP 路由协议配置模式;本命令的 no 操作为关闭 RIP 路由协议。本命令是 RIP 路由协议的启动开关,进行 RIP 协议的其他配置要先使用本命令
C2811A（config-router）#version 2

//设定 RIP 路由协议的版本为 2

C2811A(config-router)#no auto-summary

//设定 RIP 路由协议不进行自动汇总

C2811A(config-router)#network 192.168.1.0

//设定 RIP 路由协议发送 192.168.1.0 网络的路由信息

C2811A(config-router)#network 192.168.3.0

//设定 RIP 路由协议发送 192.168.3.0 网络的路由信息

C2811A(config-router)#network 172.16.1.0

//设定 RIP 路由协议发送 172.16.1.0 网络的路由信息

C2811A(config-router)#exit

C2811A(config)#

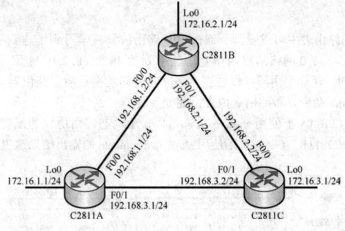

图 5-25　RIP 配置示例图

②　在路由器 C2811B 上接口和 IP 地址的相关配置省略，有关 RIP 路由协议配置内容如下。

C2811B(config)#router rip

C2811B(config-router)#version 2

C2811B(config-router)#no auto-summary

C2811B(config-router)#network 192.168.1.0

C2811B(config-router)#network 192.168.2.0

C2811B(config-router)#network 172.16.2.0

③　在路由器 C2811C 上接口和 IP 地址的相关配置省略，有关 RIP 路由协议配置内容如下。

C2811C(config)#router rip

C2811C(config-router)#version 2

C2811C(config-router)#no auto-summary

C2811C(config-router)#network 192.168.2.0

C2811C(config-router)#network 192.168.3.0

C2811C(config-router)#network 172.16.3.0

2. RIPv2 配置的结果分析

① 路由器 C2811A 上使用 show ip route 命令查看路由表，内容如下。

```
C2811A#show ip route
...
C     172.16.1.0 is directly connected, Loopback0
C     192.168.3.0/24 is directly connected, FastEthernet0/1
C     192.168.1.0/24 is directly connected, FastEthernet0/0
R     192.168.2.0/24 [120/1] via 192.168.1.2, 00:00:12, FastEthernet0/0
                     [120/1] via 192.168.3.2, 00:00:16, FastEthernet0/1
R     172.16.2.0 [120/1] via 192.168.1.2, 00:00:12, FastEthernet0/0
R     172.16.3.0 [120/1] via 192.168.3.2, 00:00:16, FastEthernet0/1
C2811A#
```

从 C2811A 的路由表中可以看到，通过 RIP 路由协议，学习到了达到 192.168.2.0/24、172.16.2.0、172.16.3.0 网络的路由信息，其中到达 192.168.2.0/24 网络存在两条路径，并且代价值均相同，这样路由器可以在这两条路径之间均衡负载。路由器 C2811B、C2811C 上使用 show ip route 命令查看路由表内容，此处省略。

② 在路由器 C2811A 上使用 show ip protocols 显示动态路由协议的配置参数信息，说明如图 5-26 所示，C2811B、C2811C 上使用 show ip Protocols 的输出结果这里省略。

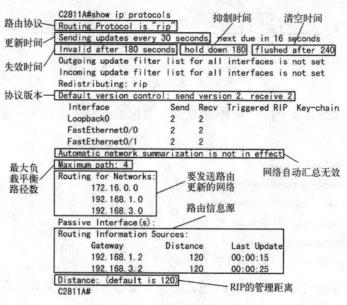

图 5-26　show ip protocols 的结果说明

另外，关于 RIP 协议的配置，还有一些配置选项可用于调整 RIP 协议的运行。

① 调整 RIP 相关时间参数，如下设置 RIP 协议的更新时间为 60 秒、失效时间为 180 秒、抑制时间为 240 秒、清空时间为 300 秒。

```
C2811A(config-router)#timers basic 60 180 240 300
```

② 调整 RIP 管理距离，RIP 默认管理距离为 120，一般情况下不做修改，管理距离值可以设定在 1~255 之间。

```
C2811A(config-router)#distance ?
  <1-255>    Administrative distance
```

③ 设定 RIP 被动接口，对于不需要向外发送路由更新消息的接口，可以设定为 RIP 被动接口，RIP 被动接口虽然不向外发送路由更新消息，但是允许在该接口上继续接收路由更新消息，如下设定 Fastethernet0/0 为被动接口。

```
C2811A(config)#router rip
C2811A(config-router)#passive-interface fastEthernet 0/0
```

5.4.5　RIPv2 验证的配置

以下以 CISCO 产品为例，说明图 5-27 所示的 RIPv2 协议验证的配置方法。注意两台路由器配置用于 RIP 验证的密码必须相同。

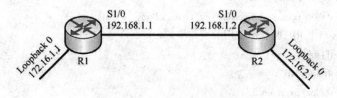

图 5-27　RIPv2 协议验证示例图

① R1 上有关 RIPv2 验证的配置内容和说明如下。

```
R1(config)#key chain r1key
//定义一个钥匙串,名称为 r1key
R1(config-keychain)#key 1
//在钥匙串 r1key 中,定义一个编号为 1 的钥匙
R1(config-keychain-key)#key-stringwatermelon
//钥匙串 r1key 中编号为 1 钥匙的密码为 watermelon
R1(config-keychain-key)#exit
R1(config-keychain)#exit
R1(config)#interface serial 1/0
R1(config-if)#ip rip authentication mode text
//设定在该接口上 RIP 的验证模式为明文,如果使用 ip rip authentication mode md5,则该接口上
RIP 的验证模式为 md5 密文
R1(config-if)#ip rip authentication key-chain r1key
//设定该接口上 RIP 验证时使用的钥匙串为 r1key
R1(config-if)#exit
R1(config)#router rip
R1(config-router)#version 2
R1(config-router)#no auto-summary
R1(config-router)#network 192.168.1.0
```

```
R1(config-router)#network 172.16.1.0
R1(config-router)#
```

② R2 上有关 RIPv2 验证的配置内容和说明如下。

```
R2(config)#key chain r2key
//定义一个钥匙串,名称为 r2key
R2(config-keychain)#key 1
//在钥匙串 r2key 中,定义一个编号为 1 的钥匙
R2(config-keychain-key)#key-string watermelon
//钥匙串 r2key 编号为 1 钥匙的密码为 watermelon
R2(config-keychain-key)#exit
R2(config-keychain)#exit
R2(config)#interface serial 1/0
R2(config-if)#ip rip authentication mode text
//设定在该接口上 RIP 的验证模式为明文,如果使用 ip rip authentication mode md5,则该接口上
RIP 的验证模式为 md5 密文
R2(config-if)#ip rip authentication key-chain r2key
//设定该接口上 RIP 验证时使用的钥匙串为 r2key
R2(config-if)#exit
R2(config)#router rip
R2(config-router)#version 2
R2(config-router)#no auto-summary
R2(config-router)#network 192.168.1.0
R2(config-router)#network 172.16.2.0
R2(config-router)#
```

通过以上配置,R1、R2 之间可以验证后相互学习路由,如果验证不能通过(如密码不一样或验证模式不一样),则两台路由器之间不能相互学习路由。

这里需要注意的是,在 CISCO 的路由器上 RIP 验证的时候,验证方向被验证方发送的是最小 key 值所对应的 key-string 密码,只要被验证方有和验证方一样的密码,验证就可以通过,验证过程中只与 key-string 密码有关,而与 key 值无关,如图 5-28 所示。

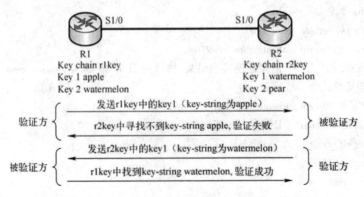

图 5-28　RIPv2 验证时 key 值与 key-string 密码

R1 向 R2 发出验证请求，发出 key1 的 key-string apple，R2 收到后没有相应的密码对应，所以 R2 没有通过 R1 的验证，因此 R2 学不到 R1 上的路由信息。

R2 向 R1 发出验证请求，发出 key1 的 key-string watermelon，R2 收到后可以找到相应的密码对应，所以 R1 通过 R2 的验证，因此 R1 可以学到 R2 上的路由信息。

5.5 OSPF 协议

5.5.1 OSPF 概述

1. OSPF 概述

OSPF 是开放式最短路由优先协议（open shortest path first）的英文缩写。

在 20 世纪 80 年代末期时，距离矢量路由协议的不足变得越来越明显，比如 RIP 协议的主要不足在以下几个方面体现出来。

① 由于 RIP 的更新机制，包含对每个路由器整个路由表的周期性发送，在一个大型的自治系统中会消耗可观的网络带宽。

② 由于 RIP 最多只能支持网络之间 15 个跳步，限制了网络的规模。

③ 由于 RIP 计算最佳路径时只考虑最小跳数，而不考虑网络的带宽、可靠性和延迟等因素，造成 RIP 选择的路径不见得是最优的路径。

④ 由于 RIP 只向自己的邻居路由器发送路由更新消息，这样造成当网络拓扑发生变化的时候，收敛非常慢，在收敛的时间内由于路由信息的不协调可能会造成路由自环的问题。

在这样背景环境中，用于单一自治系统的内部网关协议 OSPF 协议出现了，与 RIP 相比较，OSPF 与 RIP 主要有以下三个方面的要点差异。

① 运行 OSPF 的路由器向本自治系统中同一区域的所有的路由器发送链路状态信息，这称为路由信息泛洪法，也就是路由器通过所有的本地接口向所有相邻的路由器发送链路状态信息，而每一个相邻路由器又再将此信息发往其所有的相邻路由器（但不再发送给刚刚发来链路状态信息的路由器），这样，最终整个区域中所有的路由器都得到了这个消息的一个副本。而 RIP 只是发给自己的邻居路由器。

② OSPF 发送的链路状态信息就是与本路由器相邻的所有路由器的链路状态信息，即 OSPF 是链路状态路由协议，而 RIP 是距离矢量路由协议。链路状态路由选择算法决定最优路径不是简单地判断最小跳数，而是根据链路的带宽。这里说明一下 OSPF 代价，其计算公式为 10^8 除以链路带宽，如对于 100 Mbps 快速以太网，代价为 1，如对于 10 Mbps 以太网，代价为 10，如对于 Serial 接口 1.544 Mbps，则代价为 64，代价值越小，说明路径越优。

③ 对于 OSPF 协议，只有当链路状态发生变化时，路由器才向所有路由器用泛洪法发送链路状态信息，而不像 RIP 那样，不管网络拓扑有无变化，都要周期性发送路由信息。

总体上说，运行 OSPF 协议的路由器首先收集其所在网络区域上各路由器的连接状态信息，即链路状态信息，从而生成链路状态数据库 LSDB，路由器通过链路状态数据库 LSDB 掌握了该区域上所有路由器的链路状态信息，也就等于了解了整个网络的拓扑状况，然后 OSPF 路由器利用最短路径优先 SPF 算法，独立地计算出到达任意网络的路由，当网络拓扑结构发生变化的时候，运行 OSPF 协议的路由器迅速发出链路状态信息，通知到网络中同区域的所有路由器，从而使得所有的路由器更新自己的链路状态数据库，每台路由器根据 SPF 算法重新计算到达任意网络的最佳路由，从而更新自己的路由表。图 5-29 所示为链路状态协议 OSPF 的简单工作流程。

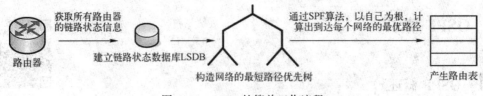

图 5-29　OSPF 的简单工作流程

2. OSPF 的特点

适应范围：支持各种规模的网络，最多可支持上千路由器，同时 OSPF 也支持可变长子网掩码 VLSM。

快速收敛：在网络的拓扑结构发生变化后能够立即发送链路状态信息的更新报文，使这一变化在自治系统中同步，当网络拓扑改变后迅速收敛，协议带来的网络开销很小。

无自环：由于 OSPF 根据收集到的链路状态用最短路径树算法计算路由，从算法本身保证了不会生成自环路由。

区域划分：允许自治系统的网络被划分成区域来管理，从而减少了占用的网络带宽。

支持验证：支持基于接口的报文验证以保证路由计算的安全性，也可以防止对路由器、路由协议的攻击行为，同时 OSPF 数据包直接封装于 IP 协议之上。

5.5.2　OSPF 的基础概念

在 OSPF 协议的工作过程中，需要使用到一些 OSPF 的专业术语，这里统一进行介绍。

1. 路由器 ID

路由器 ID 长度为 32 位，用于标识 OSPF 区域内的每一台路由器。这个编号在整个自治系统内部是唯一的。

路由器 ID 是否稳定对于 OSPF 协议的运行来说是很重要的。通常会采用路由器上处于激活（UP）状态的物理接口中 IP 地址最大的那个接口的 IP 地址作为路由器 ID。如果配置了逻辑环回接口（loopback interface），则采用具有最大 IP 地址的环回接口的 IP 地址作为路由器 ID。采用环回接口的好处是，它不像物理接口那样随时可能失效。因此，用环回接口的 IP 地址作为路由器 ID 更稳定，也更可靠。

当一台路由器的路由器 ID 选定以后，除非该 IP 地址所在接口被关闭、该接口 IP 地址被删除、更改和路由器重新启动，否则，路由器 ID 将一直保持不变。

2. OSPF 区域

OSPF 可以支持大规模网络。如果规划合理，上千台路由器也是没有问题的，然而支持大规模网络是一件非常复杂的事情，接下来看看如果大规模网络中使用 OSPF 协议可能存在的一些问题。

首先，在大规模的网络中存在数量众多的路由器，会生成很多链路状态信息，根据链路状态信息所构建的链路状态数据库 LSDB 会非常大，因为链路状态数据库描述了整个网络中所有路由器的链路状态信息，同时过多的链路状态信息就会大量消耗网络的带宽，而过大的链路状态数据库 LSDB 会增大网络中路由器的存储压力。

其次，由于 OSPF 是基于链路状态算法的路由协议，因此 OSPF 协议传递的链路状态信息就比较多，同时由于 SPF 算法的复杂性，这样就会造成路由器的 CPU 负担增大。

最后，由于庞大的网络出现故障的可能性增加，如果一台路由器的状态发生变化就可能造成整个网络所有路由器的 SPF 重新计算。

在大型网络中出现以上的问题所造成的灾难是无法想象的。为了解决这些问题，OSPF 提出了区域的概念，也就是将运行 OSPF 协议的路由器分成若干个区域，缩小可能出现问题的范围，链路状态信息只会在每个区域内部泛洪。这样，既减少了链路状态数据库 LSDB 的大小，也减轻了单个路由器失效对网络整体的影响，当网络拓扑发生变化时，可以大大加速路由器收敛过程，OSPF 区域特性增强了网络的可扩展性。

区域是在自治系统内部由网络管理员人为划分，并使用区域 ID 进行标识。OSPE 区域 ID 长度 32 位，可以使用十进制数的格式来定义，如区域 0，也可以使用 IP 地址的格式，如区域 0.0.0.0。OSPF 还规定，如果划分了多个区域，那么必须有一个区域 0，称为骨干区域，所有的其他类型区域需要与骨干区域相连。

在多区域 OSPF 中，处于不同位置的路由器可能有不同的名称及用途。

① 区域内路由器（interarea router，IAR）。一个区域内路由器 IAR 的所有接口都在同一个区域中，区域内路由器 IAR 负责维护本区域内部路由器之间的链路状态数据库，如图 5-30 所示，路由器 RA、RB、RC 为区域 1 内路由器。

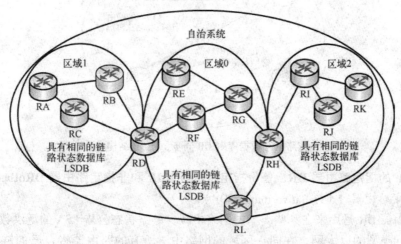

图 5-30　OSPF 的区域

② 骨干路由器。位于区域 0 内的路由器被称为骨干路由器。骨干路由器可以是区域内路由器 IAR，也可以是区域边界路由器 ABR，如图 5-30 中的路由器 RD、RE、RF、RG、RH 所示。

③ 区域边界路由器（area border router，ABR）。区域边界路由器 ABR 处于多个区域的交界处，一台区域边界路由器 ABR 在两个或两个以上的区域内都有接口。如图 5-30 中的路由器 RD、RII 所示。区域边界路由器 ABR 拥有所连接区域的所有链路状态数据库，并负责在区域之间发送链路状态公告 LSA。

④ 自治系统边界路由器（autonomous system border router，ASBR）。该路由器处于自治系统边界，负责和自治系统外部交换路由信息，如图 5-30 中的路由器 RL 所示。

3. OSPF 链路状态数据库 LSDB 与链路状态公告 LSA

在一个 OSPF 区域内，所有的路由器将自己的活动接口（并且是运行 OSPF 协议的接口）的状态及所连接的链路情况通告给所有的 OSPF 路由器。同时，每个路由器也收集本区域内所有其他 OSPF 路由器的链路状态信息，并将其汇总成为 OSPF 链路状态数据库（link-state database，LSDB）。经过一段时间的数据库同步后，同一个 OSPF 区域内的所有 OSPF 路由器将拥有完全相同的链路状态数据库，如图 5-31 所示。

链路状态公告（link-state advertisement，LSA）是链路状态信息的统称，也就是说，链路状态数据库 LSDB 实际上是由链路状态公告 LSA 条目组成，链路状态公告 LSA 条目是链路状态数据库 LSDB 的基本元素。在 OSPF 中，LSA 分为多种类型，包括 Router LSA、Network LSA、ABR 汇总 LSA、ASBR 汇总 LSA、AS 扩展 LSA 等，关于 LSA 的类型详见后面的内容。在 OSPF 中，链路状态信息的泛洪实际上就是链路状态公告 LSA 条目的泛洪，简称为 LSA 泛洪。

因此关于 OSPF 链路状态数据库的结构，可以简单理解为是由多条 LSA 条目组成，而每个 LSA 条目由 LSA 首部（或称为 LSA 摘要）和 LSA 内容共同组成的，如图 5-31 所示。

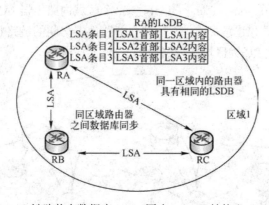

图 5-31　链路状态数据库 LSDB 同步、LSDB 结构和 LSA 泛洪

4. OSPF 的指定路由器 DR、备份指定路由器 BDR 和非指定路由器 DRother

（1）指定路由器（designative router，DR）

指定路由器 DR 是用来在某些类型的网络中减少链路状态公告 LSA 的泛洪数据量，例如广播多路访问类型的以太网。在同一区域的网络中，所有的路由器将自己的链路状态公告 LSA 向 DR 发送，而 DR 将这些链路状态公告 LSA 发送到网络中的其他路由器，如图 5-32 所示。

路由器优先级高的路由器将被选举成为 DR。网络中的所有路由器的优先级默认为 1，最大为 255。在路由器优先级相同的情况下，具有最大路由器 ID 的路由器将成为 DR。DR 一旦选定之后，除非 DR 路由器出现故障，否则 DR 不会更换，即使有更高优先级的路由器加入或者有更大值的路由器 ID 的路由器加入，DR 都不会变更，这样减少 DR 的选举次数，可以免去经常重算链路状态的开销。

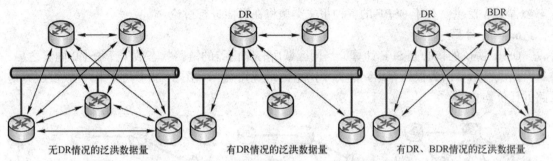

图 5-32　存在 DR、BDR 可以减少泛洪数据量

（2）备份指定路由器（backup designative router, BDR）

由于指定路由器 DR 在 OSPF 区域中的重要性，如果故障将造成整个网络路由信息交互的瘫痪，因此在选举出指定路由器后，还要选择备份指定路由器 BDR。当 DR 失效后，BDR 自动成为 DR，接收所有其他路由器的链路状态公告 LSA 泛洪。

路由器首先向 DR、BDR 发送链路状态公告，然后 DR 、BDR 将这些更新信息转发给该网段上的其他路由器，如图 5-32 所示。

路由器优先级次高的路由器将被选举成为 BDR。在路由器优先级相同的情况下，具有第二大路由器 ID 的路由器将成为 BDR。如果路由器优先级为 0，则表示该路由器不参加 DR/BDR 选举过程，也不会成为 DR/BDR。

（3）非指定路由器 DRother

除了 DR、BDR 以外，所有的其他路由器被称为非指定路由器 DRother。

注意：DR、BDR 或 DRother 是对接口而言。一个路由器的一个接口在一个区域可能是 DR，而在另一个区域可能是 BDR 或 DRother。

如图 5-33 所示就是通过路由器 ID 推选出来的 DR、BDR、DRother。

5. OSPF 中邻居关系和邻接关系

DRother 之间形成邻居关系（neighbors），DRother 与 DR/BDR 之间不但是邻居关系，同时还形成邻接关系（adjacency）。除了 DR 和 BDR 之外的路由器之间将不再建立连接关系，也不交换路由信息。如图 5-34 所示，RC、RD、RE 之间形成邻居关系，而 RC、RD、RE 与 RA、RB 之间不但是邻居关系，同时还形成邻接关系。

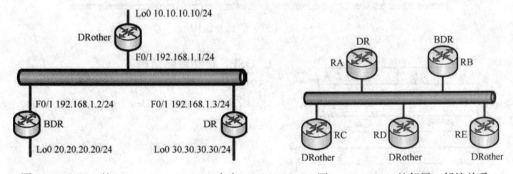

图 5-33　OSPF 的 DR、BDR、DRother 角色　　　　图 5-34　OSPF 的邻居、邻接关系

邻居关系的路由器之间只会定时传递 OSPF 的问候 Hello 报文。

邻接关系的路由器之间不但定时传递 OSPF 的问候 Hello 报文，同时还可以发送链路状态公告 LSA 泛洪。关于 OSPF 的各种报文类型将在后面进行讨论。

6. SPF 计算

OSPF 协议的核心是 SPF 计算，当同区域所有路由器的链路状态数据库 LSDB 同步之后，每台路由器以自己为根计算出到达每个网络的最优路径，如图 5-35 所示，图中假设所有链路的代价均相同。

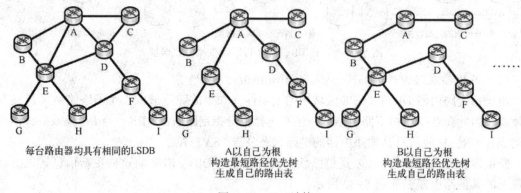

图 5-35　SPF 计算

5.5.3　OSPF 报文

OSPF 现在使用的版本是 v2 版本，OSPF 协议是一个传输层的协议，也就是 OSPF 协议并不经过 TCP 或 UDP 的封装，而是直接封装在 IP 数据包中，IP 数据包首部的协议字段值为 89 就意味着上层协议为 OSPF 协议，在 IP 封装的首部，目的地址可以使用单播地址或组播地址 224.0.0.5 或组播地址 224.0.0.6，其中组播地址 224.0.0.5 是向所有的 OSPF 路由器发送，而组播地址 224.0.0.6 是向指定路由器 DR 和备份指定路由器 BDR 发送，源 IP 地址为发送 OSPF 报文的路由器接口 IP 地址，OSPF 报文的封装结构如图 5-36 所示。

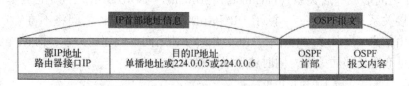

图 5-36　OSPF 的封装结构

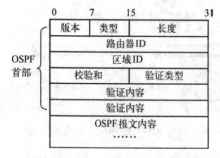

图 5-37　OSPF 报文首部

1. OSPF 报文首部结构

OSPF 报文首部结构如图 5-37 所示。

其中 OSPF 首部固定大小为 24 字节，各字段的含义如下。

① 版本：OSPF 的版本号。对于 OSPFv2 来说，其值为 2。

② 类型：OSPF 报文的类型。数值从 1 到 5，用来表明不同的 OSPF 报文的类型，如表 5-2 所示。

表 5-2 OSPF 报文类型

类型字段值	类 型
1	问候 Hello 报文（hello）
2	数据库描述 DBD 报文（database description）
3	链路状态请求 LSR 报文（link state request）
4	链路状态更新 LSU 报文（link state update）
5	链路状态确认 LSAck 报文（link state acknowledge）

五种类型 OSPF 报文的基本操作情况如图 5-38 所示。

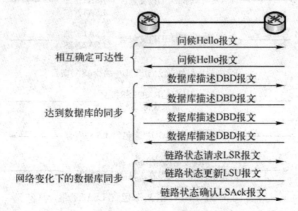

图 5-38 五种类型 OSPF 报文的基本操作

③ 长度：OSPF 报文的总长度，包括首部在内。

④ 路由器 ID：发送此 OSPF 报文的路由器 ID。

⑤ 区域 ID：发送此 OSPF 报文的路由器所在的区域 ID。

⑥ 校验和：对整个报文的校验和。

⑦ 验证类型：OSPF 支持不验证、明文验证和 MD5 验证，其值分别为 0、1、2。

⑧ 验证内容：其数值根据验证类型而定。当验证类型为 0 时未作定义，为 1 时此字段为密码信息，类型为 2 时此字段包括 Key ID、MD5 验证数据长度和序列号的信息。MD5 验证数据添加在 OSPF 报文后面，不包含在首部的验证内容字段中。

2. OSPF 的问候 Hello 报文

问候 Hello 报文是 OSPF 首部类型值为 1 的 OSPF 报文。

运行 OSPF 协议的路由器每隔一定时间发送一次 Hello 数据包，用以发现、保持邻居关系并可以选举 DR/BDR。

3. OSPF 的数据库描述 DBD 报文

数据库描述 DBD 报文是 OSPF 首部类型值为 2 的 OSPF 报文。

该数据包在链路状态数据库 LSDB 交换期间产生。它的主要作用有以下三个：

① 选举交换链路状态数据库 LSDB 过程中路由器的主/从关系；

② 确定交换链路状态数据库 LSDB 过程中初始的 DBD 序列号；

③ 交换所有的 LSA 首部（LSA 首部实际上是每个 LSA 条目的摘要，故 LSA 首部也称之为 LSA 摘要），即两台路由器进行数据库同步时，用 DBD 报文来描述自己的链路状态数据

库 LSDB，内容包括链路状态数据库 LSDB 中每个 LSA 条目的 LSA 首部。

这里值得注意的是，在 DBD 报文中只是相互交换链路状态数据库 LSDB 中的 LSA 首部，在 LSDB 中 LSA 首部只占一个 LSA 条目整个数据量的一小部分，通过在 DBD 中交换 LSDB 的 LSA 首部，这样可以减少路由器之间的协议报文流量，对端路由器根据 LSA 首部就可以判断出自己是否已有这个 LSA 条目，如图 5-39 所示。

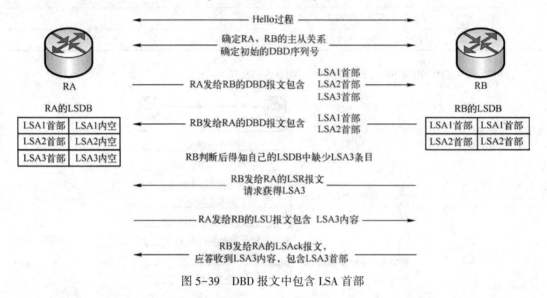

图 5-39　DBD 报文中包含 LSA 首部

4. OSPF 的链路状态请求 LSR 报文

链路状态请求 LSR 报文是 OSPF 首部类型值为 3 的 OSPF 报文。

两台路由器互相交换过 DBD 报文之后，知道对端的路由器有哪些 LSA 是本地的链路状态数据库 LSDB 所缺少的，这时需要发送链路状态请求 LSR 报文向对方请求所需的 LSA。

5. OSPF 的链路状态更新 LSU 报文

链路状态更新 LSU 报文是 OSPF 首部类型值为 4 的 OSPF 报文。

LSU 报文用来向对端路由器发送所需要的 LSA，内容是多条 LSA 内容的集合。

6. OSPF 的链路状态确认 LSAck 报文

链路状态确认 LSAck 报文是 OSPF 首部类型值为 5 的 OSPF 报文。

LSAck 报文用来对接收到的 LSU 报文进行确认，内容是需要确认的 LSA 的首部，一个 LSAck 报文可对多个 LSA 进行确认。

7. LSA 首部（LSA 摘要）

LSA 首部的结构如图 5-40 所示。

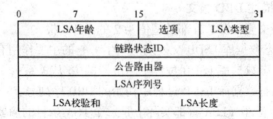

图 5-40　LSA 首部

各字段含义解释如下。

① LSA 年龄：在 LSDB 中 LSA 条目产生后所经过的时间，以秒为单位，LSA 在本路由器的链路状态数据库 LSDB 中会随时间老化（每秒加 1）。

② LSA 类型：LSA 的类型。常见的 LSA 有 5 种类型，如表 5-3 所示。

表 5-3 LSA 数据包类型

类型	名称	生成	用途	范围
1	Router LSA	每个路由器生成	描述了路由器的链路状态和代价，传递到整个区域	某个区域内
2	Network LSA	由指定路由器 DR 生成	描述本网段的链路状态，传递到整个区域	某个区域内
3	ABR 汇总 LSA	由区域边界路由器 ABR 生成	描述到区域内某一网段的路由，传递到相关区域	区域之间
4	ASBR 汇总 LSA	由自治系统边界路由器 ASBR 生成	描述了到 ASBR 的路由，传递到相关区域	区域之间
5	AS 扩展 LSA	由自治系统边界路由器 ASBR 生成	描述了到 AS 外部的路由，传递到整个 AS	自治系统外部

③ 链路状态 ID：根据前一个字段 LSA 类型的不同，链路状体 ID 代表不同的含义，如表 5-4 所示。

表 5-4 LSA 类型及对应的链路状态 ID

LSA 类型	链路状态 ID
1	生成 LSA 的路由器 ID
2	该网络中 DR 的路由器 ID
3	目标网络的 IP 地址
4	ASBR 路由器 ID
5	目标网络的 IP 地址

④ 公告路由器：始发 LSA 的路由器 ID。

⑤ LSA 序列号：LSA 的序列号，其他路由器根据这个值可以判断哪个 LSA 是最新的。

⑥ LSA 校验和：除了 LSA 年龄字段外，关于 LSA 的全部信息的校验和。

⑦ LSA 长度：LSA 的总长度，包括 LSA 首部，以字节为单位。

关于 LSA 各种类型的内容和详细资料，可查看 OSPF 相关资料，此处不再详述。

5.5.4 OSPF 网络类型

OSPF 可以运行在多种网络介质和网络拓扑结构下。OSPF 为了优化协议运行，将常见的网络拓扑结构分为不同的类型，同时，针对不同类型的网络进行不同的配置。通常情况下 OSPF 将网络分为下列四种常见类型：

① 点到点类型（point to point，PTP）：当数据链路层协议是 PPP、HDLC 时，OSPF 默认网络类型是 PTP 类型。在该类型的网络中，以组播地址 224.0.0.5 发送协议报文。

② 广播多路访问类型（broadcast multiaccess，BMA）：当数据链路层协议是 Ethernet、

FDDI 时，OSPF 默认网络类型是 BMA 类型。在该类型的网络中，通常以组播地址 224.0.0.5 和 224.0.0.6 发送协议报文。

③ 非广播多路访问类型（none broadcast multiaccess，NBMA）：当数据链路层协议是帧中继、ATM 或 X.25 时，OSPF 默认网络类型是 NBMA 类型。在该类型的网络中，以单播形式发送协议报文。

④ 点到多点类型（point to multipoint，PTMP）：没有一种数据链路层协议会被缺省地认为是 PTMP 类型，PTMP 类型必须是由其他的网络类型强制更改的。常用做法是将 NBMA 类型改为 PTMP 类型。在该类型的网络中，以组播形式（224.0.0.5）发送协议报文。

以下对四种网络类型分别进行介绍。

1. 点到点 PTP 类型

PTP 类型网络通常采用同步串行链路接口，链路层协议为 PPP、HDLC，如图 5-41 所示。

点对点 PTP 类型网络具有以下特点。

① 以组播地址 224.0.0.5 发送 Hello、DBD、LSR、LSU、LSAck 报文。

② 路由器之间不选举 DR、BDR，串行链路两端的路由器不但是邻居关系还形成邻接关系。

③ OSPF 路由器之间的 Hello 报文每隔 10 秒发送一次，邻居的失效时间为 40 秒。

2. 广播多路访问 BMA 类型

BMA 类型网络包括各种类型的以太网、令牌环、FDDI 等有广播能力的网络，如图 5-42 所示。

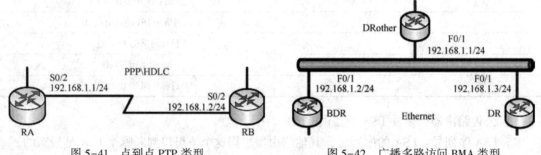

图 5-41　点到点 PTP 类型　　　　　　　　图 5-42　广播多路访问 BMA 类型

广播多路访问 BMA 类型网络具有以下特点。

① 以组播地址发送 Hello、LSU、LSAck 报文，组播地址 224.0.0.5 是向所有的 OSPF 路由器发送，而组播地址 224.0.0.6 是向指定路由器 DR 和备份指定路由器 BDR 发送，以单播地址发送 DBD、LSR 报文。

② 路由器之间需要选举 DR/BDR，DRother 都向 DR/BDR 发送自己的链路状态数据，DR 将收集的所有链路状态汇总成链路状态数据库 LSDB 向其他路由器泛洪。DRother 与 DR/BDR 之间形成的邻居关系，DRother 之间只会保持邻居关系，不会形成邻接关系。

③ OSPF 路由器之间的 Hello 报文每隔 10 秒发送一次，邻居的失效时间为 40 秒。

3. 非广播多路访问 NBMA 类型

非广播多路访问 NBMA 类型网络包括运行帧中继、X.25、ATM 等协议的网络，在

NBMA 网络中任意两点可达，形成路由器之间的全连通，如图 5-43 所示为 NBMA 类型的帧中继网络，虚线为虚电路，实线为物理线路。

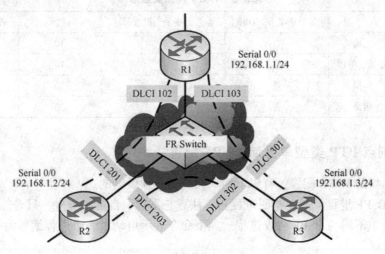

图 5-43　非广播多路访问 NBMA 类型

非广播多路访问 NBMA 类型网络具有以下特点。

① 单播地址发送 Hello、DBD、LSR、LSU、LSAck 报文。

② 需要手工指定邻居，之后，其运行模式将同广播网络一样。

③ OSPF 路由器之间的 Hello 数据包每 30 秒发送一次，邻居的失效时间为 120 秒。

4. 点到多点 PTMP 类型

点到多点 PTMP 类型的网络必须由其他网络类型强制修改，常用的是非全连通的 NBMA 改为点到多点的网络，在 PTMP 类型的网络中非任意两点可达，路由器之间形成部分连通，如图 5-44 所示为 PTMP 类型的帧中继网络。

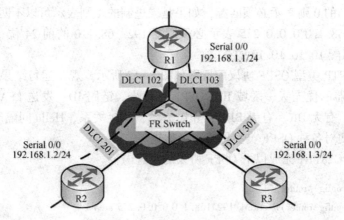

图 5-44　点到多点 PTMP 类型

点到多点 PTMP 类型网络具有以下特点。

① 以组播地址 224.0.0.5 发送 Hello、DBD、LSR、LSU、LSAck 报文。

② 路由器之间不选举 DR/BDR。

③ OSPF 路由器之间的 Hello 数据包每 30 秒发送一次，邻居的失效时间为 120 秒。

表 5-5 给出了以上四种 OSPF 网络类型总结。

表 5-5　OSPF 网络类型总结

介 质 类 型	寻　　址	是否选举 DB/DBR	是否需要手工设置邻居	Hello 时间/秒	死亡间隔时间/秒
PTP 类型	组播	否	否	10	40
BMA 类型	组播、单播	是	否	10	40
NBMA 类型	单播	是	是	30	120
PTMP 类型	组播	否	否	30	120

5.5.5　点到点 PTP 类型单区域 OSPF 配置

对于路由器的 OSPF 配置，有以下两项内容是必须设置的。

① 启用 OSPF 进程，需要指明进程号，注意它不标识自治系统号，只是区分本路由器中不同的 OSPF 协议进程。如下命令表示启动了一个进程编号为 10 的 OSPF 协议进程。

```
Router(config)#router ospf 10
```

② 使用 network 命令时，后面的参数除应写明本路由器参与 OSPF 协议进程的网段之外，还需指出该网段的通配符掩码，并进一步指明本网段所处的区域。如下命令设定了 OSPF 协议在区域 1 向外发布关于 192.168.1.0/24 网络的路由信息。

```
Router(config-router)#network 192.168.1.0 0.0.0.255 area 1
```

有关通配符掩码是这样的，路由器使用通配符掩码与 IP 地址一起来分辨匹配的地址范围，它跟子网掩码刚好相反。通配符掩码不像子网掩码告诉路由器 IP 地址的哪一位属于网络 ID，而是告诉路由器为了判断出匹配，它需要检查 IP 地址中的多少位，在通配符掩码中，如果是二进制的 0 则表示必须匹配，如果是二进制的 1 则表示可以不匹配。

例如，192.168.1.0 0.0.0.255 表示必须匹配 192.168.1.0 的前 24 位，而 10.10.10.10 0.0.0.0 表示要匹配 10.10.10.10 的 32 位。

有关点对点 PTP 类型 OSPF 协议配置图如图 5-45 所示。观察运行结果的时候，请注意路由器 ID、路由器的优先级、区域 ID、OSPF 进程号、链路 ID、发送 LSA 的路由器、LSA 年龄、网络类型、有无 DR、有无 BDR、邻居关系、邻接关系、Hello 间隔时间、Hello 失效时间等信息，以便对各种 OSPF 类型网络进行比较。

① 在路由器 C2811A 完成以下 OSPF 协议的配置内容。

```
C2811A(config)#router ospf 2
C2811A(config-router)#network 192.168.1.0 0.0.0.255 area 1
C2811A(config-router)#network 192.168.3.0 0.0.0.255 area 1
C2811A(config-router)#network 10.10.10.10 0.0.0.0 area 1
```

② 在路由器 C2811B 完成以下 OSPF 协议的配置内容。

```
C2811B(config)#router ospf 2
C2811B(config-router)#network 192.168.1.0 0.0.0.255 area 1
```

C2811B(config-router)#network 192. 168. 2. 0 0. 0. 0. 255 area 1

C2811B(config-router)#network 20. 20. 20. 20 0. 0. 0. 0 area 1

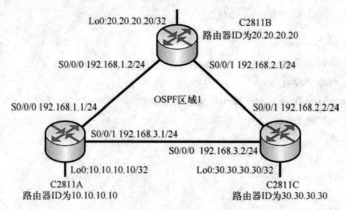

图 5-45　PTP 类型单区域 OSPF 配置示例图

③ 在路由器 C2811C 上完成以下 OSPF 协议的配置内容。

C2811C(config)#router ospf 2

C2811C(config-router)#network 192. 168. 2. 0 0. 0. 0. 255 area 1

C2811C(config-router)#network 192. 168. 3. 0 0. 0. 0. 255 area 1

C2811C(config-router)#network 30. 30. 30. 30 0. 0. 0. 0 area 1

④ 在路由器 C2811A 显示路由表部分内容如下，其他路由器情况此处略。从路由表中可以看到通过 OSPF 协议学习到网络的路由信息，其中到达 192. 168. 2. 0/24 网络有两条路径，OSPF 可以在这两条路径上实现负载均衡。

```
C2811A#show ip route
…
C      10. 10. 10. 10 is directly connected, Loopback0
O      20. 20. 20. 20 [110/65] via 192. 168. 1. 2, 00:01:51, Serial0/0/0
O      30. 30. 30. 30 [110/65] via 192. 168. 3. 2, 00:00:43, Serial0/0/1
C      192. 168. 1. 0/24 is directly connected, Serial0/0/0
O      192. 168. 2. 0/24 [110/128] via 192. 168. 1. 2, 00:01:51, Serial0/0/0
                        [110/128] via 192. 168. 3. 2, 00:00:53, Serial0/0/1
C      192. 168. 3. 0/24 is directly connected, Serial0/0/1
```

⑤ 在路由器 C2811A 显示 OSPF 邻居表如下，其他路由器情况此处略。从邻居表中可以看到邻居的路由器 ID、邻居路由器的优先级、邻居路由器的状态（full 表示双方的链路状态数据库 LSDB 完全相同）、邻居路由器的 Hello 失效时间倒计时、邻居路由器接口 IP 地址、本路由器与该邻居相连的接口等信息。注意在点到点 PTP 类型网络不进行 DR/BDR 的选举。

```
C2811A#show ip ospf neighbor
Neighbor ID     Pri   State       Dead Time    Address         Interface
20. 20. 20. 20   0     FULL/  -    00:00:39    192. 168. 1. 2    Serial0/0/0
30. 30. 30. 30   0     FULL/  -    00:00:31    192. 168. 3. 2    Serial0/0/1
```

⑥ 在路由器 C2811A 显示 OSPF 协议内容如下，其他路由器情况此处略。从 OSPF 协议的显示结果中可以看到 OSPF 进程号、本路由器 ID、OSPF 区域号、在区域内路由的网络、路由信息源、OSPF 默认管理距离等信息。

```
C2811A#show ip protocols
Routing Protocol is "ospf 2"
    Outgoing update filter list for all interfaces is not set
    Incoming update filter list for all interfaces is not set
    Router ID10. 10. 10. 10
    Number of areas in this router is 1. 1 normal 0 stub 0 nssa
    Maximum path: 4
    Routing for Networks:
        192. 168. 1. 0 0. 0. 0. 255 area 1
        192. 168. 3. 0 0. 0. 0. 255 area 1
        10. 10. 10. 10 0. 0. 0. 0 area 1
    Routing Information Sources:
        Gateway          Distance        Last Update
        192. 168. 1. 2       110          00:04:14
        192. 168. 3. 2       110          00:04:14
    Distance: (default is 110)
```

⑦ 在路由器 C2811A 显示 OSPF 的 LSDB 内容如下，其他路由器情况此处略。从链路状态数据库 LSDB 中可以看到 LSA 的类型、LSA 所在的区域、链路 ID、发送 LSA 的路由器、LSA 年龄、LS 序列号、链路数量等信息。

```
C2811A#show ip ospf database
            OSPF Router with ID (10. 10. 10. 10) (Process ID 2)
            Router Link States (Area 1)
Link ID          ADV Router       Age      Seq#         Checksum Link count
20. 20. 20. 20    20. 20. 20. 20    363      0x80000005 0x00f9d8 5
10. 10. 10. 10    10. 10. 10. 10    345      0x80000005 0x00b170 5
30. 30. 30. 30    30. 30. 30. 30    336      0x80000005 0x0099e3 5
```

⑧ 在路由器 C2811A 显示 OSPF 的接口内容如下，其他路由器情况此处略。从 OSPF 的接口显示内容中可以看到接口状态、接口 IP 地址、接口所在区域、OSPF 进程号、本路由器 ID、网络类型、代价、传输延时、链路状态、路由器优先级、无指定路由器 DR、无备份指定路由器 BDR、Hello 间隔时间、Hello 失效时间、下次 Hello 发送时间、该接口邻居的数量、该接口邻接的数量、建立了邻接关系的邻接路由器 ID 等信息。注意在点到点 PTP 类型网络上 Hello 时间为 10 秒，Hello 失效时间为 40 秒。网络类型为点到点 POINT-TO-POINT。

```
C2811A#show ip ospf interface
Serial0/0/0 is up, line protocol is up
    Internet address is 192. 168. 1. 1/24, Area 1
    Process ID 2, Router ID10. 10. 10. 10, Network Type POINT-TO-POINT, Cost: 64
```

Transmit Delay is 1 sec, State POINT-TO-POINT, Priority 0

No designated router on this network

No backup designated router on this network

Timer intervals configured, Hello 10, Dead 40, Wait 40, Retransmit 5

    Hello due in 00:00:04

Index 1/1, flood queue length 0

Next 0x0(0)/0x0(0)

Last flood scan length is 1, maximum is 1

Last flood scan time is 0 msec, maximum is 0 msec

Neighbor Count is 1, Adjacent neighbor count is 1

    Adjacent with neighbor 20. 20. 20. 20

Suppress hello for 0 neighbor(s)

…

5.5.6　广播多路访问 BMA 类型单区域 OSPF 配置

有关广播多路访问 BMA 类型的 OSPF 协议配置图如图 5-46 所示。

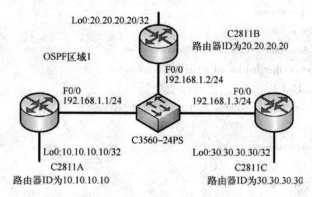

图 5-46　BMA 类型单区域 OSPF 配置示例图

① 在路由器 C2811A 完成以下 OSPF 协议的配置内容。

    C2811A(config)#router ospf 2

    C2811A(config-router)#network 192. 168. 1. 0 0. 0. 0. 255 area 1

    C2811A(config-router)#network 10. 10. 10. 10 0. 0. 0. 0 area 1

② 在路由器 C2811B 完成以下 OSPF 协议的配置内容。

    C2811B(config)#router ospf 2

    C2811B(config-router)#network 192. 168. 1. 0 0. 0. 0. 255 area 1

    C2811B(config-router)#network 20. 20. 20. 20 0. 0. 0. 0 area 1

③ 在路由器 C2811C 上完成以下 OSPF 协议的配置内容。

    C2811C(config)#router ospf 2

    C2811C(config-router)#network 192. 168. 1. 0 0. 0. 0. 255 area 1

    C2811C(config-router)#network 30. 30. 30. 30 0. 0. 0. 0 area 1

④ 在路由器 C2811A 显示路由表部分内容如下，其他路由器情况此处略。

```
C2811A#show ip route
…
C       10. 10. 10. 10 is directly connected, Loopback0
O       20. 20. 20. 20 [110/2] via 192. 168. 1. 2, 00:00:10, FastEthernet0/0
O       30. 30. 30. 30 [110/2] via 192. 168. 1. 3, 00:00:10, FastEthernet0/0
C       192. 168. 1. 0/24 is directly connected, FastEthernet0/0
```

⑤ 在路由器 C2811A 显示 OSPF 邻居内容如下，其他路由器情况此处略。注意在广播多路访问 BMA 类型的网络中是要进行 DR/DBR 的选举。

```
C2811A#show ip ospf neighbor
    Neighbor ID      Pri    State        Dead Time      Address          Interface
    20. 20. 20. 20    1     FULL/BDR     00:00:34       192. 168. 1. 2     FastEthernet0/0
    30. 30. 30. 30    1     FULL/DR      00:00:34       192. 168. 1. 3     FastEthernet0/0
```

⑥ 在路由器 C2811A 显示 OSPF 协议内容如下，其他路由器情况此处略。

```
C2811A#show ip protocols
Routing Protocol is "ospf 2"
    Outgoing update filter list for all interfaces is not set
    Incoming update filter list for all interfaces is not set
    Router ID10. 10. 10. 10
    Number of areas in this router is 1. 1 normal 0 stub 0 nssa
Maximum path: 4
    Routing for Networks:
        192. 168. 1. 0 0. 0. 0. 255 area 1
        10. 10. 10. 10 0. 0. 0. 0 area 1
    Routing Information Sources:
        Gateway         Distance        Last Update
        192. 168. 1. 2      110         00:02:54
        192. 168. 1. 3      110         00:02:56
    Distance: (default is 110)
```

⑦ 在路由器 C2811A 显示 OSPF 的 LSDB 内容如下，其他路由器情况此处略。

```
C2811A#show ip ospf database
            OSPF Router with ID (10. 10. 10. 10) (Process ID 2)
                Router Link States (Area 1)
Link ID           ADV Router        Age       Seq#        Checksum Link count
10. 10. 10. 10     10. 10. 10. 10     207       0x80000008 0x00e00b 2
30. 30. 30. 30     30. 30. 30. 30     207       0x80000006 0x00ce2c 2
20. 20. 20. 20     20. 20. 20. 20     207       0x80000006 0x00591b 2
                Net Link States (Area 1)
Link ID           ADV Router        Age       Seq#        Checksum
```

192. 168. 1. 3   30. 30. 30. 30   207   0x80000002 0x0075d8

⑧ 在路由器 C2811A 显示 OSPF 的接口内容如下，其他路由器情况此处略。注意在广播多路访问 BMA 类型网络上 Hello 时间为 10 秒，Hello 失效时间为 40 秒。网络类型为广播多路访问 BROADCAST。

```
C2811A#show ip ospf interface
Loopback0 is up, line protocol is up
  Internet address is 10. 10. 10. 10/32, Area 1
  Process ID 2, Router ID 10. 10. 10. 10, Network Type LOOPBACK, Cost：1
  Loopback interface is treated as a stub Host
FastEthernet0/0 is up, line protocol is up
  Internet address is 192. 168. 1. 1/24, Area 1
  Process ID 2, Router ID 10. 10. 10. 10, Network Type BROADCAST, Cost：1
  Transmit Delay is 1 sec, State DROTHER, Priority 1
  Designated Router (ID) 30. 30. 30. 30, Interface address 192. 168. 1. 3
  Backup Designated Router (ID) 20. 20. 20. 20, Interface address 192. 168. 1. 2
  Timer intervals configured, Hello 10, Dead 40, Wait 40, Retransmit 5
    Hello due in 00：00：08
  Index 2/2, flood queue length 0
  Next 0x0(0)/0x0(0)
  Last flood scan length is 1, maximum is 1
  Last flood scan time is 0 msec, maximum is 0 msec
  Neighbor Count is 2, Adjacent neighbor count is 2
    Adjacent with neighbor 30. 30. 30. 30    (Designated Router)
    Adjacent with neighbor 20. 20. 20. 20    (Backup Designated Router)
  Suppress hello for 0 neighbor(s)
```

5.5.7 非广播多路访问 NBMA 类型单区域 OSPF 配置

有关非广播多路访问 NBMA 类型的 OSPF 协议配置图如图 5-47 所示。三台路由器通过帧中继网络进行全相连，有关帧中继接口封装协议的配置参见本教材第 4 章相关内容。

在 NBMA 类型的网络中需要手工指定邻居，使用的命令为 neighbor。

① 在路由器 R1 完成以下配置内容。

```
R1(config)#interface serial0/0
R1(config-if)#ip address 192. 168. 1. 1 255. 255. 255. 0
R1(config-if)#encapsulation frame-relay
R1(config-if)#frame-relay map ip 192. 168. 1. 2 102
R1(config-if)#frame-relay map ip 192. 168. 1. 3 103
R1(config-if)#no shutdown
R1(config-if)#exit
R1(config)#interface loopback 0
R1(config-if)#ip address 10. 10. 10. 10 255. 255. 255. 255
```

R1(config-if)#exit

R1(config)#router ospf 1

R1(config-router)#neighbor 192.168.1.2 priority 0

R1(config-router)#neighbor 192.168.1.3 priority 0

R1(config-router)#network 10.10.10.10 0.0.0.0 area 1

R1(config-router)#network 192.168.1.0 0.0.0.255 area 1

R1(config-router)#

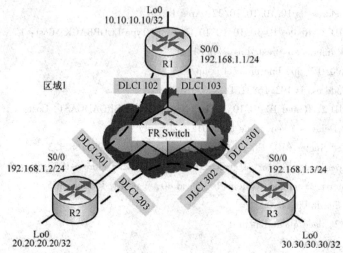

图 5-47   NBMA 类型单区域 OSPF 配置示例图

② 在路由器 R2 完成以下配置内容。

R2(config)#interface serial 0/0

R2(config-if)#ip address 192.168.1.2 255.255.255.0

R2(config-if)#encapsulation frame-relay

R2(config-if)#frame-relay map ip 192.168.1.1 201

R2(config-if)#frame-relay map ip 192.168.1.3 203

R2(config-if)#no shutdown

R2(config-if)#exit

R2(config)#interface loopback 0

R2(config-if)#ip address 20.20.20.20 255.255.255.255

R2(config-if)#exit

R2(config)#router ospf 1

R2(config-router)#neighbor 192.168.1.1 priority 0

R2(config-router)#neighbor 192.168.1.3 priority 0

R2(config-router)#network 20.20.20.20 0.0.0.0 area 1

R2(config-router)#network 192.168.1.0 0.0.0.255 area 1

R2(config-router)#

③ 在路由器 R3 完成以下配置内容。

R3(config)#interface serial 0/0

R3(config-if)#ip address 192.168.1.3 255.255.255.0

R3(config-if)#encapsulation frame-relay

R3(config-if)#frame-relay map ip 192.168.1.1 301

R3(config-if)#frame-relay map ip 192.168.1.2 302

R2(config-if)#no shutdown

R3(config-if)#exit

R3(config)#interface loopback 0

R3(config-if)#ip address 30.30.30.30 255.255.255.255

R3(config-if)#exit

R3(config)#router ospf 1

R3(config-router)#neighbor 192.168.1.1 priority 0

R3(config-router)#neighbor 192.168.1.2 priority 0

R3(config-router)#network 30.30.30.30 0.0.0.0 area 1

R3(config-router)#network 192.168.1.0 0.0.0.255 area 1

R3(config-router)#

④ 在路由器 R1 显示路由表部分内容如下，其他路由器情况此处略。

R1#show ip route

…

O   20.20.20.20 [110/65] via 192.168.1.2, 00:00:31, Serial0/0

C   10.10.10.10 is directly connected, Loopback0

C   192.168.1.0/24 is directly connected, Serial0/0

O   30.30.30.30 [110/65] via 192.168.1.3, 00:00:31, Serial0/0

⑤ 在路由器 R1 显示 OSPF 邻居内容如下，其他路由器情况此处略。注意在非广播多路访问 NBMA 类型的网络中，在指定邻居之后，是要进行 DR/DBR 的选举。

R1#show ip ospf neighbor

Neighbor ID	Pri	State	Dead Time	Address	Interface
20.20.20.20	1	FULL/BDR	00:01:59	192.168.1.2	Serial0/0
30.30.30.30	1	FULL/DR	00:01:51	192.168.1.3	Serial0/0

⑥ 在路由器 R1 显示 OSPF 协议内容如下，其他路由器情况此处略。

R1#show ip protocols

Routing Protocol is "ospf 1"

  Outgoing update filter list for all interfaces is not set

  Incoming update filter list for all interfaces is not set

  Router ID 10.10.10.10

  Number of areas in this router is 1. 1 normal 0 stub 0 nssa

  Maximum path: 4

  Routing for Networks:

    10.10.10.10 0.0.0.0 area 1

    192.168.1.0 0.0.0.255 area 1

  Routing Information Sources:

    Gateway   Distance   Last Update

20. 20. 20. 20	110	00:01:56
30. 30. 30. 30	110	00:01:56
10. 10. 10. 10	110	00:01:56

Distance: (default is 110)

⑦ 在路由器 R1 显示 OSPF 的 LSDB 内容如下，其他路由器情况此处略。

```
R1#show ip ospf database
          OSPF Router with ID (10. 10. 10. 10) (Process ID 1)
              Router Link States (Area 1)
```

Link ID	ADV Router	Age	Seq#	Checksum Link count
10. 10. 10. 10	10. 10. 10. 10	81	0x80000003	0x00216E 2
20. 20. 20. 20	20. 20. 20. 20	80	0x80000003	0x006BAA 2
30. 30. 30. 30	30. 30. 30. 30	82	0x80000003	0x00B5E6 2

```
              Net Link States (Area 1)
```

Link ID	ADV Router	Age	Seq#	Checksum
192. 168. 1. 3	30. 30. 30. 30	76	0x80000002	0x0066F7

⑧ 在路由器 R1 显示 OSPF 的接口内容如下，其他路由器情况此处略。注意在非广播多路访问 NBMA 类型网络上 Hello 时间为 30 秒，Hello 失效时间为 120 秒。网络类型为非广播多路访问 NON_ BROADCAST。

```
R1#show ip ospf interface
Serial0/0 is up, line protocol is up
    Internet Address 192. 168. 1. 1/24, Area 1
    Process ID 1, Router ID 10. 10. 10. 10, Network Type NON_BROADCAST, Cost: 64
    Transmit Delay is 1 sec, State DROTHER, Priority 1
    Designated Router (ID) 30. 30. 30. 30, Interface address 192. 168. 1. 3
    Backup Designated router (ID) 20. 20. 20. 20, Interface address 192. 168. 1. 2
    Flush timer for old DR LSA due in 00:01:18
    Timer intervals configured, Hello 30, Dead 120, Wait 120, Retransmit 5
        Hello due in 00:00:18
    Index 2/2, flood queue length 0
    Next 0x0(0)/0x0(0)
    Last flood scan length is 0, maximum is 1
    Last flood scan time is 0 msec, maximum is 0 msec
    Neighbor Count is 2, Adjacent neighbor count is 2
        Adjacent with neighbor 20. 20. 20. 20    (Backup Designated Router)
        Adjacent with neighbor 30. 30. 30. 30    (Designated Router)
    Suppress hello for 0 neighbor(s)
Loopback0 is up, line protocol is up
    Internet Address 10. 10. 10. 10/32, Area 1
    Process ID 1, Router ID 10. 10. 10. 10, Network Type LOOPBACK, Cost: 1
    Loopback interface is treated as a stub Host
R1#
```

5.5.8　多区域 OSPF 配置

多区域 OSPF 协议配置图如图 5-48 所示。配置内容如下。

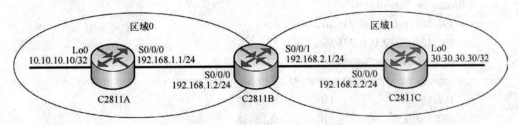

图 5-48　多区域 OSPF 配置示例图

① 在路由器 C2811A 完成以下配置内容，C2811A 为区域 0 内路由器。

C2811A(config)#router ospf 1
C2811A(config-router)#network 192. 168. 1. 0 0. 0. 0. 255 area 0
C2811A(config-router)#network 10. 10. 10. 10 0. 0. 0. 0 area 0

② 在路由器 C2811B 完成以下配置内容，C2811B 为区域边界路由器。

C2811B(config)#router ospf 1
C2811B(config-router)#network 192. 168. 1. 0 0. 0. 0. 255 area 0
C2811B(config-router)#network 192. 168. 2. 0 0. 0. 0. 255 area 1

③ 在路由器 C2811C 完成以下配置内容，C2811C 为区域 1 内路由器。

C2811C(config)#router ospf 1
C2811C(config-router)#network 192. 168. 2. 0 0. 0. 0. 255 area 1
C2811C(config-router)#network 30. 30. 30. 30 0. 0. 0. 0 area 1

④ 在路由器 C2811A 显示路由表内容，其中路由来源中 O IA（OSPF inter area，OSPF 区域间路由）表示通过 OSPF 学习到的跨区域路由，路由器 C2811C 上显示内容此处略。

C2811A#show ip route
…
C   10. 10. 10. 10 is directly connected, Loopback0
O IA   30. 30. 30. 30 [110/129] via 192. 168. 1. 2, 00:00:39, Serial0/0/0
C   192. 168. 1. 0/24 is directly connected, Serial0/0/0
O IA   192. 168. 2. 0/24 [110/128] via 192. 168. 1. 2, 00:00:39, Serial0/0/0
C2811A#

⑤ 在路由器 C2811B 显示 OSPF 协议内容，可以注意到路由网络分别处于区域 0 和区域 1。

C2811B#show ip protocols
Routing Protocol is "ospf 1"
    Outgoing update filter list for all interfaces is not set
    Incoming update filter list for all interfaces is not set

Router ID 192. 168. 2. 1

Number of areas in this router is 2. 2 normal 0 stub 0 nssa

Maximum path：4

Routing for Networks：

　192. 168. 1. 0 0. 0. 0. 255 area 0

　192. 168. 2. 0 0. 0. 0. 255 area 1

Routing Information Sources：

Gateway	Distance	Last Update
192. 168. 1. 1	110	00：03：11
192. 168. 2. 2	110	00：03：16

Distance：（default is 110）

5.5.9　OSPF 验证的配置

　　OSPF 的验证类型分为区域验证和接口验证。

　　区域验证是在 OSPF 路由进程下启用的，一旦启用，这台路由器所有属于这个区域的接口都将启用，而接口验证是在接口下启用的，所以也只影响路由器的一个接口。

　　验证的方法有明文验证和 MD5 加密验证。

　　明文验证是指密码没有加密，以明文的形式直接封装在验证包中，这样做的好处是简单，路由器不需要消耗大量的资源，缺点也显而易见，任何可以访问到该网络的用户，都可以截取到验证包，并分析出密码。而 MD5 验证就提供了一种复杂的密匙算法，在验证包中包含信息只是密匙，其他用户得到这个密匙后，不能通过逆运算的方法来获得最终的密码，这样在很大程度上加强了安全性。

　　下面以图 5-49 为例，进行 OSPF 验证的配置。

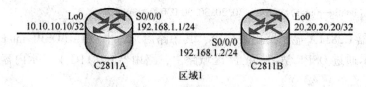

图 5-49　OSPF 验证配置示例图

1. OSPF 明文验证配置

① C2811A 上配置以下内容。

```
C2811A(config)#router ospf 1
C2811A(config-router)#network 192. 168. 1. 0 0. 0. 0. 255 area 1
C2811A(config-router)#network 10. 10. 10. 10 0. 0. 0. 0 area 1
C2811A(config-router)#area 1 authentication
//区域1采用明文验证。
C2811A(config-router)#exit
C2811A(config)#interface serial 0/0/0
C2811A(config-if)#ip ospf authentication
//接口 serial0/0/0 采用明文验证。
```

C2811A(config-if)#ip ospf authentication-key apple

//明文验证的密码为 apple。

② C2811B 上配置以下内容。

C2811B(config)#router ospf 1

C2811B(config-router)#network 192.168.1.0 0.0.0.255 area 1

C2811B(config-router)#network20.20.20.20 0.0.0.0 area 1

C2811B(config-router)#area 1 authentication

//区域 1 采用明文验证。

C2811B(config-router)#exit

C2811B(config)#interface serial 0/0/0

//接口 serial0/0/0 采用明文验证。

C2811B(config-if)#ip ospf authentication

C2811B(config-if)#ip ospf authentication-key apple

//明文验证的密码为 apple。

2. OSPF MD5 加密验证配置

① C2811A 上配置以下内容。

C2811A(config)#router ospf 1

C2811A(config-router)#network 192.168.1.0 0.0.0.255 area 1

C2811A(config-router)#network 10.10.10.10 0.0.0.0 area 1

C2811A(config-router)#area 1 authentication message-digest

//区域 1 采用 md5 验证。

C2811A(config-router)#exit

C2811A(config)#interface serial 0/0/0

C2811A(config-if)# ip ospf authentication message-digest

//接口 serial0/0/0 采用 md5 验证。

C2811A(config-if)#ip ospf message-digest-key 1 md5 watermelon

//md5 验证的密码为 watermelon。

② C2811B 上配置以下内容。

C2811B(config)#router ospf 1

C2811B(config-router)#network 192.168.1.0 0.0.0.255 area 1

C2811B(config-router)#network20.20.20.20 0.0.0.0 area 1

C2811B(config-router)#area 1 authentication message-digest

C2811B(config-router)#exit

C2811B(config)#interface serial 0/0/0

C2811B(config-if)#ip ospf authentication message-digest

C2811B(config-if)#ip ospf message-digest-key 1 md5 watermelon

5.5.10　OSPF 的末梢区域和完全末梢区域配置

1. OSPF 区域类型

在前面的内容中简单介绍了 OSPF 的区域，OSPF 中划分区域的目的就是在于控制链路状态信息 LSA 泛洪的范围、减小链路状态数据库 LSDB 的大小、改善网络的可扩展性、达到快速的收敛。

当网络中包含多个区域时，OSPF 协议有特殊的规定，即其中必须有一个 Area 0，通常也叫作骨干区域（backbone area），也称为主干区域，当设计 OSPF 网络时，一个很好的方法就是从骨干区域开始，然后再扩展到其他区域。骨干区域在所有其他区域的中心，即所有区域都必须与骨干区域物理或逻辑上相连，这种设计思想的原因是 OSPF 协议要把所有区域的路由信息引入骨干区，然后再依次将路由信息从骨干区域分发到其他区域中。

在 OSPF 的各种区域中，主要有五种类型链路状态公告 LSA，分别是类型 1（router LSA）、类型 2（network LSA）、类型 3（ABR 汇总 LSA）、类型 4（ASBR 汇总 LSA）、类型 5（AS 扩展 LSA），关于这五种类型的 LSA 详细情况，详见表 5-3，其中类型 1 和类型 2 为区域内 LSA，类型 3 和类型 4 简称为汇总 LSA（区域间 LSA），类型 5 为自治系统 AS 外部 LSA。

根据这五种类型的 LSA 是否能在区域中发布，OSPF 将区域划分为以下几种类型。

① 骨干区域：作为中央实体，其他区域与之相连，骨干区域编号为 0，在该区域中，各种类型的 LSA 均允许发布。

② 标准区域：除骨干区域外的默认的区域类型，在该类型区域中，各种类型的 LSA 均允许发布。

③ 末梢区域：即 STUB 区域，该类型区域中不接收关于 AS 外部的路由信息，即不接收类型 5 的 AS 外部 LSA，需要路由到自治系统外部的网络时，路由器使用默认路由（0.0.0.0），末梢区域中不能包含有自治系统边界路由器 ASBR。

④ 完全末梢区域：该类型区域中不接收关于 AS 外部的路由信息，同时也不接收来自 AS 中其他区域的汇总路由，即不接收类型 3、类型 4、类型 5 的 LSA，需要路由到其他区域或自治系统外部的网络时，路由器使用默认路由（0.0.0.0），完全末梢区域也不能包换有自治系统边界路由器 ASBR。

关于 OSPF 的区域类型总结如表 5-6 所示。

表 5-6　区域类型与 LSA 类型关系

区域类型	LSA 类型		
	类型 1 和类型 2 LSA（区域内 LSA）	类型 3 和类型 4 LSA（区域间 LSA）	类型 5 LSA（自治系统外部 LSA）
骨干区域	允许	允许	允许
标准区域	允许	允许	允许
末梢区域	允许	允许	不允许
完全末梢区域	允许	不允许	不允许

末梢区域的情况如图 5-50 所示，区域间汇总的 LSA 可以在该类型区域中发布，而自治系统 AS 外部的 LSA 使用默认路由进行发布。即为了保证到自治系统外的路由依旧可达，由区域 1 的区域边界路由器 ABR1 生成一条默认路由（0.0.0.0）传播到区域 1 内，因为所有到自治系统外部的路由都必须通过 ABR1 才能到达。STUB 区域是一种可选的配置属性，但并不是每个区域都符合配置的条件。

换句话说，某些区域通过唯一的一个区域边界路由器 ABR 与骨干区域相连接，如图 5-50

中的区域 1，那么对于这样的区域可以定义为末梢区域，从而使得区域边界路由器 ABR 发送一条默认路由到该区域中，从而减少该区域所有路由器的路由表。

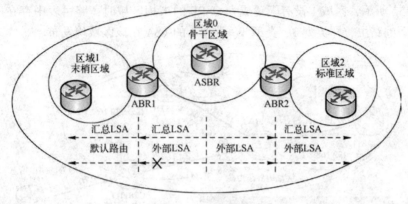

图 5-50　末梢区域

完全末梢区域的情况如图 5-51 所示，区域间汇总的 LSA 和自治系统 AS 外部的 LSA 都使用默认路由进行发布。即为了保证本自治系统内其他区域和自治系统外的路由依旧可达，由区域 1 的区域边界路由器 ABR1 生成一条默认路由（0.0.0.0）传播到区域 1 内，因为所有到本自治系统其他区域和自治系统外部的路由都必须经过 ABR1 才能到达。

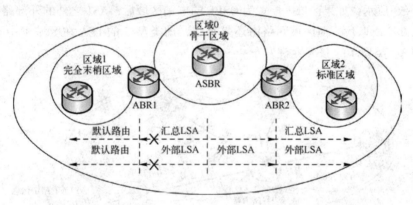

图 5-51　完全末梢区域

2. OSPF 路由来源的分类

由于 OSPF 运行在各个区域之间，因此 OSPF 在路由表中的路由来源也可以分为以下几种类型。

① intra area routes：区域内路由，是指在一个区域内部产生的路由信息（目的地址在同一个区域内部），在路由表中通常用大写字母 "O" 表示。

② inter-area 或 Summary routes：区域间路由，是指路由信息由其他区域产生的，在路由表中用 "O IA" 来表示。

③ external routes：外部路由，是指由其他路由协议或不同的 OSPF 进程产生的，并通过重新分发引入的路由信息，这些路由信息在路由表中用 "O E1" 或 "O E2" 来表示，如在 5.7 节 "路由协议重分发" 中可以看到这样类型的路由。

当到达同一个目的地址如果有多条路由存在时，将按下列优先级排列。

intra-area→inter-area→external E1→external E2

3. OSPF 的末梢区域和完全末梢区域配置

如图 5-52 所示，区域 1 没有配置成为 OSPF 的末梢区域时，路由表中存在 AS1 之外的路由和区域间的路由，即类型 3、类型 4、类型 5 的 LSA 在该区域均发布。

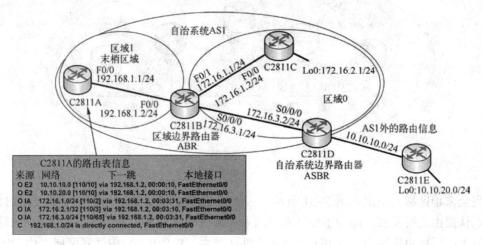

图 5-52　区域 1 没有配置末梢区域时

如图 5-53 所示，如果区域 1 配置为 OSPF 的末梢区域后，AS1 之外的外部路由被一条 O ∗ IA 0.0.0.0/0 所取代，但区域间路由还是存在，即类型 5 的 LSA 在区域 1 中不允许被发布，而类型 3、类型 4 的 LSA 允许发布。

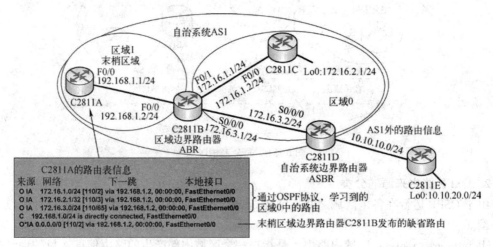

图 5-53　区域 1 配置为末梢区域时

如图 5-54 所示，如果区域 1 配置为 OSPF 的完全末梢区域后，区域 1 中不允许发布类型 3、类型 4、类型 5 的 LSA，区域 1 外的路由和自治系统外的路由均被一条 O ∗ IA 0.0.0.0/0 所取代。

下面以图 5-52 为例，配置 OSPF 的末梢区域和完全末梢区域，并进行结果的验证。完成各台路由器的接口 IP 地址配置后，分别在各台路由器上配置 OSPF 路由协议。

① 路由器 C2811A 上 OSPF 配置内容如下，C2811A 位于区域 1 中。

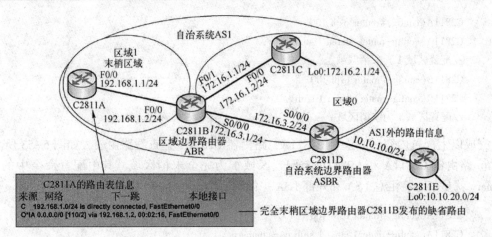

图 5-54　区域 1 配置为完全末梢区域时

C2811A(config)#router ospf 100

C2811A(config-router)#network 192. 168. 1. 0 0. 0. 0. 255 area 1

② 路由器 C2811B 上 OSPF 配置内容如下，C2811B 位于区域 1 和区域 0 之间，为区域边界路由器 ABR。

C2811B(config)#router ospf 100

C2811B(config-router)#network 192. 168. 1. 0 0. 0. 0. 255 area 1

C2811B(config-router)#network 172. 16. 1. 0 0. 0. 0. 255 area 0

C2811B(config-router)#network 172. 16. 3. 0 0. 0. 0. 255 area 0

③ 路由器 C2811C 上 OSPF 配置内容如下，C2811C 位于区域 0 中。

C2811C(config)#router ospf 100

C2811C(config-router)#network 172. 16. 1. 0 0. 0. 0. 255 0 area 0

C2811C(config-router)#network 172. 16. 2. 0 0. 0. 0. 255 0 area 0

④ 路由器 C2811D 上 OSPF 配置内容如下，其中 C2811D 将 RIP 路由重分发到 OSPF 区域中，有关路由重分发的配置参见 5.7 节。C2811E 运行 RIP 协议配置此处省略。

C2811D(config)#router rip

C2811D(config-router)#version 2

C2811D(config-router)#no auto-summary

C2811D(config-router)#network 10. 10. 10. 0

C2811D(config-router)#exit

C2811D(config)#router ospf 10

C2811D(config-router)#redistribute rip metric 10 subnets

C2811D(config-router)#network 172. 16. 3. 0 0. 0. 0. 255 area 0

⑤ 路由器 C2811A 和 C2811B 上配置区域 1 为末梢区域。请注意必须把末梢区域中所有的 OSPF 路由器（包括区域边界路由器 ABR 和区域内部路由器）都配置末梢区域，在图中可以看出路由器 RA 和 RB 都需要配置末梢区域。

C2811A(config)#router ospf 100

C2811A(config-router)#area 1 stub

//配置区域 1 为末梢区域。

C2811B(config)#router ospf 100

C2811B(config-router)#area 1 stub

//配置区域 1 为末梢区域。

完成以上配置内容后并重启 C2811A，路由器 C2811A 上查看路由表，如图 5-53 所示。

⑥ 路由器 C2811A 和 C2811B 上配置区域 1 为完全末梢区域，其中配置命令中的 no-summary 就是禁止将汇总 LSA 和外部 LSA 扩散到完全末梢区域中。

C2811A(config)#router ospf 100

C2811A(config-router)#area 1 stub no-summary

//配置区域 1 为完全末梢区域

C2811B(config)#router ospf 100

C2811B(config-router)#area 1 stub no-summary

//配置区域 1 为完全末梢区域

完成以上配置内容后并重启 C2811A，路由器 C2811A 上查看路由表，如图 5-54 所示。

5.5.11　OSPF 虚连接的配置

在前面的介绍中，可以了解到当网络中包含多个区域时，OSPF 规定必须有一个骨干区域 0，其他所有区域都必须与骨干区域物理相连。骨干区域主要工作是在其余区域间传递路由信息。当一个区域的路由信息对外发布时，其路由信息是先传递至骨干区域，再由骨干区域将该路由信息向其余区域发布。

但在实际的网络情况中，可能会出现类似于图 5-55 所示的情况。图 5-55 中，非骨干区域 2 由于实际的网络建设，而无法与骨干区域 0 直接物理相连接，那么这时候就需要为区域 2 建立 OSPF 虚连接，使得区域 2 在逻辑上与骨干区域 0 相连接。

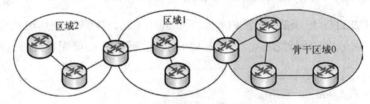

图 5-55　非骨干区域虚连接到骨干区域

另外，也可能在实际网络建设中出现如图 5-56 所示的情况，即骨干区域在实际建设中就是物理地相互分开的，这个时候也同样需要虚连接将两个物理分开的骨干区域相互逻辑连接。

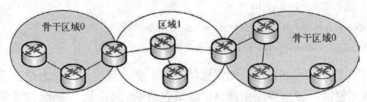

图 5-56　骨干区域之间的虚连接

下面以图 5-57 和图 5-58 为例，说明 OSPF 虚连接的配置。

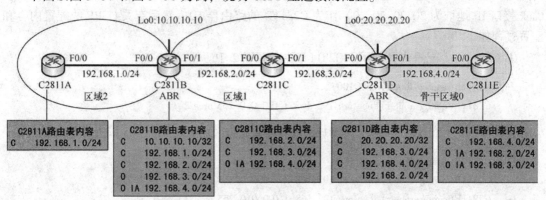

图 5-57 虚连接配置示例图（虚连接配置前）

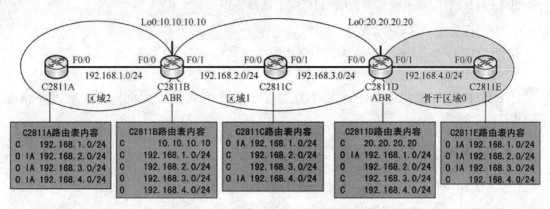

图 5-58 虚连接配置示例图（虚连接配置后）

在图 5-57 中，没有配置虚连接之前，区域 2 由于没有直接和骨干区域 0 相连接，因此区域 2 中的路由器 C2811A 无法通过骨干区域学习到区域 1 和区域 0 中的路由信息，而其他区域的路由器也无法学习到区域 2 中的 192.168.1.0/24 网络的路由信息。

在图 5-58 中，完成虚连接配置之后，区域 2 通过区域 1 与骨干区域 0 逻辑相连接，因此区域 2 中的路由器 C2811A 可以通过骨干区域学习到区域 1 和区域 0 中的路由信息，而其他区域的路由器也可以学习到区域 2 中 192.168.1.0/24 网络的路由信息。请认真对照图 5-57 和图 5-58 中各台路由器的路由表内容。

配置 OSPF 虚连接有以下的要求。

① 配置虚连接所使用的区域称为中转区域（transit area），如图 5-58 中的区域 1 所示，这种区域必须具有全部路由信息，中转区域不能是末梢区域。

② 虚连接必须配置在两个区域边界路由器 ABR 之间，如图 5-58 所示，需要在 C2811B 和 C2811D 上配置虚连接。

③ 配置虚连接所用的命令为 "area 中转区域 virtual-link 对端区域边界路由器的 ID"，如图 5-58 所示，在 C2811B 上需要配置 area 1 virtual-link 20.20.20.20，在 C2811D 上需要配置 area 1 virtual-link 10.10.10.10。

下面以图 5-58 为例，进行虚连接的配置，完成各台路由器接口配置后，配置 C2811B

的 Loopback 接口 IP 地址为 10. 10. 10. 10,作为 C2811B 的路由器 ID,配置 C2811D 的 Loop-back 接口 IP 地址为 20. 20. 20. 20,作为 C2811D 的路由器 ID,然后有关 OSPF 的配置内容和配置过程如下。

① C2811A 上配置内容如下,C2811A 位于区域 2 中。

```
C2811A(config)#router ospf 100
C2811A(config-router)#network 192.168. 1. 0 0. 0. 0. 255 area 2
```

② C2811B 上配置内容如下,C2811B 位于区域 2 与区域 1 之间,为区域边界路由器 ABR。

```
C2811B(config)#router ospf 100
C2811B(config-router)#network 192.168. 2. 0 0. 0. 0. 255 area 1
C2811B(config-router)#network 192.168. 1. 0 0. 0. 0. 255 area 2
```

③ C2811C 上配置内容如下,C2811C 位于区域 1 中。

```
C2811C(config)#router ospf 100
C2811C(config-router)#network 192.168. 2. 0 0. 0. 0. 255 area 1
C2811C(config-router)#network 192.168. 3. 0 0. 0. 0. 255 area 1
```

④ C2811D 上配置内容如下,C2811D 位于区域 1 和区域 0 之间,为区域边界路由器 ABR。

```
C2811D(config)#router ospf 100
C2811D(config-router)#network 192.168. 4. 0 0. 0. 0. 255 area 0
C2811D(config-router)#network 192.168. 3. 0 0. 0. 0. 255 area 1
```

⑤ C28111E 上配置内容如下,C2811E 位于区域 0 中。

```
C2811E(config)#router ospf 100
C2811E(config-router)#network 192.168. 4. 0 0. 0. 0. 255 area 0
```

⑥ 完成以上配置内容后,查看各台路由器中的路由表,与图 5-57 进行对照,可以发现区域 2 中的路由器 C2811A 无法通过骨干区域学习到区域 1 和区域 0 中的路由信息,而其他区域的路由器也无法学习到区域 2 中的 192. 168. 1. 0/24 网络的路由信息。各台路由器上的路由表此处略。

⑦ 在 C2811B 进行 OSPF 虚连接的配置。

```
C2811B(config)#router ospf 100
C2811B(config-router)#area 1 virtual-link 20. 20. 20. 20
//区域 1 为中转区域,C2811B 通过虚连接连接到路由器 ID 为 20. 20. 20. 20 的区域边界路由器,
  即 C2811D。
```

⑧ 在 C2811D 进行 OSPF 虚连接的配置。

```
C2811D(config)#router ospf 100
C2811D(config-router)#area 1 virtual-link 10. 10. 10. 10
//区域 1 为中转区域,C2811D 通过虚连接连接到路由器 ID 为 10. 10. 10. 10 的区域边界路由器,
  即 C2811B。
```

⑨ 完成以上虚连接配置后，实现了区域 2 通过区域 1 与骨干区域 0 逻辑相连接，查看各台路由器中的路由表，与图 5-58 进行对照，可以发现区域 2 中的路由器 C2811A 可以通过骨干区域学习到区域 1 和区域 0 中的路由信息，而其他区域的路由器也可以学习到区域 2 中 192.168.1.0/24 网络的路由信息。各台路由器上的路由表此处略。

5.6 EIGRP 协议

5.6.1 EIGRP 概述

1. EIGRP 概述

增强内部网关路由协议（enhanced interior gateway routing protocol，EIGRP）是一种内部网关路由协议，它综合了距离矢量和链路状态两者的特点。

EIGRP 的特点包括以下几个方面。

① 快速收敛：EIGRP 使用 DUAL 算法来实现快速收敛。路由器使用 EIGRP 来存储所有到达目的地的备份路由，当网络拓扑结构发生变化时以便进行快速切换。如果没有合适的或备份路由在本地路由表中的话，路由器向它的邻居进行查询来选择一条备份路由。

② 减少带宽占用：EIGRP 不做周期性的更新，它只在路由的路径和代价发生变化以后做部分更新。当路径信息改变以后，EIGRP 只发送那条路由信息改变了的更新，而不是发送整个路由表。和更新传输到一个区域内的所有路由器上的链路状态路由协议 OSPF 相比，EIGRP 只发送更新给需要该更新信息的路由器。

③ 支持多种网络层协议：EIGRP 通过使用协议独立模块（protocol dependent modules，PDMs），可以支持 AppleTalk、IP 和 NovellNetware 等协议。

④ 无缝连接数据链路层协议和拓扑结构：EIGRP 不要求对 OSI 参考模型的二层协议做特别的配置。这点不像 OSP，OSPF 对不同的二层协议要做不同配置，比如以太网和帧中继。

⑤ EIGRP 保证网络不会产生环路，而且配置起来很简单，支持 VLSM。

⑥ EIGRP 使用组播地址 224.0.0.10 和单播地址，直接使用 IP 协议进行封装，IP 协议类型为 88。EIGRP 验证仅支持 MD5 验证。可以进行手工路由汇总。

⑦ EIGRP 协议在路由计算中要对网络带宽、网络时延、信道占用率和信道可信度等因素作全面的综合考虑，所以 EIGRP 的路由计算更为准确，更能反映网络的实际情况。同时 EIGRP 协议支持多路由，使路由器可以按照不同的路径进行负载分担。

⑧ 没有区域概念：EIGRP 没有区域的概念，而 OSPF 在大规模网络的情况下，可以通过划分区域来规划和限制网络规模。所以 EIGRP 适用于网络规模相对较小的网络，这也是矢量-距离路由算法（RIP 协议就是使用这种算法）的局限所在。

2. EIGRP 的三张表

（1）EIGRP 的邻居表

只有在 EIGRP、OSPF、IS-IS 这些路由协议上才使用 Hello 报文，用于发现和管理自己的邻居，这样就减少了发送整张路由表所占用的带宽，邻居表主要是与自己所直连的路由器建立邻居，通过周期性发送 Hello 可以得知网络拓扑有没有改变，如果在 Hello 失效时间内内没有收到邻居的 Hello 包表示自己的邻居已经失效了，从而通知其他的邻居，实现网络重新达到收敛。邻居表主要包含：邻居的 IP 地址、邻居与自己相连的路由器接口等信息。

（2）EIGRP 的拓扑表

拓扑表是到达各个路由的路径表，主要包含到目标的 FD 和 AD 值。

FD 值称为可行距离，表示从本路由器到达目的网络的代价值。

AD 值称为通告距离，表示从下一跳路由器到达目的网络的代价值。

（3）EIGRP 的路由表

EIGRP 的路由表就是 EIGRP 拓扑表的精华部分，因为路由器会收到很多到目标的路径，它会选择最优的路径和次优的路径放到路由表里面，次优路径作为备份，因为这样会实现快速的收敛，当最优路径失效后，可以通过次优路径到达目标主机。

下面通过图 5-59 说明这三张表。

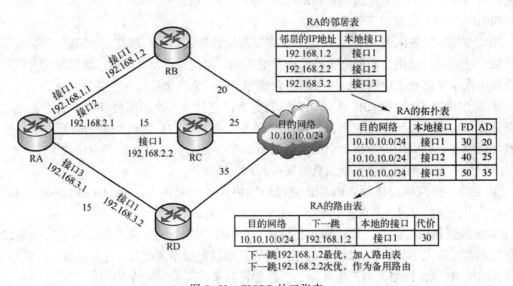

图 5-59　EIGRP 的三张表

这里值得说明的是，在选取次优路径的时候，要求次优路径的 AD 值必须小于最优路径的 FD 值，如图 5-59 中的最优路径为 RA-RB-目的网络，FD 值为 30；次优路径为 RA-RC-目的网络，FD 值为 40，而次优路径的 AD 值为 25。

3. EIGRP 的代价计算

EIGRP 的代价值（度量值）使用以下参数进行计算：带宽、延迟、可靠性、负载。

EIGRP 代价值的计算公式如下：

$$EIGRP \ 代价值 = \left(K1 * 带宽 + \frac{K2 * 带宽}{256 - 负载} + K3 * 延迟 \right) * \left(\frac{K5}{可靠性 + K4} \right)$$

如果 K5＝0，则计算公式修订为：

$$EIGRP \ 代价值 = \left(K1 * 带宽 + \frac{K2 * 带宽}{256 - 负载} + K3 * 延迟 \right)$$

其中，默认情况下 K1＝1、K2＝0、K3＝1、K4＝0、K5＝0，不推荐修改 K 值。原因在于 K 值要通过 EIGRP 的 Hello 包传输给邻居，如果两个路由器的 K 值不相同的话，它们之间就不会形成邻居关系的。

因此，在默认情况下 EIGRP 代价值的计算公式为：

$$EIGRP\ 代价值＝(K1*带宽+K3*延迟)$$

其中带宽＝$(10^7/接口带宽值)*256$，延迟＝(接口延迟值/10)$*256$。

例如以下快速以太网接口：

Router#show interfaces fastEthernet 0/1
    MTU 1500 bytes, BW 100000 Kbit, DLY 100 usec,
        reliability 255/255, txload 1/255, rxload 1/255
...

可以看到接口带宽值为 100 000 kbps，延迟为 100 usec，则带宽＝$(10^7/100\ 000)*256＝$ 25 600，延迟＝(100/10)$*256＝2560$，则 EIGRP 代价值＝25 600+2560＝28 160。

例如以下同步串口接口：

Router#show interfaces serial 0/0/0
...
    MTU 1500 bytes, BW 1544 Kbit, DLY 20000 usec,
        reliability 255/255, txload 1/255, rxload 1/255
...

可以看到接口带宽值为 1544 kbps，延迟为 20 000 usec，则带宽＝$(10^7/1544)*256≈$ 1 657 856，延迟＝(20 000/10)$*256＝512\ 000$，则 EIGRP 代价值＝1 657 856+512 000＝ 2 169 856。

4. EIGRP 的报文

EIGRP 的报文封装格式如图 5-60 所示。EIGRP 报文直接使用 IP 协议进行封装，IP 首部协议类型为 88。

图 5-60 EIGRP 报文封装结构

（1）EIGRP 报文的首部

在 EIGRP 报文的首部中通常包含以下一些字段内容。

版本：用于说明 EIGRP 协议的版本，现 EIGRP 有两个版本。

类型：用于说明 EIGRP 报文的类型，1 为更新 Update 报文，3 为查询 Query 报文，4 为应答 Reply 报文；5 为问候 hello 报文。

校验和：用于对整个 EIGRP 报文校验计算。

标记：标记位，如为 0x00001 表示开始，如为 0x00002 表示接收。

发送序列号：用于报文的发送编号。

确认序列号：用于对从邻居收到报文的确认。

自治系统号：EIGRP 协议自治系统的标识号。

TLVS 类型：用于说明 TLVS 内容字段的类型，如为 0x0001，则报文内容为 EIGRP 参数（K1、K2、K3、K4、K5 值等），如为 0x0102，则报文内容是 IP 内部路由。

TLVS 内容字段：由 TLVS 类型字段决定，如具有下一跳、延迟、带宽、MTU、跳数、可靠性、负载、前缀长度、目的地址、内部路由、外部路由等。

（2）EIGRP 报文的类型

EIGRP 主要有以下五种类型报文。

① 问候 Hello 报文：采用组播地址进行发送，主要用于初始化建立邻居，并周期性发送 Hello 报文保持邻居的关系，如果在三个周期内没有收到对方的 Hello，表示邻居已经失效，并重新收敛网络。

② 更新 Update 报文：采用单播地址或组播地址进行发送，主要用于路由器启动后、网络拓扑或代价值发生变化时提供路由变更信息。

③ 查询 Query 报文：通常采用组播地址进行发送，有些情况下也可使用单播地址，当路由器开始计算路由而没有找到备用路由的时候，将向邻居发送查询报文，询问它们是否有前往目的网络的备用路径。

④ 应答 Relay 报文：以单播地址的方式发给发出查询报文的路由器，作为应答。

⑤ 确认 ACK 报文：采用单播地址发送，用于对更新报文、查询报文、应答报文进行确认。

5.6.2　EIGRP 的配置

下面以图 5-61 为例，说明 EIGRP 的配置，并对配置结果进行分析。

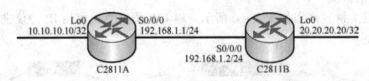

图 5-61　EIGRP 配置示例图

① 在 C2811A 上完成以下 EIGRP 路由协议的配置内容。

```
C2811A(config)#router eigrp 1
//在自治系统 1 中启动路由协议 EIGRP,注意与 OSPF 协议不一样,此处 1 表示自治系统,而 OSPF
此处表示进程编号
C2811A(config-router)#network 192.168.1.0 0.0.0.255
C2811A(config-router)#network 10.10.10.10 0.0.0.0
C2811A(config-router)#no auto-summary
```

② 在 C2811B 上完成以下 EIGRP 路由协议的配置内容。

```
C2811B(config)#router eigrp 1
```

C2811B（config-router）#network 20. 20. 20. 20 0. 0. 0. 255

C2811B（config-router）#network 192. 168. 1. 0 0. 0. 0. 255

C2811B（config-router）#no auto-summary

③ 在 C2811A 上运行 show ip route 查看路由表，运行 show ip protocols 查看路由协议，运行 show ip eigrp neighbors 查看邻居表，运行 show ip eigrp topology 查看拓扑表，路由器 C2811B 上运行结果此处略。

C2811A#show ip route

…

    10. 0. 0. 0/24 is subnetted, 1 subnets

C   10. 10. 10. 0 is directly connected, Loopback0

    20. 0. 0. 0/24 is subnetted, 1 subnets

D   20. 20. 20. 0 [90/2297856] via 192. 168. 1. 2, 00:00:04, Serial0/0/0

C 192. 168. 1. 0/24 is directly connected, Serial0/0/0

C2811A#show ip protocols

Routing Protocol is "eigrp　1 "

  Outgoing update filter list for all interfaces is not set

  Incoming update filter list for all interfaces is not set

  Default networks flagged in outgoing updates

  Default networks accepted from incoming updates

  EIGRP metric weight K1=1,K2=0, K3=1, K4=0, K5=0

  EIGRP maximum hopcount 100

  EIGRP maximum metric variance 1

Redistributing: eigrp 1

  Automatic network summarization is not in effect

  Maximum path: 4

  Routing for Networks:

    192. 168. 1. 0

    10. 10. 10. 10/32

  Routing Information Sources:

Gateway	Distance	Last Update
192. 168. 1. 2	90	1197943

  Distance: internal 90 external 170

C2811A#show ip eigrp neighbors

IP-EIGRP neighbors for process 1

H	Address	Interface	Hold Uptime (sec)	SRTT (ms)	RTO	Q Cnt	Seq Num
0	192. 168. 1. 2	Se0/0/0	10　00:02:05	40	1000	0	9

C2811A#show ip eigrp topology

IP-EIGRP Topology Table for AS 1

Codes: P - Passive, A - Active, U - Update, Q - Query, R - Reply,

    r - Reply status

P 10. 10. 10. 0/24, 1 successors, FD is 128256

```
        via Connected, Loopback0
    P 192.168.1.0/24, 1 successors, FD is 2169856
        via Connected, Serial0/0/0
    P 20.20.20.0/24, 1 successors, FD is 2297856
        via 192.168.1.2（2297856/128256），Serial0/0/0
```

④ 在 C2811A 上进行 EIGRP 验证的配置，采用 MD5 加密验证的方式，配置内容类似于 RIP 协议的验证配置，可参阅 RIP 协议验证配置。

```
C2811A(config)#key chain gzeic
C2811A(config-keychain)#key 1
C2811A(config-keychain-key)#key-string pineapple
C2811A(config-keychain-key)#exit
C2811A(config-keychain)#exit
C2811A(config)#interface serial 0/0/0
C2811A(config-if)#ip authentication mode eigrp 1 md5
//此处 eigrp 后面的 1 为自治系统编号。
C2811A(config-if)#ip authentication key-chain eigrp 1 gzeic
C2811A(config-if)#
```

⑤ 在 C2811B 上进行 EIGRP 验证的配置，采用 MD5 加密验证的方式。配置完成后可查看路由表、邻居表等相关信息，此处查看内容省略。

```
C2811B(config)#key chain gzeic
C2811B(config-keychain)#key 1
C2811B(config-keychain-key)#key-string pineapple
C2811B(config-keychain-key)#exit
C2811B(config-keychain)#exit
C2811B(config)#interface serial 0/0/0
C2811B(config-if)#ip authentication mode eigrp 1 md5
C2811B(config-if)#ip authentication key-chain eigrp 1 gzeic
```

5.7　路由器路由重分发配置

5.7.1　路由重分发简介

一个单一的路由协议是管理网络中路由的首选方法，但是可能会出现网络不同的部分采用了不同的内部网关路由协议 IGP 的情况，如图 5-62 所示，OSPF 路由协议运行的自治系统 1 中包含有 192.168.1.0/24 和 192.168.2.0/24 网络，EIGRP 路由协议运行的自治系统 2 中包含有 172.16.1.0/24 和 172.16.2.0/24 网络，如果在自治系统边界路由器 ASBR 上不做路由协议的重分发，那么自治系统 1 将无法知道自治系统 2 中的路由，而自治系统 2 也将无法知道自治系统 1 中的路由，自治系统边界路由器 ASBR 连接了两个不同路由协议运行的自治系统，它同时有 OPSF 的进程和 EIGRP 的进程运行，自治系统边界路由器 ASBR 可以通过路由协议重分发，将从自治系统 1 中通过 OSPF 协议学习到的路由分发给自治系统 2，将从自治系统 2 中通过 EIGRP 协议学习到的路由分发给自治系统 1，这就是路由重分发的概念。

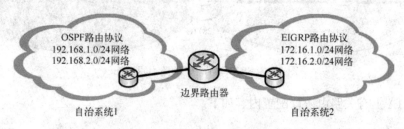

图 5-62 路由重分发的概念

综上所述，在大型的网络系统中，可能在同一网络内使用到多种路由协议，为了实现多种路由协议之间能够相互配合、协同工作，可以在处于边界位置的路由器上使用路由重分发（route redistribution）技术，将其通过一种路由协议学习到的路由使用另一种路由协议发送出去，如图 5-62 所示，边界路由器将通过 OSPF 路由协议学习到的路由使用 EIGRP 协议发送给自治系统 2，将通过 EIGRP 路由协议学习到的路由使用 OSPF 协议发送给自治系统 1，这样网络的所有部分都可以连通了。为了实现重分发，位于边界位置的路由器必须同时运行多种路由协议。

在路由重分发中最需要考虑的问题是，不同的路由协议使用不同的代价评定最优路径。

如在 RIP 协议中，评定最优路径的代价是跳数，在 OSPF 协议中，评定最优路径的代价是链路带宽，在 EIGRP 中，评定最优路径的代价是链路带宽、延迟、可靠性、负载。

因此，处于边界位置的路由器在路由协议之间重分发路由信息的时候，必须能够将其从源路由协议那里收到的路由代价值转换为目标路由协议中的代价值。例如，如果边界路由器收到一条 RIP 路由，则该路由的代价值为跳数，要将这条路由重分发到 OSPF 中，路由器必须将跳数转换为 OSPF 的代价值链路带宽，这样其他 OSPF 路由器才能识别该代价值。

如果将 RIP 路由、EIGRP 路由重新发布到 OSPF 中，默认情况下代价值为 20，并且默认情况下不发布子网。

如果将 OSPF 路由、EIGRP 路由重新发布到 RIP 中，默认情况下代价值为无穷大，所以一般来说要人工指定代价值，并且不能超过 RIP 中最大值 15 跳的规定。

如果将 RIP 路由、OSPF 路由重新发布到 EIGRP 中，默认情况下代价值为无穷大，所以一般来说要人工指定代价值，包括带宽、延迟、可靠度、负载。

在重分发路由信息时，CISCO 建议进行人工指定代价值，并将代价值设置为一个大于接收自治系统中最大代价值的值。

5.7.2 路由重分发的配置

下面以实例方式进行路由重分发的配置介绍。

1. 配置示例 RIP 与 OSPF 的路由重分布

示例图如图 5-63 所示，配置内容及说明如下。

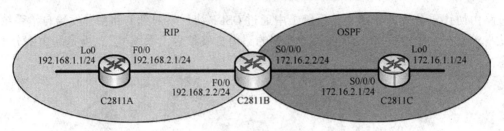

图 5-63　RIP 与 OSPF 的路由重分布

① C2811A 上有关路由协议配置内容如下。

C2811A(config)#router rip
C2811A(config-router)#version 2
C2811A(config-router)#no auto-summary
C2811A(config-router)#network 192.168.1.0
C2811A(config-router)#network 192.168.2.0

② C2811C 上有关路由协议配置内容如下。

C2811C(config)#router ospf 10
C2811C(config-router)#network 172.16.1.0 0.0.0.255 area 10
C2811C(config-router)#network 172.16.2.0 0.0.0.255 area 10

③ C2811B 上有关路由协议配置内容如下。

C2811B(config)#router rip
C2811B(config-router)#version 2
C2811B(config-router)#no auto-summary
C2811B(config-router)#network 192.168.2.0
C2811B(config-router)#exit
C2811B(config)#router ospf 10
C2811B(config-router)#network 172.16.2.0 0.0.0.255 area 10
C2811B(config-router)#exit
C2811B(config)#router rip
C2811B(config-router)#redistribute ospf 10 metric5
//将进程号为 10 的 OSPF 路由信息指定代价值为 5,通过 RIP 协议重分发。
C2811B(config-router)#exit
C2811B(config)#router ospf 10
C2811B(config-router)#redistribute rip metric 30 subnets
//将 RIP 路由信息指定代价值为 30,通过 OSPF 协议重分发。
C2811B(config-router)#

④ C2811A 上路由表显示结果如下，可以看到通过 RIP 协议学习到了 OSPF 区域中的路由信息。

C2811A#show ip route
…

```
        172. 16. 0. 0/16 is variably subnetted, 2 subnets, 2 masks
R         172. 16. 1. 1/32 [120/5] via 192. 168. 2. 2, 00:00:18, FastEthernet0/0
R         172. 16. 2. 0/24 [120/5] via 192. 168. 2. 2, 00:00:18, FastEthernet0/0
C       192. 168. 1. 0/24 is directly connected, Loopback0
C       192. 168. 2. 0/24 is directly connected, FastEthernet0/0
C2811A#
```

⑤ C2811B 上路由表显示结果如下。

```
C2811B#show ip route
…
        172. 16. 0. 0/16 is variably subnetted, 2 subnets, 2 masks
O         172. 16. 1. 1/32 [110/65] via 172. 16. 2. 1, 00:07:31, Serial0/0/0
C         172. 16. 2. 0/24 is directly connected, Serial0/0/0
R       192. 168. 1. 0/24 [120/1] via 192. 168. 2. 1, 00:00:20, FastEthernet0/0
C       192. 168. 2. 0/24 is directly connected, FastEthernet0/0
C2811B#
```

⑥ C2811C 上路由表显示结果如下，可以看到通过 OSPF 协议学习到了 RIP 区域中的路由信息。其中 O E2 表示 OSPF external type 2，即此路由条目是 OSPF 协议从外部路由协议所引入的路由信息，即 OSPF 外部类型 2。

```
C2811C#show ip route
…
        172. 16. 0. 0/24 is subnetted, 2 subnets
C         172. 16. 1. 0 is directly connected, Loopback0
C         172. 16. 2. 0 is directly connected, Serial0/0/0
O E2 192. 168. 1. 0/24 [110/30] via 172. 16. 2. 2, 00:02:18, Serial0/0/0
O E2 192. 168. 2. 0/24 [110/30] via 172. 16. 2. 2, 00:02:18, Serial0/0/0
C2811C#
```

2. 配置示例-直连路由和静态路由的路由重分布

示例图如图 5-64 所示，配置内容及说明如下。

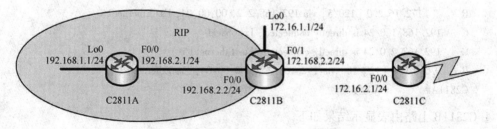

图 5-64　直连路由与静态路由的路由重分布

① C2811A 上有关路由协议配置内容如下：

```
C2811A(config)#router rip
C2811A(config-router)#version 2
```

C2811A(config-router)#no auto-summary

C2811A(config-router)#network 192.168.1.0

C2811A(config-router)#network 192.168.2.0

② C2811B 上有关路由协议配置内容如下。

C2811B(config)#ip route 0.0.0.0 0.0.0.0 172.16.2.1

//配置静态路由。

C2811B(config)#exit

C2811B#show ip route

…

     172.16.0.0/24 is subnetted, 2 subnets

C   172.16.1.0 is directly connected, Loopback0

C   172.16.2.0 is directly connected, FastEthernet0/1

C   192.168.2.0/24 is directly connected, FastEthernet0/0

S *   0.0.0.0/0 [1/0] via 172.16.2.1

C2811B#config t

C2811B(config)#router rip

C2811B(config-router)#version 2

C2811B(config-router)#no auto-summary

C2811B(config-router)#network 192.168.2.0

C2811B(config-router)#redistribute connected metric 5

//将直连路由指定代价值为 5,通过 RIP 协议重分发。

C2811B(config-router)#redistribute static metric 10

//将静态路由指定代价值为 10,通过 RIP 协议重分发。

C2811B(config-router)#

③ C2811A 上路由表显示结果如下。

C2811A#show ip route

…

     172.16.0.0/24 is subnetted, 2 subnets

R   172.16.1.0 [120/5] via 192.168.2.2, 00:00:04, FastEthernet0/0

R   172.16.2.0 [120/5] via 192.168.2.2, 00:00:04, FastEthernet0/0

C   192.168.1.0/24 is directly connected, Loopback0

C   192.168.2.0/24 is directly connected, FastEthernet0/0

R *   0.0.0.0/0 [120/10] via 192.168.2.2, 00:00:04, FastEthernet0/0

C2811A#

④ C2811B 上路由表显示结果如下。

C2811B#show ip route

…

     172.16.0.0/24 is subnetted, 2 subnets

C   172.16.1.0 is directly connected, Loopback0

C   172.16.2.0 is directly connected, FastEthernet0/1

R　　192.168.1.0/24 [120/1] via 192.168.2.1, 00:00:23, FastEthernet0/0
C　　192.168.2.0/24 is directly connected, FastEthernet0/0
S *　0.0.0.0/0 [1/0] via 172.16.2.1
C2811B#

本章实验

实验 5-1　"静态和默认路由配置"报告书

实 验 名 称	静态和默认路由配置	实验指导视频	
实验拓扑结构	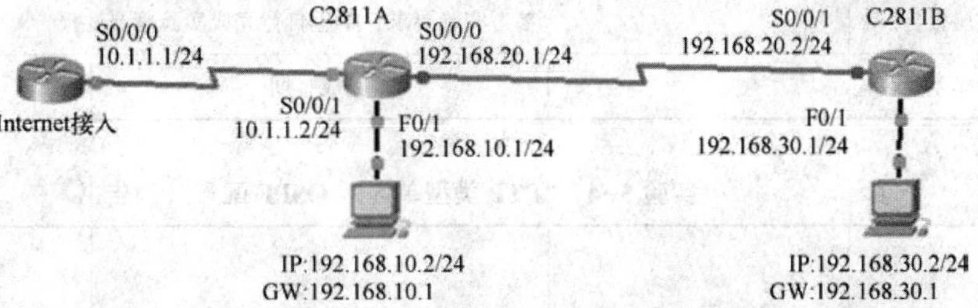		
实验要求	掌握路由表的概念，理解路由表的内容，理解 IP 路由过程，掌握静态路由和默认路由的配置		
实验报告	参考实验要求，学生自行完成实验摘要性报告		
实验学生姓名		完成日期	

实验 5-2　"RIPv2 的配置"报告书

实 验 名 称	RIPv2 的配置	实验指导视频	
实验拓扑结构	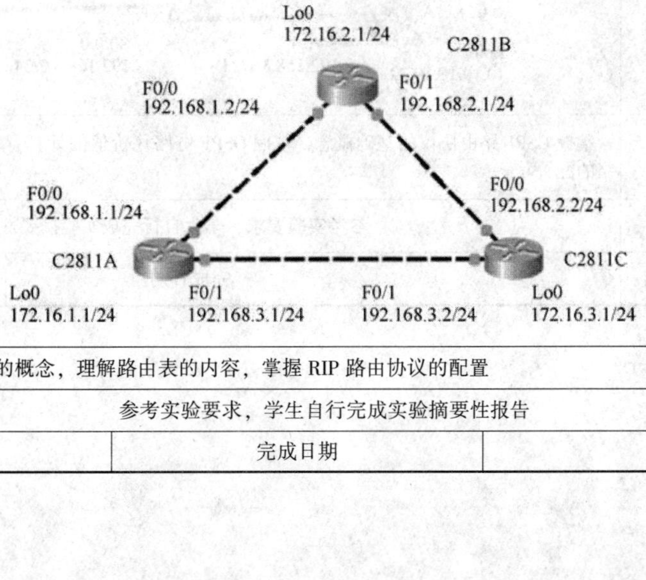		
实验要求	掌握路由表的概念，理解路由表的内容，掌握 RIP 路由协议的配置		
实验报告	参考实验要求，学生自行完成实验摘要性报告		
实验学生姓名		完成日期	

实验 5-3 "RIPv2 验证的配置" 报告书

实 验 名 称	RIPv2 验证的配置	实验指导视频	
实验拓扑结构			
实验要求	掌握 RIPv2 协议的明文验证配置和密文验证配置		
实验报告	参考实验要求，学生自行完成实验摘要性报告		
实验学生姓名		完成日期	

实验 5-4 "PTP 类型单区域 OSPF 配置" 报告书

实 验 名 称	PTP 类型单区域 OSPF 配置	实验指导视频	
实验拓扑结构			
实验要求	掌握 OSPF 路由协议的基础概念，掌握 OSPF 链路代价值的计算，掌握 OSPF 路由协议 PTP 类型网络的配置		
实验报告	参考实验要求，学生自行完成实验摘要性报告		
实验学生姓名		完成日期	

实验 5-5 "BMA 类型单区域 OSPF 配置"报告书

实 验 名 称	BMA 类型单区域 OSPF 配置	实验指导视频	
实验拓扑结构			

实验要求	掌握 OSPF 路由协议的基础概念,掌握 OSPF 链路代价值的计算,掌握 OSPF 路由协议 BMA 类型网络的配置		
实验报告	参考实验要求,学生自行完成实验摘要性报告		
实验学生姓名		完成日期	

实验 5-6 "NBMA 类型单区域 OSPF 配置"报告书

实 验 名 称	NBMA 类型单区域 OSPF 配置	实验指导视频	
实验拓扑结构			

实验要求	掌握 OSPF 路由协议的基础概念,掌握 OSPF 链路代价值的计算,掌握 OSPF 路由协议 NBMA 类型网络的配置		
实验报告	参考实验要求,学生自行完成实验摘要性报告		
实验学生姓名		完成日期	

实验 5-7 "多区域 OSPF 配置" 报告书

实 验 名 称	多区域 OSPF 配置	实验指导视频	
实验拓扑结构			
实验要求	掌握 OSPF 路由协议的基础概念，掌握 OSPF 区域的概念，掌握多区域 OSPF 路由协议的配置		
实验报告	参考实验要求，学生自行完成实验摘要性报告		
实验学生姓名		完成日期	

实验 5-8 "OSPF 验证的配置" 报告书

实 验 名 称	OSPF 验证的配置	实验指导视频	
实验拓扑结构			
实验要求	掌握 OSPF 路由协议的基础概念，掌握 OSPF 明文验证和密文验证的配置方法		
实验报告	参考实验要求，学生自行完成实验摘要性报告		
实验学生姓名		完成日期	

实验 5-9 "OSPF 的末梢区域和完全末梢区域配置" 报告书

实 验 名 称	OSPF 的末梢区域和 完全末梢区域配置	实验指导视频	
实验拓扑结构			
实验要求	理解 OSPF 骨干区域、标准区域、末梢区域和完全末梢区域的概念和区别，掌握 OSPF 路由来源的 分类，掌握 OSPF 末梢区域和完全末梢区域的配置命令		
实验报告	参考实验要求，学生自行完成实验摘要性报告		
实验学生姓名		完成日期	

实验 5-10 "OSPF 虚连接配置" 报告书

实 验 名 称	跨交换机 VLAN 配置和结果验证	实验指导视频	
实验拓扑结构			
实验要求	理解 OSPF 虚连接的概念，理解 OSPF 骨干区域在 OSPF 路由协议工作中的重要性，掌握 OSPF 虚连 接的配置命令		
实验报告	参考实验要求，学生自行完成实验摘要性报告		
实验学生姓名		完成日期	

实验 5-11 "EIGRP 的配置" 报告书

实 验 名 称	EIGRP 的配置	实验指导视频	
实验拓扑结构	C2811A　S0/0/0　192.168.1.1/24　S0/0/0　C2811B　192.168.1.2/24　Lo0　10.10.10.10/32　EIGRP　Lo0　20.20.20.20/32		
实验要求	掌握 EIGRP 路由协议的基础概念，掌握 EIGRP 路由协议的配置		
实验报告	参考实验要求，学生自行完成实验摘要性报告		
实验学生姓名		完成日期	

实验 5-12 "RIP 与 OSPF 的路由重分发" 报告书

实 验 名 称	RIP 与 OSPF 的路由重分发	实验指导视频	
实验拓扑结构	C2811A　F0/0　192.168.2.1/24　C2811B　S0/0/0　172.16.2.1/24　C2811C　Lo0　192.168.1.1/24　F0/0　192.168.2.2/24　S0/0/0　172.16.2.2/24　Lo0　172.16.1.1/24		
实验要求	理解路由重分发的概念和不同路由协议的代价值不同，掌握不同路由协议之间路由重分发的配置命令		
实验报告	参考实验要求，学生自行完成实验摘要性报告		
实验学生姓名		完成日期	

第6章 路由器实用配置

6.1 路由器 DHCP 相关配置

6.1.1 DHCP 简介

DHCP 是动态主机配置协议（dynamic host configuration protocol）的英文缩写。

在 TCP/IP 网络中设置计算机的 IP 地址，可以采用两种方式：一种就是手工设置，即由网络管理员分配静态的 IP 地址；另一种是由 DHCP 服务器自动分配 IP 地址。

DHCP 基于 C/S 模式，DHCP 客户机启动后自动寻找并与 DHCP 服务器通信，并从 DHCP 服务器那里获得 IP 地址、子网掩码、网关、DNS 服务器等 TCP/IP 参数，DHCP 服务器可以是安装 DHCP 服务软件的计算机，也可以是网络中的路由器设备、交换机设备。

一台 DHCP 服务器可以让网络管理员集中指派和指定全局的和子网特有的 TCP/IP 参数供整个网络使用。客户机不需要手动配置 TCP/IP，而设定为自动获取，这样 DHCP 客户机启动后可以自动从 DHCP 服务器获取 TCP/IP 参数。

DHCP 的工作原理如图 6-1 所示，DHCP 协议基于 UDP 协议，DHCP 服务器端口为 67，DHCP 客户机端口为 68，DHCP 广播使用的目的 IP 地址为有限广播 255.255.255.255。

图 6-1　DHCP 工作原理图

路由器上有关 DHCP 的内容主要有两个部分：DHCP 服务和 DHCP 中继，以下分别介绍。

6.1.2 路由器 DHCP 服务配置

路由器可以通过配置成为 DHCP 服务器，一般情况在中大型网络中，路由器上并不做 DHCP 服务的配置，这主要是为了减轻路由器的工作负担，以免路由器成为网络的瓶颈，但在小型网络数据流量不大的情况下，将路由器配置 DHCP 服务器可以使网络管理员集中为整个企业内部网络指定 TCP/IP 参数，减少配置花费的开销和时间，同时也避免了在每台计算机上手工配置引起的配置错误，还能防止网络上计算机配置 IP 地址的冲突。

下面通过图 6-2 演示如何在小型企业内部网络中，将一台路由器配置为一台 DHCP 服务器，内部网络计算机作为 DHCP 客户机，实现自动获取 IP 地址、网关、DNS 服务器等 TCP/IP 参数。

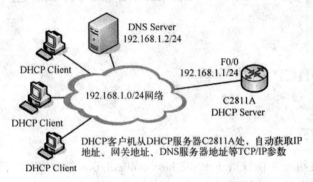

图 6-2　路由器配置为 DHCP 服务器

路由器 C2811A 上配置内容和说明如下：

C2811A(config)#ip dhcp excluded-address 192.168.1.1 192.168.1.10

//指定 DHCP 服务排除 IP 地址段，即不分配给 DHCP 客户机的 IP 地址范围，即 192.168.1.1-192.168.1.10 的 IP 地址段不分配给 DHCP 客户机，这部分地址用于网络中网关、服务器等需要固定 IP 地址的设备

C2811A(config)#ip dhcp pool gzeicdhcp

//创建一个名为 gzeicdhcp 的 DHCP 地址池，并进入到 DHCP 地址池配置模式

C2811A(dhcp-config)#network 192.168.1.0 255.255.255.0

//指定 DHCP 地址池的网络 ID 和子网掩码

C2811A(dhcp-config)#default-router 192.168.1.1

//指定 DHCP 地址池的默认网关

C2811A(dhcp-config)#dns-server 192.168.1.2

//指定 DHCP 地址池的默认 DNS 服务器

C2811A(dhcp-config)#lease 8

//指定 DHCP 地址池的租约期限为 8 天，即 DHCP 客户机如不续约，IP 地址最多提供 8 天使用期限

C2811A(dhcp-config)#exit

通过以上配置，DHCP 客户机获得从 192.168.1.11 开始到 192.168.1.254 中的一个 IP 地址，并获得网关 IP 地址 192.168.1.1 和 DNS 服务器 IP 地址 192.168.1.2，租约期限为 8 天。在路由器 C2811A 上可使用命令 show ip dhcp binding 查看 IP 地址的分配情况。

IP address	Client-ID/Hardware address	Lease expiration	Type
C2811A#show ip dhcp binding			
192.168.1.11	0001.4367.AE3B	Jul 08 2007 08:58 PM	Automatic
192.168.1.12	00E0.A307.8E4C	Jul 08 2007 09:01 PM	Automatic

6.1.3　路由器 DHCP 中继配置

由于 DHCP 服务依赖于广播信息，因此一般情况下，DHCP 客户机和 DHCP 服务器应该位于同一个 IP 网络之内，如果 DHCP 客户机和 DHCP 服务器处于不同的 IP 网络，而路由器可以隔离广播域，因此处于不同网络的 DHCP 客户机和 DHCP 服务器将无法通信，如图 6-3 所示。

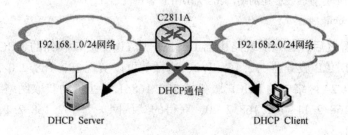

图 6-3　默认情况下路由器不转发广播

因此可以由路由器提供 DHCP 中继代理的功能，也就是说，当 DHCP 服务器和 DHCP 客户机位于不同 IP 网络时，路由器提供的中继代理服务可以在它们之间转发 DHCP 的各种消息。

DHCP 中继的工作原理如图 6-4 所示，即从某个接口收到 DHCP 广播后，根据路由器的配置情况，向某个指定的 IP 地址单播转发，从而实现 DHCP 服务跨路由工作。路由器 C2811A 上 DHCP 中继配置内容如下，图中有关 DHCP 服务器的配置此处略（Windows、Linux 等系统均提供 DHCP 服务），可参阅相关资料。

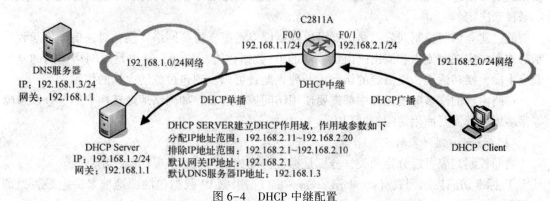

图 6-4　DHCP 中继配置

C2811A（config）#interface fastEthernet 0/0

C2811A（config-if）#ip address 192. 168. 1. 1 255. 255. 255. 0

C2811A（config-if）#no shutdown

C2811A（config-if）#exit

C2811A（config）#interface fastEthernet 0/1

C2811A（config-if）#ip address 192. 168. 2. 1 255. 255. 255. 0

C2811A（config-if）#ip helper-address 192. 168. 1. 2

//配置 F0/1 接口的 IP 帮助地址,用于转发 UDP 广播,使得该接口上收到的 UDP 广播转发到该命令指定的单播 IP 地址 192.168.1.2。

```
C2811A(config-if)#no shutdown
C2811A(config-if)#exit
C2811A(config)#ip forward-protocol udp 67
```
//允许 UDP 广播转发使用的端口,67 为 DHCP 服务器端口。
```
C2811A(config)#ip forward-protocol udp 68
```
//允许 UDP 广播转发使用的端口,68 为 DHCP 客户机端口。
```
C2811A(config)#
```

通过以上配置之后,可以实现路由器 C2811A 从 F0/1 接口收到的 DHCP 广播,转变成为单播并发送给 DHCP 服务器 192.168.1.2,这样就可以实现 192.168.2.0/24 网络中的计算机从 192.168.1.0/24 网络中的 DHCP 服务器 192.168.1.2 处自动获取网络参数,获得的 IP 地址范围为 192.168.2.11~192.168.2.20,获得的默认网关为 192.168.2.1,获得的 DNS 服务器为 192.168.1.3。

6.2　路由器访问控制列表配置

6.2.1　访问控制列表简介

访问控制列表（access control list，ACL）是应用在路由器接口的命令列表,这些命令列表用来告诉路由器哪些 IP 数据包可以接收、哪些 IP 数据包需要拒绝。至于 IP 数据包是被接收还是被拒绝,可以由源 IP 地址、目的 IP 地址、源端口号、目的端口号、协议等特定指示条件来决定。

通过建立访问控制列表,路由器可以限制网络流量,提高网络性能,对通信流量起到控制的作用,实现对流入和流出路由器接口的 IP 数据包进行过滤,这也是对网络访问的基本安全手段,换句话说,路由器的访问控制列表配置可以实现包过滤防火墙的作用。

在路由器的许多配置任务中都需要使用访问控制列表,如网络地址转换 NAT、QoS 策略等很多场合都需要使用访问控制列表。

（1）访问控制列表的分类

访问控制列表可以分为两类,分别是标准访问控制列表和扩展访问控制列表。

① 标准访问控制列表（standard access-list）:根据 IP 数据包的源地址来决定是否过滤数据包。

② 扩展访问控制列表（extended access-list）:根据 IP 数据包的源地址、目的地址、源端口、目的端口和协议类型等来决定是否过滤数据包,应用比标准访问控制列表更加灵活。

（2）访问控制列表的配置方式

① 通过访问控制列表编号进行配置:其中编号从 1~99 为标准访问控制列表,编号从 100~199 为扩展访问控制列表。

② 通过访问控制列表命名进行配置:由于路由器上各种访问控制列表逐渐增多,通过编号配置的访问控制列表较难记忆,因此可以使用命名访问控制列表。

（3）访问控制列表的配置步骤

第一步：创建访问控制列表。

第二步：定义允许或禁止 IP 数据包的描述语句。

第三步：将访问控制列表应用到路由器的具体接口上。

6.2.2 标准访问控制列表配置

以下通过两个实例来进行标准访问控制列表配置的说明。

1. 配置实例 1

如图 6-5 所示，路由器 C2811A 有两个接口，快速以太网接口 F0/0 连接内网，串行接口 S0/0/0 连接到 Internet，假设现在要求只允许 IP 地址为 210.31.10.20 的服务器访问 Internet，禁止其他 PC 机对 Internet 的访问。

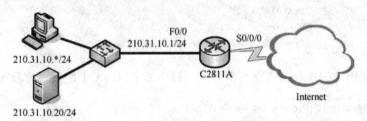

图 6-5 标准 ACL 配置示例 1

以下配置采用访问控制列表编号的方式，路由器 C2811A 上配置内容及说明如下。

> C2811A(config)#access-list 10 permit 210.31.10.20 0.0.0.0
> //创建编号为 10 的标准访问控制列表,允许源 IP 地址为 210.31.10.20 的 IP 数据包。
> C2811A(config)#access-list 10 deny any
> //编号为 10 的标准访问控制列表,拒绝其他任何源 IP 地址的 IP 数据包。
> C2811A(config)#interface fastEthernet 0/0
> C2811A(config-if)#ip access-group 10 in
> //设置在 f0/0 接口的入站方向上,按照编号为 10 的访问控制列表对 IP 数据包进行过滤。

以上配置内容需要说明以下几个方面。

① 标准访问控制列表的编号范围介于 1 和 99 之间，可以使用这个范围之内的任意编号，并且标准访问控制列表只能根据 IP 数据包的源地址进行过滤。

② 关键字 permit/deny 指出是允许还是拒绝 IP 数据包，随后可以选择主机或网络的源地址。

③ 路由器使用通配符掩码与 IP 地址一起来分辨匹配的地址范围，在通配符掩码中，如果是二进制的 0 表示必须匹配，如果是二进制的 1 表示可以不匹配。有关通配符掩码的例子如下：

210.31.10.0 0.0.0.255 表示 IP 地址的前 24 位必须匹配，而最后 8 为无所谓，因此实际表示 210.31.10.0/24 网络。

210.31.10.20 0.0.0.0 表示 IP 地址的前 32 位必须匹配，因此实际表示主机 IP 地址 210.31.10.20，当然也可以使用另一种表示方法，即 host 210.31.10.20。

0.0.0.0 255.255.255.255 表示 IP 地址不用任何匹配，即表示任何主机地址，也可以使用关键字 any 代替。

④ 在接口模式下，访问控制列表将每个接口定义了两个方向，即 in 和 out 方向。前者代表数据流入接口的方向，后者代表数据流出接口的方向。

2. 配置实例 2

如图 6-6 所示，路由器 C2811A 有三个接口，F0/0 连接内网 210.31.10.0/24，F0/1 连接内网 210.31.20.0/24，所有内网用户通过 S0/0/0 访问 Internet，假设现在要求只允许 F0/0 所连接的内网用户访问 Internet，禁止其他网段对 Internet 的访问。

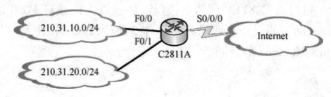

图 6-6　标准 ACL 配置示例 2

以下配置采用访问控制列表命名的方式，路由器 C2811A 上配置内容及说明如下。

> C2811A(config)#ip access-list standard test1
> //创建一个名称为 test1 的标准访问控制列表，并进入到标准访问控制列表模式。
> C2811A(config-std-nacl)#permit 210.31.10.0 0.0.0.255
> //名称为 test1 的标准访问控制列表，允许源 IP 地址为 210.31.10.0/24 网络的 IP 数据包。
> C2811A(config-std-nacl)#deny any
> //名称为 test1 的标准访问控制列表，拒绝其他任何源 IP 地址的 IP 数据包。
> C2811A(config-std-nacl)#exit
> C2811A(config)#interface serial 0/0/0
> C2811A(config-if)#ip access-group test1 out
> //设置在 S0/0/0 接口的出站方向上，按照名称为 test1 的访问控制列表对 IP 数据包进行过滤。
> C2811A(config-if)#

6.2.3　扩展访问控制列表配置

以下通过两个实例来进行扩展访问控制列表配置的说明。

1. 配置实例 1

如图 6-7 所示，路由器 C2811A 有两个接口，其中 F0/0 连接 210.31.10.0/24 网络，F0/1 连接 210.31.20.0/24 网络，在 210.31.20.0/24 网络中有一台 WWW 服务器 210.31.20.2/24，为了 WWW 服务器的安全，要求 210.31.10.0/24 网络不能通过 ICMP 协议访问服务器，但是可以访问服务器的 WWW 服务。

以下配置采用访问控制列表编号的方式，路由器 C2811A 上配置内容及说明如下。

> C2811A(config)# access-list 110 permit tcp 210.31.10.0 0.0.0.255 host 210.31.20.2 eq 80
> //创建编号为 110 的扩展访问控制列表，允许源 IP 地址为 210.31.10.0/24 的 IP 数据包通过 TCP
> 连接访问目的 IP 地址 210.31.20.2 的 80 端口，即可访问 WWW 服务。
> C2811A(config)#access-list 110 deny icmp 210.31.10.0 0.0.0.255 host 210.31.20.2

//编号为 110 的扩展访问控制列表,拒绝源 IP 地址为 210.31.10.0/24 的 ICMP 数据包访问目的 IP
地址 210.31.20.2。

C2811A(config)#interface fastEthernet 0/0

C2811A(config-if)#ip access-group 110 in

//设置在 F0/0 接口的入站方向上,按照编号为 110 的访问控制列表对 IP 数据包进行过滤。

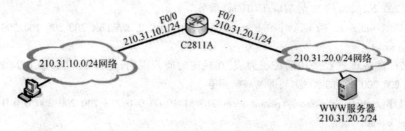

图 6-7　扩展 ACL 配置示例 1

以上配置内容需要说明的是,扩展访问控制列表的编号范围介于 100 和 199 之间,可以
使用这个范围之内的任意编号,并且可以根据 IP 数据包的源地址、目的地址、源端口、目
的端口、协议类型等信息进行过滤。

2. 配置实例 2

如图 6-8 所示,局域网 210.31.10.0/24 和 210.31.20.0/24 分别连接在 C2811A 的 F0/0
和 F0/1 接口,C2811A 的 S0/0/0 接口和 C2811B 的 S0/0/0 接口相连,并通过 C2811B 的 S0/
0/1 接口接入 Internet,同时 C2811B 的 F0/0 接口与 200.200.200.0/24 网络相连,并且在该
网络中有一台服务器,IP 地址为 220.200.200.200,该服务器架设有远程终端 Telnet 服务和
WWW 服务。

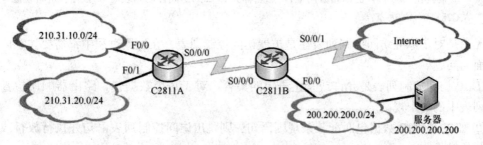

图 6-8　扩展 ACL 配置示例 2

现要求在正常上班时间内,C2811A 一端的 210.31.10.0/24 和 210.31.20.0/24 都可以
访问 Internet,并允许这两个网络使用 ping 测试到 200.200.200.0/24 的连通性,只允许
210.31.10.0/24 访问 200.200.200.200 的 Telnet 服务,只允许 210.31.20.0/24 访问
200.200.200.200 的 WWW 服务,除以上之外所有通信都不允许。

以下配置采用访问控制列表命名的方式,路由器 C2811A 上配置内容及说明如下。

C2811B#time-range xztime

//创建一个名称为 xztime 的时间范围

C2811B(config-time-range)#periodic monday tuesday wednesday thursday friday 8:00 to 18:00

//该时间范围包括周期性的、从星期一到星期五的 8:00 到 18:00

C2811B(config)#ip access-list extended test2

//创建名称为 test2 的扩展访问控制列表,并进入到扩展访问控制列表配置模式

C2811B(config-ext-nacl) #permit tcp 210. 31. 10. 00. 0. 0. 255 host 200. 200. 200. 200 eq 23 time-range xztime

//名称为 test2 的扩展访问控制列表,在规定时间范围内,允许 210. 31. 10. 0/24 通过 tcp 连接 200. 200. 200. 200 的 23 号端口,即 Telnet 服务

C2811B(config-ext-nacl) #permit tcp 210. 31. 20. 00. 0. 0. 255 host 200. 200. 200. 200 eq 80 time-range xztime

//名称为 test2 的扩展访问控制列表,在规定时间范围内,允许 210. 31. 20. 0/24 通过 tcp 连接 200. 200. 200. 200 的 80 端口,即 WWW 服务

C2811B(config-ext-nacl) #permit icmp 210. 31. 10. 00. 0. 0. 255 200. 200. 200. 0 0. 0. 0. 255 time-range xztime

//名称为 test2 的扩展访问控制列表,在规定时间范围内,允许 210. 31. 10. 0/24ICMP 访问 200. 200. 200. 0/24

C2811B(config-ext-nacl) #permit icmp 210. 31. 20. 00. 0. 0. 255 200. 200. 200. 0 0. 0. 0. 255 time-range xztime

//名称为 test2 的扩展访问控制列表,在规定时间范围内,允许 210. 31. 20. 0/24ICMP 访问 200. 200. 200. 0/24

C2811B(config-ext-nacl)#deny ip any any

//名称为 test2 的扩展访问控制列表,拒绝其他任何 IP 数据包

C2811B(config-ext-nacl)#exit

C2811B(config)#interface fastEthernet 0/0

C2811B(config-if)#ip access-group test2 out

//设置在 f0/0 接口的出站方向上,按照名称为 test2 的访问控制列表对 IP 数据包进行过滤

C2811B(config-if) #

　　无论是对于标准访问控制列表还是扩展访问控制列表,在配置过程中都需要注意以下几个方面的问题。

　　① IP 访问控制列表是允许或禁止语句的集合。对于每个数据包,路由器顺序检查访问控制列表中的每个规则。

　　② 如果遇到 IP 数据包匹配某条规则语句,则跳出访问控制列表语句并执行放行或阻塞数据包的转发。

　　③ 如果到达了访问控制列表的底端(最后一个访问控制列表语句)仍未找到与该数据包匹配的规则语句,则丢弃该数据包,即所有访问控制列表的最后有一条隐含的 deny all。

　　④ 访问控制列表只能对流入、流出路由器的流量进行过滤,无法对路由器本身产生的流量进行过滤。

　　对于配置完成后的访问控制列表,可以在特权模式下通过 show ip access-lists 查看访问控制列表配置的内容,如下内容所示,后面 match 标识为匹配该条规则的数据包数目。

C2811B#show ip access-lists

Extended IP access list test2

　　　　permit tcp 210. 31. 10. 00. 0. 0. 255 host 200. 200. 200. 200 eq telnet (3 match(es))

　　　　permit tcp 210. 31. 20. 00. 0. 0. 255 host 200. 200. 200. 200 eq www (5 match(es)) permit icmp 210. 31. 10. 00. 0. 0. 255 200. 200. 200. 0 0. 0. 0. 255 （4 match（es））

permit icmp 210. 31. 20. 00. 0. 0. 255 200. 200. 200. 0 0. 0. 0. 255 （4 match（es））

deny ip any any （32 match（es））

C2811B#

6.3 路由器独臂路由配置

1. 独臂路由的概念

在前面的内容中提到过，VLAN 之间如果需要互访，是需要三层设备支持的，只有通过三层设备才能实现 VLAN 之间的互访，在三层交换机出现之前，VLAN 之间的互访主要是通过路由器的独臂路由技术来实现，如图 6-9 所示。

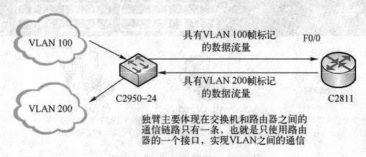

图 6-9 独臂路由的原理

以图 6-9 为例，各个 VLAN 内部的数据流量是不需要经过三层设备转发的，而不同 VLAN 之间的数据流量必须经过三层设备转发，图中，VLAN 100 内的计算机要与 VLAN 200 内的计算机进行通信，那么交换机对收到的帧加上 VLAN 标记 100，通过 Trunk 链路转发到路由器的 F0/0 接口，在路由器上经过寻找路由之后，又将接收的数据帧重新加上 VLAN 标记 200，然后 VLAN 标记为 200 的数据帧由路由器的 F0/0 接口转发回交换机，由交换机进行处理转发。

独臂路由技术现在使用得比较少，这种路由方式的不足之处在于它仍然是一种集中式的路由策略，会增加路由器的工作负担和工作压力，所以独臂路由只能适合大部分流量在 VLAN 内传输、少量的流量通过路由器进行传输的网络环境。VLAN 之间互访采用独臂路由技术，现在基本被三层交换机 VLAN 互访所取代，有关三层交换机实现 VLAN 互访的内容在第 7 章进行介绍。

2. 独臂路由的配置

下面通过图 6-10 的示例进行独臂路由配置的介绍。

① C2960-24TT 交换机上配置内容如下。

C2960-24TT（config）#vlan 100

C2960-24TT（config-vlan）#vlan 200

C2960-24TT（config-vlan）#exit

C2960-24TT（config）#interface range fastEthernet 0/1 - 10

C2960-24TT（config-if-range）#switchport access vlan 100

```
C2960-24TT(config-if-range)#exit
C2960-24TT(config)#interface range fastEthernet 0/11 - 20
C2960-24TT(config-if-range)#switchport access vlan 200
C2960-24TT(config-if-range)#exit
C2960-24TT(config)#interface fastEthernet 0/24
C2960-24TT(config-if)#switchport mode trunk
C2960-24TT(config-if)#switchport trunk allowed vlan 100,200
```

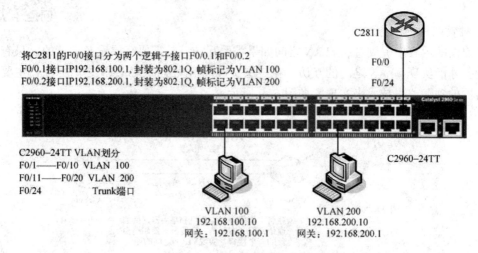

图 6-10　独臂路由配置示例图

② C2811 路由器上配置内容及说明如下。

```
C2811(config)#interface fastEthernet 0/0
C2811(config-if)#no shutdown
C2811(config-if)#exit
C2811(config)#interface fastEthernet 0/0.1
```
//进入 F0/0 的逻辑子接口 F0/0.1 配置模式
```
C2811(config-subif)#encapsulation dot1Q 100
```
//设置该接口的数据链路层封装为 802.1Q,帧标记为 100
```
C2811(config-subif)#ip address 192.168.100.1 255.255.255.0
```
//设置 F0/0.1 接口的 IP 地址为 192.168.100.1
```
C2811(config-subif)#no shutdown
C2811(config-subif)#exit
C2811(config)#interface fastEthernet 0/0.2
```
//进入 F0/0 的逻辑子接口 F0/0.2 配置模式
```
C2811(config-subif)#encapsulation dot1Q 200
```
//设置该接口的数据链路层封装为 802.1Q,帧标记为 200
```
C2811(config-subif)#ip address 192.168.200.1 255.255.255.0
```
// 设置 F0/0.2 接口的 IP 地址为 192.168.200.1
```
C2811(config-subif)#no shutdown
C2811(config-subif)#exit
```

```
C2811(config)#exit
C2811#show ip route
...
C    192.168.100.0/24 is directly connected, FastEthernet0/0.1
C    192.168.200.0/24 is directly connected, FastEthernet0/0.2
C2811#show interfaces fastEthernet 0/0.1
FastEthernet0/0.1 is up, line protocol is up (connected)
    Hardware is PQUICC_FEC, address is 0003.e406.8801 (bia 0003.e406.8801)
    Internet address is 192.168.100.1/24
    MTU 1500 bytes, BW 100000 Kbit, DLY 100 usec,
        reliability 255/255, txload 1/255, rxload 1/255
    Encapsulation 802.1Q Virtual LAN, Vlan ID 100
    ARP type: ARPA, ARP Timeout 04:00:00,
    Last clearing of "show interface" counters never
C2811#
```

在路由器 C2811 上使用 show ip route 查看路由器表，可以看到有两个 VLAN 的直连路由，使用 show interfaces fastEthernet 0/0.1 可以看到逻辑子接口的封装协议为 802.1Q（VLAN ID 为 100），使用 show interfaces fastEthernet 0/0.2 可以看到逻辑子接口的封装协议为 802.1Q（VLAN ID 为 200）。

经过以上配置之后，就可以实现 VLAN 100 和 VLAN 200 之间的数据通信了，同时可以结合访问控制列表对 VLAN 之间的数据流量进行安全控制。

特别需要强调的是，在实际网络规划建设过程中，不同的 VLAN 需要配置成不同的子网，这样在 VLAN 互访时才能正常进行，如 VLAN 10 中所有计算机配置为 192.168.10.0/24 子网，而 VLAN 20 中的所有计算机配置为 192.168.20.0/24 子网，以此类推。

6.4 路由器 NAT 配置

6.4.1 NAT 的概念和工作原理

网络地址转换（network address translation，NAT）主要作用在于将私有地址转换为公用地址，由于现行 IP 地址标准——IPv4 的限制，Internet 面临着 IP 地址空间短缺的问题，从 ISP 申请并给企业的每位员工分配一个合法 IP 地址是不现实的。NAT 不仅较好地解决了 IP 地址不足的问题，而且还能够有效地避免来自网络外部的攻击，隐藏并保护网络内部的计算机。关于私有地址内容参见第 1 章。

私有地址范围为 10.0.0.0 到 10.255.255.255，172.16.0.0 到 172.31.255.255，192.168.0.0 到 192.168.255.255。

NAT 功能通常被集成到路由器、防火墙、单独的 NAT 设备中，当然，现在比较流行的操作系统或其他软件（主要是代理软件，如 WINROUTE），大多也有着 NAT 的功能。

路由器上维护着一个 NAT 状态转换表，用来把内部网络的私有 IP 地址映射到外部网络的合法 IP 地址上去。这张表与路由器的路由表没有任何关系，这张表的目的就是在于将内部私有 IP 地址转换为外部公有 IP 地址。

NAT 具体工作原理如图 6-11 所示。

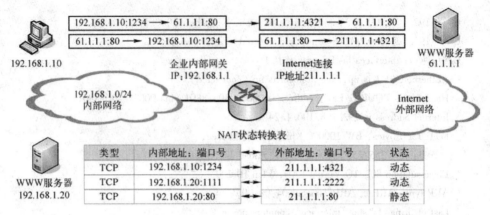

图 6-11　NAT 工作原理

1. 动态 NAT-PAT

在图 6-11 中，假设 192.168.1.0/24 网络中的主机 192.168.1.10 打开了 TCP 的 1234 端口需要访问 Internet 上 IP 地址为 61.1.1.1 的 WWW 服务器，这样的数据包源 IP 地址为 192.168.1.10、目的 IP 地址为 61.1.1.1、源 TCP 端口为 1234、目的端口为 80（WWW 服务端口），当这样的数据包通过路由器的时候，由于内部私有 IP 地址不能在外部 Internet 上出现，因此需要进行 NAT 转换。

首先，路由器上会动态地建立一条转换记录，将内部地址 192.168.1.10 转换为路由器的外部接口地址 211.1.1.1，并在外部接口随机打开一个端口 4321，这样一来，原来数据包中的地址信息 192.168.1.10:1234→61.1.1.1:80，就转换为 211.1.1.1:4321→61.1.1.1:80，这样的转换状态被记录在路由器上的 NAT 状态转换表中，转换后的数据包通过路由发送到服务器 61.1.1.1 后，服务器做出回应并返回响应数据包，响应数据包的地址信息为 61.1.1.1:80→211.1.1.1:4321，当路由器接收到这个数据包之后，再根据 NAT 状态转换表中的内容，将返回数据包中的地址信息修改为 61.1.1.1:80→192.168.1.10:1234，同时在一定时间之后，路由器将 NAT 状态转换表中动态建立的转换记录进行删除，至此为止，通信结束。

通过上面的介绍，可以理解在 NAT 工作的机制中，可以实现多个内部私有 IP 地址共用一个外部 IP 地址接入到 Internet 中，这也就是 NAT 的一大优点，节约了 IP 地址，这也就是 NAT 技术中的动态 NAT（dynamic NAT），也称为 PAT（port Address translation），即通过逻辑端口标识进行 NAT 的转换。

2. 静态 NAT

同样在图 6-11 中，假设企业内部网络中有一台 WWW 服务器，IP 地址为 192.168.1.20，这样具有内部 IP 地址的服务器，在企业内部网络中可以通过 http:// 192.168.1.20:80 进行访问，但是从 Internet 上却无法访问企业内部具有内部 IP 地址的 WWW 服务器，同样可以使用 NAT 技术，网络管理员可以在路由器上配置一条静态的 NAT 转换记录，将路由器外部接口地址 211.1.1.1 的 80 端口静态映射给 192.168.1.20 的 80 端口，这样 Internet 上的主机就可以使用 http://211.1.1.1:80 来访问企业内部具有内部 IP 地
址的 WWW 服务器了。

通过上面的介绍，可以理解在 NAT 工作的机制中，可以实现采用内部私有 IP 地址的企
业内部服务器同样也可以让 Internet 访问，这也是 NAT 的另一大优点，有效地隐藏并保护企
业内部网络的计算机，外部网络根本不知道企业内部计算机的真实 IP 地址，这也就是 NAT
技术中的静态 NAT（static NAT）。

3. NAT 地址池

另外，NAT 还有一项技术就是 NAT 地址池（pooled NAT），就是指用户向 ISP 申请了一
组合法的外部 IP 地址，在路由器中，将这一组外部 IP 地址定义成 NAT 地址池，NAT 地址
池通过动态分配的办法，使得企业内部网络很多的计算机共享很少的几个外部合法 IP 地址
而实现 Internet 的接入，即多台内部计算机共享 NAT 地址池中的几个外部 IP 地址。

6.4.2 NAT 的配置

下面通过图 6-12 来说明在路由器上如何进行 NAT 的配置。

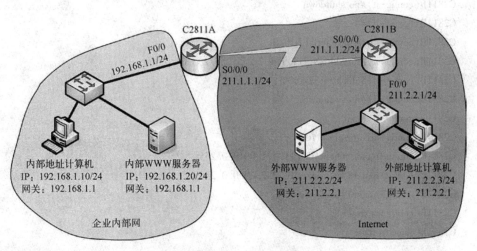

图 6-12 路由器 NAT 配置

1. 动态 NAT 的配置

需要实现具有内部地址的计算机访问 Internet 外部地址的计算机。

① 在 C2811A 上完成接口 IP 地址配置和 EIGRP 路由配置（也可是静态或其他路由协
议），配置内容如下，假定 EIGRP 的自治系统号为 100。

```
C2811A(config)#interface fastEthernet 0/0
C2811A(config-if)#ip address 192.168.1.1 255.255.255.0
C2811A(config-if)#no shutdown
C2811A(config-if)#exit
C2811A(config)#interface serial 0/0/0
C2811A(config-if)#ip address 211.1.1.1 255.255.255.0
C2811A(config-if)#no shutdown
C2811A(config-if)#exit
```

```
C2811A(config)#router eigrp 100
C2811A(config-router)#network 211.1.1.0 0.0.0.255
C2811A(config-router)#exit
C2811A(config)#exit
C2811A#show ip route
…
C    192.168.1.0/24 is directly connected, FastEthernet0/0
C    211.1.1.0/24 is directly connected, Serial0/0/0
D    211.2.2.0/24 [90/2172416] via 211.1.1.2, 00:00:37, Serial0/0/0
C2811A#
```

② 在 C2811B 上完成接口 IP 地址配置和 EIGRP 路由配置（也可是静态或其他路由协议），配置内容如下，假定 EIGRP 的自治系统号为 100。

```
C2811B(config)#interface fastEthernet 0/0
C2811B(config-if)#ip address 211.2.2.1 255.255.255.0
C2811B(config-if)#no shutdown
C2811B(config-if)#exit
C2811B(config)#interface serial 0/0/0
C2811B(config-if)#ip address 211.1.1.2 255.255.255.0
C2811B(config-if)#clock rate 64000
C2811B(config-if)#no shutdown
C2811B(config-if)#exit
C2811B(config)#router eigrp 100
C2811B(config-router)#network 211.1.1.0 0.0.0.255
C2811B(config-router)#network 211.2.2.0 0.0.0.255
C2811B(config-router)#exit
C2811B(config)#exit
C2811B#show ip route
…
C    211.1.1.0/24 is directly connected, Serial0/0/0
C    211.2.2.0/24 is directly connected, FastEthernet0/0
C2811B#
```

③ 在 C2811A 上完成 NAT 配置，配置内容和说明如下。

```
C2811A(config)#interface fastEthernet 0/0
C2811A(config-if)#ip nat inside
//指定 F0/0 为 NAT 的内网接口
C2811A(config-if)#exit
C2811A(config)#interface serial 0/0/0
C2811A(config-if)#ip nat outside
//指定 S0/0/0 为 NAT 的外网接口
C2811A(config-if)#exit
C2811A(config)#ip access-list standard addtrans
```

//创建名称为 addtrans 的标准访问控制列表,用于 NAT 转换,即符合访问控制列表方能进行 NAT
转换,也可根据具体情况建立扩展访问控制列表

C2811A(config-std-nacl)#permit 192. 168. 1. 0 0. 0. 0. 255

//名称为 addtrans 的标准访问控制列表,允许源 IP 地址为 192. 168. 1. 0/24 的数据包

C2811A(config-std-nacl)#exit

C2811A(config)#ip nat inside source list addtrans interface serial 0/0/0

//定义从 inside 接口来并符合访问控制列表 addtrans 的数据流量,源地址转换为 S0/0/0 接口的 IP
地址

以上配置命令需要说明的是下面两条。

ip nat inside | outside

功能:设置指定接口作为网络地址转换的限定的接口;本命令的 no 操作为取消指定接
口作为网络地址转换的限定接口。inside 表示指定接口连接着内部网;outside 表示指定接口
连接到外部网。默认为接口不进行 NAT 转换。当 IP 数据包从内部接口到外部接口时,IP 数
据包中的内部私有地址将被转换成外部公有地址;当 IP 数据包从外部接口到内部接口时,
IP 数据包中的外部公有地址将被转换成内部私有地址。因此为使配置 NAT 有效,必须至少
指定一个内部接口和一个外部接口。

ip nat inside source list <ACL name> interface<number>

功能:配置动态 NAT 地址转换;本命令的 no 操作为取消动态 NAT 网络转换。<ACL
name>为 NAT 地址转换的内部源地址的访问列表,配置动态地址转换之前,必须先配置内部
访问列表。只有满足访问列表条件的 IP 数据包的内部私有地址才将被转换成地址池中的外
部公有地址或者 NAT 外部接口地址发送到外部网络。

④ 完成以上配置后,即可以实现 192. 168. 1. 0/24 内部网络的计算机可以访问外部网
络,即完成了动态 NAT 的配置。同时在 C2811A 上可以使用 show ip nat translations 查看 NAT
状态转换表,显示结果如下:

```
C2811A#show ip nat translations
Pro   Inside global        Inside local         Outside local        Outside global
icmp 211. 1. 1. 1:13       192. 168. 1. 10:13    211. 2. 2. 2:13      211. 2. 2. 2:13
icmp 211. 1. 1. 1:14       192. 168. 1. 10:14    211. 2. 2. 2:14      211. 2. 2. 2:14
icmp 211. 1. 1. 1:15       192. 168. 1. 10:15    211. 2. 2. 2:15      211. 2. 2. 2:15
icmp 211. 1. 1. 1:16       192. 168. 1. 10:16    211. 2. 2. 2:16      211. 2. 2. 2:16
tcp 211. 1. 1. 1:1025      192. 168. 1. 20:1025  211. 2. 2. 2:80      211. 2. 2. 2:80
tcp 211. 1. 1. 1:1026      192. 168. 1. 20:1026  211. 2. 2. 2:80      211. 2. 2. 2:80
tcp 211. 1. 1. 1:1027      192. 168. 1. 20:1027  211. 2. 2. 2:80      211. 2. 2. 2:80
C2811A#
```

2. 静态 NAT 的配置

在内部网络 192. 168. 1. 20 的服务器上配置 WWW 网站,由于该网站的 IP 地址为内部私
有地址,从外部网络的计算机上无法访问,这就需要进行静态的端口映射,将路由器
C2811A 的外部接口地址 211. 1. 1. 1 的 80 端口映射给 192. 168. 1. 10 的 80 端口,在 C2811A

上完成如下的配置内容。

    C2811A(config)#ip nat inside source static tcp 192.168.1.20 80 211.1.1.1 80
    //将外部 IP 地址 211.1.1.1 的 80 端口静态映射给内部 IP 地址 192.168.1.20 的 80 端口

关于静态 NAT 命令的说明如下。

    ip nat inside source static <local-ip> <global-ip>

功能：配置静态 NAT 地址映射；本命令的 no 操作为取消指定的静态 NAT 映射。<local-ip>为 NAT 地址转换的内部私有地址；<global-ip>为 NAT 地址转换的外部公有地址。静态 NAT 映射建立的是内部私有地址与外部公有地址的一对一映射，一般局域网中的服务器地址均采用静态映射，从而实现内部服务器的安全防护。

此时从外部网络的计算机上就可以使用 http://211.1.1.1:80 访问 192.168.1.20 的 80 端口（即 WWW 网站）。使用 show ip nat translations 可以查看静态地址映射的情况。

    C2811A#show ip nat translations
    Pro Inside global   Inside local   Outside local   Outside global
    tcp 211.1.1.1:80   192.168.1.20:80 ---   ---

3. NAT 地址池的配置

假设该内部网络所属的企业申请到 211.1.1.100~211.1.1.200 的 IP 地址段，那么就可以使用 NAT 地址池将内部的 IP 地址转换为地址池中的外部 IP 地址，配置内容如下。

    C2811A(config)#ip nat pool gzeicaddress 211.1.1.100 211.1.1.200 netmask 255.255.255.0
    //定义一个名称为 gzeicaddress 的 NAT 地址池,范围从 211.1.1.100 到 211.1.1.200,子网掩码为 255.255.255.0
    C2811A(config)#ip nat inside source list addtrans pool gzeicaddress
    //定义从 inside 接口来并符合访问控制列表 addtrans 的数据流量,源地址转换为地址池 gzeicaddress 中的外部 IP 地址
    C2811A#show ip nat translations
    Pro Inside global   Inside local   Outside local   Outside global
    tcp 211.1.1.100:1029 192.168.1.10:1029 211.2.2.2:80   211.2.2.2:80
    tcp 211.1.1.100:1030 192.168.1.10:1030 211.2.2.2:80   211.2.2.2:80
    tcp 211.1.1.100:1031 192.168.1.10:1031 211.2.2.2:80   211.2.2.2:80
    tcp 211.1.1.100:1032 192.168.1.10:1032 211.2.2.2:80   211.2.2.2:80
    tcp 211.1.1.1:80   192.168.1.20:80   ---   ---
    C2811A#

6.5　路由器 HSRP 配置

1. HSRP 简介

热备份路由器协议（hot standby router protocol，HSRP）可以实现路由器之间的冗余备份，防止由于单台路由器故障而影响网络的连通。

如图 6-13 所示，随着 Internet 的日益普及，人们对网络的依赖性也越来越强，这同时对网络的稳定性提出了更高的要求，路由器是整个网络的核心和心脏，如果路由器发生致命性的故障，将导致本地网络的瘫痪。因此，对路由器采用热备份是提高网络可靠性的必然选择。在一个路由器完全不能工作的情况下，它的全部功能便被系统中的另一个备份路由器完全接管，直至出现问题的路由器恢复正常，这就是热备份路由器协议 HSRP 技术要解决的问题。

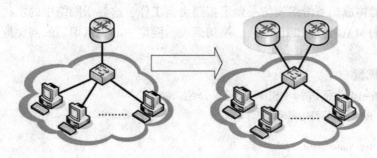

图 6-13　路由器冗余备份的概念

热备份路由器协议 HSRP 是 CISCO 公司的专有协议，而虚拟路由器冗余协议（virtual router redundancy protocol，VRRP）是一种标准化协议，主要用于非 CISCO 设备厂商，有关 VRRP 的概念和配置将在第 7 章进行介绍。

实现 HSRP 的条件是系统中有多台路由器，如图 6-14 所示，路由器 R1 和 R2 组成一个"热备份组"，这个组实际上形成一个虚拟路由器。在任一时刻，一个组内只有一个路由器是活动的，并由它来转发数据包，如果活动路由器发生了故障，将由备份路由器来替代活动路由器，但是在本网络内的主机看来，虚拟路由器没有改变，所以主机仍然保持连接，没有受到故障的影响，这样就较好地解决了故障路由器切换的问题。

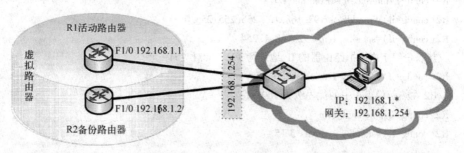

图 6-14　HSRP 中虚拟路由器

HSRP 协议运行在 UDP 上，采用端口号 1985，活动路由器和备份路由器之间通过 HSRP 报文相互协商共建虚拟路由器。为了减少网络的数据流量，在设置完活动路由器和备份路由器之后，只有活动路由器和备份路由器定时发送 HSRP 报文。如果活动路由器失效，备份路由器将接管成为活动路由器。

HSRP 协议利用一个优先级方案来决定哪个配置了 HSRP 协议的路由器成为默认的活动路由器。如果一个路由器的优先级设置得比所有其他路由器的优先级高，则该路由器成为活动路由器。路由器的默认优先级是 100，所以如果只设置一个路由器的优先级高于 100，则该路由器将成为活动路由器。

配置了 HSRP 协议的路由器之间相互传递 HSRP 的 Hello 消息，相互了解运行状态信息，Hello 消息中包含了路由器的优先级及 Hello 间隔和保持时间，Hello 间隔指出了该路由器两次发送 Hello 消息之间的间隔，而保持时间指出了在多长时间内当前的 Hello 消息有效。当在预先设定的一段时间内活动路由器不能发送 Hello 消息时，优先级最高的备份路由器将变为活动路由器。路由器之间的 HSRP 报文传输对网络上的所有主机来说都是透明的。

多台路由器构成热备份组模仿一台虚拟路由器工作，这对于网络中的主机而言，这个虚拟路由器有它的 MAC 地址和 IP 地址。换句话说，网络中的主机填写的网关地址是虚拟路由器的 IP 地址。

2. HSRP 配置

下面以图 6-14 为例进行 HSRP 的配置介绍。

① 路由器 R1 上配置内容和说明如下。

```
R1(config)#interface fastEthernet 1/0
R1(config-if)#ip address 192.168.1.1 255.255.255.0
R1(config-if)#standby 1 ip 192.168.1.254
//热备份组 1 中虚拟路由器的 IP 地址为 192.168.1.254
R1(config-if)#standby 1 priority 200
//R1 在热备份组 1 中的优先级为 200
R1(config-if)#standby 1 timers 5 15
//热备份组 1 的 hello 时间为 5 秒,保持时间为 15 秒。
R1(config-if)#no shutdown
```

② 路由器 R2 上配置内容和说明如下。

```
R2(config)#interface fastEthernet 1/0
R2(config-if)#ip address 192.168.1.2 255.255.255.0
R2(config-if)#standby 1 ip 192.168.1.254
//热备份组 1 中虚拟路由器的 IP 地址为 192.168.1.254
R2(config-if)#standby 1 priority 100
//R2 在热备份组 1 中的优先级为 100
R2(config-if)#no shutdown
R2(config-if)#standby 1 timers 5 15
```

③ 路由器 R1 上使用 show standby 查看 HSRP 的运行情况，可以看到热备份组编号为 1，本路由器优先级为 200，Hello 间隔时间 5 秒，Hello 保持时间 15 秒，虚拟路由器的 IP 地址为 192.168.1.254，本路由器为活动路由器，备份路由器为 192.168.1.2，备份路由器优先级为 100，虚拟路由器的 MAC 地址为 0000.0c07.ac01。

```
R1#show standby
FastEthernet1/0 - Group 1
    Local state is Active, priority 200
    Hellotime 5 sec, holdtime 15 sec
    Next hello sent in 2.084
```

```
        Virtual IP address is 192. 168. 1. 254 configured
        Active router is local
        Standby router is 192. 168. 1. 2, priority 100 expires in 8. 404
        Virtual mac address is 0000. 0c07. ac01
        2 state changes, last state change 00:01:42
        IP redundancy name is "hsrp-Fa1/0-1" (default)
    R1#
```

④ 路由器 R2 上使用 show standby 查看 HSRP 的运行情况，可以看到热备份组编号为 1，本路由器优先级为 100，Hello 间隔时间 5 秒，Hello 保持时间 15 秒，虚拟路由器的 IP 地址为 192. 168. 1. 254，活动路由器为 192. 168. 1. 1，活动路由器的优先级为 200，本路由器为备份路由器。

```
    R2#show standby
    FastEthernet1/0 - Group 1
        Local state is Standby, priority 100
        Hellotime 5 sec, holdtime 15 sec
        Next hello sent in 0. 686
        Virtual IP address is 192. 168. 1. 254 configured
        Active router is 192. 168. 1. 1, priority 200 expires in 8. 348
        Standby router is local
        1 state changes, last state change 00:01:27
        IP redundancy name is "hsrp-Fa1/0-1" (default)
    R2#
```

6.6　策略路由配置

1. 策略路由的概念

在前面的介绍中，已经阐明路由器会依据路由表的内容进行 IP 数据包的路由转发，而策略路由（policy based routing，PBR）是一种比基于路由表进行路由更加灵活的数据包路由转发机制，策略路由使得用户可以依靠某种人为定义的策略来进行路由，而不是依靠路由协议。

如图 6-15 所示，可能是某些采用双出口接入 Internet 企业的常见情况，企业使用线路 1 通过 ISP1 接入 Internet，使用线路 2 通过 ISP2 接入 Internet，这样双出口的 Internet 接入设计方案，可以保证企业与 Internet 连接的冗余性。但是在 RA 上不得不面临的一个问题是进入 RA 的数据流量在线路 1、线路 2 均通畅的情况下，如何将数据流量分配到线路 1 和线路 2 上，这完全可以通过策略路由的方式进行，使得企业内 192. 168. 10. 0/24 的流量流向线路 1，通过 ISP1 接入 Internet，而 192. 168. 20. 2/24 的流量流向线路 2，通过 ISP2 接入 Internet，即路由策略可以支持负载的均衡。

这里需要强调的是以下几点。

① 策略路由是一种入站机制，用于入站的 IP 数据包。

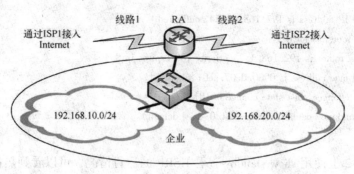

图 6-15　企业双出口接入 Internet

② 通过使用策略路由，能够根据数据包的源地址、目的地址、源端口、目的端口和协议类型让报文选择不同的路径。

③ 符合策略路由的 IP 数据包将按照策略中定义的操作进行处理，而不符合策略路由的 IP 数据包将按照通常的路由表进行路由转发。

2. 策略路由的配置

策略路由的配置步骤如下。

① 定义路由策略图，一个路由策略图可以由多条策略组成，策略按序号大小排列，只要符合前面的策略，就退出路由策略图。每条路由策略可以采用 permit 或 deny 操作。

② 定义路由策略图中每条策略匹配的数据流量，数据流量可通过 ACL 定义。

③ 对每条策略匹配的数据流量设定其转发的操作，如 set ip next-hop、set interface、set ip default next-hop、set default interface 设定其下一跳。set ip next-hop、set interface 是忽略路由表查找而直接进行转发到下一跳或从本地接口转发，优先级高于路由表，而 set ip default next-hop、set default interface 是在路由表查找路径失败情况下而进行转发到下一跳或从本地接口转发，优先级低于路由表。同时可以设置多个下一跳 next-hop。

④ 在指定接口上应用路由策略图。

下面以图 6-16 为例，说明策略路由的配置命令和配置流程。

某企业内部有 VLAN 10、VLAN 20 分别为 192.168.10.0/24 和 192.168.20.0/24 网络，通过三层交换机接入到路由器 RA，路由器 RA 分别通过线路 1 和线路 2 接入 ISP1 的 10.10.10.1 网关和 ISP2 的 172.16.1.1 网关。有关三层交换机的配置详见第 7 章。以下在 RA 上完成路由策略的配置。

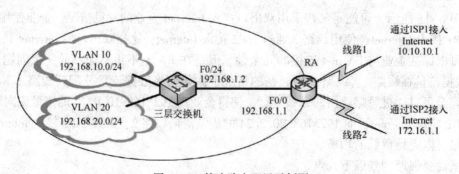

图 6-16　策略路由配置示例图

```
RA(config)# access-list 10 permit 192.168.10.0 0.0.0.255
```
//创建标准访问控制列表 10,允许 192.168.10.0/24 的流量
```
RA(config)# access-list 20 permit 192.168.20.0 0.0.0.255
```
//创建标准访问控制列表 20,允许 192.168.20.0/24 的流量
```
RA(config)#route-map test permit 1
```
//定义路由策略图 test,并对第一条策略采用允许操作
```
RA(config-route-map)#match ip address 10
```
//第一条策略匹配访问控制列表 10 的流量
```
RA(config-route-map)#set ip next-hop 10.10.10.1
```
//第一条策略匹配的数据流量转发到下一跳 10.10.10.1
```
RA(config-route-map)#exit
RA(config)#route-map test permit 2
```
//定义路由策略图 test,并对第二条策略采用允许操作
```
RA(config-route-map)#match ip address 20
```
//第二条策略匹配访问控制列表 20 的流量
```
RA(config-route-map)#set ip next-hop 172.16.1.1
```
//第二条策略匹配的数据流量转发到下一跳 172.16.1.1
```
RA(config-route-map)#exit
RA(config)#interface fastethernet 0/0
RA(config-if)#ip policy route-map test
```
//在 fastethernet0/0 接口上应用路由策略图 test

可以使用 show ip policy 查看路由的接口策略应用情况, 结果如下。

```
RA#show ip policy
Interface          Route map
fastEthernet0/0         test
RA#
```

可以使用 show route-map 查看路由器的路由策略配置情况, 结果如下。

```
RouterA#show route-map test
route-map test, permit, sequence 1
    Match clauses:
        ip address (access-lists): 10
    Set clauses:
ip next-hop 10.10.10.1
    Policy routing matches: 15 packets, 0 bytes
route-map test, permit, sequence 2
    Match clauses:
        ip address (access-lists): 20
    Set clauses:
        ip next-hop 172.16.1.1
    Policy routing matches: 12 packets, 0 bytes
Router#
```

6.7 路由器 PPPoE 配置

6.7.1   PPPoE 简介

1. PPPoE 简介

PPPoE 是 PPP over Ethernet 的简称，即基于以太网的 PPP 协议。

PPPoE 可以将 PPP 帧封装在以太网帧中，由于 PPPoE 集成了 PPP 协议，因此可以利用 PPP 协议，实现了传统以太网不能提供的身份验证功能，PPPoE 协议本质就是一个允许在以太网广播域中的两个以太网端口之间创建点对点的协议。

用户在接入网络之前，需先通过 PPPoE 进行拨号连接，并通过用户名和密码的验证才能接入网络，这种有登录用户名和口令的连接方式，方便了网络服务商的记费，因此 PPPoE 在小区宽带、家庭 ADSL 接入等方式上均得到了广泛的应用。

图 6-17 所示为 PPPoE 在小区宽带中的应用情况示意图。

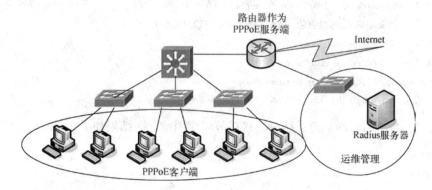

图 6-17   PPPoE 在小区宽带中的应用情况示意图

图 6-18 所示为 PPPoE 在 DSL 接入中的应用情况示意图。

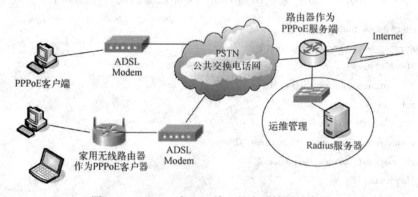

图 6-18   PPPoE 在 DSL 接入的应用情况示意图

其中，在进行用户名和密码验证的时候，用户名和密码可以定义在路由器上，也可以定义在 Radius 服务器上，使得用户名和密码的验证由路由器和 Radius 服务器协同进行。

图 6-19 所示为 Windows XP 下 PPPoE 客户端新建拨号连接图。

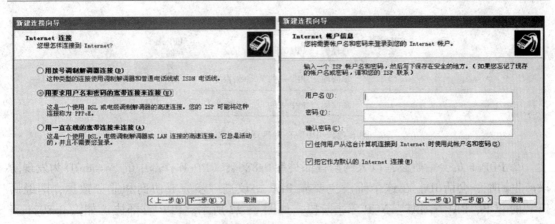

图 6-19　Windows XP 下新建拨号连接

2. PPPoE 的封装和工作过程

对于理解 PPPoE 的工作过程最好的办法就是理解 PPPoE 的封装结构，PPPoE 的封装如图 6-20 所示。

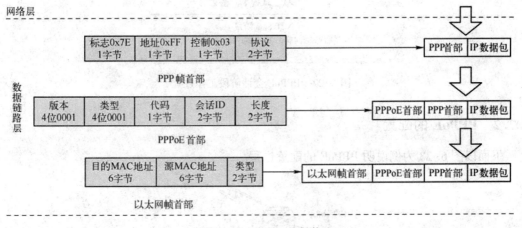

图 6-20　PPPoE 的封装

从图中可以看出，IP 数据包在进入数据链路层的时候首先经过了 PPP 协议的封装，然后再经过 PPPoE 协议的封装，最后再通过以太网帧的封装。

PPPoE 在进行数据传输之前分为：PPPoE 发现阶段和 PPPoE 会话阶段。其中，PPPoE 发现阶段主要用于发现 PPPoE 的服务端并产生用于会话阶段的唯一 SessionID，这个工作过程类似于 DHCP 的工作过程。PPPoE 会话阶段主要用于进行客户端的身份验证以及 IP 地址的分配。

① PPPoE 的发现阶段，以太网帧首部类型 0x8863，PPPoE 首部的代码可表示 Discovery 报文、Offer 报文、Request 报文、Session 报文，并在 Session 报文时，PPPoE 服务端产生一个唯一会话 ID 返回给 PPPoE 客户端，该会话 ID 用于 PPPoE 会话阶段，完成该阶段以后，所有的帧全为以太网单播帧。图 6-21 所示为 PPPoE 发现阶段的工作过程。

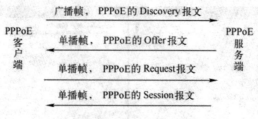

图 6-21　PPPoE 发现阶段工作过程

② PPPoE 的会话阶段，以太网帧首部类型 0x8864，PPPoE 首部中的 SessionID 为发现阶段产生的唯一会话 ID，在这个阶段主要靠 PPP 协议进一步完成协商和业务数据，即经历 PPP 的 LCP、PAP/CHAP、NCP 三个阶段，如图 6-22 所示。PPP 首部协议如为 0x8021 表示 PPP 的 LCP 报文，如为 0xC021 表示 PPP 的 NCP 报文。

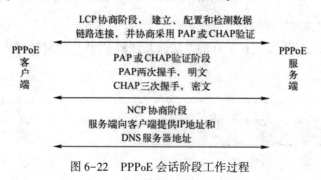

图 6-22　PPPoE 会话阶段工作过程

6.7.2　PPPoE 的配置

下面以图 6-23 为例说明 PPPoE 的配置过程。

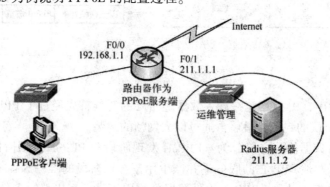

图 6-23　PPPoE 配置示意图

在路由器上完成以下配置内容。

```
Router(config)#vpdn enable
//启用虚拟专用拨号网络 VPDN(Virtual Private Dial-up Networks)，VPDN 是基于拨号用户的虚拟
专用拨号网业务，即用户以拨号方式接入
Router(config)#vpdn-group gzeic
//创建虚拟专用拨号网络组 gzeic
```

Router(config-vpdn)#accept-dialin

//该拨号组接受拨入

Router(config-vpdn-acc-in)#protocol pppoe

//该拨号组拨入的协议为 pppoe

Router(config-vpdn-acc-in)#virtual-template 1

//该拨号组绑定虚模板接口 1

Router(config-vpdn-acc-in)#exit

Router(config-vpdn)#exit

Router(config)#ip local pool gzeic-pool 192.168.1.10 192.168.1.250

//创建本地地址池,名称 gzeic-pool,IP 地址从 192.168.1.10 到 IP192.168.1.250,用于给拨号接入的用户分配 IP 地址

Router(config)#interface virtual-Template 1

//进入拨号组绑定的虚模板接口 1

Router(config-if)#ip unnumbered fastEthernet 0/0

//该虚模板接口使用无编号 IP,调用 f0/0 的 IP 作为自己的 IP

Router(config-if)#ppp authentication chap

//该虚模板接口 ppp 认证方式采用 chap

Router(config-if)#peer default ip address pool gzeic-pool

//该虚模板接口下发的 IP 地址,从本地地址池 gzeic-pool 中取出

Router(config-if)#exit

Router(config)#interface fastEthernet 0/0

Router(config-if)#pppoe enable

//f0/0 接口开启 pppoe 服务

Router(config)#aaa new-model

//启用 AAA 认证

Router(config)# aaa authentication ppp default local group radius

//开启 PPP 的 AAA 认证,并首先使用本地 local 认证,如果本地认证失败再使用 Radius 服务器认证

Router(config)#radius-server host 211.1.1.2 key watermelon

//Radius 服务器的 IP 为 211.1.1.2,与 Radius 服务器之间的共享密钥为 watermeloon

Router(config)#username abc password 12345

//定义本地用户名 abc 和密码 12345

完成以上配置内容, PPPoE 即可以使用用户名 abc 和密码 12345 拨号连接, 在路由器上可以使用 show pppoe session 查看 PPPoE 拨号的建立情况。

为了用户名和密码的管理, 一般情况下不在路由器上进行本地用户名和密码的验证, 这样就还需建立 Radius 服务器, Radius 服务器的建立可以使用 Windows 2003 系统组件, 也可以采用第三方软件, 在 Radius 服务器上需建立 Radius 的客户端为路由器的 IP 地址211.1.1.1, 并设置共享密钥 watermelon, 同时在 Radius 服务器创建用户和密码, 用于用户的 PPPoE 接入用户名和密码的验证, 有关 Radius 服务器的配置请参阅相关资料。

本章实验

实验 6-1　"路由器 DHCP 服务配置"报告书

实验名称	路由器 DHCP 服务配置	实验指导视频	
实验拓扑结构			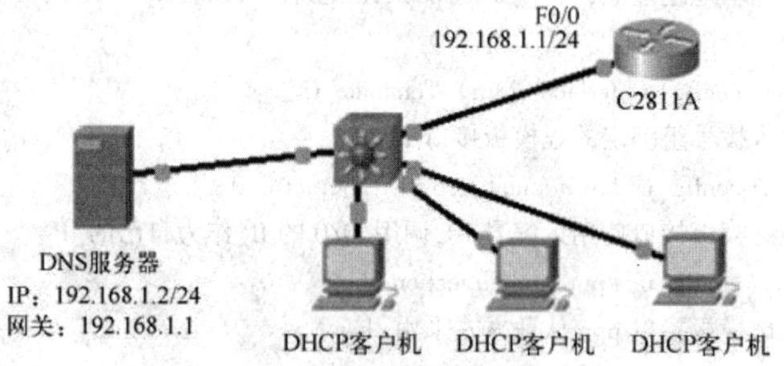 F0/0 192.168.1.1/24 C2811A DNS服务器 IP：192.168.1.2/24 网关：192.168.1.1 DHCP客户机　DHCP客户机　DHCP客户机	
实验要求	理解 DHCP 服务的作用和需配置的内容，掌握路由器配置 DHCP 服务的命令		
实验报告	参考实验要求，学生自行完成实验摘要性报告		
实验学生姓名		完成日期	

实验 6-2　"路由器 DHCP 中继配置"报告书

实验名称	路由器 DHCP 中继配置	实验指导视频	
实验拓扑结构			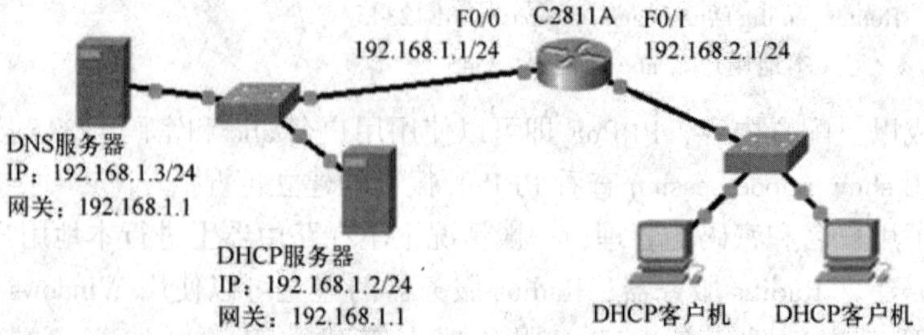 F0/0　C2811A　F0/1 192.168.1.1/24　　192.168.2.1/24 DNS服务器 IP：192.168.1.3/24 网关：192.168.1.1 DHCP服务器 IP：192.168.1.2/24 网关：192.168.1.1 DHCP客户机　DHCP客户机	
实验要求	理解 DHCP 服务的工作过程中的广播和单播概念，掌握路由器配置 DHCP 中继的命令		
实验报告	参考实验要求，学生自行完成实验摘要性报告		
实验学生姓名		完成日期	

实验 6-3 "标准访问控制列表配置"报告书

实验名称	标准访问控制列表配置	实验指导视频	
实验拓扑结构	IP：210.31.10.2/24 网关：210.31.10.1 内部F0/0 210.31.10.1/24 内部F0/1 210.31.20.1/24　C2811A IP：210.31.20.2/24 网关：210.31.20.1	内部S0/0/0 210.31.30.1/24 标准ACL 允许210.31.10.0/24访问外部 不允许210.31.20.0/24访问外部	C2811B S0/0/0 210.31.30.2/24 F0/0 200.200.200.1/24 HTTP服务器 IP：200.200.200.2/24 网关：200.200.200.1
实验要求	掌握访问控制列表的概念，理解标准访问控制列表只能根据源地址进行过滤，掌握标准访问控制列表的配置方法和命令		
实验报告	参考实验要求，学生自行完成实验摘要性报告		
实验学生姓名	完成日期		

实验 6-4 "扩展访问控制列表配置"报告书

实验名称	扩展访问控制列表配置	实验指导视频	
实验拓扑结构	IP：210.31.10.2/24 网关：210.31.10.1 内部F0/0 210.31.10.1/24 内部F0/1 210.31.20.1/24　C2811A IP：210.31.20.2/24 网关：210.31.20.1	外部S0/0/0 210.31.30.1/24 扩展ACL 允许210.31.10.0/24和210.31.20.0访问外部的Web服务 允许210.31.10.0/24使用icmp协议访问外部 不允许210.31.20.0/24使用icmp协议访问外部	C2811B S0/0/0 210.31.30.2/24 F0/0 200.200.200.1/24 HTTP服务器 IP：200.200.200.2/24 网关：200.200.200.1
实验要求	掌握访问控制列表的概念，理解扩展访问控制列表可以根据源地址、目的地址、源端口、目的端口、协议类型等进行过滤，掌握扩展访问控制列表的配置方法和命令		
实验报告	参考实验要求，学生自行完成实验摘要性报告		
实验学生姓名	完成日期		

实验 6-5 "路由器独臂路由配置" 报告书

实验名称	路由器独臂路由配置	实验指导视频	
实验拓扑结构			
实验要求	掌握独臂路由的概念和作用，理解独臂路由情况下不同 VLAN 之间互通时数据的流动情况，理解以太网子接口的概念，掌握独臂路由的配置过程和配置命令。理解在实际网络环境中不同 VLAN 应该分配不同 IP 子网的原因		
实验报告	参考实验要求，学生自行完成实验摘要性报告		
实验学生姓名		完成日期	

Switch 上 VLAN 配置
VLAN 100 F0/1–F0/10
VLAN 200 F0/11–F0/20
F0/24 trunk

IP: 192.168.100.2/24　网关: 192.168.100.1
IP: 192.168.100.3/24　网关: 192.168.100.1
IP: 192.168.200.2/24　网关: 192.168.200.1
IP: 192.168.200.3/24　网关: 192.168.200.1

C2811A
F0/0.1 192.168.100.1/24
F0/0.2 192.168.200.1/24

实验 6-6 "路由器 NAT 配置" 报告书

实验名称	路由器 NAT 配置	实验指导视频	
实验拓扑结构			
实验要求	掌握 NAT 的概念和工作原理，理解动态 NAT、静态 NAT 和 NAT 地址池的概念和原理，掌握 NAT 配置的相关命令		
实验报告	参考实验要求，学生自行完成实验摘要性报告		
实验学生姓名		完成日期	

C2811A　S0/0/0 211.1.1.1/24　S0/0/0 211.1.1.2/24　C2811B
F0/0 192.168.1.1/24
F0/0 211.2.2.1/24

内部地址主机
IP: 192.168.1.10/24
网关: 192.168.1.1

内部 Web 服务器
IP: 192.168.1.20/24
网关: 192.168.1.1

外部地址主机
IP: 211.2.2.2/24
网关: 211.2.2.1

外部 Web 服务器
IP: 211.2.2.3/24
网关: 211.2.2.1

实验 6-7 "路由器 HSRP 配置"报告书

实验名称	路由器 HSRP 配置	实验指导视频	
实验拓扑结构			
实验要求	掌握 HSRP 的概念和作用，掌握 HSRP 配置的相关命令		
实验报告	参考实验要求，学生自行完成实验摘要性报告		
实验学生姓名		完成日期	

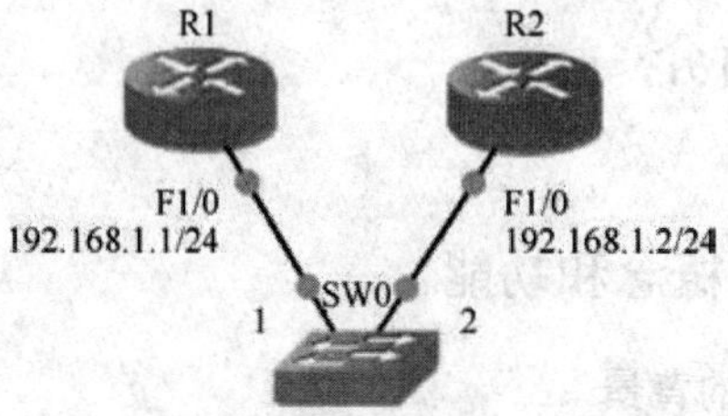

实验 6-8 "PPPoE 配置"报告书

实验名称	PPPoE 配置	实验指导视频	
实验拓扑结构			
实验要求	掌握 PPPoE 服务的配置，了解 Radius 服务器的工作原理		
实验报告	参考实验要求，学生自行完成实验摘要性报告		
实验学生姓名		完成日期	

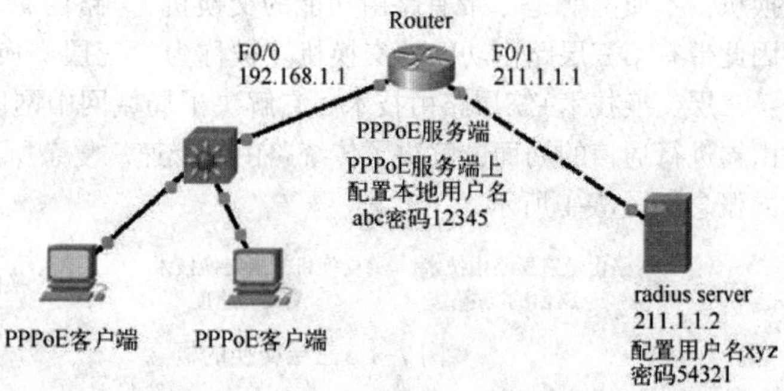

第7章　三层交换实用配置

7.1　三层交换简介

7.1.1　三层交换的概念和功能

1. 三层交换产生的背景

为了适应网络应用深化带来的挑战，在过去的 20 年里，网络在速度和网段这两个技术方向上飞速发展。

在速度方面，给用户提供了更高的带宽，局域网的速度已从最初的 10 Mbps 提高到 100 Mbps，目前千兆以太网技术已得到普遍应用。交换式局域网技术使得专用的带宽为用户所独享，极大提高了局域网传输的效率。可以说，在网络系统集成的技术中，直接面向用户的第一层接入和第二层交换技术方面已得到令人满意的答案。但是，作为网络核心、起到网间互联作用的路由器技术却没有质的突破。传统的路由器基于软件，协议复杂，与局域网速度相比，其数据传输的效率较低，同时它又作为 IP 网段互连的枢纽，这就使传统的路由器技术面临严峻的挑战。随着 internet/intranet 的迅猛发展，跨地域、跨网络的数据流量急剧增长，业界和用户深感传统的路由器在网络中的瓶颈效应。改进传统的路由技术迫在眉睫，在这种情况下，一种新的技术应运而生，这就是第三层交换技术。

三层交换机，本质上就是"带有路由功能的交换机"。路由属于 OSI/RM 中第三层网络层的功能，因此带有第三层路由功能的交换机才被称为"三层交换机"。简单地说，三层交换技术就是：二层交换技术+三层路由技术。它解决了局域网中网段划分之后，网段中子网必须依赖路由器进行通信的局面，解决了传统路由器低速、复杂所造成的网络瓶颈问题。三层交换技术的概念如图 7-1 所示。

$$路由器三层路由技术 \quad + \quad 交换机二层交换技术 \quad = \quad 三层交换技术$$
$$路由的功能 \qquad\qquad 交换的速度$$

图 7-1　三层交换的概念

2. 三层交换的功能

三层交换的功能主要体现在以下两个方面。

（1）连接网络骨干和 IP 子网

在网络设计的接入层、汇聚层、核心层的三层结构中，尤其是核心层一定要用三层交换机，否则整个网络成千上万台计算机都在一个 IP 子网中，不仅毫无安全可言，也会因为无法分割广播域而无法隔离广播风暴。如果采用传统的路由器，虽然可以隔离广播，但是性能又得不到保障，而三层交换机的性能非常高，既有三层路由的功能，又具有二层交换的速度。

（2）实现 VLAN 之间互通

同一网络上的计算机如果超过一定数量，就很可能会因为网络上大量的广播而导致网络传输效率低下。为了避免在大型网络进行广播所引起的广播风暴，可将其进一步划分为多个虚拟局域网 VLAN。但是这样做将导致一个问题，VLAN 之间的通信必须通过路由器来实现，如前面介绍的独臂路由技术，传统路由器难以胜任 VLAN 之间的通信任务，而且千兆级路由器的价格也是非常难以接受的。如果使用三层交换机连接不同的 VLAN，就能在保持性能的前提下，经济地解决了 VLAN 之间进行通信的问题。

3. 三层交换与路由器的区别

（1）主要功能不同

虽然三层交换机与路由器都具有路由功能，但不能因此而把它们等同起来，三层交换机仍是交换机产品，只不过它是具备了一些基本的路由功能的交换机，它的主要功能仍是数据交换，而路由器的主要功能是路由转发。

（2）主要适用的环境不一样

三层交换机主要用在局域网中，它的主要用途是提供快速数据交换功能，满足局域网数据交换频繁的应用特点。而路由器主要用在广域网中，它的设计初衷就是为了满足不同类型的网络连接，虽然也适用于局域网之间的连接，但它的路由功能更多地体现在不同类型网络之间的互联上，如局域网与广域网之间的连接、不同协议的网络之间的连接。

为了与各种类型的网络连接，路由器的接口类型非常丰富，而三层交换机则一般均为局域网的以太网接口，非常简单。

（3）性能体现不一样

从技术上讲，路由器和三层交换机在 IP 数据包操作上存在着明显区别。路由器一般由基于微处理器的软件路由引擎执行数据包交换，而三层交换机多数通过硬件执行数据包交换。三层交换机通常在对同一个数据流中的第一个 IP 数据包进行路由后，当后继的数据流中数据包再次通过时，直接执行二层交换而不是再次路由，从而消除了路由器进行路由选择而造成网络的延迟，提高了数据包转发的效率。同时，三层交换机的路由查找是针对数据流的，它利用缓存技术，很容易利用专用系统集成电路（application specific integrated circuit, ASIC）技术来实现，因此，可以大大节约成本，并实现快速转发。而路由器的转发采用最长匹配的方式，实现复杂，通常使用软件来实现，转发效率较低。

综上所述，三层交换机与路由器之间还是存在着非常大的本质区别。在局域网中进行多 IP 子网互联，最好还选用三层交换机，特别是在不同 IP 子网数据交换频繁的环境中。路由器虽然路由功能非常强大，但它的数据包转发效率远低于三层交换机，更适合于数据交换不是很频繁、不同类型网络的互联。

7.1.2　三层交换的主要技术

由于传统路由器是一种软件驱动型设备，所有的数据包交换、路由和特殊服务功能，包括处理多种底层技术和多种第三层协议几乎都由软件来实现，并可通过软件升级增强设备功能，因而具有良好的扩展性和灵活性，但它也具有配置复杂、价格高、相对较低的吞吐量等缺点。三层交换技术在很大程度上弥补了传统路由器这些缺点。在设计三层交换产品时通常使用下面一些方法。

① 削减路由所能处理的协议数量，常常只对 IP 协议。

② 以快速交换为主，路由功能为辅，限制其他附加的功能。

③ 使用专用系统集成电路 ASIC 构造更多功能，而不是采用精简命令集计算机（reduced instruction set computer，RISC）处理器之上的软件运行这些功能。

目前主要存在两类三层交换技术。第一类是数据包交换，即每一个 IP 数据包都要经历三层处理（即至少是路由处理），并且数据流转发是基于三层 IP 地址的，如图 7-2 所示。

图 7-2　三层交换的数据包交换

第二类是流交换，它不在第三层处理所有 IP 数据包，而只分析数据流中的第一个 IP 数据包，完成路由处理，并基于第三层地址转发该数据包，数据流中的后续数据包使用一种或多种捷径技术进行处理后，直接通过二层进行转发，如图 7-3 所示，流交换也是三层交换的主流技术。

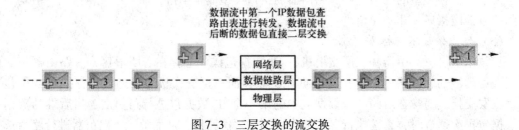

图 7-3　三层交换的流交换

流交换技术在实现中需要两个技巧。第一个技巧是要识别第一个 IP 数据包中的哪一个特征可以标识一个数据流，这个数据流可以使得其余的 IP 数据包走二层路径，比如说属于某一特定 TCP 连接的 IP 数据包，具有相同的源端口和目的端口、相同的源 IP 和目的 IP。第二个技巧是一旦建立穿过网络的路径，就让数据流足够长以便利用捷径的优点。

怎样检测数据流、识别属于特定数据流的数据包，以及建立通过网络的数据流路径随各厂商实现机制的不同而不同。目前出现了多种流交换技术，如 3COM 公司的 Fast IP、CISCO 公司的 NetFlow、CISCO 公司的 CEF 等。

7.2　三层交换的接口类型和 VLAN 互访配置

1. 三层交换机的接口类型

三层交换机上主要有两种类型的接口，分别是路由接口和交换机 VLAN 虚接口。

（1）路由接口

三层交换机上的路由接口类似于路由器的纯三层接口，不同的是路由器的接口支持子接口（如独臂路由中用到的子接口），而三层交换机上的路由接口不支持子接口。

通常情况下三层交换机的接口都是二层端口，而不是三层接口，为了把三层交换机的接口设置为三层接口，可以使用 no switchport 命令将二层端口转换为三层接口。如下所示，在二层端口上是不能配置 IP 地址的，使用 no switchport 命令将二层端口转换为三层接口后，就可以在该接口上配置 IP 地址了。

> Switch(config)#interface fastEthernet 0/1
> Switch(config-if)#ip address 192. 168. 1. 1 255. 255. 255. 0
> % IP addresses may not be configured on L2 links.
> Switch(config-if)#no switchport
> //设置该接口不是二层交换端口,而是三层接口。
> Switch(config-if)#ip address 192. 168. 1. 1 255. 255. 255. 0
> Switch(config-if)#

（2）交换机 VLAN 虚接口

交换机 VLAN 虚接口实际上是一种与 VLAN 相关联的虚拟 VLAN 接口，其目的在于启用该 VLAN 上的路由选择能力。为了实现 VLAN 之间的通信，就必须为交换机 VLAN 虚接口配置 IP 地址和子网掩码，这样就可以通过三层交换机实现 VLAN 之间的相互访问。具体配置情况见后。配置 VLAN 虚接口的 IP 地址，可以使得这个 IP 地址成为这个 VLAN 中所有计算机的网关地址。

2. 三层交换的 VLAN 互访配置

下面以图 7-4 为例，介绍在三层交换机上实现 VLAN 之间的互访。

图中，某网络有地域上分散的 VLAN 10 和 VLAN 20 两个虚拟局域网，在核心层 L3switch 上需要实现两个 VLAN 之间的互访，在核心层 L3switch 上分别设置 VLAN 10 虚接口 IP 地址 192. 168. 10. 1/24 和 VLAN 20 虚接口 IP 地址 192. 168. 20. 1/24，则 VLAN 10 所属计算机的网关为 L3switch 上 VLAN 10 的虚接口 IP 地址，VLAN 20 所属计算机的网关为 L3switch 上 VLAN 20 的虚接口 IP 地址，在局域网的 IP 地址规划中，不同的 VLAN 需要规划为不同的 IP 子网。

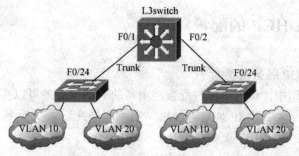

图 7-4　三层交换实现 VLAN 互访示例图

具体配置情况及说明如下。

> L3switch(config)#vlan 10

```
L3switch(config-vlan)#vlan 20
L3switch(config-vlan)#exit
L3switch(config)#interface range fastEthernet 0/1 - 2
L3switch(config-if-range)#switchport
//设定接口类型为二层端口,一般情况下三层交换机的接口默认为二层端口
L3switch(config-if-range)#switchport trunk encapsulation dot1q
L3switch(config-if-range)#switchport mode trunk
L3switch(config-if-range)#exit
L3switch(config)#interface vlan 10
//进入 VLAN 10 虚接口配置模式
L3switch(config-if)#ip address 192.168.10.1 255.255.255.0
//设置 VLAN 10 虚接口的 IP 地址为 192.168.10.1/24
L3switch(config-if)#no shutdown
L3switch(config-if)#exit
L3switch(config)#interface vlan 20
//进入 VLAN 20 虚接口配置模式。
L3switch(config-if)#ip address 192.168.20.1 255.255.255.0
//设置 VLAN 20 虚接口的 IP 地址为 192.168.20.1/24
L3switch(config-if)#no shutdown
L3switch(config-if)#exit
L3switch(config)#exit
L3switch#show ip route
…
C    192.168.10.0/24 is directly connected, Vlan10
C    192.168.20.0/24 is directly connected, Vlan20
```

从上面查看路由表的结果可以看出，VLAN 10 虚接口为 192.168.10.0/24 直连网段，
VLAN 20 虚接口为 192.168.20.0/24 直连网段。完成以上配置后，VLAN 10 和 VLAN 20 之
间即可实现相互通信。

7.3　三层交换 DHCP 的配置

1. 三层交换 DHCP 服务配置

在前面章节的介绍中，讲解了通过配置路由器的 DHCP 服务可以实现路
由器为网络中的主机自动提供 IP 地址等网络参数，同样在三层交换上也可以实现针对不同
VLAN，由三层交换提供 DHCP 服务。

下面以图 7-5 为例，介绍三层交换上 DHCP 服务的配置。

图中，某网络有地域上分散的 VLAN 10 和 VLAN 20 两个虚拟局域网，在核心层 L3switch
上既要实现两个 VLAN 之间的互访，同时还要由 L3switch 自动为 VLAN 10 和 VLAN 20 中的主
机提供 IP 地址。在完成 VLAN 10 和 VLAN 20 的虚接口 IP 地址配置后，在 L3switch 上创建
192.168.10.0/24 的地址池和 192.168.20.0/24 的地址池。

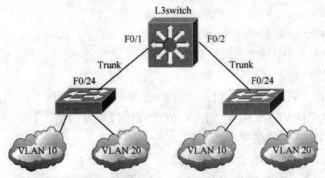

L3switch 上创建两个地址池，分别提供给 VLAN 10 和 VLAN 20
地址池：192.168.10.11~192.168.10.254 提供给 VLAN 10 中的主机
地址池：192.168.20.11~192.168.20.254 提供给 VLAN 20 中的主机

图 7-5　三层交换 DHCP 服务配置示例图

具体配置情况及说明如下。

```
L3switch(config)#vlan 10
L3switch(config-vlan)#vlan 20
L3switch(config-vlan)#exit
L3switch(config)#interface range fastEthernet 0/1 - 2
L3switch(config-if-range)#switchport trunk encapsulation dot1q
L3switch(config-if-range)#switchport mode trunk
L3switch(config-if-range)#exit
L3switch(config)#interface vlan 10
L3switch(config-if)#ip address 192.168.10.1 255.255.255.0
L3switch(config-if)#no shutdown
L3switch(config-if)#exit
L3switch(config)#interface vlan 20
L3switch(config-if)#ip address 192.168.20.1 255.255.255.0
L3switch(config-if)#no shutdown
L3switch(config-if)#exit
L3switch(config)#ip dhcp excluded-address 192.168.10.1 192.168.10.10
```
//指定 DHCP 服务排除 IP 地址段 192.168.10.1-192.168.10.10
```
L3switch(config)#ip dhcp excluded-address 192.168.20.1 192.168.20.10
```
//指定 DHCP 服务排除 IP 地址段 192.168.20.1-192.168.20.10
```
L3switch(config)#ip dhcp pool vlan10pool
```
//创建一个名为 vlan10pool 的 DHCP 地址池，并进入到 DHCP 地址池配置模式，用于给 VLAN 10 分配 IP 地址
```
L3switch(dhcp-config)#network 192.168.10.0 255.255.255.0
L3switch(dhcp-config)#default-router 192.168.10.1
L3switch(dhcp-config)#exit
L3switch(config)#ip dhcp pool vlan20pool
```
//创建一个名为 vlan20pool 的 DHCP 地址池，并进入到 DHCP 地址池配置模式，用于给 VLAN 20 分配 IP 地址

```
L3switch(dhcp-config)#network 192.168.20.0 255.255.255.0
L3switch(dhcp-config)#default-router 192.168.20.1
L3switch(dhcp-config)#exit
L3switch(config)#
```

完成以上配置后，VLAN 10 和 VLAN 20 内的主机就可以通过三层交换上的 DHCP 服务自动获取 IP 地址，并且 VLAN 10 与 VLAN 20 之间可以相互通信。

2. 三层交换 DHCP 中继配置

由于 VLAN 可以隔离广播，因此一般情况下，DHCP 客户机和 DHCP 服务器应该位于同一个 VLAN 之内，如果 DHCP 客户机和 DHCP 服务器处于不同的 VLAN，可以使用三层交换的 DHCP 中继服务在它们之间转发 DHCP 的各种消息。

下面以图 7-6 为例，介绍三层交换上 DHCP 中继服务的配置。

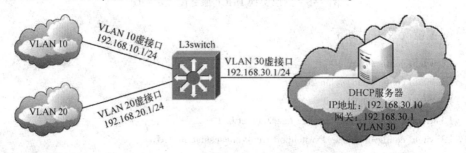

图 7-6　三层交换 DHCP 中继配置示例图

图中，某网络有地域上分散的 VLAN 10、VLAN 20、VLAN 30 三个虚拟局域网，在核心层 L3switch 上既要实现三个 VLAN 之间的互访，同时还要由 VLAN 30 中的 DHCP 服务器 192.168.30.10 自动为 VLAN 10 和 VLAN 20 中的主机提供 IP 地址。

在 DHCP 服务器上需要配置两个作用域，用于分配 IP 地址给 VLAN 10 和 VLAN 20 中的主机，如图 7-7 所示为 Windows 2003 系统下 DHCP 服务配置的两个作用域，有关 DHCP 服务器配置的内容请查阅相关资料。

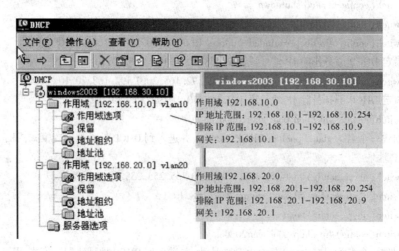

图 7-7　Windows 2003 下 DHCP 服务配置

三层交换机 L3switch 上具体配置情况及说明如下。

```
L3switch(config)#vlan 10
L3switch(config-vlan)#vlan 20
L3switch(config-vlan)#vlan 30
L3switch(config-vlan)#exit
L3switch(config)#interface vlan 10
L3switch(config-if)#ip address 192.168.10.1 255.255.255.0
//设置 VLAN 10 虚接口的 IP 地址为 192.168.10.1/24
L3switch(config-if)#ip helper-address 192.168.30.10
//配置 VLAN 10 虚接口的 IP 帮助地址,使得该接口上收到的 DHCP 报文转发到 DHCP 服务
器 192.168.30.10
L3switch(config-if)#no shutdown
L3switch(config-if)#exit
L3switch(config)#interface vlan 20
L3switch(config-if)#ip address 192.168.20.1 255.255.255.0
//设置 VLAN 20 虚接口的 IP 地址为 192.168.20.1/24
L3switch(config-if)#ip helper-address 192.168.30.10
//配置 VLAN 20 虚接口的 IP 帮助地址,使得该接口上收到的 DHCP 报文转发到 DHCP 服务
器 192.168.30.10
L3switch(config-if)#no shutdown
L3switch(config-if)#exit
L3switch(config)#interface vlan 30
L3switch(config-if)#ip address 192.168.30.1 255.255.255.0
//设置 VLAN 30 虚接口的 IP 地址为 192.168.30.1/24
L3switch(config-if)#no shutdown
```

在三层交换上完成以上配置后,VLAN 10 所属的主机将从 DHCP 服务器获得 192.168.10.0/24 网段的 IP 地址,VLAN 20 所属的主机将从 DHCP 服务器获得 192.168.20.0/24 网段的 IP 地址,具体的工作流程如图 7-8 所示,由于 VLAN 10 所属的 DHCP 客户机将 DHCP 报文以广播方式发送到了 VLAN 10 虚接口,而 VLAN 10 虚接口的中继功能将该广播转为单播报文发送给 DHCP 服务器,该单播报文的源 IP 地址为 192.168.10.1,因此 DHCP 服务器在收到该单播报文后,将从 DHCP 作用域 192.168.10.0/24 中挑选 IP 地址,而不是从 DHCP 作用域 192.168.20.0/24 中挑选 IP 地址。VLAN 20 的 DHCP 工作过程与 VLAN 10 的情况一样。

图 7-8　多 VLAN 情况 DHCP 工作流程

7.4 三层交换路由配置

7.4.1 三层交换静态路由配置

三层交换具有路由的功能，因此在三层交换上同样也可以进行静态路由的配置，下面以图 7-9 为例，介绍三层交换上静态路由的配置。

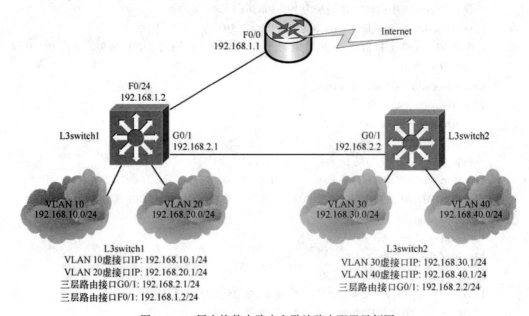

图 7-9　三层交换静态路由和默认路由配置示例图

某企业两个地域分别具有两台核心交换机，为 L3switch1 和 L3switch2，其中 L3switch1 连接有 VLAN 10 和 VLAN 20，而 L3switch2 连接有 VLAN 30 和 VLAN 40，L3switch1 的三层路由接口 G0/1 与 L3switch2 的三层路由接口 G0/1 相连接，同时 L3switch1 通过三层路由接口 F0/24 与路由器的 F0/0 接口相连。现要求的配置内容如下。

在 L3switch1 上配置到达 192.168.30.0/24 和 192.168.40.0/24 的静态路由。配置经过路由器接入 Internet 的默认路由。

在 L3switch2 上配置到达 192.168.10.0/24 和 192.168.20.0/24 的静态路由。配置经过 L3switch1 接入 Internet 的默认路由。

① L3switch1 配置内容和说明如下。

```
L3switch1(config)#vlan 10
L3switch1(config-vlan)#vlan 20
L3switch1(config-vlan)#exit
L3switch1(config)#interface vlan 10
L3switch1(config-if)#ip address 192.168.10.1 255.255.255.0
//配置 VLAN 10 虚接口的 IP 地址为 192.168.10.1
L3switch1(config-if)#exit
```

L3switch1(config)#interface vlan 20

L3switch1(config-if)#ip address 192. 168. 20. 1 255. 255. 255. 0

//配置 VLAN 20 虚接口的 IP 地址为 192. 168. 20. 1

L3switch1(config-if)#exit

L3switch1(config)#interface fastEthernet 0/24

L3switch1(config-if)#no switchport

//配置 f0/24 接口为三层路由接口

L3switch1(config-if)#ip address 192. 168. 1. 2 255. 255. 255. 0

//配置 f0/24 接口的 IP 地址为 192. 168. 1. 2

L3switch1(config-if)#no shutdown

L3switch1(config-if)#exit

L3switch1(config)#interface gigabitEthernet 0/1

L3switch1(config-if)#no switchport

//配置 G0/1 接口为三层路由接口

L3switch1(config-if)#ip address 192. 168. 2. 1 255. 255. 255. 0

//配置 G0/1 接口的 IP 地址为 192. 168. 2. 1

L3switch1(config-if)#no shutdown

L3switch1(config-if)#exit

L3switch1(config)#ip route 192. 168. 30. 0 255. 255. 255. 0 192. 168. 2. 2

//配置到达 192. 168. 30. 0/24 网络的静态路由,下一跳为 192. 168. 2. 2

L3switch1(config)#ip route 192. 168. 40. 0 255. 255. 255. 0 192. 168. 2. 2

//配置到达 192. 168. 40. 0/24 网络的静态路由,下一跳为 192. 168. 2. 2

L3switch1(config)#ip route 0. 0. 0. 0 0. 0. 0. 0 192. 168. 1. 1

//配置默认路由,下一跳为 192. 168. 1. 1

L3switch1(config)#

② L3switch2 上配置内容和说明如下。

L3switch2(config)#vlan 30

L3switch2(config-vlan)#vlan 40

L3switch2(config-vlan)#exit

L3switch2(config)#interface vlan 30

L3switch2(config-if)#ip address 192. 168. 30. 1 255. 255. 255. 0

//配置 VLAN 30 虚接口的 IP 地址为 192. 168. 30. 1

L3switch2(config-if)#exit

L3switch2(config)#interface vlan 40

L3switch2(config-if)#ip address 192. 168. 40. 1 255. 255. 255. 0

//配置 VLAN 40 虚接口的 IP 地址为 192. 168. 40. 1

L3switch2(config-if)#exit

L3switch2(config)#interface gigabitEthernet 0/1

L3switch2(config-if)#no switchport

//配置 G0/1 接口为三层路由接口

L3switch2(config-if)#ip address 192. 168. 2. 2 255. 255. 255. 0

//配置 G0/1 接口的 IP 地址为 192. 168. 2. 2

L3switch2(config-if)#no shutdown

L3switch2(config-if)#exit

L3switch2(config)#ip route 192.168.10.0 255.255.255.0 192.168.2.1

//配置到达 192.168.10.0/24 网络的静态路由,下一跳为 192.168.2.1

L3switch2(config)#ip route 192.168.20.0 255.255.255.0 192.168.2.1

//配置到达 192.168.20.0/24 网络的静态路由,下一跳为 192.168.2.1

L3switch2(config)#ip route 0.0.0.0 0.0.0.0 192.168.2.1

//配置默认路由,下一跳为 192.168.1.1

L3switch2(config)#

③ L3switch1 上显示路由表的部分结果如下。

L3switch1#show ip route

…

C   192.168.1.0/24 is directly connected, FastEthernet0/24

C   192.168.2.0/24 is directly connected, GigabitEthernet0/1

C   192.168.10.0/24 is directly connected, Vlan10

C   192.168.20.0/24 is directly connected, Vlan20

S   192.168.30.0/24 [1/0] via 192.168.2.2

S   192.168.40.0/24 [1/0] via 192.168.2.2

S*   0.0.0.0/0 [1/0] via 192.168.1.1

L3switch1#

④ L3switch2 上显示路由表的部分结果如下。

L3switch2#show ip route

…

C   192.168.2.0/24 is directly connected, GigabitEthernet0/1

S   192.168.10.0/24 [1/0] via 192.168.2.1

S   192.168.20.0/24 [1/0] via 192.168.2.1

C   192.168.30.0/24 is directly connected, Vlan30

C   192.168.40.0/24 is directly connected, Vlan40

S*   0.0.0.0/0 [1/0] via 192.168.2.1

L3switch2#

7.4.2 三层交换 RIP 动态路由配置

三层交换具有路由的功能,因此在三层交换上同样可以进行动态路由的配置,下面以图 7-10 为例,介绍三层交换上 RIP 路由协议的配置。

某企业两个地域分别具有两台核心交换机,为 L3switch1 和 L3switch2,其中 L3switch1 连接有 VLAN 10 和 VLAN 20,而 L3switch2 连接有 VLAN 30 和 VLAN 40,L3switch1 的 G0/1 与 L3switch2 的 G0/1 相连接,两台核心交换的 G0/1 同属于 VLAN 100。现要求的配置内容如下。

两台核心交换上配置 RIP 路由协议,使得两台核心交换相互学习路由信息,VLAN 10、

VLAN 20、VLAN 30、VLAN 40 之间互通。

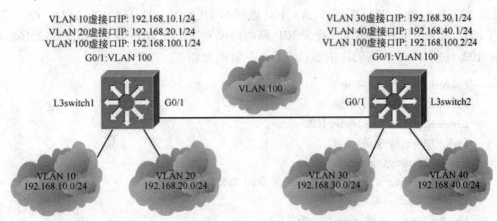

图 7-10　三层交换 RIP 动态路由配置示例图

① L3switch1 上配置 VLAN 10 虚接口 IP 地址 192.168.10.1/24，配置 VLAN 20 虚接口 IP 地址 192.168.20.1/24，配置 VLAN 100 虚接口 IP 地址 192.168.100.1/24，G0/1 属于 VLAN 100。配置 RIP 路由协议，设定 RIP 路由协议发送 192.168.10.0 网络、192.168.20.0 网络、192.168.100.0 网络的路由信息。具体配置内容如下。

```
L3switch1(config)#vlan 10
L3switch1(config-vlan)#vlan 20
L3switch1(config-vlan)#vlan 100
L3switch1(config-vlan)#exit
L3switch1(config)#interface vlan 10
L3switch1(config-if)#ip address 192.168.10.1 255.255.255.0
L3switch1(config-if)#exit
L3switch1(config)#interface vlan 20
L3switch1(config-if)#ip address 192.168.20.1 255.255.255.0
L3switch1(config-if)#exit
L3switch1(config)#interface vlan 100
L3switch1(config-if)#ip address 192.168.100.1 255.255.255.0
L3switch1(config-if)#exit
L3switch1(config)#interface gigabitEthernet 0/1
L3switch1(config-if)#switchport access vlan 100
L3switch1(config-if)#exit
L3switch1(config)#router rip
L3switch1(config-router)#version 2
L3switch1(config-router)#no auto-summary
L3switch1(config-router)#network 192.168.10.0
L3switch1(config-router)#network 192.168.20.0
L3switch1(config-router)#network 192.168.100.0
L3switch1(config-router)#exit
L3switch1(config)#
```

② L3switch2 上配置 VLAN 30 虚接口 IP 地址 192.168.30.1/24，配置 VLAN 40 虚接口 IP 地址 192.168.40.1/24，配置 VLAN 100 虚接口 IP 地址 192.168.100.2/24，G0/1 属于 VLAN 100。配置 RIP 路由协议，设定 RIP 路由协议发送 192.168.30.0 网络、192.168.40.0 网络、192.168.100.0 网络的路由信息。具体配置内容如下。

```
L3switch2(config)#vlan 30
L3switch2(config-vlan)#vlan 40
L3switch2(config-vlan)#vlan 100
L3switch2(config-vlan)#exit
L3switch2(config)#interface vlan 30
L3switch2(config-if)#ip address 192.168.30.1 255.255.255.0
L3switch2(config-if)#exit
L3switch2(config)#interface vlan 40
L3switch2(config-if)#ip address 192.168.40.1 255.255.255.0
L3switch2(config-if)#exit
L3switch2(config)#interface vlan 100
L3switch2(config-if)#ip address 192.168.100.2 255.255.255.0
L3switch2(config-if)#exit
L3switch2(config)#interface gigabitEthernet 0/1
L3switch2(config-if)#switchport access vlan 100
upL3switch2(config-if)#exit
L3switch2(config)#router rip
L3switch2(config-router)#version 2
L3switch2(config-router)#no auto-summary
L3switch2(config-router)#network 192.168.30.0
L3switch2(config-router)#network 192.168.40.0
L3switch2(config-router)#network 192.168.100.0
L3switch2(config-router)#exit
L3switch2(config)#
```

③ L3switch1 上显示路由表的部分结果如下，可以看到通过 RIP 协议学习到 192.168.30.0/24 和 192.168.40.0/24 网络的路由信息。

```
L3switch1#show ip route
…
C    192.168.10.0/24 is directly connected, Vlan10
C    192.168.20.0/24 is directly connected, Vlan20
R    192.168.30.0/24 [120/1] via 192.168.100.2, 00:00:27, Vlan100
R    192.168.40.0/24 [120/1] via 192.168.100.2, 00:00:27, Vlan100
C    192.168.100.0/24 is directly connected, Vlan100
L3switch1#
```

④ L3switch2 上显示路由表的部分结果如下，可以看到通过 RIP 协议学习到 192.168.10.0/24 和 192.168.20.0/24 网络的路由信息。

```
L3switch2#show ip route
…
R     192.168.10.0/24 [120/1] via 192.168.100.1, 00:00:10, Vlan100
R     192.168.20.0/24 [120/1] via 192.168.100.1, 00:00:10, Vlan100
C     192.168.30.0/24 is directly connected, Vlan30
C     192.168.40.0/24 is directly connected, Vlan40
C     192.168.100.0/24 is directly connected, Vlan100
L3switch2#
```

7.5 三层交换 VRRP 配置

7.5.1 VRRP 简介

由 IEEE 提出的虚拟路由器冗余协议（virtual router redundancy protocol，VRRP）是一种容错协议，其目的是利用备份机制来提高路由器或三层交换机与外界连接的可靠性。它是为具有多播或广播能力的局域网（最明显的例子就是以太网）而设计的，目前应用比较广泛。VRRP 从工作原理上类似于 CISCO 专有的 HSRP 协议。有关 HSRP 协议的内容参见本教材第 6 章。

VRRP 运行于局域网的多台路由器上，它将这几台路由器组织成一台"虚拟"路由器，或称为一个备份组。在这个备份组中，有一个活动路由器（被称为 master）和一个或多个备份路由器（被称为 backup）。Master 将实际承担这个"虚拟"路由器的工作任务（如负责转发各主机送给"虚拟"路由器的报文），而备份路由器则作为活动路由器的备份。

在运行的时候，这个"虚拟"路由器拥有自己的"虚拟"IP 地址（该地址可以和备份组内某个路由器的接口 IP 地址相同，而在 HSRP 中这个虚拟地址不能与接口的实地址相同），备份组内的路由器也有自己的 IP 地址。但是，由于 VRRP 只在路由器或三层交换机上运行，所以对于该网段上的各主机来说，这个备份组是透明的，它们仅仅知道这个"虚拟"路由器的"虚拟"IP 地址，而并不知道 master 以及 backup 的实际 IP 地址，因此它们将把自己的默认网关地址设置为该"虚拟"路由器的"虚拟"IP 地址。于是本局域网内的各主机就通过这个"虚拟"路由器来与其他网络进行通信。而实际上，它们是通过 master 在与其他网络进行通信。而一旦备份组内的 master 发生故障，backup 将会接替其工作，成为新的 master，继续为本局域网内的各主机提供服务，从而保障本局域网内的各主机可以不间断地与外部网络的通信。

这里可以总结一下：在 VRRP 备份组内，总有一台路由器或三层交换机是活动路由器（master），它完成"虚拟"路由器的工作；该备份组中其他的路由器或三层交换机作为备份路由器，随时监控 master 的活动。当原有的 master 出现故障时，各 backup 将自动选出一个新的 master 来接替其工作，继续为网段内各主机提供路由服务。由于这个选举和接替阶段短暂而平滑，因此，网段内各主机仍然可以正常地使用虚拟路由器，实现不间断地与外界保持通信。

7.5.2　VRRP 配置

下面以图 7-11 为例，介绍 VRRP 的配置。

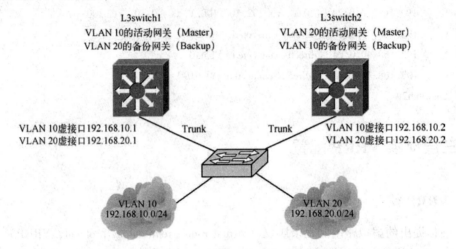

图 7-11　三层交换 VRRP 配置示例图

　　某企业具有两台核心交换机 L3switch1 和 L3switch2，该企业划分有 VLAN 10 和 VLAN 20，为了实现冗余，将 L3switch1 的路由功能模块作为 VLAN 10 的活动网关，并作为 VLAN 20 的备份网关，将 L3switch2 的路由功能模块作为 VLAN 20 的活动网关，并作为 VLAN 10 的备份网关。

　　① L3switch1 上完成以下配置内容。

```
L3switch1(config)#interface vlan 10
L3switch1(config-if)#ip address 192. 168. 10. 1 255. 255. 255. 0
L3switch1(config-if)#no shutdown
L3switch1(config-if)#vrrp 1 ip 192. 168. 10. 254
//创建 VRRP 备份组 1,该备份组的虚拟 IP 地址为 192. 168. 10. 254
L3switch1(config-if)#vrrp 1 priority 254
//该三层交换机在 VRRP 备份组 1 中优先级为 254,优先级从低到高为 1~254,默认优先级为 100
L3switch1(config-if)#exit
L3switch1(config)#interface vlan 20
L3switch1(config-if)#ip address 192. 168. 20. 1 255. 255. 255. 0
L3switch1(config-if)#no shutdown
L3switch1(config-if)#vrrp 2 ip 192. 168. 20. 254
//创建 VRRP 备份组 2,该备份组的虚拟 IP 地址为 192. 168. 20. 254
L3switch1(config-if)#
```

　　② L3switch2 上完成以下配置内容。

```
L3switch2(config)#interface vlan 10
L3switch2(config-if)#ip address 192. 168. 10. 2 255. 255. 255. 0
L3switch2(config-if)#no shutdown
```

```
L3switch2(config-if)#vrrp 1 ip 192.168.10.254
//创建 VRRP 备份组 1,该备份组的虚拟 IP 地址为 192.168.20.254
L3switch2(config-if)#exit
L3switch2(config)#interface vlan 20
L3switch2(config-if)#ip address 192.168.20.2 255.255.255.0
L3switch2(config-if)#no shutdown
L3switch2(config-if)#vrrp 2 ip 192.168.20.254
//创建 VRRP 备份组 2,该备份组的虚拟 IP 地址为 192.168.20.254
L3switch2(config-if)#vrrp 2 priority 254
//该三层交换机在 VRRP 备份组 2 中优先级为 254,优先级从低到高为 1~254,默认优先级为 100
L3switch2#
```

③ 完成以上配置后，在 L3switch1 上使用 show vrrp 查看 VRRP 的运行结果，可以看到该三层交换机作为 VLAN 10 的 master，作为 VLAN 20 的 backup。

```
L3switch1#show vrrp
Vlan10 - Group 1
   State is Master
   Virtual IP address is 192.168.10.254
   Virtual MAC address is 0000.5e00.010a
   Advertisement interval is 1.000 sec
   Preemption enabled
   Priority is 254
   Master Router is 192.168.10.1 (local), priority is 254
   Master Advertisement interval is 1.000 sec
   Master Down interval is 3.007 sec
Vlan20 - Group 2
   State is Backup
   Virtual IP address is 192.168.20.254
   Virtual MAC address is 0000.5e00.0114
   Advertisement interval is 1.000 sec
   Preemption enabled
   Priority is 100
   Master Router is 192.168.20.2, priority is 254
   Master Advertisement interval is 1.000 sec
   Master Down interval is 3.609 sec (expires in 3.361 sec)
L3switch1#
```

④ 完成以上配置后，在 L3switch2 上使用 show vrrp 查看 VRRP 的运行结果，可以看到该交换机作为 VLAN 10 的 backup，作为 VLAN 20 的 master。

```
L3switch2#show vrrp
Vlan10 - Group 1
   State is Backup
   Virtual IP address is 192.168.10.254
```

```
        Virtual MAC address is 0000. 5e00. 010a
        Advertisement interval is 1. 000 sec
        Preemption enabled
        Priority is 100
        Master Router is 192. 168. 10. 1, priority is 254
        Master Advertisement interval is 1. 000 sec
        Master Down interval is 3. 609 sec (expires in 2. 945 sec)
    Vlan20 - Group 2
        State is Master
        Virtual IP address is 192. 168. 20. 254
        Virtual MAC address is 0000. 5e00. 0114
        Advertisement interval is 1. 000 sec
        Preemption enabled
        Priority is 254
        Master Router is 192. 168. 20. 2 (local), priority is 254
        Master Advertisement interval is 1. 000 sec
        Master Down interval is 3. 007 sec
    L3switch2#
```

7.6　三层交换 QoS 配置

7.6.1　QoS 基础

1. QoS 的概念

服务品质保证（quality of service，QoS）也称为服务质量。

在所有的网络中，都可能出现下述三种影响网络可用性和稳定性的问题。

① 延迟：数据包从源端到达目的端所需要的时间。

② 抖动：同一个数据流中，不同的数据包延迟之间的差别。

③ 丢包：数据包从源端到达目的端过程中发生丢失的情况。

针对不同的网络应用，用户对于网络的延迟、抖动、丢包的要求也各不相同。在正常情况下，如果网络只用于一些无时间限制的应用系统，比如 Web 应用、E-mail 等，延迟、抖动、丢包对于用户应用的影响并不是非常严重，但是对于关键应用和多媒体应用而言，延迟、抖动、丢包情况就非常重要了，比如说网络应用中的 IP 电话、视频直播、音频直播、电子商务等，如果在这些应用中，延迟过大、抖动过强、丢包过多，将严重影响网络应用的高效运行。

而 QoS 就是这样一种的网络技术，可以用来解决网络延迟、抖动和丢包等问题。当网络过载或拥塞时，QoS 能确保重要数据流量不受延迟或丢弃，从而保证网络应用的高效运行。

从根本上讲，QoS 是指一个网络能够利用各种各样的技术，向某些选定的网络数据流量提供更好的服务，使得这些网络数据流量具有更低的延迟、更低的抖动、更低的丢包率。QoS 并不能产生新的带宽，但是它可以将现有的带宽资源做一个最佳的调整和配置，即可以根据应用的需求以及网络管理的设置来有效地管理网络带宽。

简单地说，就是 QoS 根据用户的设定，针对不同数据流量，网络设备可以提供不同的服务。比如说，有些数据流量需要使用高带宽，有些数据流量需要及时转发，有些数据流量需要限制峰值等情况。

QoS 主要可以解决以下几个方面的网络问题。

① 通过对进入的数据流量进行分类，能够使得网络设备区分不同应用的数据流量，并设定数据流量其优先级别。

② 针对某分类数据流量，可以设定其吞吐量和网络带宽的使用。

③ 针对某分类数据流量，可以设定其特定阈值，超过阈值的数据流量，可以丢弃。

④ 针对某分类数据流量，可以设定进行优先传送和转发。

⑤ 当发生拥塞情况的时候，可以设定丢弃低优先级的数据流量。

2. QoS 的工作模型

QoS 的工作模型如图 7-12 所示。

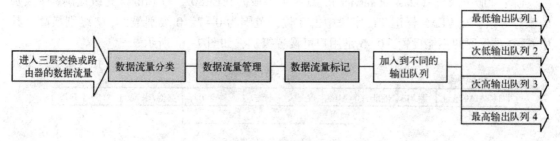

图 7-12　QoS 工作模型

（1）数据流量分类

QoS 首先需要对不同的数据流量进行分类，根据不同的数据流量就可以采用不同的流量管理方法，也就是说要对不同的数据流量提供不同的服务质量，那么首先要把这样的数据流量分离出来，才能进行下一步工作。

比如某个网段中的下载情况太严重，占用了过多的网络带宽，那么首先要做的是把这个下载流量从很多的数据流量中分类出来，这样才能对这个数据流量进行流量管理。

（2）数据流量管理

对于分类后的数据流量就要进行数据流量管理，这就需要设定流量管理的管理策略，在 QoS 管理策略规定范围（带宽或突发值）内的流量，称它是 In Profile，对于超出 QoS 管理策略规定范围（带宽或突发值）的流量，称它是 Out of Profile。

比如需要限定某一个 VLAN 网段的流量为 20 Mbps，超过的流量就进行丢弃，如果不丢弃，就对超过的流量进行低优先级转发，这就是一个数据流量管理策略。

（3）数据流量标记

对于分类后并经过流量策略管理的数据流量，网络设备在转发的时候，需要有先后次序，某些数据流量需要优先转发，某些数据流量迟缓转发，这就需要对分类后的数据流量进行标记，不同标记的数据流量放在不同的发送队列中，比如 A 标记的数据流量放在发送队列 1 中，B 标记的数据流量放在发送队列 2 中，C 标记的数据流量放在发送队列 3 中，D 标记的数据流量放在发送队列 4 中，然后设定发送队列的权重比，比如说权重比为 10 : 20 : 30 : 40，这就意味着：

发送队列 1 发送数据的流量占输出总流量的 10/（10+20+30+40）= 10%；

发送队列 2 发送数据的流量占输出总流量的 20/（10+20+30+40）= 20%；

发送队列 3 发送数据的流量占输出总流量的 30/（10+20+30+40）= 30%；

发送队列 4 发送数据的流量占输出总流量的 40/（10+20+30+40）= 40%。

从上可以看出，发送队列 4 的优先级最高，如果某类数据流量标记后放入到发送队列 4 中，该类数据流量获得优先转发的可能性最大。

3. QoS 的服务等级

前面已经说了 QoS 能够针对不同的数据流量提供不同的服务，那也就意味 QoS 有着不同的服务等级。

QoS 的服务等级有 CoS 和 ToS 两种。

（1）CoS

CoS 即服务级别（class of service），QoS 可以根据 IEEE802.1Q 帧的优先级提供 8 个级别的服务等级，在 VLAN 标记 Tag 字段中占 3 位，范围为 0~7。0 级别最低，7 级别最高，其中 6、7 是保留的不能设置，0~5 是用户可设置级别，如图 7-13 所示。

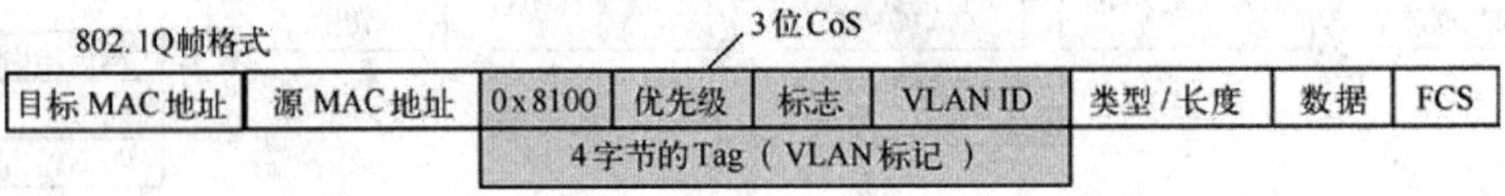

图 7-13　服务级别 CoS

表 7-1　CoS 值

CoS 值	说　　明
0	尽力而为的数据
1	中优先级数据
2	高优先级数据
3	呼叫信令
4	视频传输
5	语音传输
6、7	保留

CoS 值如表 7-1 所示。

（2）TOS

ToS 即服务类型（type of service），在 IPv4 数据包中首部有一个字节的服务类型，如图 7-14 所示，ToS 字段内可以是 DSCP 值，也可以是 IP Precedence 值。

① IP Precedence：即 IP 优先级，范围 0~7，IP Precedence 值如表 7-2 所示，0 级别最低，7 级别最高，其中 6，7 是保留的不能设置，0~5 是用户可设置级别。

② DSCP：即差别化业务编码点（differentiated services code point），范围 0~63。DSCP 值的前三位用于说明类别，接下来两位说明丢弃概率，最后一位总是为零。DSCP 值如表 7-3 所示，其中类别 4>类别 3>类别 2>类别 1，即类别 4 最重要。

图 7-14　服务类型 ToS

IP Precedence 值	说　　明
0	routine 常规
1	priority 优先
2	immediate 立即
3	flash 快速
4	flash-override 超快速
5	critical 关键
6	internet control 互联网络控制
7	network control 网络控制

表 7-2　IP Precedence 值

	类别 1	类别 2	类别 3	类别 4
丢弃概率低	001010 AF11 DSCP 10	010010 AF21 DSCP 18	011010 AF31 DSCP 26	100010 AF41 DSCP 34
丢弃概率中	001100 AF12 DSCP 12	010100 AF22 DSCP 20	011100 AF32 DSCP 28	100100 AF42 DSCP 36
丢弃概率高	001110 AF13 DSCP 14	010110 AF23 DSCP 22	011110 AF33 DSCP 30	100110 AF43 DSCP 38

表 7-3　DSCP 值

7.6.2　QoS 配置

1. QoS 的配置任务

根据图 7-15 所示 QoS 的工作模型图，可以确定 QoS 配置任务主要包括以下内容。

（1）启动 QoS 功能

在全局下启动 QoS 功能。必须在全局下启动 QoS 功能后才能配置其他的 QoS 命令。如下命令即可启动 QoS 功能。

```
L3switch(config)#mls qos
```

（2）配置分类表（classmap）

全局模式下，使用 class-map 命令建立一个分类表，并进入到分类表配置模式，然后使用 match 命令匹配某类数据流量，从而将某类数据流量放入到该分类表中。

如下创建了一个名称为 test1 的分类表。

```
L3switch(config)#class-map test1
L3switch(config-cmap)#match ?
    access-group         Access group
    any                  Any packets
    class-map            Class map
    cos                  IEEE 802.1Q/ISL class of service/user priority values
    destination-address  Destination address
    input-interface      Select an input interface to match
    ip                   IP specific values
    not                  Negate this match result
    precedence           Match Precedence in IP(v4) and IPv6 packets
    protocol             Protocol
    QoS-group            QoS-group
L3switch(config-cmap)#
```

常用的 match 配置参数主要有以下几个。

① match access-group，根据建立的访问控制列表来分类数据流量。

② match cos，根据数据流量的 CoS 值来分类数据流量。

③ match ip dscp，根据数据流量的 DSCP 值来分类数据流量。

④ match ip precedence，根据数据流量的 IP Precedence 值来分类数据流量。

⑤ match input-interface，根据数据流量的输入接口来分类数据流量。

⑥ match protocol，根据数据流量所用的协议来分类数据流量。

（3）配置策略表（policymap）

全局模式下，使用 policy-map 命令建立一个策略表，并进入到策略表配置模式，然后使用 class 命令与分类表相关联，并进入到分类策略表配置模式，然后可以使用 priority、bandwidth、police、shape 等命令对该分类数据流量的带宽进行管理，使用 set 命令为该分类数据流量分配一个新的 CoS、DSCP 和 IP Precedence 值。

如下为建立一个策略表 mycontrol，并与分类表 test1 相关联。

```
L3switch(config)#policy-map mycontrol
L3switch(config-pmap)#class test1
L3switch(config-pmap-c)#?
    bandwidth       Bandwidth
    compression     Activate Compression
    drop            Drop all packets
    exit            Exit from QoS class action configuration mode
    netflow-sampler NetFlow action
    no              Negate or set default values of a command
    police          Police
    priority        Strict Scheduling Priority for this Class
    queue-limit     Queue Max Threshold for Tail Drop
    random-detect   Enable Random Early Detection as drop policy
    service-policy  Configure Flow Next
    set             Set QoS values
    shape           Traffic Shaping
L3switch(config-pmap-c)#
```

对流量进行处理的常用命令有以下几个。

① bandwidth：定义保留带宽。

例如 bandwidth 100，表明在网络无拥塞情况时，该分类数据流量允许使用超过 100 kbps 的网络带宽；在网络发生拥塞情况时，保证至少给予该分类数据流量带宽 100 kbps，该分类数据流量超出 100 kbps 的部分会与其他流量争夺未被指定的带宽。

② priority：定义优先级流量的带宽以及突发流量。

例如 priority 100 500，表明在网络拥塞情况时，该类数据流量允许使用超过 100 kbps 的网络带宽；在网络发生拥塞情况时，保证至少给予该类数据流量带宽 100 kbps，同时允许突发流量 500 字节，该类数据流量超过 100 kbps 的部分将会被丢弃。

③ police：限制数据流量的平均速率、正常突发流量、最大突发流量及规定违规的处理方法。

例如 police 2000000 20000 40000 conform-action transmit exceed-action drop，表明限制该

类数据流量的带宽为 2 000 000 bps（2 Mbps）、正常突发流量为 20 000 字节、最大突发流量为 40 000 字节，当要发送的数据小于正常突发流量时，执行 transmit 转发策略，当要发送的数据大于正常突发流量并小于最大突发流量时，执行 drop 丢弃策略。

④ shape average：限制数据流量的平均速率、正常突发流量、最大突发流量及规定违规的处理方法，同时对发送的数据流量进行整形。shape 命令类似于 police 命令，只是 shape 可以缓存超过的流量，但是如果缓存满了也会丢弃超过流量，police 就是严格地丢弃超过的流量，shape 对于数据流量进行缓冲，从而使得数据流量的发送更趋于平缓。

⑤ set：对数据流量进行标记，即分配一个 CoS、DSCP 和 IP Precedence 值给该类数据流量。

例如 set ip precedence 3，表明设置该类数据流量的 IP 优先级为 3。

（4）将 QoS 应用到接口

策略表只有绑定到具体的接口，才能在此接口生效。在接口配置模式下，使用 service-policy 在该接口上应用策略表。其中 input 将指定名称的策略表应用到交换机接口的入口方向，output 将指定名称的策略表应用到交换机接口的出口方向。

如下将策略表 mycontrol 应用到 fastethernet0/1 接口的入口方向上。

```
L3switch(config)#interface fastEthernet 0/1
L3switch(config-if)#service-policy ?
input     Assign policy-map to the input of an interface
output    Assign policy-map to the output of an interface
L3switch(config-if)#service-policy input mycontrol
```

（5）配置输出队列的权重

全局模式下，使用 wrr-queue bandwidth 设置 4 个输出队列带宽的比例，使用 wrr-queue cos-map 设置 CoS 值对应三层交换机接口输出队列的映射。

如下为设置 4 个输出队列带宽比重设为 1:2:4:8，并在特权模式下显示默认的 CoS 值与输出队列的映射关系，可以看到默认情况下，CoS 为 1 和 2 时在输出队列 1，CoS 为 2 和 3 时在输出队列 2，CoS 为 4 和 5 时在输出队列 3，CoS 为 6 和 7 时在输出队列 4。

```
L3switch(Config)#wrr-queue bandwidth 1 2 4 8
L3switch(Config)#exit
L3switch#show wrr-queue cos-map
CoS Value       :  0  1  2  3  4  5  6  7
Priority Queue  :  1  1  2  2  3  3  4  4
L3switch#
```

（6）配置 QoS 映射关系

全局模式下，使用 mls qos map 命令配置 CoS 到 DSCP、DSCP 到 CoS 的映射关系。

```
L3switch(config)#mls qos map ?
    cos-dscp    cos-dscp map: eight dscp values for cos 0-7
    dscp-cos    dscp-cos map: up to thirteen dscp values
L3switch(config)#exit
```

```
L3switchr#show mls qos maps
    Dscp-cos map:
        dscp:  0  8  10  16  18  24  26  32  34  40  46  48  56
        ---------------------------------------------------
        cos:   0  1   1   2   2   3   3   4   4   5   5   6   7

    Cos-dscp map:
        cos:   0  1  2  3  4  5  6  7
        --------------------------------
        dscp:  0  8  16  26  32  46  48  56
L3switch#
```

//以上显示为默认情况下 DSCP 与 CoS 的映射和 CoS 与 DSCP 的映射关系。

2. QoS 配置实例 1

如图 7-15 所示，由于企业内部网络 VLAN 10 中 BT 下载占用了较多的网络带宽，因此需要使用 QoS 配置限制该 VLAN 中的 BT 下载。在三层交换机的 VLAN 10 虚接口上将 BT 下载的输出带宽限制为 1 Mbps。

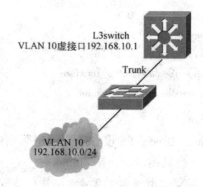

图 7-15　QoS 配置实例 1

具体配置及说明如下：

```
L3switch(config)#interface vlan 10
L3switch(config-if)#ip address 192.168.10.1 255.255.255.0
L3switch(config-if)#no shutdown
L3switch(config-if)#exit
L3switch(config)#access-list 100 permit tcp any any range 6881 6889
```
//建立扩展访问控制列表,编号为 100,允许任意源到任意目的的 TCP 报文,端口范围为 6881 到 6889,6881 到 6889 为 BT 下载的默认端口号
```
L3switch(config)#mls qos
```
//全局配置模式下启动 QoS 功能
```
L3switch(config)#class-map confinebt
```
//创建名称为 confinebt 的分类表。
```
L3switch(config-cmap)#match access-group 100
```
//该分类表匹配访问控制列表 100 中的数据流量。

L3switch(config-cmap)#exit

L3switch(config)#policy-map limitbt

//创建名称为 limitbt 的策略表。

L3switch(config-pmap)#class confinebt

//该策略表与分类表 confinebt 相关联。

L3switch(config-pmap-c)#shape average 1000000

//限制数据流量的平均速率为 1 Mbps。

L3switch(config-pmap-c)#exit

L3switch(config-pmap)#exit

L3switch(config)#interface vlan 10

L3switch(config-if)#service-policy output limitbt

//在 VLAN 10 虚接口的输出方向上应用策略表 limitbt。

L3switch(config-if)#exit

L3switch(config)#

3. QoS 配置实例 2

如图 7-16 所示，企业内部具有一台视频点播 VOD 服务器，为了保证视频数据流量的畅通，在三层交换机上配置 QoS，使得视频数据流量具有保留带宽 20 Mbps，同时设置该视频数据流量的 CoS 值为 5，放在发送队列 4 中进行发送，并设置队列 4 的权重比为 60%。

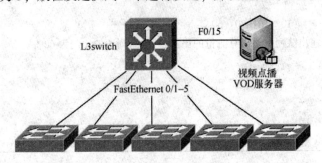

图 7-16   QoS 配置实例 2

具体配置及说明如下：

L3switch(config)#mls qos

//全局配置模式下启动 QoS 功能

L3switch(config)#class-map insurevod

//创建名称为 insurevod 的分类表

L3switch(config-cmap)#match input-interface fastEthernet 0/15

//该分类表匹配从 f0/15 接口进入的数据流量

L3switch(config-cmap)#exit

L3switch(config)#policy-map fastvod

//创建名称为 fastvod 的策略表

L3switch(config-pmap)#class insurevod

//该策略表与分类表 insurevod 相关联

L3switch(config-pmap-c)#bandwidth 20000

//设置该分类数据流量的保留带宽为 20 000 kbps，即 20 Mbps

L3switch(config-pmap-c)#set cos 5

//设置该分类数据流量的 CoS 值为 5

L3switch(config-pmap-c)#exit

L3switch(config-pmap)#exit

L3switch(config)#wrr-queue bandwidth 10 10 20 60

//设置 4 个输出队列带宽的比例为 10:10:20:60,即输出队列 4 占输出总流量的 60%

L3switch(config)#wrr-queue cos-map 4 5

//设置队列 4 对应的 CoS 值为 5。

L3switch(config)#interface range fastEthernet 0/1 - 5

L3switch(config-if-range)#service-policy output fastvod

//在接口范围 f0/1-5 的输出方向上,应用策略表 fastvod

L3switch(config-if-range)#exit

L3switch(config)#exit

L3switch#show wrr-queue cos-map

CoS Value　　　: 0 1 2 3 4 5 6 7

Priority Queue　: 1 1 2 2 3 4 4 4

//以上显示 CoS 值与输出队列的映射关系,其中 CoS 值为 5 的数据流量位于输出队列 4 中

L3switch #show wrr-queue bandwidth

WRR Queue　: 1 2 3 4

Bandwidth　 : 10 10 20 60

//以上显示输出队列占输出总流量的比例,其中队列 4 的比例为 60%

L3switch#

本章实验

实验 7-1 "三层交换 VLAN 互访配置" 报告书

实验名称	三层交换 VLAN 互访配置	实验指导视频	
实验拓扑结构			
实验要求	理解三层交换实现 VLAN 互访的概念,理解 VLAN 虚接口的概念,掌握三层交换上 VLAN 虚接口的配置命令和实现 VLAN 互访的配置方法		
实验报告	参考实验要求,学生自行完成实验摘要性报告		
实验学生姓名		完成日期	

实验 7-2　"三层交换 DHCP 服务配置" 报告书

实验名称	三层交换 DHCP 服务配置	实验指导视频	
实验拓扑结构			
实验要求	理解三层交换实现 DHCP 服务的概念，掌握实现三层交换 DHCP 服务的配置命令		
实验报告	参考实验要求，学生自行完成实验摘要性报告		
实验学生姓名		完成日期	

L3switch C3560-24PS
VLAN 10虚接口 192.168.10.1　　　VLAN 20虚接口 192.168.20.1
L3switch上地址池配置

地址池名称	排除IP	网络	网关
VLAN 10pool	192.168.10.1~192.168.10.10	192.168.10.0	192.168.10.1
VLAN 20pool	192.168.20.1~192.168.20.10	192.168.20.0	192.168.20.1

F0/1　　F0/2
Trunk　　Trunk
F0/24　　F0/24
SW1 C2960　　SW2 C2960
F0/1　F0/2　　F0/1　F0/2
VLAN 10 F0/1　　VLAN 10 F0/1
VLAN 20 F0/2　　VLAN 20 F0/2
自动获取　自动获取　自动获取　自动获取

实验 7-3　"三层交换静态路由配置" 报告书

实验名称	三层交换静态路由配置	实验指导视频	
实验拓扑结构			
实验要求	理解三层交换实现路由功能的概念，掌握三层交换上静态路由的配置		
实验报告	参考实验要求，学生自行完成实验摘要性报告		
实验学生姓名		完成日期	

F0/0
192.168.1.1/24　Router
F0/24
L3switch1　192.168.1.2/24
VLAN 10虚接口 192.168.10.1
VLAN 20虚接口 192.168.20.1
三层路由接口G0/1 192.168.2.1
三层路由接口F0/24 192.168.1.2
G0/1 192.168.2.1/24
G0/1 192.168.2.2/24
L3switch2
VLAN 30虚接口 192.168.30.1
VLAN 40虚接口 192.168.40.1
三层路由接口G0/1 192.168.2.2
F0/1　Trunk
F0/1　Trunk
SW1
F0/24
F0/1　F0/2
VLAN 10 f0/1
VLAN 20 f0/2
IP:192.168.10.10/24
GW:192.168.10.1
IP:192.168.20.10/24
GW:192.168.20.1
F0/24
SW2
F0/1　F0/2
VLAN 30 f0/1
VLAN 40 f0/2
IP:192.168.30.10/24
GW:192.168.30.1
IP:192.168.40.10/24
GW:192.168.40.1

实验 7-4 "三层交换 RIP 动态路由配置"报告书

实验名称	三层交换 RIP 动态路由配置	实验指导视频	
实验拓扑结构			

实验要求	理解三层交换实现路由功能的概念，掌握三层交换上 RIP 动态路由的配置		
实验报告	参考实验要求，学生自行完成实验摘要性报告		
实验学生姓名		完成日期	

第 8 章　虚拟专用网配置

8.1　VPN 概述

1. VPN 的概念

VPN 的英文全称是 "virtual private network"，即虚拟专用网络。

虚拟专用网络是将不同地域的企业私有网络，通过公用网络连接在一起，如同在不同地域之间为企业架设了专线一样，也就是说 VPN 的核心就是利用公共网络建立虚拟私有网。

VPN 被定义为通过一个公用网络（通常是 Internet）建立一个临时的、安全的连接，是一条穿过混乱的公用网络的安全、稳定的隧道。

实现 VPN 功能的网络设备通常有 VPN 服务器、防火墙、路由器、专用 VPN 网关等。本教材中均以路由器设备为例介绍 VPN 技术。

2. VPN 的分类和结构

VPN 可以简单地分为远程访问 VPN 和站点到站点 VPN 两种。

远程访问 VPN 主要应用于企业员工的远程办公情况，如图 8-1 所示，公司员工出差到外地想访问企业内部网络的服务器资源，外地员工在当地接入 Internet 后，并通过 Internet 连接到 VPN 服务设备，然后通过 VPN 服务设备接入企业内网，这就相当于在远程 VPN 客户端与 VPN 服务设备之间建立了一条穿越 Internet 的专有隧道，这样 VPN 客户端就可直接通过内部 IP 地址访问企业内部服务器。

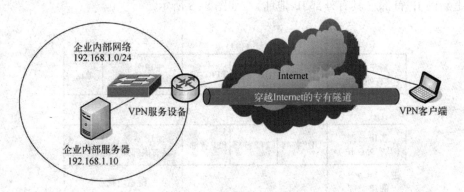

图 8-1　远程访问 VPN 示意图

站点到站点 VPN 主要应用于企业分支机构网络或商业伙伴网络与企业总部网络之间的远程连接，如图 8-2 所示，某企业分别在不同城市建立有分支机构，各分支机构均接入 Internet，各分支机构可以通过 VPN 技术相互之间建立起专有连接，从而实现对企业内部网络的扩展。

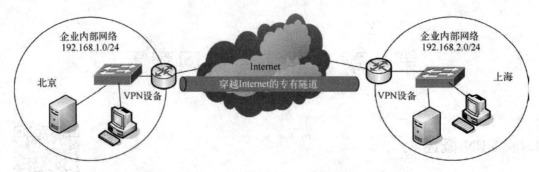

图 8-2　站点到站点 VPN 示意图

在以上的图例中，均提到了穿越 Internet 的专有隧道的概念，隧道是 VPN 的关键技术，请记住隧道的特点只有两端，即从隧道一端进入的流量只能从隧道的另一端流出。

8.2　VPN 隧道协议及安全

1. VPN 隧道协议

无论是在图 8-1 中连接在 Internet 两端的 VPN 服务设备与 VPN 客户端之间，还是在图 8-2 中连接在 Internet 两端的 VPN 设备之间，只有遵循相同的隧道协议，那么它们之间才能够建立穿越 Internet 的隧道。

按照 VPN 隧道协议工作的层次不同，可以将 VPN 隧道协议分为二层隧道协议和三层隧道协议。

二层隧道协议主要有：L2TP（layer 2 tunnel protocol，二层隧道协议）、PPTP（point to point tunnel protocol，点对点隧道协议）。二层隧道协议都是建立在 PPP 协议的基础上，首先把原 IP 数据包（具有内部 IP 地址）封装到 PPP 帧中，再把整个 PPP 帧装入隧道协议，然后再加上新的 IP 首部（具有外部 IP 地址），如图 8-3 所示。

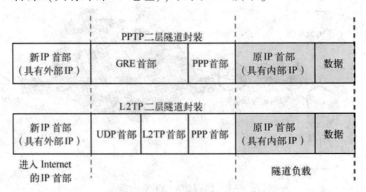

图 8-3　二层隧道协议封装示意图

三层隧道协议主要有：GRE（general routing encapsulation，通用路由封装）、IPSec（IP security protocol，IP 安全协议）。三层隧道协议的特点是将原 IP 数据包（具有内部 IP 地址）直接封装到三层隧道协议中，然后再加上新的 IP 首部（具有外部 IP 地址），如图 8-4 所示为 GRE 隧道协议封装，有关 IPSec 的封装在后面的内容中介绍。

图 8-4 三层隧道协议封装示意图

2. VPN 安全技术

在 VPN 中,数据在 Internet 上传输时,应保证其以下三个方面的安全性。

(1)数据加密

数据加密保证数据传输过程中的安全。

数据加密机制分为对称密钥机制和公钥密钥机制两种。

对称密钥机制工作原理如图 8-5 所示,其特点为发送方和接收方使用同一密钥。

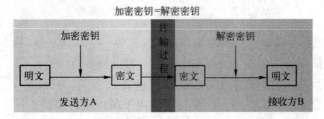

图 8-5 对称密钥机制工作原理示意图

对称密钥机制主要有以下。

① DES:数据加密标准,密钥长度 64 位,其中实际长度 56 位,8 位用于奇偶校验。

② IDEA:国际数据加密算法,密钥长度 128 位。

③ AES,高级加密标准,密钥长度支持 128 位、192 位、256 位。

④ 3DES,三重数据加密标准,在 DES 基础上,进行三重加密。

公钥密钥机制工作原理如图 8-6 所示,其特点为发送方和接收方使用不同密钥。

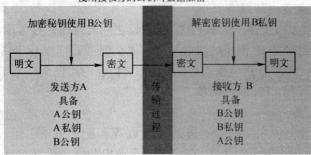

图 8-6 公钥密钥机制工作原理示意图

公钥密钥机制主要有 RSA，密钥长度支持 128 位、256 位、512 位、1024 位、2048 位。

（2）数据完整性

又称为报文鉴别，确定数据在传输的过程是否被篡改。

报文鉴别的工作原理图如图 8-7 所示。

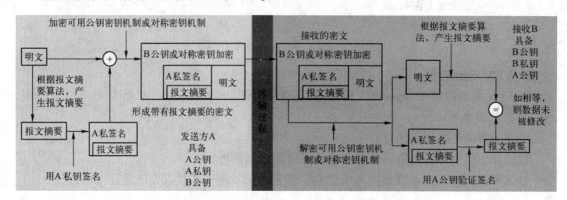

图 8-7　报文鉴别工作原理示意图

报文摘要算法主要有以下。

① MD5：报文摘要算法版本 5，产生 128 位的报文摘要。

② SHA：安全哈希算法，产生 160 位的报文摘要。

③ HMAC：哈希式报文认证码，摘要长度取决于所用哈希函数。

（3）身份验证

又称为实体鉴别，用于验证通信对方的身份，防止假冒，比较常见的身份验证方式有用户名/密码、IC 卡、动态口令、生物特征、USB Key 等。

8.3　PPTP 隧道

1. PPTP 简介

PPTP 协议是在 PPP 协议基础上开发的增强型安全协议，支持 VPN，可以通过 PAP、CHAP、MS-CHAP、MS-CHAP-V2、EAP（extensible authentication protocol，扩展验证协议）等方法增强安全性，可以使远程用户在接入公用网络（通常为 Internet）的情况下，采用拨号的方式安全地访问企业内部网络。

PPTP 协议假定在 PPTP 客户机和 PPTP 服务器之间有连通并且可用的 IP 网络。因此如果 PPTP 客户机本身已经是 IP 网络的组成部分，那么即可通过该 IP 网络与 PPTP 服务器取得连接。这里所说的 PPTP 客户机也就是使用 PPTP 协议的远程 VPN 客户机，而 PPTP 服务器亦即使用 PPTP 协议的 VPN 服务设备。

2. PPTP 隧道配置

下面以图 8-8 为例说明 PPTP 隧道的配置流程和配置方法，远程 VPN 客户机通过 Internet 需要访问企业内部服务器 192.168.1.2，企业内部服务器不能对 Internet 开放，即在 RA 上不能使用 NAT 技术让 Internet 访问企业内部服务器，这就需要在远程 VPN 客户机与 VPN 服务设备之间建立一条穿越 Internet 的专有隧道。

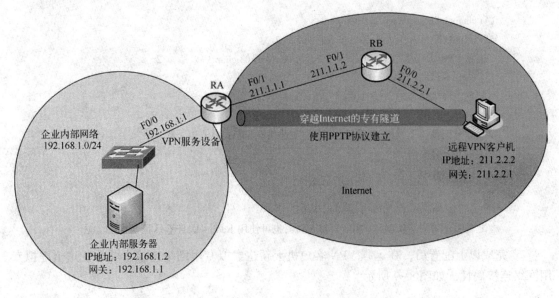

图 8-8　PPTP 协议建立 VPN 隧道

① 启用虚拟专用拨号网络 VPDN，并创建虚拟专用拨号网络组，设置隧道协议为 PPTP。

> RA(config)#vpdn enable
> //启用虚拟专用拨号网络 VPDN(Virtual Private Dial-up Networks)
> RA(config)#vpdn-group 1
> //创建虚拟专用拨号网络组 1
> RA(config-vpdn)#accept-dialin
> //该拨号组接受拨入
> RA(config-vpdn-acc-in)#protocol pptp
> //该拨号组拨入的协议为 pptp
> RA(config-vpdn-acc-in)#virtual-template 1
> //该拨号组绑定虚拟接口模板 1
> RA(config-vpdn-acc-in)#exit
> RA(config-vpdn)#exit

② 配置本地地址池，用于给远程 VPN 客户机分配访问企业内部网络的 IP 地址。

> RA(config)#ip local pool vpndhcp 172. 16. 1. 100 172. 16. 1. 150
> //创建本地地址池,名称 vpndhcp,IP 地址从 172. 16. 1. 100 到 172. 16. 1. 150,用于给拨号接入的用
> 户分配 IP 地址

③ 在 R1 上创建虚拟接口模板 virtual-template。虚拟接口模板是用于配置一个虚拟接口的模板，主要应用于 VPN 中，VPN 在会话连接建立之后，需要创建一个虚拟接口用于和对端之间传输数据，此时将按照用户配置，选择一个虚拟接口模板，动态地创建一个虚拟接口，该接口将在会话结束时被删除。虚拟接口模板主要完成 PPP 工作参数、虚拟接口 IP 地址、PPP 对端分配的 IP 地址池等配置。

RA(config)#interface virtual-template 1

RA(config-if)#ppp authentication ms-chap-v2

//配置 PPP 认证使用 MS-CHAP-V2,即 Microsoft 的 chap 协议版本 2

RA(config-if)#ip address 172.16.1.1 255.255.255.0

//配置虚模板接口的 IP 地址为 172.16.1.1

RA(config-if)#peer default ip address pool vpndhcp

//该虚模板接口下发的 IP 地址,从本地地址池 vpndhcp 中取出

RA(config-if)#exit

④ 配置本地用户数据库中的用户名和密码。

RA(config)#username gzeic password watermelon

//配置用于用户身份验证的用户名和密码,也可使用 Radius 服务器认证身份的方法

⑤ 完成以上配置后,在远程 VPN 客户机上新建虚拟专用网络连接,并设置这个虚拟专用网络连接属性,如图 8-9 所示。

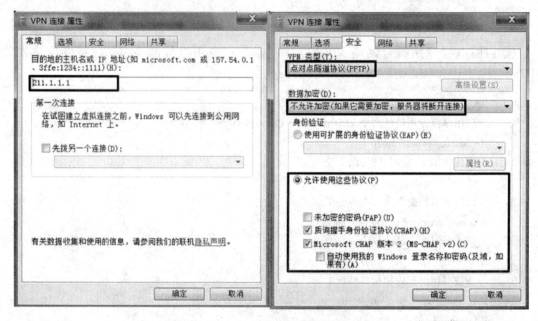

图 8-9   Windows 下 VPN 连接属性设置

⑥ 完成虚拟专用网络连接属性设置之后,打开该虚拟专用网络连接,并输入用户名 gzeic、密码 watermelon 进行连接,连接成功后查看 VPN 的连接状态,如图 8-10 所示,此时远程 VPN 客户机已可通过 192.168.1.2 地址访问企业内部服务器。

⑦ 在 RA 上可以使用 show vpdn session、show vpdn tunnel 查看 VPDN 会话和通道情况,可以使用 show ip route 查看路由表情况,可发现 172.16.1.100 的 IP 主机的直连路由,结果如下所示。

RA#show vpdn session

%No active L2TP tunnels

%No active L2F tunnels

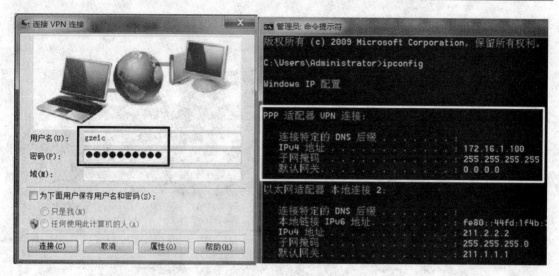

图 8-10　Windows 下 VPN 连接及获取的 IP 地址

PPTP Session Information Total tunnels 1 sessions 1

LocID	RemID	TunID	Intf	Username	State	Last Chg Uniq ID
7	19640	7	Vi2.1	gzeic	estabd	00:00:57 6

RA#show vpdn tunnel

%No active L2TP tunnels

%No active L2F tunnels

PPTP Tunnel Information Total tunnels 1 sessions 1

LocID	Remote Name	State	Remote Address	Port	Sessions	VPDN Group
7		estabd	211.2.2.2	51579	1	1

RAr#show ip route

…

　　　172.16.0.0/16 is variably subnetted, 2 subnets, 2 masks

C　　　172.16.1.0/24 is directly connected, Virtual-Access2.1

C　　　172.16.1.100/32 is directly connected, Virtual-Access2.1

C　　192.168.1.0/24 is directly connected, Ethernet0/1

C　　211.1.1.0/24 is directly connected, Ethernet0/0

S *　　0.0.0.0/0 [1/0] via 211.1.1.2

RA#

8.4　GRE 隧道

1. GRE 简介

　　GRE 协议是对某些网络层协议的数据包（如 IP 数据包）进行封装，使这些被封装的数据包能够在另一个网络层协议（如 IP 协议）中传输。GRE 隧道的特点是配置简单，但缺乏安全机制。

　　GRE 采用了 Tunnel 技术，是 VPN 第三层隧道协议。Tunnel 是一个虚拟的点对点的连接，并且在一个 Tunnel 的两端分别对数据包进行封装及拆封，图 8-11 表明了 GRE 的这种封装和拆封过程。

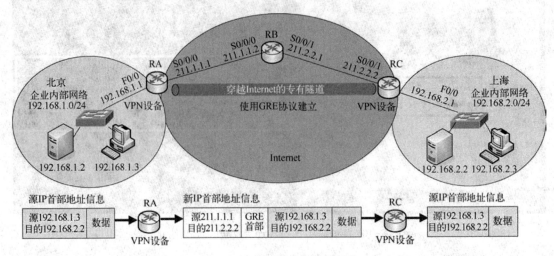

图 8-11　GRE 封装与拆封过程

2. GRE 隧道配置

下面以图 8-12 为例，说明 GRE 隧道的配置流程和配置方法，某企业在北京和上海分别有两个分支机构，两个分支机构均建立有企业内部网络 192.168.1.0/24 和 192.168.2.0/24，为了企业工作的方便，需要将两个分支机构通过 Internet 使用 VPN 技术的 GRE 隧道相互连接，实现相互访问。

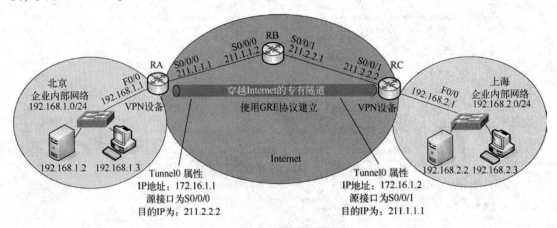

图 8-12　GRE 隧道配置实例

① RA 上配置内容如下。

　　RA(config)#interface tunnel 0
　　//进入 GRE 隧道接口 0
　　RA(config-if)#ip address 172.16.1.1 255.255.255.0
　　//配置该隧道接口的 IP 地址为 172.16.1.1
　　RA(config-if)#tunnel source serial 0/0/0

　　//设置该隧道的源接口为 S0/0/0

　　RA(config-if)#tunnel destination 211. 2. 2. 2

　　//设置该隧道的目的地址为 211. 2. 2. 2

② RB 上配置内容如下。

　　RC(config)#interface tunnel 0

　　RC(config-if)#ip address 172. 16. 1. 2 255. 255. 255. 0

　　RC(config-if)#tunnel source serial 0/0/1

　　RC(config-if)#tunnel destination 211. 1. 1. 1

③ 在 RA 上查看路由表可以看到 Tunnel 0 的直连路由已出现，为了保证去往192. 168. 2. 0/24 网络的路由，配置静态路由。

　　RA#show ip route

　　…

　　C　　　172. 16. 1. 0 is directly connected, Tunnel0

　　C　　192. 168. 1. 0/24 is directly connected, FastEthernet0/0

　　C　　211. 1. 1. 0/24 is directly connected, Serial0/0/0

　　S　　211. 2. 2. 0/24 [1/0] via 211. 1. 1. 2

　　RA(config)#ip route 192. 168. 2. 0 255. 255. 255. 0 172. 16. 1. 2

④ 在 RC 上查看路由表可以看到 Tunnel 0 的直连路由已出现，为了保证去往192. 168. 1. 0/24 网络的路由，配置静态路由。

　　RC#show ip route

　　…

　　C　　　172. 16. 1. 0 is directly connected, Tunnel0

　　C　　192. 168. 2. 0/24 is directly connected, FastEthernet0/0

　　S　　211. 1. 1. 0/24 [1/0] via 211. 2. 2. 1

　　C　　211. 2. 2. 0/24 is directly connected, Serial0/0/1

　　RC(config)#ip route 192. 168. 1. 0 255. 255. 255. 0 172. 16. 1. 1

⑤ 完成以上配置之后，穿越 Internet 的专有 GRE 隧道即已建立，北京企业内部网络192. 168. 1. 0/24 与上海企业内部网络 192. 168. 2. 0/24 之间已可使用内部 IP 地址相互访问。

8.5　IPSec 隧道

8.5.1　IPSec 简介

　　IPSec 是一种开放标准的框架结构，通过使用加密的安全服务以确保在 IP 网络上进行保密而安全的通信。

　　IPSec 规定了如何在对等层之间选择安全协议、确定安全算法和密钥交换，向上层提供了访问控制、数据源认证、数据加密等网络安全服务。

　　IPSec 不是单独的一个协议，而是一整套体系结构，它应用在网络层上，包括 AH 协议

(authentication header，认证首部)、ESP 协议（encapsulating security payload，封装安全负荷)、IKE 协议（Internet key exchange，Internet 密钥交换）和用于网络认证及加密的一些算法等。其中 AH 协议和 ESP 协议为安全协议，用于提供安全服务，IKE 协议用于密钥交换。

1. IPSec 的协议组成

IPSec 提供的安全机制包括数据完整性、身份验证和数据加密。

数据完整性可以确定数据在传输的过程中是否被篡改，主要使用 MD5、SHA、HMAC 报文鉴别方法。

身份验证可以使得数据接收方能够确认数据发送方的真实身份，主要使用预共享密钥(Pre-Shared Key）方法、RSA 签名（RSA-sig)、RSA 实时加密（RSA-engr)。

数据加密通过对数据进行加密运算来保证数据的机密性，以防数据在传输过程中被窃听，主要采用的加密算法为 AES、DES、3DES。

IPSec 的安全协议 AH 和 ESP，以及密钥交换协议 IKE 的作用如下。

① AH 协议：可实现数据完整性、身份验证。

② ESP 协议：可实现数据加密、数据完整性、身份验证。

③ IKE 协议：在 IPSec 网络中用于密钥管理，为 IPSec 提供了自动协商交换密钥、建立安全关联 SA 的服务。IKE 包含了 ISAKMP 协议和 Oakley 协议两个协议。

ISAKMP 协议（Internet security association and key management protocol，Internet 安全关联和密钥管理协议)，定义了建立、协商、修改和删除安全关联 SA 的过程，IPSec 前期的所有参数协商都要由 ISAKMP 来完成。

Oakley 协议利用 Diffie-Hellman 算法来管理密钥交换过程，Diffie-Hellman 算法可以让双方在完全没有对方任何预先信息的条件下通过不安全信道创建起一个密钥。这个密钥可以在后续的通信中作为对称密钥来加密通信内容。

2. IPSec 的两种工作模式

IPSec 工作的时候有隧道模式和传输模式两种。

在隧道模式下 IPSec 对原来的整个 IP 数据包进行封装和加密，隐蔽了原来的 IP 首部，而在传输模式下 IPSec 只对原来 IP 数据包的有效数据进行封装和加密，原来的 IP 首部不加密传送。在实际进行 IP 通信时，AH 协议和 ESP 协议可以根据实际安全需求同时使用这两种协议或选择使用其中的一种。因此根据 AH 协议和 ESP 协议的使用情况，两种模式下具体的封装情况如图 8-13 所示。有关 AH 首部、ESP 首部、ESP 尾部的格式可自行查阅相关资料。

模式 / 安全协议	传输模式 原IP首部 数据	隧道模式 原IP首部 数据
IPSec安全协议使用AH协议	原IP首部 AH首部 数据	新IP首部 AH首部 原IP首部 数据
IPSec安全协议使用ESP协议	原IP首部 ESP首部 数据 ESP尾部	新IP首部 ESP首部 原IP首部 数据 ESP尾部
IPSec安全协议使用AH和ESP协议	原IP首部 AH首部 ESP首部 数据 ESP尾部	新IP首部 AH首部 ESP首部 原IP首部 数据 ESP尾部

图 8-13　IPSec 两种模式下的数据封装结构

NAT 和 AH IPSec 无法一起运行，因为根据定义，NAT 会改变 IP 分组的 IP 地址，而 IP 分组的任何改变都会被 AH 标识所破坏。当两个 IPSec 边界点之间采用了 NAPT 功能但没有设置 IPSec 流量处理的时候，IPSec 和 NAT 同样无法协同工作；另外，在传输模式下，ESP IPSec 不能和 NAPT 一起工作，因为在这种传输模式下，端口号受到 ESP 的保护，端口号的任何改变都会被认为是破坏。在隧道模式的 ESP 情况下，TCP/UDP 报头是不可见的，因此不能被用于进行内外地址的转换，而此时静态 NAT 和 ESP IPSec 可以一起工作，因为只有 IP 地址要进行转换，对高层协议没有影响。

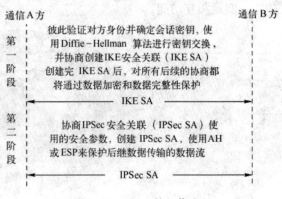

图 8-14　IPSec 的工作流程

3. IPSec 的工作流程

IPSec 的工作流程可以简单地通过图 8-14 理解。需要注意的是，在 IPSec 工作过程中会产生两个阶段的安全关联，即第一阶段的 IKE SA 和第二阶段的 IPSec SA，只有在两个安全关联均成功建立之后，可靠的数据传输才会进行。

8.5.2　IPSec 隧道配置

1. IPSec 隧道配置步骤

（1）启动 ISAKMP，并创建 ISAKMP 策略，需设定以下内容。

① 设定数据加密算法，保证数据安全性，可选 3DES、AES、DES。

② 设定报文摘要算法，保证数据完整性，可选 MD5、SHA。

③ 设定身份验证方式，确定发送方身份，可选采用预共享密码、RSA 签名、RSA 实时加密，一般选择预共享密码。

④ 设定 Diffie-Hellman 算法组标识，可选 Group 1、Group 2、Group 5。

⑤ 设定 IKE 安全关联（IKE SA）存活时间，可选 60~86 400 秒。

⑥ 设置 ISAKMP 的预共享密码，以及要预共享密码的对端 IP 地址。

（2）配置 IPSec 变换集，需设定以下内容。

① 设定使用 AH 或 ESP 安全协议，如选择 AH 还需选择报文摘要算法，如选择 ESP 还需选择数据加密算法和报文摘要算法，可选 ah-md5-hmac、ah-sha-hmac、esp-3des、esp-aes、esp-des、esp-md5-hmac、esp-sha-hmac。

② 设定 IPSec 的工作模式，可选隧道模式和传输模式。

③ 设定 IPSec 安全关联（IPSec SA）存活时间，可选 120~86 400 秒。

（3）配置扩展访问控制列表，即指定 IPSec 兴趣流量，符合访问控制列表的流量将进入 IPSec 隧道。

（4）配置密码映射图，将 IPSec 变换集、扩展访问控制列表绑定在一起，并设定对端的 IP 地址。

（5）将密码映射图应用于接口，一般均应用于与公网连接的接口。

（6）配置静态路由，指定去往远程内部网络的路由。

2. IPSec 配置实例

下面以图 8-15 为例，说明 IPSec 隧道的配置流程和配置方法，某企业在北京和上海分别有两个分支机构，两个分支机构均建立有企业内部网络 192.168.1.0/24 和 192.168.2.0/24，为了企业工作的方便，需要将两个分支机构通过 Internet 使用 VPN 技术的 IPSec 隧道相互连接，实现相互访问。

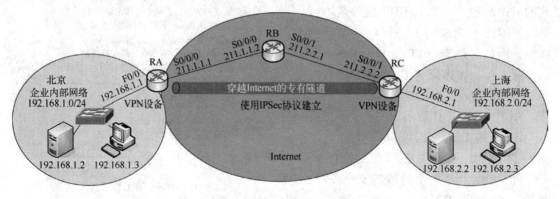

图 8-15　IPSec 隧道配置实例

① 在 RA 上启动 ISAKMP，并创建 ISAKMP 策略。

```
RA(config)#crypto isakmp enable
//启动 ISAKMP
RA(config)#crypto isakmp policy 10
//创建 ISAKMP 策略,策略编号 10
RA(config-isakmp)#encryption des
//设定数据加密算法使用 des
RA(config-isakmp)#hash md5
//设定报文摘要算法使用 md5
RA(config-isakmp)#authentication pre-share
//设定身份验证方式采用预共享
RA(config-isakmp)#group 2
//设定 Diffie-Hellman 算法组标识采用组 2
RA(config-isakmp)#lifetime 86 400
//设定 IKE 安全关联(IKE SA)存活时间为 86 400 秒
RA(config-isakmp)#exit
RA(config)#crypto isakmp key cisco address 211.2.2.2
//设置 ISAKMP 的预共享密码为 cisco,设定预共享密码的对端 IP 地址为 211.2.2.2。
```

② 在 RC 上启动 ISAKMP，并创建 ISAKMP 策略，注意数据加密算法、报文摘要算法、身份验证方式、Diffie-Hellman 算法组标识、IKE 安全关联（IKE SA）存活时间、预共享密码均与对端保持一致。

```
RC(config)#crypto isakmp enable
RC(config)#crypto isakmp policy 10
RC(config-isakmp)#encryption des
```

```
RC(config-isakmp)#hash md5
RC(config-isakmp)#authentication pre-share
RC(config-isakmp)#group 2
RC(config-isakmp)#lifetime 86400
RC(config-isakmp)#exit
RC(config)#crypto isakmp key cisco address 211.1.1.1
```

③ 在 RA 上配置 IPSec 变换集。

```
RA(config)#crypto ipsec transform-setbeijing esp-3des esp-sha-hmac
//创建 IPSec 变换集 beijing,并设定安全协议使用 ESP、加密算法使用 3DES、报文摘要算法使用
//sha-hmac
RA(cfg-crypto-trans)#exit
RA(config)#crypto ipsec security-association lifetime seconds 86400
//设定 IPSec 安全关联(IPSec SA)存活时间为 86 400 秒
```

④ 在 RC 上配置 IPSec 变换集,注意变换集使用的安全协议、加密算法、报文摘要算法、IPSec 的工作模式、IPSec 安全关联 (IPSec SA) 存活时间均与对端保持一致。

```
RC(config)#crypto ipsec transform-set shanghai esp-3des esp-sha-hmac
RC(cfg-crypto-trans)#mode tunnel
RC(cfg-crypto-trans)#exit
RC(config)#crypto ipsec security-association lifetime seconds 86400
```

⑤ 在 RA 上配置扩展访问控制列表,符合访问控制列表的流量将进入 IPSec 隧道。

```
RA(config)#access-list 100 permit ip 192.168.1.00.0.0.255 192.168.2.0 0.0.0.255
RA(config)#
```

⑥ 在 RC 上配置扩展访问控制列表,符合访问控制列表的流量将进入 IPSec 隧道。注意 RC 上的扩展访问控制列表应与对端访问控制列表互为镜像。

```
RC(config)#access-list 100 permit ip 192.168.2.00.0.0.255 192.168.1.0 0.0.0.255
RC(config)#
```

⑦ 在 RA 上配置密码映射图,将 IPSec 变换集、扩展访问控制列表绑定在一起,并设定对端的 IP 地址。

```
RA(config)#crypto map BJ-SH 1 ipsec-isakmp
//创建密码映射图 BJ-SH,1 为插入到密码映射图实体中的序列号
RA(config-crypto-map)#set transform-set beijing
//密码映射图 BJ-SH 绑定变换集 beijing
RA(config-crypto-map)#match address 100
//密码映射图 BJ-SH 绑定扩展访问控制列表 100
RA(config-crypto-map)#set peer 211.2.2.2
//密码映射图 BJ-SH 设定对端 IP 为 211.2.2.2
```

⑧ 在 RC 上配置密码映射图，将 IPSec 变换集、扩展访问控制列表绑定在一起，并设定对端的 IP 地址。

```
RC(config)#crypto map SH-BJ 1 ipsec-isakmp
RC(config-crypto-map)#set transform-set shanghai
RC(config-crypto-map)#match address 100
RC(config-crypto-map)#set peer 211.1.1.1
```

⑨ 在 RA 上将密码映射图应用于外部接口 Serial 0/0/0。

```
RA(config)#interface serial 0/0/0
RA(config-if)#crypto map BJ-SH
RA(config-if)#exit
```

⑩ 在 RB 上将密码映射图应用于外部接口 Serial 0/0/1。

```
RC(config)#interface serial 0/0/1
RC(config-if)#crypto map SH-BJ
RC(config-if)#exit
```

⑪ 在 RA 上配置去往 192.168.2.0 网络的静态路由。

```
RA(config)#ip route 192.168.2.0 255.255.255.0 211.2.2.2
```

⑫ 在 RC 上配置去往 192.168.1.0 网络的静态路由。

```
RC(config)#ip route 192.168.1.0 255.255.255.0 211.1.1.1
```

完成以上配置之后，北京企业内部网络 192.168.1.0/24 与上海企业内部网络 192.168.2.0/24 之间可以通过内部 IP 地址相互访问。

在路由器 RA、RC 上可以使用 show crypto isakmp policy 查看 ISAKMP 策略、使用 show crypto isakmp sa 查看 IKE 安全关联，使用 show crypto ipsec transform-set 查看 IPSec 变化集，使用 show crypto ipsec sa 查看 IPSec 安全关联，使用 show crypto map 查看密码映射图，结果如下。

```
RA#show crypto isakmp policy                      //查看 ISAKMP 策略
Global IKE policy
Protection suite of priority 10
        encryption algorithm：    DES - Data Encryption Standard (56 bit keys).
        hash algorithm：          Message Digest 5
        authentication method：   Pre-Shared Key
        Diffie-Hellman group：    #2 (1024 bit)
        lifetime：                86400 seconds, no volume limit
Default protection suite
        encryption algorithm：    DES - Data Encryption Standard (56 bit keys).
        hash algorithm：          Secure Hash Standard
        authentication method：   Rivest-Shamir-Adleman Signature
        Diffie-Hellman group：    #1 (768 bit)
```

```
                   lifetime：              86400 seconds, no volume limit
RA#show crypto isakmp sa                              //查看 IKE 安全关联
IPv4 Crypto ISAKMP SA
dst               src              state        conn-id    slot status
211. 2. 2. 2      211. 1. 1. 1     QM_IDLE      1062       0  ACTIVE
IPv6 Crypto ISAKMP SA
RA#show crypto ipsec transform-set                   //查看 IPSec 变化集
Transform set beijing：｛     ｛ esp-3des esp-sha-hmac  ｝
    will negotiate = ｛ Tunnel, ｝,
RA#show crypto ipsec sa                               //查看 IPSec 安全关联
interface：Serial0/0/0
    Crypto map tag：BJ-SH, local addr 211. 1. 1. 1
    protected vrf：(none)
    local    ident (addr/mask/prot/port)：(192. 168. 1. 0/255. 255. 255. 0/0/0)
    remote   ident (addr/mask/prot/port)：(192. 168. 2. 0/255. 255. 255. 0/0/0)
    current_peer 211. 2. 2. 2 port 500
      PERMIT, flags=｛origin_is_acl,｝
    #pkts encaps：7, #pkts encrypt：7, #pkts digest：0
    #pkts decaps：6, #pkts decrypt：6, #pkts verify：0
    #pkts compressed：0, #pkts decompressed：0
    #pkts not compressed：0, #pkts compr. failed：0
    #pkts not decompressed：0, #pkts decompress failed：0
    #send errors 1, #recv errors 0
      local crypto endpt. ：211. 1. 1. 1, remote crypto endpt. ：211. 2. 2. 2
      path mtu 1500, ip mtu 1500, ip mtu idb Serial0/0/0
      current outbound spi：0x1A4746D4(440878804)
      inbound esp sas：
       spi：0x239A6F69(597323625)
         transform：esp-3des esp-sha-hmac ,
         in use settings =｛Tunnel, ｝
         conn id：2004, flow_id：FPGA:1, crypto map：BJ-SH
         sa timing：remaining key lifetime (k/sec)：(4525504/86304)
         IV size：16 bytes
         replay detection support：N
         Status：ACTIVE
      inbound ah sas：
      inbound pcp sas：
      outbound esp sas：
       spi：0x1A4746D4(440878804)
         transform：esp-3des esp-sha-hmac ,
         in use settings =｛Tunnel, ｝
         conn id：2005, flow_id：FPGA:1, crypto map：BJ-SH
         sa timing：remaining key lifetime (k/sec)：(4525504/86304)
```

IV size：16 bytes

replay detection support：N

Status：ACTIVE

outbound ah sas：

outbound pcp sas：

RA#show crypto map　　　　　　　　　　　　　　//查看密码映射图

Crypto Map BJ-SH 1 ipsec-isakmp

Peer = 211.2.2.2

Extended IP access list 100

access-list 100 permit ip 192.168.1.00.0.0.255 192.168.2.0 0.0.0.255

Current peer：211.2.2.2

Security association lifetime：4608000 kilobytes/86400 seconds

PFS（Y/N）：N

Transform sets = {

beijing，

}

Interfaces using crypto map BJ-SH：

Serial0/0/0

RA#

本章实验

实验 8-1　"GRE 隧道配置"报告书

实验名称	GRE 隧道配置	实验指导视频	
实验拓扑结构	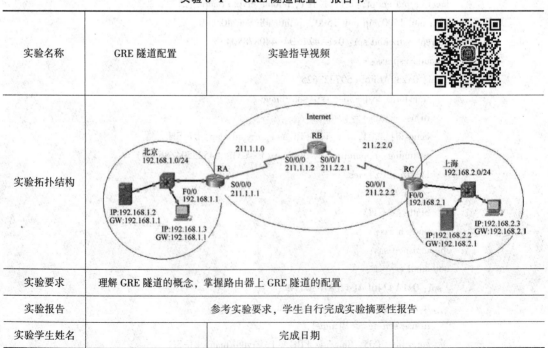		
实验要求	理解 GRE 隧道的概念，掌握路由器上 GRE 隧道的配置		
实验报告	参考实验要求，学生自行完成实验摘要性报告		
实验学生姓名		完成日期	

实验 8-2　"IPSec 隧道配置" 报告书

实验名称	IPSec 隧道配置	实验指导视频	
实验拓扑结构			
实验要求	理解 IPSec 隧道的概念，掌握路由器上 IPSec 隧道的配置		
实验报告	参考实验要求，学生自行完成实验摘要性报告		
实验学生姓名		完成日期	

附录 A Cisco Packet Tracer 模拟器 软件的使用

1. Cisco Packet Tracer 简介

Cisco Packet Tracer 是由 CISCO 公司发布的一个辅助学习工具，为学习 CISCO 网络课程的初学者去设计、配置、排除网络故障提供了网络模拟环境。用户可以在软件的图形用户界面上直接使用拖拽方法建立网络拓扑，并可提供数据包在网络中行进的详细处理过程，观察网络实时运行情况。可以学习网络交换和路由实验的配置、锻炼故障排查能力。Cisco Packet Tracer 的版本 CISCO 公司不断更新，请随时关注 CISCO 公司官方网站，目前推荐使用 Cisco Packet Tracer 7.0 版本。

Cisco Packet Tracer 可以模拟大部分交换和路由的实验，但是对于有些实验的配置支持不够，这里不再详细说明，读者可在模拟器软件的使用过程自行掌握。

2. Cisco Packet Tracer 界面

Cisco Packet Tracer 模拟器软件的界面简单说明如图 A-1 所示。

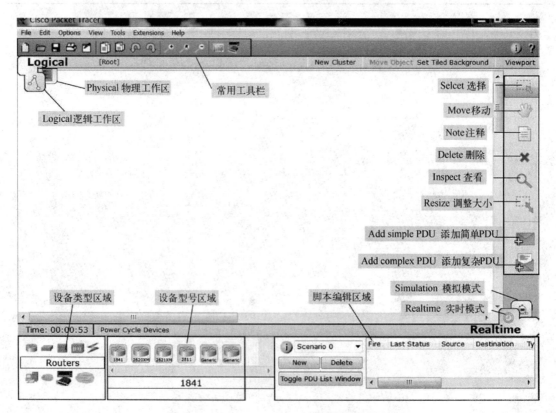

图 A-1 Cisco Packet Tracer 模拟器软件界面

3. Cisco Packet Tracer 简单使用说明

Cisco Pacet Tracer 一般均运行在逻辑工作区和实时模式下，在这种情况下，用户可以完成以下的实验内容。有关 Cisco Packet Tracer 更加详细的使用，可参阅软件自带的使用说明和访问 CISCO 公司的网站获取帮助。

（1）网络设备添加

用户可以从设备类型区域选择设备类型，主要包括有路由器、交换机、集线器、无线设备、网络连接、终端设备、广域网模拟器等，用户自定义设备、多用户连接等共十类设备。

用户可以从设备型号区域选择相应型号的网络设备。如路由器有 1841、2620、2621、2811 等型号。然后通过鼠标拖拽方法添加网络设备到工作区域。

（2）网络设备查看

用户添加完成相应的网络设备后，可以单击设备，可以查看相应设备的物理外形选项卡、配置情况选项卡和命令行模式选项卡。

如图 A-2 所示为 2811 路由器的物理外形选项卡界面及界面说明。其中模块可在设备关电情况下，通过鼠标拖拽方式安装到相应的插槽。

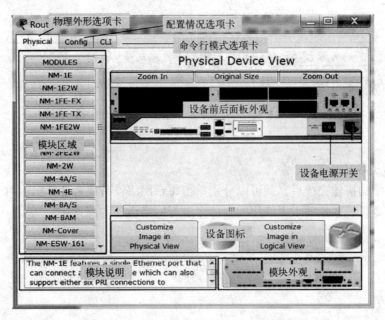

图 A-2　网络设备的物理外形选项卡

如图 A-3 为 2811 路由器的命令行模式选项卡界面及界面说明。

（3）计算机设备的添加和查看

用户可以从设备类型区域选择终端设备，从中选择相应的计算机设备，如工作站、服务器等。然后通过鼠标拖拽方法添加计算机设备到工作区域。有关计算机设备的界面用户可自行学习掌握。

（4）网络设备之间、网络设备与计算机设备之间的连接

如图 A-4 所示，用户看根据实际设备的接口情况，选择相应的网络连接，从而将设备之间相互连接起来。

图 A-3 网络设备的命令行模式选项卡

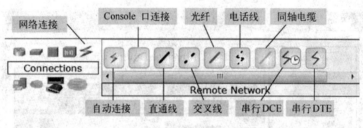

图 A-4 网络线路连接

(5) 网络设备的配置

网络拓扑结构搭建完成后, 就可以分别单击每台网络设备或者计算机, 对于网络设备而言就可以在命令行模式选项卡下使用配置命令进行网络设备的配置。

附录 B GNS3 模拟器软件的使用

1. GNS3 简介

GNS3 是一款优秀的、具有图形化界面的网络虚拟软件。它通过真实地加载运行 CISCO 网络设备的 IOS，从而实现在一台计算机提供真实的路由器或交换机的配置和运行环境。换句话说，也就是说，GNS3 中运行的 CISCO 路由器和交换机就是真实的 CISCO 路由器和交换机，根据加载运行的 CISCO IOS 可以支持 CISCO 设备的所有功能。

GNS3 可以构建网络拓扑结构、模拟 CISCO 路由设备和 PIX 防火墙、仿真简单的 Ethernet、ATM 和帧中继交换机，GNS3 整合了 Dynamips（一款可以让用户直接运行 CISCO IOS 的模拟器）、Pemu（一款可以让用户直接运行 CISCO PIX 防火墙设备模拟器）等多个组件。

2. GNS3 界面

GNS3 的界面的简单说明如图 B-1 所示。

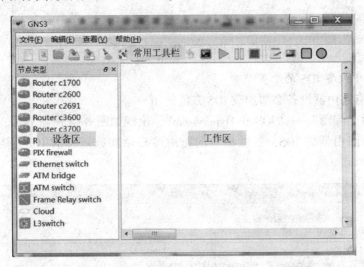

图 B-1 GNS3 界面

GNS3 常用工具栏中包括了保存、新建、清空拓扑、显示接口编号、显示设备名称、添加设备间连接、启动、暂停和停止所有设备 IOS、添加注释等常用的快捷图标。

GNS3 设备区罗列出构建网络拓扑时所需要的一些常见的 CISCO 公司网络设备（注意，在 GNS3 中，如需要配置三层交换机，可以通过使用路由器加载交换机的网络模块而实现）。

GNS3 工作区用于构建网络拓扑结构，可以通过从设备区鼠标拖拽网络设备到工作区，然后使用常用工具栏中的添加设备间连接，实现设备之间的物理连接。

3. GNS3 简单使用说明

（1）GNS3 中 Dynamips 的配置

GNS3 安装完成后需要进行正确的配置后方能使用。

单击菜单栏"编辑"→"首选项",出现如图 B-2 所示界面,该界面主要用于配置 Dynamips 组件,Dynamips 是加载运行 CISCO 网络设备 IOS 的关键组件,其运行路径必须配置正确才能运行。

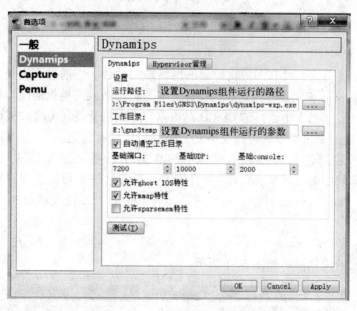

图 B-2　GNS3 Dynamips 配置

(2) GNS3 中设备 IOS 的配置

GNS3 中所有路由器设备必须加载 IOS 方能使用。

单击菜单栏"编辑"→"IOS 和 Hypervisors",出现如图 B-3 所示界面,该界面主要用于配置各款型号路由器的 IOS,各款型号的路由器必须加载正确的 IOS,路由器才能正常启动。

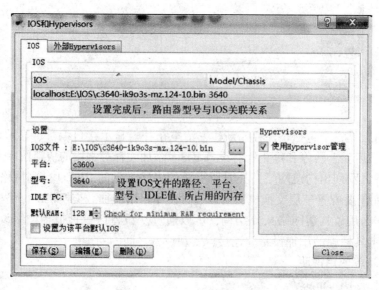

图 B-3　GNS3 中 IOS 的设置

CISCO 路由器的 IOS 在 GNS3 软件中并没有集成，需要用户自行提供。

（3）GNS3 中设备模块的配置

完成设备的 IOS 配置后，可以在工作区中使用鼠标拖拽的方法添加网络设备，添加网络设备后，单击设备鼠标右键，出现如图 B-4 的菜单，其中"配置"用于给该设备安装网络模块，"开始"用于启动该设备，"Console"用于进入到配置该设备的命令行界面，使用配置命令对设备进行配置。

图 B-4　设备鼠标右键菜单

单击"配置"，出现如图 B-5 的界面，在该界面下，用户可根据需要自行安装网络模块到各个插槽中。

图 B-5　设备模块配置界面

(4) GNS3 中设备之间的连接

完成设备模块配置后，使用常用工具栏中的“添加连接”选择连接方式，如图 B-6 所示，对网络设备之间进行相应的连线。建议用户使用 Manual 手工连线方式。

GNS3
文件(F) 编辑(E) 查看(V) 帮助(H)
节点类型
Router c1700
Router c2600
Router c2691
Router c3600
Router c3700
Router c7200
PIX firewall
Ethernet switch
ATM bridge
ATM switch
GigaEthernet
ATM
Manual
POS
FastEthernet
Ethernet
Serial
R0
R1

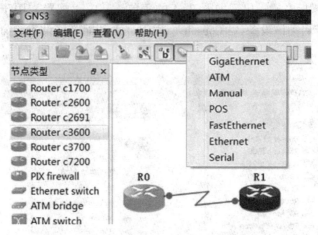

图 B-6 GNS3 中设备之间连线

(5) GNS3 中设备的配置

完成网络拓扑结构的构建后，用户使用常用工具栏中的“启动所有的 IOS”启动拓扑结构中所有的网络设备。启动完成后，用户选择各台设备，鼠标右键，如图 B-4 所示，单击“Console”，即可通过 Console 口对设备进行配置，配置界面如图 B-7 所示。

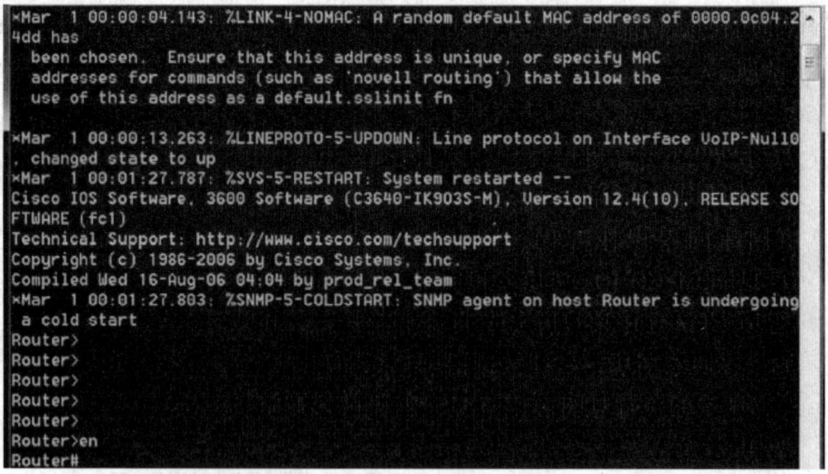

*Mar 1 00:00:04.143: %LINK-4-NOMAC: A random default MAC address of 0000.0c04.2
4dd has
been chosen. Ensure that this address is unique, or specify MAC
addresses for commands (such as 'novell routing') that allow the
use of this address as a default.sslinit fn
*Mar 1 00:00:13.263: %LINEPROTO-5-UPDOWN: Line protocol on Interface VoIP-Null0
, changed state to up
*Mar 1 00:01:27.787: %SYS-5-RESTART: System restarted --
Cisco IOS Software, 3600 Software (C3640-IK9O3S-M), Version 12.4(10), RELEASE SO
FTWARE (fc1)
Technical Support: http://www.cisco.com/techsupport
Copyright (c) 1986-2006 by Cisco Systems, Inc.
Compiled Wed 16-Aug-06 04:04 by prod_rel_team
*Mar 1 00:01:27.803: %SNMP-5-COLDSTART: SNMP agent on host Router is undergoing
a cold start
Router>
Router>
Router>
Router>
Router>
Router>en
Router#

图 B-7 GNS3 中设备的配置界面

有关 GNS3 更多的使用功能，请用户自行访问 GNS3 的官方网站 http://www.gns3.net。

附录 C   H3C 实验手册

实验 C-1   HCL 简介和软件操作界面

1. HCL 简介

华三云实验室 HCL（H3C Cloud LAB）是 H3C 目前官方唯一出品的模拟器，HCL 是一款界面图形化的全真网络模拟软件，用户可以通过该软件实现 H3C 公司多个型号的网络设备的组网，是用户学习、测试基于 H3C 公司 Comware V7 平台的网络设备。

ComwareV7 是华三设备（交换产品、路由产品）的软件操作系统。

2. HCL 安装

在华三公司官网选择"服务"→"软件下载"→"其他产品"→"华三云实验室"。

在 HCL 的安装过程中，需要安装 Wireshark、VM VirtualBox。

Wireshark 是一个数据包抓包软件，主要用于数据包捕获后的协议分析。

VM VirtualBox 是一个虚拟机软件，主要用于创建虚拟机。

3. HCL 安装后可能存在的问题

HCL 安装完成之后，由于兼容性等方面的问题，可以出现无法启动 HCL、无法启动 VM VirtualBox、HCL 无法加载设备等方面的问题，可以在华三公司的官网论坛 http://forum. h3c. com/ 中寻找解决方法。

HCL 操作界面见图 C-1。

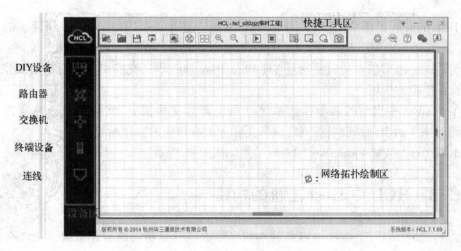

图 C-1   HCL 操作界面

实验 C-2 HCL 与 Oracle VM VirtualBox 的关系

1. Oracle VM VirtualBox 简介

VirtualBox 号称是最强的免费虚拟机软件，它简单易用，可虚拟的系统包括 Windows、Mac OS X、Linux、OpenBSD、Solaris、IBM OS2 甚至 Android 等操作系统。关于虚拟机与物理主机的关系如图 C-2 所示。

图 C-2　虚拟机与物理主机的关系

2. HCL 与 Oracle VM VirtualBox 的关系

HCL 中添加设备、VM VirtualBox 中就会添加一个启动设备（设备的虚拟操作系统）。

在 HCL 的安装目录中 C:\Program Files（x86）\HCL\version 中可以找到设备的虚拟机文件。

换句话说，HCL 的本质就是通过 VM VirtualBox 加载华三交换机、路由器的操作系统从而起到设备模拟的作用。

在 VirtualBox 中启动的两个操作系统（路由器和交换机），实际上就是在官方模拟器 HCL 中跑起来了两个网络设备，网络设备实际上是有相应的操作系统。

HCL 与 Oracle VM VirtualBox 的对应关系如图 C-3 所示。

实验 C-3 HCL 中 Host 主机的构建

方法 1：使用 VPC 的方法。VPC 的本质也是加载一个精简的操作系统，从而完成配置 IP 地址、ping 命令、tracert 命令等。

方法 2：在 VM VirtualBox 中另行安装一个操作系统，并与 HCL 中的交换机、路由器相互连接。

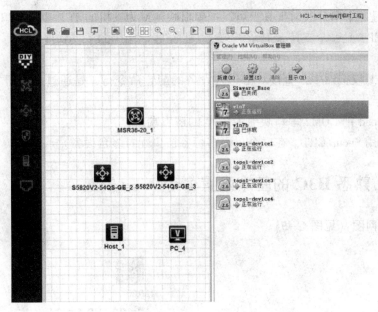

图 C-3 HCL 与 Oracle VM VirtualBox 的对应关系

实验 C-4 HCL、Piped、SecureCRT 的结合使用

在 HCL 中，如果拓扑结构较为复杂，可能会造成设备配置界面的窗口太多而显得杂乱。

① 实际网络设备配置台式机与设备之间的连接。在 HCL 模拟器中，对设备的配置实际上是通过 VirtualBox 虚拟机的串口 COM2 进行的，见图 C-4。

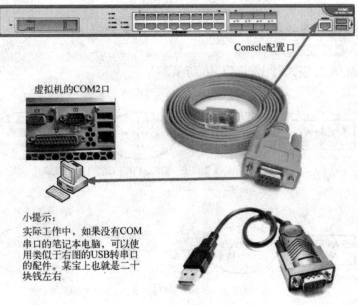

图 C-4 物理设备的连接

② Piped 是一个串口映射工具，可以把串口映射成为本机的 TCP 逻辑端口。

③ SecureCRT 是一个支持 SSH 客户端、Telnet 客户端等的工具软件。

改进思路：

由于在 HCL 模拟器中，直接双击进入设备的配置命令行，是通过虚拟机 COM2 串口进入的，因此：

① 使用 piped 把 COM2 串口映射为 TCP 的逻辑端口；

② 然后使用 SecureCRT，在一个界面多标签窗口配置多台设备。

实验 C-5　熟悉 H3C 的基本配置命令

1. 实验组网图（见图 C-5）

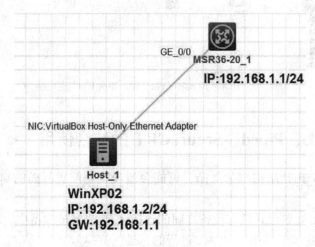

图 C-5　实验组网拓扑图

2. 实验任务：使用系统操作及文件操作的基本命令

步骤 1：进入系统视图。

CISCO 与 H3C 配置模式对比如图 C-6 所示。

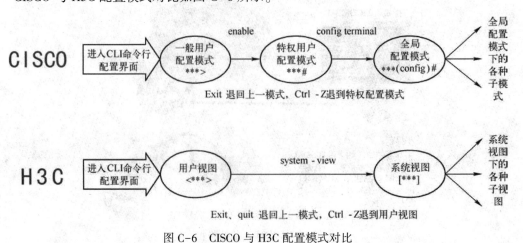

图 C-6　CISCO 与 H3C 配置模式对比

步骤 2：学习使用帮助特性和补全键。

? 和 Tab 绝对是你的好帮手，你会用它吗？分别试试下面的四种效果，再试试 Tab 补全键，It's so easy!

[H3C]s?　　　　　　　　　　　　[H3C]sy?
[H3C]display ?　　　　　　　　　[H3C]display ip?

步骤 3：更改系统名称，等同于 cisco hostname。

[H3C]sysname MyRouter
[MyRouter]

步骤 4：更改系统时间。

[MyRouter]display clock
01:22:39 UTC Tue 07/07/2015
[MyRouter]clock protocol none

默认情况下，H3C 设备的时间协议 NTP 打开，NTP 打开时，不能手工配置时间。

步骤 5：显示系统运行配置。

<MyRouter>display current-configuration

就是 CISCO 的 show running-config。

系统配置文件有两个，一个是 current-configuration，一个是 saved-configuration。

对设备所做的配置，都存放在 current-configuration 这个文件中（这个文件运行在设备的内存上），如果设备掉电，所做的配置都会丢失。

步骤 6：保存配置。

<MyRouter>save

就是 CISCO 的 write。

使用 save 命令之后，相当于把 current-configuration 配置文件保存到 FLASH 中，成为 saved-configuration 配置文件（Flash 中存储的内容，掉电之后不会丢失）。

步骤 7：显示保存的配置。

<MyRouter>display saved-configuration

就是 CISCO 的 show startup-config。

步骤 8：删除和清空配置。

H3C 的 undo 命令就是 CISCO 的 no 命令，对于已配置的内容进行否定。

[MyRouter]undo sysname
[H3C]quit
<H3C>reset saved-configuration

```
<H3C>reboot
```

reset saved-configuration 就是所有配置，恢复出厂配置，然后 reboot 重启。

步骤 9：查看 Flash 中的文件。

```
<H3C>dir
```

显示 Flash 中的文件，自己找找看，找到设备的操作系统文件了吗？找到启动配置文件了吗？

实验 C-6　通过 Telnet 管理网络设备

1. 实验组网图（见图 C-7）

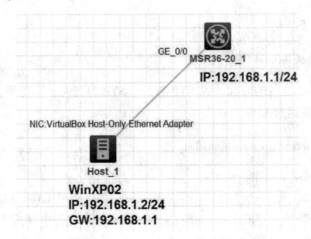

图 C-7　Telnet 实验拓扑

2. 实验任务：通过 Telnet 登录

步骤 1：进入接口视图，配置接口 IP 地址。

```
<H3C>system-view
[H3C]interface GigabitEthernet 0/0
[H3C-GigabitEthernet0/0]ip address 192.168.1.1 24
[H3C-GigabitEthernet0/0]undo shutdown
[H3C-GigabitEthernet0/0]display this
```

H3C 的 display this 是一条超级好用的命令，可以在所在视图下显示已配置过的内容，而不需要去使用 display current-configuration 去慢慢查找。

步骤 2：创建用户，配置密码，设定用户服务类型，配置用户管理级别。

```
[H3C]local-user gzeictelnet class manage
[H3C-luser-manage-gzeictelnet]password ?
  hash    Specify a hashtext password
  simple  Specify a plaintext password
```

〔H3C-luser-manage-gzeictelnet〕password simple 123456

以上配置创建了一个用户，名称为 gzeictelnet，设置密码为 123456。
Simple 为输入明文密码，hash 为输入密文密码。

〔H3C-luser-manage-gzeictelnet〕service-type telnet

〔H3C-luser-manage-gzeictelnet〕authorization-attribute user-role network-admin

〔H3C-luser-manage-gzeictelnet〕display this

该用户的使用类型为 telnet，也就是说这个 gzeic 用户只能使用 Telnet 服务，同时设定该用户角色为网络管理员 network-admin。

〔H3C-luser-manage-gzeictelnet〕authorization-attribute user-role ?

查看一下，有哪些用户级别？在 H3C 中，对于所有用户设定了管理级别，数值越小，用户管理级别越低。针对于 HCL 这个官方模拟器，用户管理级别可访问 HCL 的官方论坛。

步骤 3：配置对 Telnet 用户使用计划认证方式。

〔H3C〕user-interface vty 0 4

〔H3C-line-vty0-4〕authentication-mode scheme

步骤 4：启动 Telnet 服务。

〔H3C〕telnet server enable

步骤 5：使用 Telnet 登录。

启动 Oracle VM VirtualBox 中 WinXP02 虚拟机，正确配置 IP 地址后，与 192.168.1.1 相互 ping 通之后，Telnet 登录网络设备。

C:\Documents and Settgings\WinXP02>telnet 192.168.1.1

有关 Windows 环境下，Telnet 命令的帮助如图 C-8 所示。

图 C-8　Telnet 命令在 Windows 环境下的帮助界面

实验 C-7 使用 TFTP、FTP 上传下载文件系统

1. 实验组网图（见图 C-9）

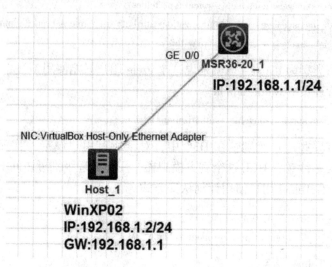

图 C-9 TFTP、FTP 上传下载实验拓扑

2. 实验任务

（1）实验任务 1：使用 TFTP 上传下载文件系统

步骤 1：在 WinXP02 虚拟机中，安装 TFTP 服务端软件。

此时，WinXP02 作为 TFTP 服务端，网络设备作为 TFTP 客户端。

步骤 2：使用 tftp 命令上传文件到 WinXP02。

在网络设备上首先保存配置，然后在网络设备上使用 tftp 命令将配置文件上传到 TFTP 服务器。

```
<H3C>save
<H3C>tftp 192. 168. 1. 2 put startup. cfg
```

步骤 3：使用 tftp 命令下载文件到网络设备。

在 WinXP02 上创建 abc. txt 文本文件，然后在网络设备上使用 tftp 命令将 abc. txt 下载到网络设备。

```
<H3C>tftp 192. 168. 1. 2 get abc. txt
```

（2）实验任务 2：启动网络设备的 FTP 服务

此时，WinXP02 作为 FTP 客户端，网络设备作为 FTP 服务端。

步骤 1：启动网络设备的 FTP 服务。

```
[H3C]ftp server enable
```

步骤 2：配置 FTP 用户。

    ［H3C］local-user gzeicftp class manage

    ［H3C-luser-manage-gzeicftp］password simple 654321

    ［H3C-luser-manage-gzeicftp］service-type ftp

    ［H3C-luser-manage-gzeicftp］authorization-attribute user-role network-admin

    ［H3C-luser-manage-gzeicftp］

步骤 3：使用 FTP 用户登录。

启动 Oracle VM VirtualBox 中 WinXP02 虚拟机，正确配置 IP 地址后，FTP 登录网络设备。

    C:\Documents and Settgings\WinXP02>ftp

    ftp:>open 192.168.1.1

    Connected to 192.168.1.1.

    220 FTP service ready.

    User(192.168.1.1:(none)):gzeicftp

    331 Password required for gzeicftp

    Password：

    230 User logged in.

    ftp>dir

    ftp>get startup.cfg

    …

    ftp:收到 2710 字节,用时…

实验 C-8　VLAN 基础及配置

1. 实验组网图（见图 C-10）

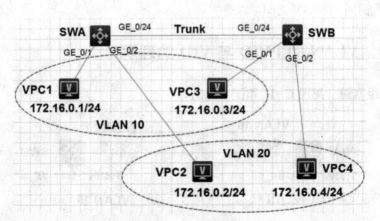

图 C-10　VLAN 基础配置实验拓扑

2. 实验任务

（1）实验任务 1：配置 Access 链路端口

步骤 1：建立物理连接，搭建网络拓扑。

步骤 2：观察默认 VLAN。

[SWA]display vlan

从以上输出可知，交换机上的默认 VLAN 是 VLAN1，所有端口都处于 VLAN1 中，端口的 pvid 是 1，且是 access 链路端口类型。

步骤 3：分别在 SWA、SWB 上配置 VLAN 并添加端口。

[SWA]vlan 10
[SWA-vlan10]port GigabitEthernet 1/0/1
[SWA]vlan 20
[SWA-vlan20]port GigabitEthernet 1/0/2

[SWB]vlan 10
[SWB-vlan10]port GigabitEthernet 1/0/1
[SWB]vlan 20
[SWB-vlan20]port GigabitEthernet 1/0/2

步骤 4：测试 VLAN 间的隔离。

所有计算机之间都不能 ping 通，思考为什么？

（2）实验任务 2：配置 Trunk 链路端口

步骤 1：跨交换机 VLAN 互通测试。

跨交换机的同一 VLAN 之间不通，原因是什么？

步骤 2：分别在 SWA、SWB 上配置 Trunk 链路端口。

[SWA]interface GigabitEthernet 1/0/24
[SWA-GigabitEthernet1/0/24]port link-type trunk
[SWA-GigabitEthernet1/0/24]port trunk permit vlan all
[SWB]interface GigabitEthernet 1/0/24
[SWB-GigabitEthernet1/0/24]port link-type trunk
[SWB-GigabitEthernet1/0/24]port trunk permit vlan all

步骤 3：跨交换机 VLAN 互通测试。

跨交换机的同一 VLAN 之间可以通。

实验 C-9　VLAN 的 PVID 与 VID 的理解

1. 实验组网图（见图 C-11 和图 C-12）

图 C-11　Access 链路实验拓扑

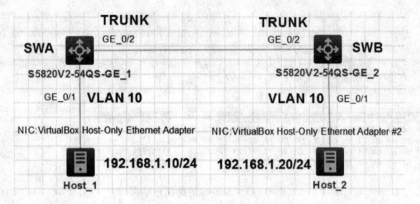

图 C-12　Trunk 链路实验拓扑

2. 实验任务

（1）实验任务 1：配置 Access 链路端口，测试 Host_1 与 Host_2 的连通性。

步骤 1：建立物理连接，搭建网络拓扑。

按照实验组网图 01，完成模拟器环境构建。

步骤 2：SWA 上配置 VLAN 10，SWB 上配置 VLAN 20。

　　　［SWA］vlan 10　　　　　　　　　　　　　　　　　　　［SWB］vlan 20

　　　［SWA-vlan10］port GigabitEthernet 1/0/1　　　［SWB-vlan20］port GigabitEthernet 1/0/1

　　　［SWA-vlan10］port GigabitEthernet 1/0/2　　　［SWB-vlan20］port GigabitEthernet 1/0/2

步骤 3：在 SWA 上查看 VLAN 10，在 SWB 上查看 VLAN 20，注意 Tagged Ports 和 Untagged ports。

　　　［SWA］display vlan 10　　　　　　　　　　　　　　　［SWB］display vlan 20

　　　VLAN ID：10　　　　　　　　　　　　　　　　　　　　VLAN ID：20

　　　VLAN type：Static　　　　　　　　　　　　　　　　　VLAN type：Static

　　　Route interface：Not configured　　　　　　　Route interface：Not configured

　　　Description：VLAN 0010　　　　　　　　　　　　　Description：VLAN 0020

　　　Name：VLAN 0010　　　　　　　　　　　　　　　　Name：VLAN 0020

　　　Tagged ports：　　None　　　　　　　　　　　　　Tagged ports：　　None

　　　Untagged ports：　　　　　　　　　　　　　　　　Untagged ports：

　　　GigabitEthernet1/0/1　　GigabitEthernet1/0/2　　GigabitEthernet1/0/1　　GigabitEthernet1/0/2

另可以通过 display interface 查看各个端口的 Port link-type 及相关参数。

步骤 4：测试 Host_1 与 Host_2 之间的连通，并结果分析。

经测试，Host_1 与 Host_2 之间可以相互 Ping 通，Wireshark 在两台交换机之间的 G1/0/2 端口上的抓包结果如图 C-13 所示，可以说明在两台交换机之间传输的是普通的以太网帧。

结果分析如图 C-14 所示。

PVID 即交换机端口所属 VLAN 的标识。

（2）实验任务 2：配置 Trunk 链路端口，测试 Host_1 与 Host_2 的连通性。

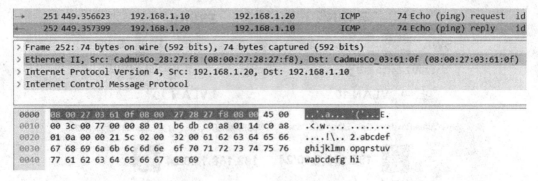

图 C-13 Access 链路抓包结果

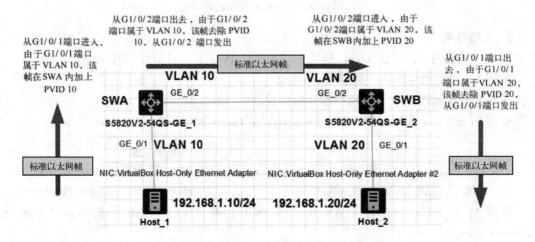

图 C-14 Access 链路抓包结果分析

步骤 1：在实验任务一的组网拓扑上进行修改，将 SWA 与 SWB 之间的链路修改为 TRUNK，分别在 SWA、SWB 上配置 Trunk 链路端口，修改 VLAN 配置。

［SWA］interface GigabitEthernet 1/0/2

［SWA – GigabitEthernet1/0/2］port link – type trunk

［SWA – GigabitEthernet1/0/2］port trunk permit vlan all

［SWA–GigabitEthernet1/0/2］

［SWB］vlan 10

［SWB-vlan10］port GigabitEthernet 1/0/1

［SWB-vlan10］quit

［SWB］interface GigabitEthernet 1/0/2

［SWB – GigabitEthernet1/0/2］port link – type trunk

［SWB – GigabitEthernet1/0/2］port trunk permit vlan all

步骤 2：在 SWA 上查看 VLAN 10，在 SWB 上查看 VLAN 10，注意 Tagged Ports 和 Untagged ports。

<SWA>display vlan 10

VLAN ID：10

VLAN type：Static

Route interface：Not configured

Description：VLAN 0010

Name：VLAN 0010

Tagged ports：

　　GigabitEthernet1/0/2

Untagged ports：

    GigabitEthernet1/0/1

<SWB>display vlan 10

VLAN ID：10

VLAN type：Static

Route interface：Not configured

Description：VLAN 0010

Name：VLAN 0010

Tagged ports：

    GigabitEthernet1/0/2

Untagged ports：

    GigabitEthernet1/0/1

另可以通过 display interface 查看各个端口的 Port link-type 及相关参数。

步骤 3：测试 Host_1 与 Host_2 之间的连通，并分析结果。

经测试，Host_1 与 Host_2 之间可以相互 ping 通，Wireshark 在两台交换机之间的 G1/0/2 端口上的抓包结果如图 C-15 所示，可以说明在两台交换机之间传输的是 IEEE802.1q 帧。

```
→    150 128.163888    192.168.1.10        192.168.1.20        ICMP    78 Echo (ping) request  id-
←    151 128.164604    192.168.1.20        192.168.1.10        ICMP    78 Echo (ping) reply     id-

> Frame 151: 78 bytes on wire (624 bits), 78 bytes captured (624 bits)
> Ethernet II, Src: CadmusCo_28:27:f8 (08:00:27:28:27:f8), Dst: CadmusCo_03:61:0f (08:00:27:03:61:0f)
> 802.1Q Virtual LAN, PRI: 0, CFI: 0, ID: 10
> Internet Protocol Version 4, Src: 192.168.1.20, Dst: 192.168.1.10
> Internet Control Message Protocol

0000  08 00 27 03 61 0f 08 00  27 28 27 f8 81 00 00 0a    ..'.a... '('.....
0010  08 00 45 00 00 3c 02 7d  00 00 80 01 b4 d5 c0 a8    ..E..<.} ........
0020  01 14 c0 a8 01 0a 00 00  aa 59 02 00 a9 02 61 62    ........ .Y....ab
0030  63 64 65 66 67 68 69 6a  6b 6c 6d 6e 6f 70 71 72    cdefghij klmnopqr
0040  73 74 75 76 77 61 62 63  64 65 66 67 68 69          stuvwabc defghi
```

图 C-15   Trunk 链路抓包结果

结果分析如图 C-16 所示。

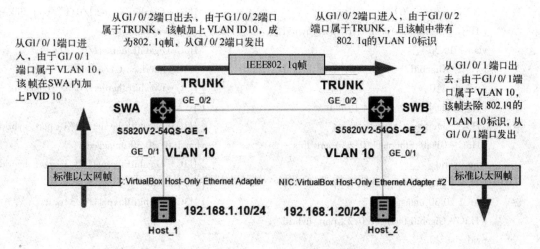

图 C-16   Trunk 链路抓包结果分析

VLAN ID 即 IEEE802.1q 帧中的 VLAN 标识。

实验 C-10　VLAN 的端口类型和 Hybrid 端口理解

1. 实验组网图（见图 C-17）

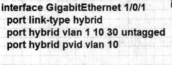
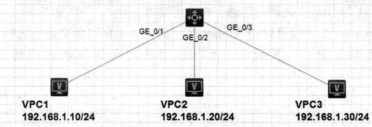

```
interface GigabitEthernet 1/0/1        interface GigabitEthernet 1/0/2        interface GigabitEthernet 1/0/3
port link-type hybrid                  port link-type hybrid                  port link-type hybrid
port hybrid vlan 1 10 30 untagged      port hybrid vlan 1 20 30 untagged      port hybrid vlan 1 10 20 30 untagged
port hybrid pvid vlan 10               port hybrid pvid vlan 20               port hybrid pvid vlan 30
```

GE_0/1　　GE_0/2　　GE_0/3

VPC1　　　　　　　VPC2　　　　　　　VPC3
192.168.1.10/24　　192.168.1.20/24　　192.168.1.30/24

图 C-17　实验拓扑

2. 实验任务

（1）实验任务 1：配置 VLAN 及 Hybrid 端口

步骤 1：建立物理连接，搭建网络拓扑。

按照实验组网图，完成模拟器环境构建。

步骤 2：交换机上配置 VLAN 及 Hybrid。

```
［H3C］vlan 10
［H3C-vlan10］vlan 20
［H3C-vlan20］vlan 30
［H3C-vlan30］quit
［H3C］interface G1/0/1
［H3C-GigabitEthernet1/0/1］port hybrid
vlan 1 10 30
［H3C-GigabitEthernet1/0/1］port hybrid
pvid vlan 10
［H3C-GigabitEthernet1/0/1］quit
［H3C］interface G1/0/2
［H3C-GigabitEthernet1/0/2］port link-
type hybrid
［H3C-GigabitEthernet1/0/2］port hybrid
vlan 1 20 30 untagged
［H3C-GigabitEthernet1/0/2］port hybrid
pvid vlan 20
```

```
［H3C-GigabitEthernet1/0/1］port link-
type hybrid untagged
［H3C-GigabitEthernet1/0/2］quit
［H3C］interface G1/0/3
［H3C-GigabitEthernet1/0/3］port link-
type hybrid
［H3C-GigabitEthernet1/0/3］port hybrid
vlan 1 10 20 30 untagged
［H3C-GigabitEthernet1/0/3］port hybrid
pvid vlan 30
［H3C-GigabitEthernet1/0/3］quit
```

步骤 3：测试 192.168.1.10、192.168.1.20、192.168.1.30 之间的连通性。

```
192.168.1.10——192.168.1.20        ping 不通
192.168.1.10——192.168.1.30        ping 通
```

192. 168. 1. 20——192. 168. 1. 30   ping 通

（2）实验任务 2：结果分析（见图 C-18）

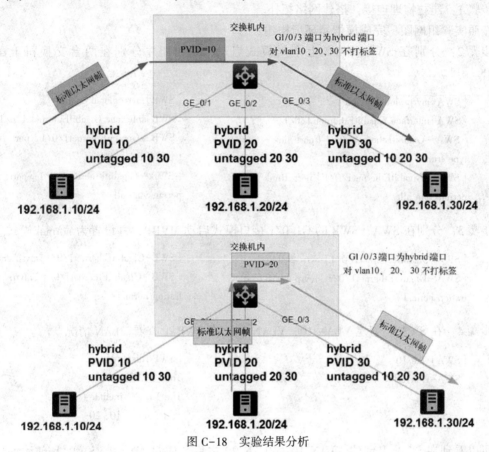

图 C-18 实验结果分析

实验 C-11 H3C 的 MVRP 配置

1. 实验组网图（见图 C-19）

图 C-19 MVRP 实验拓扑

2. 实验任务

实验任务：配置 VLAN 及 TRUNK 端口

步骤 1：建立物理连接，搭建网络拓扑。

按照实验组网图，完成模拟器环境构建。

步骤 2：分别在 SWA、SWB 上全局模式启动 MVRP，并分别在两台交换机上配置 TRUNK 端口。

```
[SWA]mvrp global enable                 [SWB]mvrp global enable
[SWA]interface GigabitEthernet 1/0/1    [SWB]interface GigabitEthernet 1/0/1
[SWA－GigabitEthernet1/0/1]port link－   [SWB－GigabitEthernet1/0/1]port link－
type trunk                              type trunk
[SWA－GigabitEthernet1/0/1]port trunk    [SWB－GigabitEthernet1/0/1]port trunk
permit vlan all                         permit vlan all
```

步骤 3：分别在 SWA、SWB 的 G1/0/1 接口模式启动 MVRP，并设置为 normal 模式。

```
[SWA－GigabitEthernet1/0/1]mvrp enable      [SWB－GigabitEthernet1/0/1]mvrp enable
[SWA－GigabitEthernet1/0/1]mvrp regis-      [SWB－GigabitEthernet1/0/1]mvrp regis-
tration normal                             tration normal
```

步骤 4：在 SWA 上创建 VLAN 10、VLAN 20，在 SWB 上查看 VLAN 情况。

```
[SWA]vlan 10                     [SWB]display vlan
[SWA－vlan10]vlan 20             Total VLANs：3
                                The VLANs include：
                                1(default)，10，20
```

可以看到在 SWA 上创建 VLAN 10、VLAN 20 之后，通过 MVRP，SWB 上自动创建了 VLAN 10、VLAN 20。

在 SWA 上删除 VLAN 10、VLAN 20 之后，通过 MVRP，SWB 上也进行了 VLAN 更新，删除掉了 VLAN 10、VLAN 20。

```
[SWA]undo vlan 10                [SWB]display vlan
[SWA]undo vlan 20                Total VLANs：1
                                The VLANs include：
                                1(default)
```

步骤 5：在 SWB 上修改 G1/0/1 的 MVRP 模式为 fixed 固定模式。

```
[SWB]interface GigabitEthernet 1/0/1
[SWB－GigabitEthernet1/0/1]mvrp registration fixed
```

步骤 6：在 SWA 上创建 VLAN 10，在 SWB 上查看 VLAN。在 SWB 上创建 VLAN 30，在 SWA 上查看 VLAN。

[SWA]vlan 10　　　　　　　　　　　　[SWB]display vlan
[SWA-vlan10]　　　　　　　　　　　　Total VLANs：1
　　　　　　　　　　　　　　　　　　The VLANs include：
　　　　　　　　　　　　　　　　　　1(default)

可以看到在 SWA 上创建 VLAN 10 后，由于 SWB 的 G1/0/1 端口属于 MVRP 的 fixed 模式，没有学习 VLAN 更新。

[SWB]vlan 30
[SWA]display vlan
Total VLANs：3
The VLANs include：
1(default)，10，30

可以看到在 SWB 上创建 VLAN 30 后，由于 SWA 的 G1/0/1 端口属于 MVRP 的 normal 模式，学习了 VLAN 30。

步骤 7：在 SWB 上修改 G1/0/1 的 MVRP 模式为 forbidden 模式，自行进行相应的尝试。

实验 C-12　生成树的基础和 MSTP 的配置

1. 实验组网图（见图 C-20）

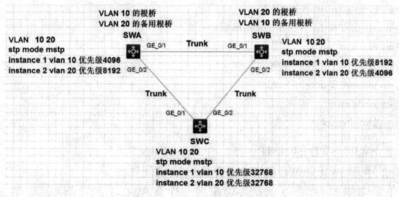

图 C-20　MSTP 实验拓扑

2. 实验任务

（1）实验任务 1：STP 基本配置

步骤 1：建立物理连接，搭建网络拓扑。

步骤 2：配置 SWA 的 MSTP。

现今网络进行生成树配置的时候，由于存在多 VLAN 的情况，基本均是按照 MSTP 进行配置。

关键点在于以下几方面。

① 所有交换机上创建 VLAN，配置 TRUNK 链路。

② 所有交换机上配置 MSTP 域。包含以下内容：

➘ 创建实例，实例包含 VLAN；

➘ MSTP 区域命名，所有交换机必须统一 MSTP 域；

➘ 设定 MSTP 的发布版本；

➘ 激活 MSTP 域。

③ 指定实例优先级。

④ 设定 STP 的工作模式为 MSTP，并启动 MSTP。

```
[SWA]vlan 10
[SWA-vlan10]exit
[SWA]vlan 20
[SWA-vlan20]exit
[SWA]interface range GigabitEthernet 1/0/1 to GigabitEthernet 1/0/2
[SWA-if-range]port link-type trunk
[SWA-if-range]port trunk permit vlan all
[SWA-if-range]quit
[SWA]stp region-configuration
[SWA-mst-region]instance 1 vlan 10
[SWA-mst-region]instance 2 vlan 20
[SWA-mst-region]region-name test
[SWA-mst-region]revision-level 2
[SWA-mst-region]active region-configuration
[SWA-mst-region]quit
[SWA]stp instance 1 priority 4096
[SWA]stp instance 2 priority 8192
[SWA]stp mode mstp
[SWA]stp global enable
```

步骤 3：配置 SWB、SWC 的 MSTP。

配置内容略，注意 SWB、SWC 的 Trunk 配置、实例配置。

注意 SWB 上的实例 1、实例 2 的优先级配置，注意 SWC 上的实例 1、实例 2 采用默认优先级。

（2）实验任务 2：MSTP 的查看

步骤分别在 SWA、SWB、SWC 上查看实例 1、实例 2 的生成树情况，并分析判断根桥、根端口、指定端口等相关信息。正确显示结果如下。

注意端口角色（Role）：

➢ DESI（designated）指定端口；

➢ ROOT 为根端口；

➢ ALTE（Alternate）为替代端口；

➢ BACK（Backup）为备份端口。

注意端口状态（STP State）：

➢ FORWARDING 为转发；

➢ DISCARDING 为丢弃；

➢ LEARNING 为学习。

端口角色和端口状态之间存在一定的联系，一般情况下，DESI 和 ROOT 端口的状态都为 FORWARDING（或者为 LEARNING，LEARNING 状态短暂，在生成树形成过程中出现）；而 ALTE 和 BACK 端口的状态永远为 DISCARDING。

根桥的端口都是指定端口。

SWA 上的显示结果如下为正确。

```
[SWA]display stp instance 1 brief
MST ID   Port                          Role    STP State   Protection
1        GigabitEthernet1/0/1          DESI    FORWARDING  NONE
1        GigabitEthernet1/0/2          DESI    FORWARDING  NONE
[SWA]display  stp instance 2 brief
MST ID   Port                          Role     STP State   Protection
2        GigabitEthernet1/0/1          ROOT     FORWARDING  NONE
2        GigabitEthernet1/0/2          DESI     FORWARDING  NONE
```

SWB 上的显示结果如下为正确。

```
[SWB]display stp instance 1 brief
MST ID   Port                          Role     STP State   Protection
1        GigabitEthernet1/0/1          ROOT     FORWARDING  NONE
1        GigabitEthernet1/0/2          DESI     FORWARDING  NONE
[SWB]display stp instance 2 brief
MST ID   Port                          Role     STP State   Protection
2        GigabitEthernet1/0/1          DESI    FORWARDING  NONE
2        GigabitEthernet1/0/2          DESI    FORWARDING  NONE
```

SWC 上的显示结果如下为正确。

```
[SWC]display  stp instance 1 brief
MST ID   Port                          Role     STP State   Protection
1        GigabitEthernet1/0/1          ROOT     FORWARDING  NONE
1        GigabitEthernet1/0/2          ALTE     DISCARDING  NONE
[SWC]display  stp instance 2 brief
MST ID   Port                          Role     STP State   Protection
2        GigabitEthernet1/0/1          ALTE     DISCARDING  NONE
2        GigabitEthernet1/0/2          ROOT     FORWARDING  NONE
```

实验 C-13　二层链路聚合的配置

1. 实验组网图（见图 C-21）

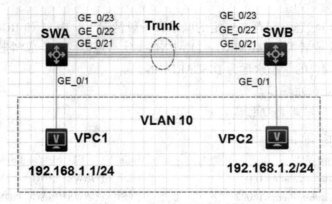

图 C-21　二层链路聚合实验拓扑

2. 实验任务：二层链路聚合配置

步骤 1：建立物理连接，搭建网络拓扑。

H3C 的链路聚合遵循标准 IEEE 802.3ad（即 LACP，链路层聚合控制协议）。

步骤 2：配置 SWA、SWB 的 VLAN。

［SWA］vlan 10

［SWA-vlan10］exit

［SWA］interface GigabitEthernet 1/0/1

［SWA-GigabitEthernet1/0/1］port access vlan 10

［SWA-GigabitEthernet1/0/1］

［SWB］vlan 10

［SWB-vlan10］exit

［SWB］interface GigabitEthernet 1/0/2

［SWB-GigabitEthernet1/0/2］port access vlan 10

［SWB-GigabitEthernet1/0/2］

步骤 3：SWA、SWB 上创建二层聚合组，并添加端口到聚合组，同时设置聚合组为 Trunk。

［SWA］interface Bridge-Aggregation 1

［SWA-Bridge-Aggregation1］exit

［SWA］interface range G 1/0/21 to G 1/0/23

［SWA-if-range］port link-mode bridge

［SWA-if-range］port link-aggregation group 1

［SWA-if-range］exit

［SWA］interface Bridge-Aggregation 1

［SWA-Bridge-Aggregation1］port link-type trunk

［SWA-Bridge-Aggregation1］port trunk permit vlan all

［SWB］interface Bridge-Aggregation 1

［SWB-Bridge-Aggregation1］exit

［SWB］interface range G 1/0/21 to G 1/0/23

［SWB-if-range］port link-mode bridge

［SWB-if-range］port link-aggregation group 1

［SWB-if-range］exit

［SWB］interface Bridge-Aggregation 1

［SWB-Bridge-Aggregation1］port link-type trunk

［SWB-Bridge-Aggregation1］port trunk permit vlan all

步骤 4：检查聚合的结果。

注意聚合成功后的链路名称为 link aggregation，这是链路聚合的关键词！

aggregation 的英文意思为集合。

```
<SWA>display link-aggregation summary
Aggregation Interface Type：
BAGG -- Bridge-Aggregation，BLAGG -- Blade-Aggregation，RAGG -- Route-Aggregation
Aggregation Mode：S -- Static，D -- Dynamic
Loadsharing Type：Shar -- Loadsharing，NonS -- Non-Loadsharing
Actor System ID：0x8000，4a9f-7bb7-0100

AGG         AGG    Partner ID          Selected  Unselected  Individual  Share
Interface   Mode                       Ports     Ports       Ports       Type
--------------------------------------------------------------------------------
BAGG1       S      None                3         0           0           Shar
<SWA>display link-aggregation ？
   load-sharing    Link aggregation load sharing
   member-port     Display member(s) of link aggregation group
   summary            Summary information
   verbose         Display verbose information of link aggregation group
<SWA>display interface Bridge-Aggregation 1
```

步骤 5：测试 VPC1 与 VPC2 之间的连通性。

此时 VPC1 与 VPC2 之间可以跨交换机、同一 VLAN 互通。

实验 C-14　三层链路聚合的配置

1. 实验组网图（见图 C-22）

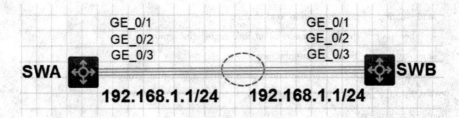

图 C-22　三层链路聚合实验拓扑

2. 实验任务：三层链路聚合配置

步骤 1：建立物理连接，搭建网络拓扑。

步骤 2：SWA、SWB 上创建三层聚合组，并添加端口到聚合组，同时设置聚合组为 Trunk。

［SWA］interface Route-Aggregation 1

［SWA-Route-Aggregation1］exit

［SWA］interface range G 1/0/1 to G 1/0/3

［SWA-if-range］port link-mode route

［SWA - if - range］port link - aggregation group 1

［SWA-if-range］exit

［SWA］interface Route-Aggregation 1

［SWA - Route - Aggregation1］ip address 192. 168. 1. 1 24

［SWA - Route - Aggregation1］undo shut-down

［SWB］interfaceRoute-Aggregation 1

［SWB- Route-Aggregation1］exit

［SWB］interface range G 1/0/1 to G1/0/3

［SWB-if-range］port link-mode route

［SWB - if - range］port link - aggregation group 1

［SWB-if-range］exit

［SWB］interface Route-Aggregation 1

［SWB - Route - Aggregation1］ip address 192. 168. 1. 2 24

［SWB-Route-Aggregation1］undo shutdown

步骤 3：检查聚合的结果。

SWA 与 SWB 之间可以相互 ping 通。

<SWA>display link-aggregation summary

Aggregation Interface Type：

BAGG -- Bridge-Aggregation, BLAGG -- Blade-Aggregation, RAGG -- Route-Aggregation, SCH-B -- Schannel-Bundle

Aggregation Mode：S -- Static, D -- Dynamic

Loadsharing Type：Shar -- Loadsharing, NonS -- Non-Loadsharing

Actor System ID：0x8000, 20c8-5916-0100

AGG Interface	AGG Mode	Partner ID	Selected Ports	Unselected Ports	Individual Ports	Share Type
RAGG1	S	None	3	0	0	Shar

<SWA>display link-aggregation ?

　　load-sharing　　Link aggregation load sharing

　　member-port　　Display member(s) of link aggregation group

　　summary　　　　Summary information

　　verbose　　　　Display verbose information of link aggregation group

<SWA>display interface Route-Aggregation 1

Route-Aggregation1

Current state：UP

Line protocol state：UP

Description：Route-Aggregation1 Interface

Bandwidth：3000000 kbps

Maximum transmission unit：1500

Internet address：192. 168. 1. 1/24 (primary)

IP packet frame type：Ethernet II, hardware address：20c8-5916-0102

IPv6 packet frame type：Ethernet II, hardware address：20c8-5916-0102

Last clearing of counters：Never

Last 300 second input rate：0 bytes/sec，0 bits/sec，0 packets/sec

Last 300 second output rate：0 bytes/sec，0 bits/sec，0 packets/sec

Input：0 packets，0 bytes，0 drops

Output：0 packets，0 bytes，0 drops

实验 C-15　IRF 的配置和 BFD MAD 检测配置

1. 实验组网图（见图 C-23）

IRFSW1　　　　　　　　　　　　　　　　　　　　IRFSW2

XGE_0/50　　　　　　　　　　　　　　　　　XGE_0/50

GE_0/1　　　　　　　　　　　　　　　　　　　GE_0/1

VLAN 1000

配置要求：
（1）使用XGE1/0/50和XGE2/0/50端口进行IRF堆叠，IRF Domain值为10
（2）IRFSW1的member ID为1，IRFSW2的member ID为2
（3）IRFSW1为IRF中的主设备master，优先级为10
（4）IRF冲突检测（MAD功能）使用GE1/0/1与GE2/0/1，检测IP
为172.16.1.1/30和172.16.1.2/30，检测VLAN使用VLAN 1000

图 C-23　IRF 实验拓扑及配置要求

2. 实验任务

（1）实验任务1：配置 IRF

按图搭建，先不进行任何连线，按配置过程连线。

步骤1：设置 IRF 成员编号，IRFSW1 的成员编号保持为 1，修改 IRFSW2 的成员编号为2。保存后设备关机。

　　［IRFSW1］

　　　　　　　　　　　　　　　　　　　　［IRFSW2］irf member 1 renumber 2
　　　　　　　　　　　　　　　　　　　　［IRFSW2］quit
　　　　　　　　　　　　　　　　　　　　<IRFSW2>save
　　　　　　　　　　　　　　　　　　　　重启后，display interface 编号已为2/＊/＊

步骤2：进行连线 IRFSW1 的 1/0/50 与 IRFSW2 的 2/0/50。启动设备。

步骤3：IRF domain 的定义，分别在 IRFSW1 和 IRFSW2 上设置 IRF domain。

　　［IRFSW1］irf domain10
　　　　　　　　　　　　　　　　　　　　［IRFSW2］irf domain 10

步骤4：关闭加入 IRF 的交换机物理端口。配置 IRF 逻辑端口与交换机物理端口关系。激活交换机物理端口。然后保存配置。

[IRFSW1] interface Ten-GigabitEthernet 1/0/50	[IRFSW2] interface Ten-GigabitEthernet 2/0/50
[IRFSW1-if-range] shutdown	[IRFSW2-if-range] shutdown
[IRFSW1-if-range] quit	[IRFSW2-if-range] quit
[IRFSW1] irf-port 1/2	[IRFSW2] irf-port 2/1
说明:IRF 成员 1 上,创建 IRF 逻辑端口 2	说明:IRF 成员 2 上,创建 IRF 逻辑端口 1
[IRFSW1-irf-port1/1] port group interface Ten-GigabitEthernet 1/0/50	[IRFSW2-irf-port2/2] port group interface Ten-GigabitEthernet 2/0/50
[IRFSW1-irf-port1/1] quit	[IRFSW2-irf-port2/2] quit
[IRFSW1] interface Ten-GigabitEthernet 1/0/50	[IRFSW2] interface Ten-GigabitEthernet 2/0/50
[IRFSW1-if-range] undo shutdown	[IRFSW2-if-range] undo shutdown
\<IRFSW1\>save	\<IRFSW2\>save

步骤 5：配置 IRFSW1 优先级为 10，并激活 IRF 逻辑端口。IRFSW2 保持默认优先级为 1，并激活 IRF 逻辑端口。优先级越高为 Master，其他为 Slave。IRF 逻辑端口激活之后，IRFSW1 与 IRFSW2 之间开始相互协商，成功之后两台交换机合二为一（即常说的堆叠成功）。

[IRFSW1] irf member 1 priority 10	[IRFSW2] irf-port-configuration active
[IRFSW1] irf-port-configuration active	\<IRFSW2\>

步骤 6：等待两台设备协商完成之后，进行 IRF 配置结果验证。

```
[IRFSW1] display irf link
Member 1
IRF Port    Interface                      Status
1           disable                        --
2           Ten-GigabitEthernet1/0/50      UP
Member 2
IRF Port    Interface                      Status
1           Ten-GigabitEthernet2/0/50      UP
2           disable                        --
[IRFSW1] display irf configuration
MemberID NewID    IRF-Port1                  IRF-Port2
1        1        disable                    Ten-GigabitEthernet1/0/50
2        2        Ten-GigabitEthernet2/0/50  disable
```

（2）实验任务 2：BFDMAD 检测配置

IRF 链路故障会导致一个 IRF 变成两个新的 IRF。这两个 IRF 拥有相同的 IP 地址等三层配置，会引起地址冲突，导致故障在网络中扩大。为了提高系统的可用性，当 IRF 分裂时就需要一种机制检测出网络中同时存在多个 IRF，并进行相应的处理，尽量降低 IRF 分裂对业务的影响。

MAD（multi-active detection，多 active 检测）就是这样一种检测和处理机制。

IRF 支持的 MAD 检测方式有：LACP MAD 检测、BFD MAD 检测和 ARP MAD 检测。

BFD MAD 检测是通过 BFD 协议（bidirectional forwarding detection，双向转发检测）来实现的。

要使 BFD MAD 检测功能正常运行，除在三层接口下使能 BFD MAD 检测功能外，还需要在该接口上配置 MAD IP 地址。MAD IP 地址与普通 IP 地址不同的地方在于 MAD IP 地址与成员设备是绑定的，IRF 中的每个成员设备上都需要配置，且必须属于同一网段。

当 IRF 正常运行时，只有 Master 上配置的 MAD IP 地址生效，Slave 设备上配置的 MAD IP 地址不生效，BFD 会话处于 down 状态；当 IRF 分裂后会形成多个 IRF，不同 IRF 中 Master 上配置的 MAD IP 地址均会生效，BFD 会话被激活，此时会检测到多 Active 冲突。

步骤 1：GigabitEthernet1/0/1 与 GigabitEthernet2/0/1 进行连线，进行 BFD MAD 检测配置。

```
［IRFSW1］vlan 1000
［IRFSW1-vlan1000］port GigabitEthernet 1/0/1
［IRFSW1-vlan1000］port GigabitEthernet 2/0/1
［IRFSW1-vlan1000］quit
［IRFSW1］interface vlan 1000
［IRFSW1-Vlan-interface1000］mad bfd enable
［IRFSW1-Vlan-interface1000］mad ip address172. 16. 1. 1 30 member 1
［IRFSW1-Vlan-interface1000］mad ip address172. 16. 1. 2 30 member 2
```

步骤 2：关闭 BFD MAD 检测端口的 STP 功能。

因为 BFD MAD 和 STP 功能互斥，故关闭 BFD MAD 检测端口的 STP 功能。

```
［IRFSW1］interface GigabitEthernet 1/0/1
［IRFSW1-Gigabitethernet1/0/23］undo stp enable
［IRFSW1-Gigabitethernet1/0/23］quit
［IRFSW1］interface GigabitEthernet2/0/1
［IRFSW1-Gigabitethernet2/0/23］undo stp enable
［IRFSW1-Gigabitethernet2/0/23］quit
```

步骤 3：检查 BFD MAD 配置情况。

```
［IRFSW1］display mad verbose
Multi-active recovery state：No
Excluded ports (user-configured)：
Excluded ports (system-configured)：
  Ten-GigabitEthernet1/0/50
  Ten-GigabitEthernet2/0/50
MAD ARP disabled.
MAD ND disabled.
MAD LACP disabled.
MAD BFD enabled interface：Vlan-interface1000
  MAD status                    : Faulty
  Member ID    MAD IP address        Neighbor    MAD status
```

1	172.16.1.1/30	2	Faulty
2	172.16.1.2/30	1	Faulty

［IRFSW1］

实验 C-16　路由的理解和 ICMP 基础

1. 实验组网图（见图 C-24）

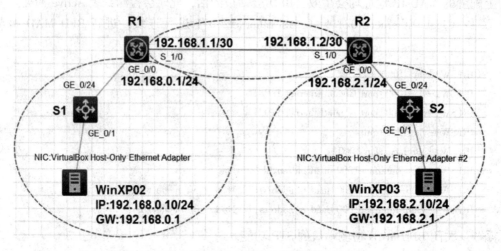

图 C-24　ICMP 实验拓扑

2. 实验任务

（1）实验任务 1：搭建基本连接环境

完成 PC、交换机、路由器互连，完成所有 IP 地址配置，完成路由器串口 IP 地址配置。

（2）实验任务 2：使用 Ping 命令检查连通性

步骤 1：按以下情况完成 Ping 通测试。

WinXP02—R1（通）。

R1—R2（通）。

R2—WinXP03（通）。

WinXP02—WinXP03（不通），在 WinXP02 与 WinXP03 相互 ping 时，结果如下：

　　C：\Documents and Settings\WinXP02>ping 192.168.2.10

　　Request timed out.

　　Request timed out.

　　…

　　C：\Documents and Settings\WinXP02>

在两台路由器上分别配置以下命令，开启路由器的 ICMP 目的不可达报文的发送功能。

　　［R1］ip unreachables enable

　　［R2］ip unreachables enable

步骤 2：分别在 R1、R2 上查看路由表，并思考为什么 WinXP02—WinXP03 之间不通。查看路由表命令如下：

　　　［R1］display ip routing-table

步骤 3：在 R1 上配置静态路由，并查看路由表。

　　　［R1］ip route-static 192.168.2.0 24 192.168.1.2
　　　［R1］display ip routing-table

要求，查找到配置的静态路由项，并自己解释路由表中的每一条内容。

步骤 4：在 R2 上配置静态路由，并查看路由表。

　　　［R2］ip route-static 192.168.0.0 24 192.168.1.1
　　　［R2］display ip routing-table

要求，查找到配置的静态路由项，并自己解释路由表中的每一条内容。

(3) 实验任务 3：使用 Ping 命令和 Tracert 命令

步骤 1：按以下情况完成 Ping 通测试。

WinXP02—R1（通）。

R1—R2（通）。

R2—WinXP03（通）。

WinXP02—WinXP03（通）。

步骤 2：从 WinXP02 对到达 WinXP03 的路由进行跟踪。

```
C:\Documents and Settings\WinXP02>tracert 192.168.2.10
Tracing route to 192.168.2.10 over a maximum of 30 hops
1     *      *      *            Request timed out.
2     *      *      *            Request timed out.
3     2ms    2ms    5ms          192.168.2.10
Trace comlete
```

从以上结果可以看出 WinXP02 到达 WinXP03 已通，但路由器没有进行 ICMP 的超时回应。

分别在两台路由器上启动以下命令，用来开启设备的 ICMP 超时报文的发送功能。

　　　［R1］ip ttl-expires enable
　　　［R2］ip ttl-expires enable

重新再次从 WinXP02 对到达 WinXP03 进行路由跟踪，结果如下。

```
C:\Documents and Settings\WinXP02>tracert 192.168.2.10
Tracing route to 192.168.2.10 over a maximum of 30 hops
1     <1ms   1ms    1ms          192.168.0.1
2     23ms   23ms   23ms         192.168.1.2
3     27ms   27ms   27ms         192.168.2.10
Trace comlete
```

（4）实验任务4：使用 display interface 命令查看接口

步骤1：查看接口状态的 UP 情况。

在 R1 或 R2 上使用 display interface GigabitEthernet 0/0 查看接口相关信息。

在 R1 或 R2 上使用 display interface serial 1/0 查看接口相关信息。

注意接口的两个 UP。

> [H3C-GigabitEthernet0/0]display interface GigabitEthernet 0/0
>
> GigabitEthernet0/0
>
> Current state：UP
>
> Line protocol state：UP

步骤2：关闭和启用接口。

使用 shoudown 命令关闭接口，对路由表进行查看，使用 undo shutdown 命令启用接口。

实验 C-17　三层交换 VLAN 互通的配置

1. 实验组网图（见图 C-25）

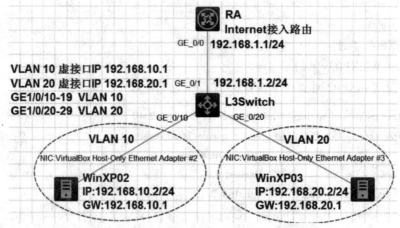

图 C-25　三层 VLAN 互通实验拓扑

2. 实验任务：配置三层交换实现 VLAN 互通

步骤1：建立物理连接，搭建网络拓扑，完成物理连接及 PC、路由器接口 IP 配置等。

步骤2：在 L3switch 上完成 VLAN 创建及 VLAN 端口划分。

> [L3switch]vlan 10
>
> [L3switch-vlan10]vlan 20
>
> [L3switch-vlan20]exit
>
> [L3switch]interface range GigabitEthernet 1/0/10 to GigabitEthernet 1/0/19
>
> [L3switch-if-range]port access vlan 10
>
> [L3switch-if-range]exit
>
> [L3switch]interface range GigabitEthernet 1/0/20 to GigabitEthernet 1/0/29
>
> [L3switch-if-range]port access vlan 20
>
> [L3switch-if-range]exit

步骤3：在 L3Switch 上完成 VLAN 虚接口 IP 地址配置。

　　[L3Switch]interface vlan 10

　　[L3Switch-Vlan-interface10]ip address 192.168.10.1 24

　　[L3Switch-Vlan-interface10]exit

　　[L3Switch]interface vlan 20

　　[L3Switch-Vlan-interface20]ip address 192.168.20.1 24

　　[L3Switch-Vlan-interface20]exit

步骤 4：在 L3Switch 上完成与路由器相连接的、路由接口 IP 地址配置。

　　[L3Switch]interface GigabitEthernet 1/0/1

　　[L3Switch-GigabitEthernet1/0/1]port link-mode route

　　[L3Switch-GigabitEthernet1/0/1]ip address 192.168.1.2 24

　　[L3Switch-GigabitEthernet1/0/1]exit

步骤 5：在 L3Switch 上完成缺省路由配置。

　　[L3Switch]ip route-static 0.0.0.0 0.0.0.0 192.168.1.1

步骤 6：在 RA 上完成静态路由配置。

　　[RA]interface GigabitEthernet 0/0

　　[RA-GigabitEthernet0/0]ip address 192.168.1.1 24

　　[RA-GigabitEthernet0/0]exit

　　[RA]ip route-static 192.168.10.0 255.255.255.0 192.168.1.2

　　[RA]ip route-static 192.168.20.0 255.255.255.0 192.168.1.2

　　[RA]

步骤 7：分别在 RA 和 L3Switch 上查看路由表。

步骤 8：启动 WinXP02 和 WinXP03，实现相互 ping 通，并实现与 Internet 接入路由之间的相互 ping 通。

实验 C-18　配置三层交换 DHCP 服务

1. 实验组网图（见图 C-26）

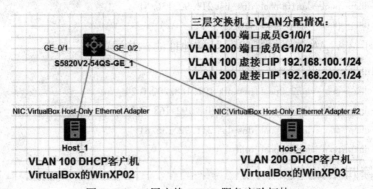

图 C-26　三层交换 DHCP 服务实验拓扑

2. 实验任务

（1）实验任务 1：DHCP 配置

步骤 1：建立物理连接，搭建网络拓扑。

步骤 2：配置 VLAN 及 VLAN 端口成员、VLAN 虚接口 IP。

```
<H3C>system-view
[H3C]
[H3C]vlan 100
[H3C-vlan10]quit
[H3C]vlan 200
[H3C-vlan20]quit
[H3C]interface GigabitEthernet 1/0/1
[H3C-GigabitEthernet1/0/1]port link-type access
[H3C-GigabitEthernet1/0/1]port access vlan 100
[H3C-GigabitEthernet1/0/1]quit
[H3C]interface GigabitEthernet 1/0/2
[H3C-GigabitEthernet1/0/2]port link-type access
[H3C-GigabitEthernet1/0/2]port access vlan 200
[H3C-GigabitEthernet1/0/2]quit
[H3C]interface vlan 100
[H3C-Vlan-interface100]ip address 192.168.100.1 24
[H3C-Vlan-interface100]undo shutdown
[H3C-Vlan-interface100]quit
[H3C]interface vlan 200
[H3C-Vlan-interface200]ip address 192.168.200.1 24
[H3C-Vlan-interface200]undo shutdown
[H3C-Vlan-interface200]quit
[H3C]
```

步骤 3：相关 DHCP 服务配置内容。

① 创建用于给 VLAN 100 分配 IP 地址的地址池，并配置相应参数。

```
[H3C]dhcp server ip-pool vlan100pool
[H3C-dhcp-pool-vlan100pool]network 192.168.100.0 24
[H3C-dhcp-pool-vlan100pool]gateway-list 192.168.100.1
[H3C-dhcp-pool-vlan100pool]dns-list 211.92.136.81
[H3C-dhcp-pool-vlan100pool]quit
```

② 创建用于给 VLAN 200 分配 IP 地址的地址池，并配置相应参数。

```
[H3C]dhcp server ip-pool vlan200pool
[H3C-dhcp-pool-vlan200pool]network 192.168.200.0 24
[H3C-dhcp-pool-vlan200pool]gateway-list 192.168.200.1
[H3C-dhcp-pool-vlan200pool]dns-list 211.92.136.81
[H3C-dhcp-pool-vlan200pool]quit
```

③ 配置排除 IP 地址。

```
[H3C]dhcp server forbidden-ip 192.168.100.1 192.168.100.10
[H3C]dhcp server forbidden-ip 192.168.200.1 192.168.200.10
```

④ 配置 VLAN 100 虚接口、VLAN 200 虚接口工作在 dhcp server 模式并选择相应的地址池。

```
[H3C]interface vlan 100
```

　　〔H3C-Vlan-interface100〕dhcp select server

　　〔H3C-Vlan-interface100〕dhcp server apply ip-pool vlan100pool

　　〔H3C-Vlan-interface100〕quit

　　〔H3C〕interface vlan 200

　　〔H3C-Vlan-interface200〕dhcp select server

　　〔H3C-Vlan-interface200〕dhcp server apply ip-pool vlan200pool

　　〔H3C-Vlan-interface200〕quit

⑤ 启动 DHCP 服务。

　　〔H3C〕dhcp enable

（2）实验任务 2：结果验证

步骤 1：在 Oracle VM VirtualBox 中完成以下设定内容。

① 设定虚拟机 WinXP02 连接 VirtualBox Host-Only Network 虚拟网络。

② 设定虚拟机 WinXP03 连接 VirtualBox Host-Only Network #2 虚拟网络。

③ 两台虚拟机启动后，设定 IP 地址获取方式为自动获取。

可以通过 ipconfig/release 和 ipconfig/renew 两条命令重新获取 IP。

可以通过 ipconfig/all 查看两台计算机自动获取到的 IP 地址。

步骤 2：在三层交换机上使用 display 命令查看 IP 地址分配情况。

```
〔H3C〕display dhcp server ip-in-use
IP address          Client identifier/       Lease expiration          Type
                    Hardware address
192.168.100.11      0108-0027-139b-54        Apr　6 15:14:53 2015      Auto(C)
192.168.200.11      0108-0027-e116-c5        Apr　6 15:14:47 2015      Auto(C)
〔H3C〕
```

实验 C-19　配置三层交换 DHCP 中继

1. 实验组网图（见图 C-27）

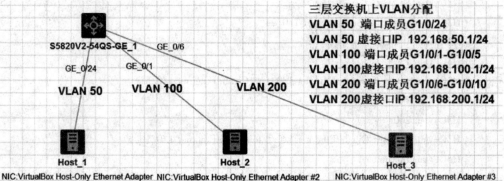

图 C-27　DHCP 中继实验拓扑

2. 实验任务

（1）实验任务 1：DHCP 中继配置

步骤 1：建立物理连接，搭建网络拓扑。

步骤 2：启动 Win200301 DHCP 服务器，配置 DHCP 服务，如图 C-28 所示。配置内容如下。

虚拟机 Win200301　IP：192.168.50.2　GW：192.168.50.1

DHCP 服务器，创建以下两个作用域。

① 作用域 VLAN 100pool，为 VLAN 100 分配 IP 地址。

起始 IP：192.168.100.11/24　　结束 IP：192.168.100.200/24

网关 IP：192.168.100.1　　DNS IP：211.92.136.81

② 作用域 VLAN 200pool，为 VLAN 200 分配 IP 地址。

起始 IP：192.168.200.11/24　　结束 IP：192.168.200.200/24

网关 IP：192.168.200.1　　DNS IP：211.92.136.81

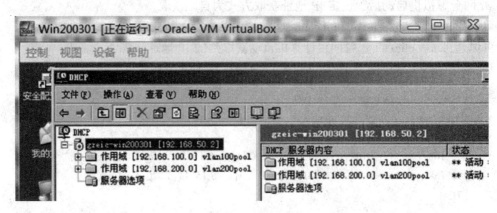

图 C-28　Win200301 中的 DHCP 服务配置

步骤 3：创建 VLAN 50、VLAN 100、VLAN 200，并加入端口成员。

```
<H3C>system-view
[H3C]vlan 50
[H3C-vlan50]port GigabitEthernet 1/0/24
[H3C-vlan50]quit
[H3C]vlan 100
[H3C-vlan100]port GigabitEthernet 1/0/1 to GigabitEthernet 1/0/5
[H3C-vlan100]quit
[H3C]vlan 200
[H3C-vlan200]port GigabitEthernet 1/0/6 to GigabitEthernet 1/0/10
[H3C-vlan200]quit
```

步骤 4：配置各 VLAN 虚接口 IP 地址。

```
[H3C]interface Vlan-interface 50
```

〔H3C-Vlan-interface50〕ip address 192. 168. 50. 1 24

〔H3C-Vlan-interface50〕quit

〔H3C〕interface vlan 100

〔H3C-Vlan-interface100〕ip address 192. 168. 100. 1 24

〔H3C-Vlan-interface100〕quit

〔H3C〕interface vlan 200

〔H3C-Vlan-interface200〕ip address 192. 168. 200. 1 24

步骤 5：设置 VLAN 100 虚接口、VLAN 200 虚接口为中继模式，并设置 DHCP 服务器的 IP 地址，并启动 DHCP 中继服务。

〔H3C〕interface vlan 100

〔H3C-Vlan-interface100〕dhcp select relay

〔H3C-Vlan-interface100〕dhcp relay server-address 192. 168. 50. 2

〔H3C-Vlan-interface100〕quit

〔H3C〕interface vlan 200

〔H3C-Vlan-interface200〕dhcp select relay

〔H3C-Vlan-interface200〕dhcp　relay server-address 192. 168. 50. 2

〔H3C-Vlan-interface200〕quit

〔H3C〕dhcp enable

〔H3C〕save

（2）实验任务 2：结果验证

步骤：完成以上配置内容后，启动 WinXP02 虚拟机、WinXP03 虚拟机，并分别设定两台虚拟机为自动获取 IP 地址。成功结果为：WinXP02 虚拟机自动获取 192. 168. 100. 11 的 IP 地址；WinXP03 虚拟机自动获取 192. 168. 200. 11 的 IP 地址。如图 C-29 所示。

图 C-29　实验结果验证

实验 C-20 PPP 协议 PAP 验证配置

1. 实验组网图（见图 C-30）

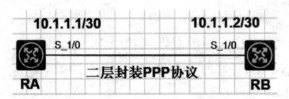

图 C-30 PPP 协议配置实验拓扑

2. 实验任务

（1）实验任务 1：PPP 协议配置

步骤 1：建立物理连接，搭建网络拓扑。

步骤 2：配置 RA 的 S1/0 接口、RB 的 S1/0 接口二层封装协议为 PPP，并配置 IP 地址。

```
[RA]interface Serial 1/0              [RB]interface Serial 1/0
[RA-Serial1/0]link-protocol ppp       [RB-Serial1/0]link-protocol ppp
[RA-Serial1/0]ip address10.1.1.1 30   [RB-Serial1/0]ip address10.1.1.2 30
[RA-Serial1/0]undo shutdown           [RB-Serial1/0]undo shutdown
```

步骤 3：分别在 RA、RB 上查看路由表，查找 10.1.1.0/30 的直连路由。

使用 display interface Serial 1/0 查看接口的 UP 状态和协议封装。并相互 ping 通。

（2）实验任务 2：PPP 的 PAP 验证配置（见图 C-31）

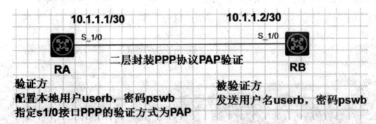

图 C-31 PAP 验证实验配置规划

步骤 1：配置 RA、RB 的串口 PAP 验证。

```
[RA]local-user userb class network              [RB]interface Serial 1/0
[RA - luser - manage - userb] password          [RB-Serial1/0]ppp pap local-user userb
simple pswb                                     password simple pswb
[RA - luser - network - userb] service -
type ppp
[RA-luser-manage-userb]exit
[RA]interface Serial 1/0
[RA - Serial1/0] ppp authentication -
mode pap
```

步骤 2：shutdown 接口之后，重新 undo shutdown，RA 与 RB 之间相互可以 ping 通。

实验 C–21　PPP 协议 CHAP 验证配置

1. 实验组网图（见图 C–32）

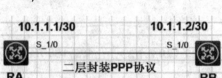

图 C-32　CHAP 验证实验拓扑

2. 实验任务

（1）实验任务 1：PPP 协议配置

步骤 1：建立物理连接，搭建网络拓扑。

步骤 2：配置 RA 的 S1/0 接口、RB 的 S1/0 接口二层封装协议为 PPP，并配置 IP 地址。

［RA］interface Serial 1/0

［RA-Serial1/0］link-protocol ppp

［RA-Serial1/0］ip address10. 1. 1. 1 30

［RA-Serial1/0］undo shutdown

［RB］interface Serial 1/0

［RB-Serial1/0］link-protocol ppp

［RB-Serial1/0］ip address10. 1. 1. 2 30

［RB-Serial1/0］undo shutdown

步骤 3：分别在 RA、RB 上查看路由表，查找 10. 1. 1. 0/30 的直连路由。

使用 display interface Serial 1/0 查看接口的 UP 状态和协议封装。并相互 ping 通。

（2）实验任务 2：PPP 的 CHAP 验证配置（见图 C–33）

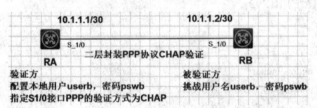

图 C-33　CHAP 验证实验配置规划

步骤 1：配置 RA、RB 的串口 CHAP 验证。

［RA］local-user userb class network

［RA－luser－network－userb］password simple pswb

［RA－luser－network－userb］service-type ppp

［RA-luser-network-userb］exit

［RA］interface Serial 1/0

［RA-Serial1/0］link-protocol ppp

［RA－Serial1/0］ppp authentication-mode chap

［RA-Serial1/0］ip address10. 1. 1. 1 30

［RA-Serial1/0］undo shutdown

［RB］interface Serial 1/0

［RB-Serial1/0］link-protocol ppp

［RB-Serial1/0］ip address10. 1. 1. 2 30

［RB-Serial1/0］ppp chap user userb

［RB－Serial1/0］ppp chap password simple pswb

［RB-Serial1/0］

步骤 2：shutdown 接口之后，重新 undo shutdown，RA 与 RB 之间相互可以 ping 通。

实验 C-22　RIP 协议配置和 RIP 验证配置

1. 实验组网图（见图 C-34）

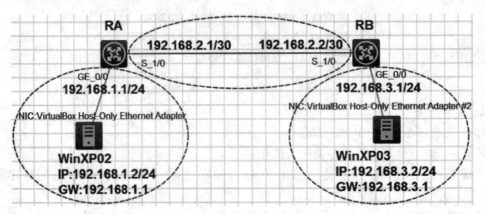

图 C-34　RIP 协议配置实验拓扑

2. 实验任务

（1）实验任务 1：配置 RIPv2

步骤 1：建立物理连接，搭建网络拓扑。

步骤 2：在 PC 和路由器上配置 IP 地址。

步骤 3：配置 RA 的 RIPv2。

```
［RA］rip
［RA-rip-1］version 2
［RA-rip-1］undo summary
［RA-rip-1］network 192. 168. 1. 0 0. 0. 0. 255
［RA-rip-1］network 192. 168. 2. 0 0. 0. 0. 255
```

步骤 4：配置 RB 的 RIPv2。

```
［RB］rip
［RB-rip-1］version 2
［RB-rip-1］undo summary
［RB-rip-1］network 192. 168. 2. 0 0. 0. 0. 255
［RB-rip-1］network 192. 168. 3. 0 0. 0. 0. 255
```

步骤 5：分别在 RA、RB 上查看路由表，查找 RIP 协议学习到的路由。
WinXP02 与 WinXP03 相互 ping 通。

（2）实验任务 2：配置 RIPv2 的验证

步骤 1：配置 RA 的 S1/0 接口的 RIP 验证，验证密码为 123456。

```
［RA］interface Serial 1/0
```

　　[RA-Serial1/0]rip authentication-mode md5 rfc2453 plain 123456

　　步骤 2：配置 RB 的 S1/0 接口的 RIP 验证，验证密码为 654321。

　　[RB]interface Serial 1/0
　　[RA-Serial1/0]rip authentication-mode md5 rfc2453 plain654321

　　步骤 3：在 RA 或 RB shutdown 接口 S1/0 之后，重新 undo shutdown。

　　由于验证密码不一样，可以发现 RA 无法通过 RIP 协议学习到 192.168.3.0/24 网络，可以发现 RB 无法通过 RIP 协议学习到 192.168.1.0/24 网络。

　　步骤 4：修改 RB 的 S1/0 接口的 RIP 验证，验证密码为 123456。在 RB shutdown 接口 S1/0 之后，重新 undo shutdown。

　　由于验证密码一致，可以发现 RA 通过 RIP 协议学习到 192.168.3.0/24 网络，可以发现 RB 通过 RIP 协议学习到 192.168.1.0/24 网络，WinXP02 与 WinXP03 相互 ping 通。

实验 C-23　OSPF 单区域配置

1. 实验组网图（见图 C-35）

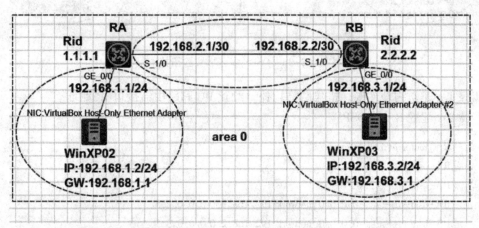

图 C-35　OSPF 单区域实验拓扑

2. 实验任务：单区域 OSPF 配置

步骤 1：建立物理连接，搭建网络拓扑。配置 PC 和路由器接口 IP 地址。

步骤 2：配置 RA、RB 的 OSPF。

[RA]router id 1.1.1.1	[RB]router id 2.2.2.2
[RA]ospf 10	[RB]ospf 10
[RA-ospf-10]area 0	[RB-ospf-10]area 0
[RA-ospf-10-area-0.0.0.0] network 192.168.1.0 0.0.0.255	[RB-ospf-10-area-0.0.0.0] network 192.168.2.0 0.0.0.3
[RA-ospf-10-area-0.0.0.0] network 192.168.2.0 0.0.0.3	[RB-ospf-10-area-0.0.0.0] network 192.168.3.0 0.0.0.255
[RA-ospf-10-area-0.0.0.0]	[RB-ospf-10-area-0.0.0.0]

步骤 3：分别在 RA、RB 上使用以下命令进行验证。

display ip routing-table：查看路由表。

display ospf peer：查看 OSPF 邻居状态。

display ospf routing：查看 OSPF 路由表。

WinXP02 与 WinXP03 之间相互 ping 通。

实验 C-24　OSPF 多区域配置

实验任务：多区域 OSPF 配置，见图 C-36。

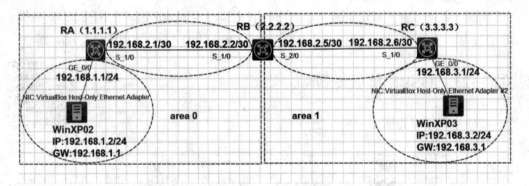

图 C-36　OSPF 多区域实验拓扑

步骤 1：建立物理连接，搭建网络拓扑。配置 PC 和路由器接口 IP 地址。

步骤 2：配置 RA 的 OSPF。

　　[RA]router id 1.1.1.1
　　[RA]ospf 10
　　[RA-ospf-10]area 0
　　[RA-ospf-10-area-0.0.0.0]network 192.168.1.0 0.0.0.255
　　[RA-ospf-10-area-0.0.0.0]network 192.168.2.0 0.0.0.3

步骤 3：配置 RC 的 OSPF。

　　[RC]router id 3.3.3.3
　　[RC]ospf 10
　　[RC-ospf-10]area 1
　　[RC-ospf-10-area-0.0.0.1]network 192.168.3.0 0.0.0.255
　　[RC-ospf-10-area-0.0.0.1]network 192.168.2.4 0.0.0.3

步骤 4：配置 RB 的 OSPF。

　　[RB]router id 2.2.2.2
　　[RB]ospf 10
　　[RB-ospf-10]area 0
　　[RB-ospf-10-area-0.0.0.0]network 192.168.2.0 0.0.0.3

[RB-ospf-10-area-0.0.0.0]exit

[RB-ospf-10]area 1

[RB-ospf-10-area-0.0.0.1]network 192.168.2.4 0.0.0.3

[RB-ospf-10-area-0.0.0.1]

步骤 5：分别在 RA、RB、RC 上使用以下命令进行验证。

display ip routing-table：查看路由表。

display ospf peer：查看 OSPF 邻居状态。

display ospf routing ：看 OSPF 路由表。

WinXP02 与 WinXP03 之间相互 ping 通。

实验 C-25　OSPF 虚连接配置

实验任务：完成 OSPF 虚连接实验配置，拓扑如图 C-37 所示。

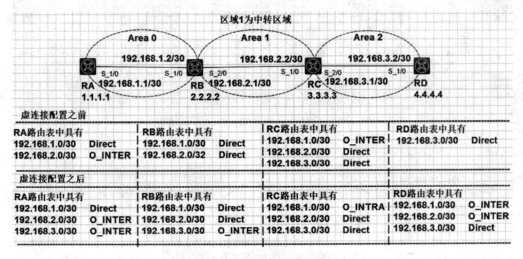

图 C-37　OSPF 虚连接实验拓扑

步骤 1：建立物理连接，搭建网络拓扑。配置路由器接口 IP 地址。

步骤 2：配置 RA、RB、RC、RD 的 OSPF，并指定相应的 router id。

步骤 3：检查各台路由器的路由表，可以发现由于 Area 2 没有直接与 Area 0 相互连接，造成 Area 2 中的 192.168.3.0/30 网络在 RA、RB 上没有学习到，而 Area 2 中的 RD 也没有学习到 Area 0、Area 1 中的 192.168.1.0/30 和 192.168.2.0/30。

步骤 4：配置 RB 的 OSPF 虚连接和 RC 的 OSPF 虚连接。

[RB-ospf-10]area 1	[RC-ospf-10]area 1
[RB-ospf-10-area-0.0.0.1] vlink-peer 3.3.3.3	[RC-ospf-10-area-0.0.0.1] vlink-peer 2.2.2.2

步骤 5：分别在 RA、RB、RC、RD 上查看路由表。可以发现各台路由器的路由表已健全。

实验 C-26 OSPF 的 Stub 区域和 Totally Stub 区域配置

实验任务：完成 OSPF 的 Stub 区域和 Totally Stub 区域配置，实验拓扑如图 C-38 所示。

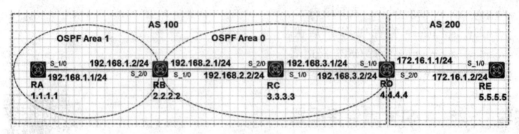

图 C-38 OSPF 的 Stub 区域和 Totally Stub 区域实验拓扑

OSPF 的工作原理如图 C-39 所示。

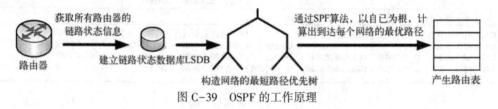

图 C-39 OSPF 的工作原理

步骤 1：建立物理连接，搭建网络拓扑。配置路由器接口 IP 地址。

步骤 2：配置 RA、RB、RC、RD 的 OSPF，配置 RE 的 RIP，并指定相应的 router id。

步骤 3：配置 RD 的路由重分发，将 RIP 路由和直连路由引入 OSPF，将 OSPF 路由和直连路由引入 RIP。

```
[RD]rip
[RD-rip-1]import-route direct
[RD-rip-1]import-route ospf 10
[RD-rip-1]quit
[RD]ospf 10
[RD-ospf-10]import-route direct
[RD-ospf-10]import-route rip 1
```

步骤 4：检查各台路由器的路由表，此时 Area 1 为标准区域，注意 RA 路由表。
RA 路由表中具有的路由信息如下：

172. 16. 1. 0/24 O_ASE2

192. 168. 1. 0/24 Direct

192. 168. 2. 0/24 O_INTER

192. 168. 3. 0/24 O_INTER

检查 RA 的链路状态数据库 LSDB，注意其中具有的类型 1、类型 3、类型 4、类型 5 的 LSA，如图 C-40 所示。

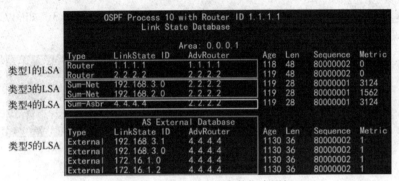

图 C-40　RA 的链路状态数据库图解

步骤 5：配置 RA、RB 上的 area 1 为 stub 区域。

〔RA-ospf-10〕area 1

〔RA-ospf-10-area-0. 0. 0. 1〕stub

〔RB-ospf-10〕area 1

〔RB-ospf-10-area-0. 0. 0. 1〕stub

步骤 6：检查各台路由器的路由表，此时 Area 1 为 stub 区域，注意 RA 路由表。

RA 路由表中具有的路由信息如下：

0. 0. 0. 0/0 O_INTER Ser1/0

192. 168. 1. 0/24 Direct

192. 168. 2. 0/24 O_INTER

192. 168. 3. 0/24 O_INTER

检查 RA 的链路状态数据库 LSDB，如图 C-41 所示，注意其中具有的类型 1、类型 3。

类型 3 有 192. 168. 2. 0 和 192. 168. 3. 0 的路由信息，同时生成了类型 3 的默认路由 0. 0. 0. 0

```
         OSPF Process 10 with Router ID 1.1.1.1
                   Link State Database

                        Area: 0.0.0.1
         Type    LinkState ID    AdvRouter   Age  Len  Sequence   Metric
类型1的LSA  Router   1.1.1.1        1.1.1.1     15   48   80000002   0
         Router   2.2.2.2        2.2.2.2     16   48   80000002   0
         Sum-Net  0.0.0.0        2.2.2.2     16   28   80000001   1
类型3的LSA  Sum-Net  192.168.3.0    2.2.2.2     16   28   80000001   3124
         Sum-Net  192.168.2.0    2.2.2.2     16   28   80000001   1562
```

图 C-41　RA 的链路状态数据库 LSDB

步骤 7：配置 RA、RB 上的 Area 1 为 Totally stub 区域。

〔RA-ospf-10〕area 1

〔RA - ospf - 10 - area - 0. 0. 0. 1〕stub　no

-summary

〔RB-ospf-10〕area 1

　　[RB-ospf-10-area-0.0.0.1] stub　no　　　　　　　　　-summary

步骤8：检查各台路由器的路由表，此时 Area 1 为完全末梢区域，注意 RA 路由表。
RA 路由表中具有的路由信息如下：

　　0.0.0.0/0 O_INTER Ser1/0
　　192.168.1.0/24 Direct

检查 RA 的链路状态数据库 LSDB，注意其中具有的类型 1、类型 3，如图 C-42 所示。
类型 3 只有 2.2.2.2 生成的默认路由 0.0.0.0。

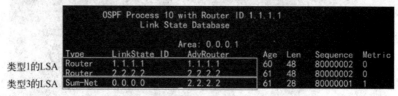

图 C-42　RA 类型 1 和类型 3 的 LSA

总结：

① 通过控制区域中 LSA 的传播，从而起到缩减区域中路由器路由表的大小。

② 末梢区域，类型 4、类型 5 不传播。末梢区域中的路由器，没有自治系统以外的路由
信息。由 OSPF 的 ABR 生成一条 0.0.0.0/0 的默认路由。

③ 完全末梢区域，类型 3、类型 4、类型 5 不传播。完全末梢区域中的路由器，没有自
治系统以外的路由信息，也没有了本自治系统其他区域的路由信息。由 OSPF 的 ABR 生成
一条 0.0.0.0/0 的默认路由。

实验 C-27　OSPF 区域验证和接口验证配置

1. 实验组网图（见图 C-43）

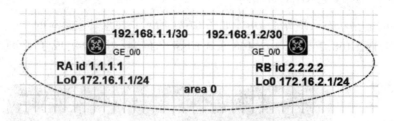

图 C-43　OSPF 区域验证实验拓扑

2. 实验任务

（1）实验任务 1：配置 OSPF 区域验证

步骤 1：建立物理连接，搭建网络拓扑。配置路由器接口 IP 地址。

步骤 2：配置 OSPF 区域验证，在 RA 上配置区域验证密码为 h3cstudy，RB 上暂时不配
置验证密码。然后查看路由表，可以发现 RA 与 RB 无法学习路由，同时 display ospf peer 无
法建立 OSPF 邻居。

〔RA〕router id 1. 1. 1. 1　　　　　　〔RB〕router id 2. 2. 2. 2

〔RA〕ospf 10　　　　　　　　　　　〔RB〕ospf 10

〔RA-ospf-10〕area 0　　　　　　　　〔RB-ospf-10〕area 0

〔RA - ospf - 10 - area - 0. 0. 0. 0〕network　　〔RB - ospf - 10 - area - 0. 0. 0. 0〕network

192. 168. 1. 0 0. 0. 0. 3　　　　　　　192. 168. 1. 0 0. 0. 0. 3

〔RA - ospf - 10 - area - 0. 0. 0. 0〕network　　〔RB - ospf - 10 - area - 0. 0. 0. 0〕network

172. 16. 1. 0 0. 0. 0. 255　　　　　　172. 16. 2. 0 0. 0. 0. 255

〔RA - ospf - 10 - area - 0. 0. 0. 0〕

authentication-mode simple plain h3cstudy

步骤 3：在 RB 上配置区域验证密码，一个区域中所有路由器的验证模式和验证密码必须一致。然后验证路由信息和 OSPF 邻居。

〔RB-ospf-10-area-0. 0. 0. 0〕authentication-mode simple plain h3cstudy

（2）实验任务 2：配置 OSPF 接口验证

步骤 1：以上配置不改变，在 RA 路由器上启用 OSPF 接口验证，等待一段时间后，RA 与 RB 之间的 OSPF 同步状态变为 DOWN。说明如果区域验证和接口验证都进行了配置，以接口验证的配置为准。

〔RA〕interface GigabitEthernet 0/0

〔RA-GigabitEthernet0/0〕ospf authentication-mode simple plain myheart

步骤 2：在 RB 路由器上启用 OSPF 接口验证，等待一段时间后，RA 与 RB 之间的 OSPF 同步状态变为 FULL。检查路由表中路由信息的完整和 OSPF 邻居的状态。

〔RB〕interface GigabitEthernet 0/0

〔RB-GigabitEthernet0/0〕ospf authentication-mode simple plain myheart

实验 C-28　基本 ACL 配置

1. 实验组网图（见图 C-44）

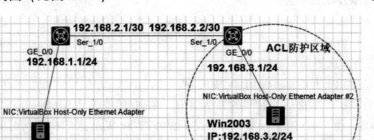
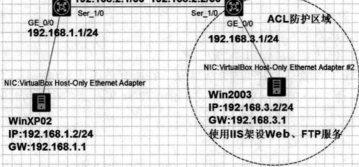

图 C-44　基本 ACL 配置实验拓扑

2. 实验任务：配置基本 ACL

步骤 1：建立物理连接，搭建网络拓扑。配置 PC 和路由器接口 IP 地址。

步骤 2：分别在 RA、RB 上配置静态路由，实现全网互通。

保证 WinXP02 与 Win2003 相互 ping 通。

```
[RA]ip route-static 192.168.3.0 255.255.255.0 192.168.2.2
[RB]ip route-static 192.168.1.0 255.255.255.0 192.168.2.1
```

步骤 3：在 RB 上配置基本 ACL，拒绝 WinXP02 与 Win2003 之间的任何通信。

```
[RB]acl basic 2000
[RB-acl-ipv4-basic-2000]rule deny source 192.168.1.0 0.0.0.255
[RB]interface Serial 1/0
[RB-Serial1/0]packet-filter 2000 inbound
```

步骤 4：验证结果。

从 WinXP02 无法 ping 通 Win2003，无法访问 Win2003 上的 FTP 服务器和 Web 服务。

实验 C-29　高级 ACL 配置

1. 实验组网图（见图 C-45）

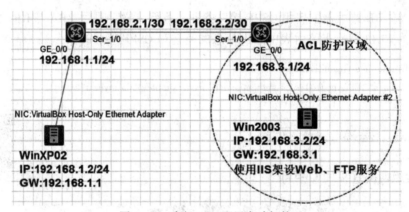

图 C-45　高级 ACL 配置实验拓扑

2. 实验任务：配置高级 ACL

步骤 1：清除 RB 上的基本 ACL 配置内容

步骤 2：在 RB 上配置基于时间的高级 ACL，在所有工作日 8:00—18:00 拒绝 WinXP02 ping 通 Win2003，而 WinXP02 与 Win2003 之间的 FTP 和 Web 通信在任何时间都正常进行。

```
[RB]time-range test 8:00 to 18:00 working-day
[RB]acl advanced 3000
[RB-acl-ipv4-adv-3000]rule permit tcp source 192.168.1.0 0.0.0.255 destination 192.168.3.2
0.0.0.0 destination-port eq www
[RB-acl-ipv4-adv-3000]rule permit tcp source 192.168.1.0 0.0.0.255 destination 192.168.3.2
```

0. 0. 0. 0 destination-port eq ftp

［RB-acl-ipv4-adv-3000］rule deny icmp source 192. 168. 1. 00. 0. 0. 255 destination 192. 168. 3. 2

0. 0. 0. 0 time-range test

［RB-acl-ipv4-adv-3000］exit

［RB-Serial1/0］packet-filter 3000 inbound

说明：默认创建规则的步进为 5

步骤 3：验证结果。

从 WinXP02 无法 ping 通 Win2003，可以访问 Win2003 上的 FTP 服务器和 Web 服务。

实验 C-30　NAT 的配置——静态 NAT

1. 实验组网图（见图 C-46）

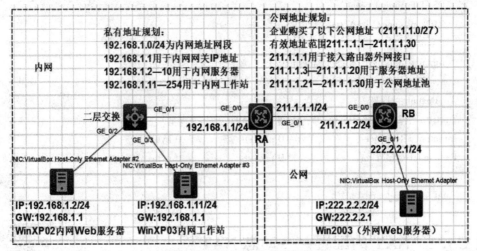

图 C-46　静态 NAT 实验拓扑

2. 实验任务：配置一对一静态地址转换（入方向和出方向）

步骤 1：完成物理连接及 PC、路由器接口 IP 配置等。完成 WinXP02 上 IIS 的内网 Web 服务器配置，完成 Win2003 上 IIS 的外网 Web 服务器配置。同时配置 RA 上的默认路由。

　　［RA］ip route-static 0. 0. 0. 0 0 211. 1. 1. 2

步骤 2：配置内网 IP 地址 192. 168. 1. 2 到外网地址 211. 1. 1. 3 之间的一对一静态地址转换映射。

　　［RA］nat static outbound 192. 168. 1. 2 211. 1. 1. 3

　　［RA］nat static inbound 211. 1. 1. 3 192. 168. 1. 2

　　［RA］interface GigabitEthernet 0/1

　　［RA-GigabitEthernet0/1］nat static enable

步骤 3：使用 display nat static 查看静态 NAT 的配置情况。

步骤 4：从 WinXP02 通过浏览器 HTTP 访问 222. 2. 2. 2 正常，从 Win2003 通过浏览器访

问 211.1.1.2（192.168.1.2）正常。使用 display nat session verbose 查看 NAT 会话情况。

```
［RA］display nat session verbose
Slot 0：
Initiator：
  Source       IP/port：192.168.1.2/1064
  Destination IP/port：222.2.2.2/80
  DS-Lite tunnel peer：-
  VPN instance/VLAN ID/VLL ID：-/-/-
  Protocol：TCP(6)
  Inbound interface：GigabitEthernet0/0
Responder：
  Source       IP/port：222.2.2.2/80
  Destination IP/port：211.1.1.3/1064
  DS-Lite tunnel peer：-
  VPN instance/VLAN ID/VLL ID：-/-/-
  Protocol：TCP(6)
  Inbound interface：GigabitEthernet0/1
State：TCP_ESTABLISHED
Application：HTTP
Start time：2017-08-03 16：35：09   TTL：3597s
Initiator->Responder：            0 packets         0 bytes
Responder->Initiator：            0 packets         0 bytes

Total sessions found：1
```

实验 C-31　NAT 的配置——动态 NAT

1. 实验组网图（见图 C-47）

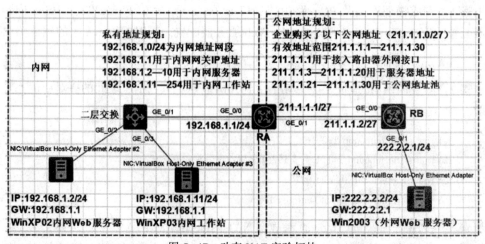

图 C-47　动态 NAT 实验拓扑

2. 实验任务

（1）实验任务 1：配置 NO-PAT、PAT 模式动态地址转换

步骤 1：完成物理连接及 PC、路由器接口 IP 配置等。完成 Win2003 上 IIS 的外网 Web 服务器配置。同时配置 RA 上的默认路由。

[RA]ip route-static 0. 0. 0. 0 0 211. 1. 1. 2

步骤 2：配置 192. 168. 1. 0/24 内网以 NO-PAT 模式进行地址转换。

[RA]nat address-group 1

[RA-address-group-1]address 211. 1. 1. 21 211. 1. 1. 30

[RA-address-group-1]exit

[RA]acl basic 2000

[RA-acl-ipv4-basic-2000]rule permit source 192. 168. 1. 0 0. 0. 0. 255

[RA-acl-ipv4-basic-2000]exit

[RA]interface GigabitEthernet 0/1

[RA-GigabitEthernet0/1]nat outbound 2000 address-group 1 no-pat

该方式是 NO-PAT 方式，即内部地址转换为地址池中外部地址，没有进行传输层端口的变化。

步骤 3：从 WinXP03 通过浏览器 HTTP 访问 222. 2. 2. 2 正常，使用 display nat session verbose 查看 NAT 会话情况。

[RA]display nat session verbose

Slot 0：

Initiator：

　Source　　　IP/port：192. 168. 1. 11/1032

　Destination IP/port：222. 2. 2. 2/80

　DS-Lite tunnel peer：-

　VPN instance/VLAN ID/VLL ID：-/-/-

　Protocol：TCP(6)

　Inbound interface：GigabitEthernet0/0

Responder：

　Source　　　IP/port：222. 2. 2. 2/80

　Destination IP/port：211. 1. 1. 21/1032

　DS-Lite tunnel peer：-

　VPN instance/VLAN ID/VLL ID：-/-/-

　Protocol：TCP(6)

　Inbound interface：GigabitEthernet0/1

State：TCP_ESTABLISHED

Application：HTTP

Start time：2017-08-03 17:08:37　TTL：3596s

Initiator->Responder：　　　　　0 packets　　　　0 bytes

Responder->Initiator：　　　　　0 packets　　　　0 bytes

　　Total sessions found：1

　　［RA］

步骤4：修改 NO-PAT 模式为 PAT 模式进行地址转换。

　　［RA-GigabitEthernet0/1］undo nat outbound

　　［RA-GigabitEthernet0/1］nat outbound 2000 address-group 1

此种方式是 PAT 方式，即内部地址：内端口号转换为地址池中外部地址：外端口号。

步骤5：从 WinXP03 通过浏览器 HTTP 访问 222.2.2.2 正常，使用 display nat session
verbose 查看 NAT 会话情况。

　　［RA］display nat session verbose

　　Slot 0：

　　Initiator：

　　　Source　　　IP/port：192.168.1.11/1033

　　　Destination IP/port：222.2.2.2/80

　　　DS-Lite tunnel peer：-

　　　VPN instance/VLAN ID/VLL ID：-/-/-

　　　Protocol：TCP(6)

　　　Inbound interface：GigabitEthernet0/0

　　Responder：

　　　Source　　　IP/port：222.2.2.2/80

　　　Destination IP/port：211.1.1.24/1024

　　　DS-Lite tunnel peer：-

　　　VPN instance/VLAN ID/VLL ID：-/-/-

　　　Protocol：TCP(6)

　　　Inbound interface：GigabitEthernet0/1

　　State：TCP_ESTABLISHED

　　Application：HTTP

　　Start time：2017-08-03 17:15:14　TTL：3597s

　　Initiator->Responder：　　　　　0 packets　　　　　0 bytes

　　Responder->Initiator：　　　　　0 packets　　　　　0 bytes

　　Total sessions found：1

（2）实验任务2：配置 easy nat 进行地址转换

步骤1：在 RA 上进行动态 NAT 配置，使用 G0/1 口的 IP 211.1.1.1 进行动态地址转换。

　　［RA-GigabitEthernet0/1］undo nat outbound

　　［RA-GigabitEthernet0/1］nat outbound 2000

此种方式为直接所有内部地址均转为 G0/1 口的 IP 211.1.1.1。

步骤2：从 WinXP03 通过浏览器 HTTP 访问 222.2.2.2 正常，使用 display nat session
verbose 查看 NAT 会话情况。

［RA］display nat session verbose

Slot 0：

Initiator：

  Source　　　IP/port：192.168.1.11/1034

  Destination IP/port：222.2.2.2/80

  DS−Lite tunnel peer：−

  VPN instance/VLAN ID/VLL ID：−/−/−

  Protocol：TCP(6)

  Inbound interface：GigabitEthernet0/0

Responder：

  Source　　　IP/port：222.2.2.2/80

  Destination IP/port：211.1.1.1/1024

  DS−Lite tunnel peer：−

  VPN instance/VLAN ID/VLL ID：−/−/−

  Protocol：TCP(6)

  Inbound interface：GigabitEthernet0/1

State：TCP_ESTABLISHED

Application：HTTP

Start time：2017−08−03 17:18:14　　TTL：3596s

Initiator->Responder：　　　　　　0 packets　　　　　0 bytes

Responder->Initiator：　　　　　　0 packets　　　　　0 bytes

Total sessions found：1

实验 C−32　NAT 的配置——内部服务器 NAT

1. 实验组网图（见图 C−48）

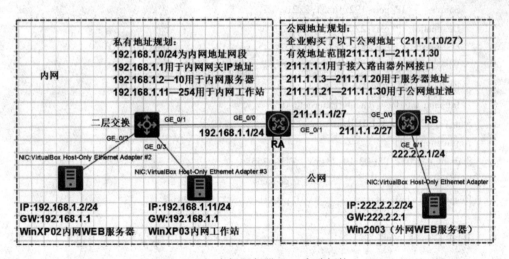

图 C−48　内部服务器 NAT 实验拓扑

2. 实验任务：配置内部服务器 NAT

步骤 1：完成物理连接及 PC、路由器接口 IP 配置等。完成 WinXP02 上 IIS 的内网 Web 服务器、FTP 服务器配置。配置 RA 路由器上的静态路由。

[RA]ip route-static 0. 0. 0. 0 0. 0. 0. 0 211. 1. 1. 2

步骤 2：在 RA 上进行内部服务器 NAT 配置，实现外网主机访问内部服务器 192.168.1.2 的 Web 服务、FTP 服务。

[RA]interface GigabitEthernet 0/1
[RA-GigabitEthernet0/1]nat server protocol tcp global 211. 1. 1. 20 80 inside 192. 168. 1. 2 80

以上配置可以实现 222. 2. 2. 2 http 访问 211. 1. 1. 20，从而 HTTP 访问 192. 168. 1. 2。

[RA]interface GigabitEthernet 0/1
[RA-GigabitEthernet0/1]nat server protocol tcp global current-interface 21 inside 192. 168. 1. 2 21

以上配置可以实现 222. 2. 2. 2 ftp 访问 211. 1. 1. 1，从而 FTP 访问 192. 168. 1. 2。

步骤 3：结果验证，经过以上 NAT 配置之后，尝试从公网访问内网服务器，使用 display nat session verbose 查看结果，并进行分析。

[RA] display nat session verbose
Slot 0：
Initiator：
　Source　　IP/port：222. 2. 2. 2/1037
　Destination IP/port：211. 1. 1. 1/21
　DS-Lite tunnel peer：-
　VPN instance/VLAN ID/VLL ID：-/-/-
　Protocol：TCP(6)
　Inbound interface：GigabitEthernet0/1
Responder：
　Source　　IP/port：192. 168. 1. 2/21
　Destination IP/port：222. 2. 2. 2/1037
　DS-Lite tunnel peer：-
　VPN instance/VLAN ID/VLL ID：-/-/-
　Protocol：TCP(6)
　Inbound interface：GigabitEthernet0/0
State：TCP_ESTABLISHED
Application：FTP
Start time：2017-08-03 19:23:13　TTL：3558s
Initiator->Responder：　　　0 packets　　　0 bytes
Responder->Initiator：　　　0 packets　　　0 bytes

Total sessions found：1

总结：

① 动态 NAT 主要实现内网访问外网服务器。可以采用 NO-PAT 方式、PAT 方式、Easy NAT 方式。

② 内部服务器 NAT 主要实现外网访问内网服务器。可以使用固定的外网 IP 地址，可以使用接入 Internet 路由器的外网接口 IP 地址等。外网 IP 地址：外网地址端口——内网 IP 地址：内网地址端口。

③ 静态 NAT 可以实现内网、外网的相互访问，主要适合于固定的地址映射关系。

实验 C-33　NAT 的配置——NAT hairpin

1. 实验组网图（见图 C-49）

图 C-49　NAT hairpin 配置实验拓扑

2. 实验任务：配置内部服务器 NAT 和出站动态 NAT 以后，启用 hairpin

步骤 1：完成物理连接及 PC、路由器接口 IP 配置等。完成 WinXP01 上 IIS 的内网 Web 服务器配置。配置 RA 路由器上的静态路由。

[RA]ip route-static 0. 0. 0. 0 0. 0. 0. 0 211. 1. 1. 2

步骤 2：创建基本 ACL，允许 192.168.1.0/24。创建地址池 1，用于内网地址转外网地址。

[RA]acl basic 2000

[RA-acl-ipv4-basic-2000]rule permit source 192. 168. 1. 0 0. 0. 0. 255

[RA-acl-ipv4-basic-2000]quit

[RA]nat address-group 1

[RA-address-group-1]address 211. 1. 1. 21 211. 1. 1. 30

步骤 3：进入外网接口，创建内部服务器 NAT，将外网 211. 1. 1. 10 的 80 端口映射给内网的 192. 168. 1. 2 的 80 端口，从而使得外网可以通过 211. 1. 1. 10 的 IP 地址访问内网服务器。

[RA]interface GigabitEthernet 0/1

[RA-GigabitEthernet0/1]nat server protocol tcp global 211. 1. 1. 10 80 inside 192. 168. 1. 2 80

步骤 4：配置动态 NAT 出站，将符合访问控制列表 2000 的 192. 168. 1. 0/24 转为地址池 1 的外网地址（PAT 方式）。

[RA-GigabitEthernet0/1]nat outbound 2000 address-group 1

步骤 5：完成以上配置之后进行测试，结果如下。

① WinXP03（IP:222. 2. 2. 2）可以通过 211. 1. 1. 10 的外网 IP 地址访问 WinXP01（IP:192. 168. 1. 2）的内网 Web 服务器。

② WinXP02（IP:192. 168. 1. 11）可以通过 192. 168. 1. 2 的 IP 地址访问 WinXP01（IP:192. 168. 1. 2）的内网 Web 服务器，但是不能通过 211. 1. 1. 10 的外网 IP 地址访问 WinXP01（IP:192. 168. 1. 2）的内网 Web 服务器。

步骤 6：进入内网接口，启用 nat hairpin 功能。

[RA]interface GigabitEthernet 0/0

[RA-GigabitEthernet0/0]nat hairpin enable

步骤 7：WinXP02 使用 211. 1. 1. 10 的 IP 地址访问内网服务器，然后使用 display nat session verbose 查看结果，并进行分析。

[RA]display nat session verbose

Slot 0：

Initiator：

　Source　　　IP/port:192. 168. 1. 11/1035

　Destination IP/port:211. 1. 1. 10/80

　DS-Lite tunnel peer：-

　VPN instance/VLAN ID/VLL ID：-/-/-

　Protocol：TCP(6)

　Inbound interface：GigabitEthernet0/0

Responder：

　Source　　　IP/port:192. 168. 1. 2/80

　Destination IP/port:211. 1. 1. 24/1024

　DS-Lite tunnel peer：-

　VPN instance/VLAN ID/VLL ID：-/-/-

　Protocol：TCP(6)

　Inbound interface：GigabitEthernet0/0

State：TCP_ESTABLISHED

Application：HTTP

Start time：2017-08-03 21:18:35　TTL：3560s

Initiator->Responder:	0 packets	0 bytes
Responder->Initiator:	0 packets	0 bytes
Total sessions found: 1		

实验 C-34　NAT 的配置——DNS mapping

1. 实验组网图（见图 C-50）

图 C-50　DNS mapping 配置实验拓扑

2. 实验任务：配置内部服务器 NAT、出站动态 NAT 后，配置 NAT mapping

步骤 1：完成物理连接及 PC、路由器接口 IP 配置等。完成 WinXP01 上 IIS 的内网 Web 服务器配置。完成 Win2003 的 DNS 服务配置，创建主机记录 211.1.1.1——www.cjq.com。配置 RA 路由器上的静态路由。

　　[RA]ip route-static 0.0.0.0 0.0.0.0 211.1.1.2

步骤 2：启动 DNS 的 NAT ALG 功能。

　　[RA]nat alg dns

步骤 3：创建基本 ACL，允许 192.168.1.0/24。创建地址池 1，用于内网地址转外网地址。

　　[RA]acl basic 2000
　　[RA-acl-ipv4-basic-2000]rule permit source 192.168.1.0 0.0.0.255
　　[RA-acl-ipv4-basic-2000]quit
　　[RA]nat address-group 1
　　[RA-address-group-1]address 211.1.1.21 211.1.1.30

步骤 4：进入外网接口，创建内部服务器 NAT，将外网 211.1.1.10 的 80 端口映射给内网的 192.168.1.2 的 80 端口，从而使得外网可以通过 211.1.1.10 的 IP 地址访问内网服务器。

[RA]interface GigabitEthernet 0/1

[RA-GigabitEthernet0/1]nat server protocol tcp global 211.1.1.10 80 inside 192.168.1.2 80

步骤 5：配置动态 NAT 出站，将符合访问控制列表 2000 的 192.168.1.0/24 转为地址池 1 的外网地址（PAT 方式）。

[RA-GigabitEthernet0/1]nat outbound 2000 address-group 1

步骤 6：完成以上配置之后进行测试，结果如下。

① WinXP03（IP：222.2.2.2/24）可以通过域名 www.cjq.com 访问 WinXP01（IP：192.168.1.2/24）的内网 Web 服务器。

② WinXP02（IP：192.168.1.11/24）可以使用 IP 地址 192.168.1.2 访问 WinXP01（IP：192.168.1.2/24）的内网服务器，但是不能通过域名 www.cjq.com 访问 WinXP01（IP：192.168.1.2/24）的内网 Web 服务器。

步骤 7：配置 DNS mapping 功能。

[RA]nat dns-map domain www.cjq.com protocol tcp ip 211.1.1.10 port 80

步骤 8：进入内网接口，启用 nat hairpin 功能。

[RA]interface GigabitEthernet 0/0

[RA-GigabitEthernet0/0]nat hairpin enable

步骤 9：在 WinXP02 上启用 nslookup 进行 www.cjq.com 的域名解析，可以看到解析获得 192.168.1.2 的 IP 地址。WinXP02 使用域名 www.cjq.com 访问 WinXP01 的内网服务器，然后使用 display nat session verbose 查看结果，并进行分析。

[RA] display nat session verbose

实验 C-35　VRRP 的配置

1. 实验组网图（见图 C-51）

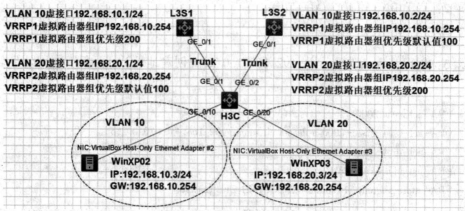

图 C-51　VRRP 配置实验拓扑

2. 实验任务

（1）实验任务 1：完成物理连接及 PC 的 IP 配置等

（2）实验任务 2：配置 VRRP

步骤 1：在 H3C 的交换机上完成相应 VLAN 配置、Trunk 配置。

```
[H3C]vlan 10
[H3C-vlan10]vlan 20
[H3C-vlan20]exit
[H3C]interface GigabitEthernet 1/0/10
[H3C-GigabitEthernet1/0/10]port access vlan 10
[H3C-GigabitEthernet1/0/10]exit
[H3C]interface GigabitEthernet 1/0/20
[H3C-GigabitEthernet1/0/20]port access vlan 20
[H3C-GigabitEthernet1/0/20]exit
[H3C]interface range GigabitEthernet 1/0/1 to GigabitEthernet 1/0/2
[H3C-if-range]port link-type trunk
[H3C-if-range]port trunk permit vlan all
[H3C-if-range]
```

步骤 2：在 L3S1 上完成 VLAN 配置、Trunk 配置、VLAN 虚接口配置、VRRP 配置。
配置 VRRP1 虚拟路由器组的优先级为 200，优先级越高的路由器成为 master。
配置 VRRP2 虚拟路由器组的优先级为默认值 100。

```
[L3S1]vlan 10
[L3S1-vlan10]vlan 20
[L3S1-vlan20]exit
[L3S1-GigabitEthernet1/0/1]port link-type trunk
[L3S1-GigabitEthernet1/0/1]port trunk permit vlan all
[L3S1-GigabitEthernet1/0/1]exit
[L3S1]interface vlan 10
[L3S1-Vlan-interface10]ip address 192.168.10.1 24
[L3S1-Vlan-interface10]vrrp vrid 1 virtual-ip 192.168.10.254
[L3S1-Vlan-interface10]vrrp vrid 1 priority 200
[L3S1-Vlan-interface10]vrrp vrid 1 preempt-mode
[L3S1-Vlan-interface10]exit
[L3S1]interface vlan 20
[L3S1-Vlan-interface20]ip address 192.168.20.1 24
[L3S1-Vlan-interface20]vrrp vrid 2 virtual-ip 192.168.20.254
[L3S1-Vlan-interface20]
```

步骤 3：在 L3S2 上完成 VLAN 配置、Trunk 配置、VLAN 虚接口配置、VRRP 配置。
配置 VRRP2 虚拟路由器组的优先级为 200，优先级越高的路由器成为 master。
配置 VRRP1 虚拟路由器组的优先级为默认值 100。

```
[L3S2]vlan 10
```

［L3S2-vlan10］vlan 20

［L3S2-vlan20］exit

［L3S2］interface GigabitEthernet 1/0/1

［L3S2-GigabitEthernet1/0/1］port link-type trunk

［L3S2-GigabitEthernet1/0/1］port trunk permit vlan all

［L3S2-GigabitEthernet1/0/1］exit

［L3S2］interface vlan 10

［L3S2-Vlan-interface10］ip address 192.168.10.2 24

［L3S2-Vlan-interface10］vrrp vrid 1 virtual-ip 192.168.10.254

［L3S2-Vlan-interface10］exit

［L3S2］interface vlan 20

［L3S2-Vlan-interface20］ip address 192.168.20.2 24

［L3S2-Vlan-interface20］vrrp vrid 2 virtual-ip 192.168.20.254

［L3S2-Vlan-interface20］vrrp vrid 2 priority 200

［L3S2-Vlan-interface20］vrrp vrid 2 preempt-mode

［L3S2-Vlan-interface20］

步骤 4：在 L3S1 上检查 VRRP 配置结果。

<L3S1>display vrrp

IPv4 Virtual Router Information：

Running mode　　　　：Standard

Total number of virtual routers：2

Interface	VRID	State	Running Pri	Adver Timer	Auth Type	Virtual IP
Vlan10	1	Master	200	100	None	192.168.10.254
Vlan20	2	Backup	100	100	None	192.168.20.254

步骤 5：在 L3S2 上检查 VRRP 配置结果。

<L3S2>display vrrp

IPv4 Virtual Router Information：

Running mode　　　　：Standard

Total number of virtual routers：2

Interface	VRID	State	Running Pri	Adver Timer	Auth Type	Virtual IP
Vlan10	1	Backup	100	100	None	192.168.10.254
Vlan20	2	Master	200	100	None	192.168.20.254

步骤 6：分别启动 WinXP02、WinXP03，并相应 ping 通自己的冗余网关。

实验 C-36　IPSec 的配置——手工方式生成 IPSec SA

1. 实验组网图（见图 C-52）

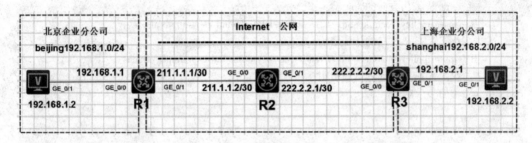

图 C-52　手工方式生成 IPSec SA 实验拓扑

2. 实验任务：手工方式生成 IPSec SA 配置 IPSec

步骤 1：完成物理连接及 PC 的 IP 配置等。完成各台路由器的接口 IP 地址配置，完成 R1 上去往 222.2.2.0/30 网络的静态路由，完成 R3 上去往 211.1.1.0/30 网络静态路由。

步骤 2：按照以下内容完成 R1、R3 上配置内容。

① 配置 ACL：指定要保护的数据流。通常采用扩展访问控制列表。

[R1]acl advanced 3000

[R1-acl-ipv4-adv-3000]rule permit ip source 192.168.1.0 0.0.0.255 destination 192.168.2.0 0.0.0.255

　　//通常采用扩展 ACL，且两端的访问控制列表互为镜像

② 配置 IPSec 安全提议：指定安全协议、认证算法、加密算法、封装模式等。

[R1]ipsec transform-set bj

　　//创建安全提议 bj

[R1-ipsec-transform-set-bj]protocol esp

　　//指定安全协议，有 ah、ah-esp、esp 三种可选

[R1-ipsec-transform-set-bj]esp authentication-algorithm md5

[R1-ipsec-transform-set-bj]esp encryption-algorithm 3des-cbc

[R1-ipsec-transform-set-bj]encapsulation-mode tunnel

　　//封装模式有隧道 tunnel 和传输 transport 两种模式

检查方法，display ipsec transform-set

③ 配置 IPSec 安全策略：将 acl、安全提议进行关联，并指定 IPSec SA 的生成方式（手工方式）、对等体 IP 地址、SA 的 SPI 参数等。

[R1]ipsec policy bjp 1 manual

　　//配置 ipsec 安全策略 bjp，序号 1，采用 ike 手工配置方式

[R1-ipsec-policy-manual-bjp-1]security acl 3000

　　//关联 acl3000

[R1-ipsec-policy-manual-bjp-1]transform-set bj

　　//关联安全提议 bj

　　　　［R1-ipsec-policy-manual-bjp-1］remote-address 222. 2. 2. 2
　　　　　　//隧道远程地址 222. 2. 2. 2
　　　　［R1-ipsec-policy-manual-bjp-1］sa spi inbound esp 12345
　　　　　　//配置 sa 入方向的 spi
　　　　［R1-ipsec-policy-manual-bjp-1］sa spi outbound esp 54321
　　　　　　//配置 sa 出方向的 spi
　　　　［R1-ipsec-policy-manual-bjp-1］sa string-key inbound esp simple abcde
　　　　　　//配置 sa 入方向的认证密钥
　　　　［R1-ipsec-policy-manual-bjp-1］sa string-key outbound esp simple edcba
　　　　　　//配置 sa 出方向的认证密钥

检查方法：

　　　　display ipsec policy

④ 配置进入隧道流量的静态路由

　　　　［R1］ip route-static 192. 168. 2. 0 24 222. 2. 2. 2

⑤ IPSec 安全策略应用于接口

　　　　［R1-GigabitEthernet0/1］ipsec apply policy bjp

R3 配置内容如下：.
① 配置 ACL：指定要保护的数据流。通常采用扩展访问控制列表。

　　　　［R3］acl advanced 3000
　　　　［R3-acl-ipv4-adv-3000］rule permit ip source 192. 168. 2. 0 0. 0. 0. 255 destination 192. 168. 1. 0 0. 0. 0. 255
　　　　　　//通常采用扩展 ACL,且两端的访问控制列表互为镜像

② 配置 IPSec 安全提议：指定安全协议、认证算法、加密算法、封装模式等。

　　　　［R3］ipsec transform-set sh
　　　　　　//创建安全提议 sh
　　　　［R3-ipsec-transform-set-sh］protocol esp
　　　　　　//指定安全协议,有 ah、ah-esp、esp 三种可选
　　　　［R3-ipsec-transform-set-sh］esp authentication-algorithm md5
　　　　［R3-ipsec-transform-set-sh］esp encryption-algorithm 3des-cbc
　　　　［R3-ipsec-transform-set-sh］encapsulation-mode tunnel
　　　　　　//封装模式有隧道 tunnel 和传输 transport 两种模式

检查方法：

　　　　display ipsec transform-set

③ 配置 IPSec 安全策略：将 acl、安全提议进行关联，并指定 IPSec SA 的生成方式（手工方式）、对等体 IP 地址、SA 的 SPI 参数等。

　　　　［R3］ipsec policy shp 1 manual
　　　　　　//配置 ipsec 安全策略 shp,序号 1,采用 ike 手工配置方式
　　　　［R3-ipsec-policy-manual-shp-1］security acl 3000
　　　　　　//关联 acl3000

　　　〔R3-ipsec-policy-manual-shp-1〕transform-set sh
　　　　　//关联安全提议 sh
　　　〔R3-ipsec-policy-manual-shp-1〕remote-address 211.1.1.1
　　　　　//隧道远程地址 211.1.1.1
　　　〔R3-ipsec-policy-manual-shp-1〕sa spi outbound esp 12345
　　　　　//配置 sa 出方向的 spi
　　　〔R3-ipsec-policy-manual-shp-1〕sa spi inbound esp 54321
　　　　　//配置 sa 入方向的 spi
　　　〔R3-ipsec-policy-manual-shp-1〕sa string-key outbound esp simple abcde
　　　　　//配置 sa 出方向的认证密钥
　　　〔R3-ipsec-policy-manual-shp-1〕sa string-key inbound esp simple edcba
　　　　　//配置 sa 入方向的认证密钥

检查方法：

　　　display ipsec policy

④ 配置进入隧道流量的静态路由

　　　〔R3〕ip route-static 192.168.1.0 24 211.1.1.1

⑤ IPSec 安全策略应用于接口

　　　〔R3-GigabitEthernet0/0〕ipsec apply policy shp

测试北京分公司与上海分公司之间相互 ping 通，并检查配置结果。
查看 IKE 提议：display ike proposal（手工方式生成 IPSec SA，不会有 IKE 提议）。
查看 IKE 安全联盟：display ike sa（手工方式生成 IPSec SA，不会有 IKE 安全联盟）。
查看 IPSec 安全提议：display ipsec transform-set。
查看 IPSec 安全策略：display ipsec policy。
查看 IPSec 安全联盟：display ipsec sa display ipsec sa brief。

实验 C-37　IPSec 的配置——IKE 自动协商生成 IPSec SA

1. 实验组网图（见图 C-53）

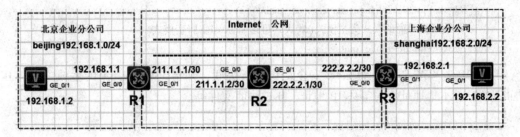

图 C-53　IKE 自动协商生成 IPSec SA 实验拓扑

2. 实验任务：IKE 自动协商生成 IPSec SA 配置 IPSec

步骤 1：完成物理连接及 PC 的 IP 配置等。完成各台路由器的接口 IP 地址配置，完成

R1 上去往 222.2.2.0/30 网络的静态路由，完成 R3 上去往 211.1.1.0/30 网络静态路由。

步骤 2：按照以下内容完成 R1、R3 上配置内容。

① 配置 ACL：指定要保护的数据流。通常采用扩展访问控制列表。

```
[R1]acl advanced 3000
[R1-acl-ipv4-adv-3000]rule permit ip source 192.168.1.0 0.0.0.255 destination 192.168.2.0 0.0.0.255
```

② 配置 IPSec 安全提议：指定安全协议、认证算法、加密算法、封装模式等。

```
[R1]ipsec transform-set bj
[R1-ipsec-transform-set-bj]protocol esp
[R1-ipsec-transform-set-bj]esp authentication-algorithm md5
[R1-ipsec-transform-set-bj]esp encryption-algorithm 3des-cbc
[R1-ipsec-transform-set-bj]encapsulation-mode tunnel
```

③ 配置 IKE 自动协商方式生成 IPSec SA。

配置 IKE 预共享密码：

```
[R1]ike keychain bjkeychain
    //配置 ike 钥匙串,钥匙串名为 bjkeychain
[R1-ike-keychain-bjkeychain]pre-shared-key address 222.2.2.2 key simple hello
    //与对端 222.2.2.2 预共享密码 hello
```

配置 IKE 协商文件：

```
[R1]ike profile bjh3c
    //配置 ike 的协商文件,取名为 bjh3c
[R1-ike-profile-bjh3c]keychain bjkeychain
    //ike 的 profile 使用 ike 钥匙串 bjkeychain
[R1-ike-profile-bjh3c]local-identity address 211.1.1.1
[R1-ike-profile-bjh3c]match remote identity address 222.2.2.2
    //以上配置本端身份信息和匹配远程身份信息,使用 ip 地址方式
    //可以更改为使用 FQDN(完全合格域名)方式,命令如下:
        local-identity fqdn R1
        match remote identity fqdn R3
[R1-ike-profile-bjh3c]exchange-mode main
    //IKE 协商的模式为主模式(默认),可选 aggressive 野蛮模式
[R1-ike-profile-bjh3c]quit
```

配置 IPSec 安全策略：将 acl、安全提议进行关联，并指定 IPSec SA 的生成方式（IKE 协商方式）、本地地址、对等体 IP 地址、IKE 协商文件等。

```
[R1]ipsec policy bjp 1 isakmp
    //配置 ipsec 安全策略,序号 1,采用 ike 协商方式
[R1-ipsec-policy-isakmp-bjp-1]security acl 3000
    //关联 acl3000
[R1-ipsec-policy-isakmp-bjp-1]transform-set bj
```

```
                    //关联安全提议 bj
    [R1-ipsec-policy-isakmp-bjp-1]local-address 211.1.1.1
                    //隧道本地地址 211.1.1.1
    [R1-ipsec-policy-isakmp-bjp-1]remote-address 222.2.2.2
                    //隧道远程地址 222.2.2.2
    [R1-ipsec-policy-isakmp-bjp-1]ike-profile bjh3c
                    //关联 ike profile 的 bjh3c,缺省情况下, IPSec 安全策略没有
                    引用任何 IKE profile。若系统视图下配置了 IKE profile,则使
                    用系统视图下配置的 IKE profile 进行性协商,否则使用全局的
                    IKE 参数进行协商
```

④ 配置流量的静态路由。

```
    [R1]ip route-static 192.168.2.0 24 222.2.2.2
```

⑤ ipsec 安全策略应用于接口。

```
    [R1-GigabitEthernet0/1] ipsec apply policy bjp
```

R3 配置内容如下。

① 配置 ACL:指定要保护的数据流。通常采用扩展访问控制列表。

```
    [R3]acl advanced 3000
    [R3-acl-ipv4-adv-3000]rule permit ip source 192.168.2.0 0.0.0.255 destination 192.168.1.0 0.0.0.255
```

② 配置 IPSec 安全提议:指定安全协议、认证算法、加密算法、封装模式等。

```
    [R3]ipsec transform-set sh
    [R3-ipsec-transform-set-sh]protocol esp
    [R3-ipsec-transform-set-sh]esp authentication-algorithm md5
    [R3-ipsec-transform-set-sh]esp encryption-algorithm 3des-cbc
    [R3-ipsec-transform-set-sh]encapsulation-mode tunnel
```

③ 配置 IKE 自动协商方式生成 IPSec SA。
配置 IKE 预共享密码:

```
    [R3]ike keychain shkeychain
                    //配置 ike 钥匙串,钥匙串名为 shkeychain
    [R3-ike-keychain-shkeychain]pre-shared-key address 211.1.1.1 key simple hello
                    //与对端 211.1.1.1 预共享密码 hello
```

配置 IKE 协商文件:

```
    [R3]ike profile shh3c
                    //配置 ike 的协商文件,取名为 shh3c
    [R3-ike-profile-shh3c]keychain shkeychain
                    //ike 的 profile 使用 ike 钥匙串 shkeychain
    [R3-ike-profile-shh3c]local-identity address 222.2.2.2
```

[R3-ike-profile-shh3c]match remote identity address 211.1.1.1

　　//以上配置本端身份信息和匹配远程身份信息,使用 ip 地址方式

　　//可以更改为使用 FQDN(完全合格域名)方式,命令如下:

　　　　local-identity fqdn R3

　　　　match remote identity fqdn R1

[R3-ike-profile-shh3c]exchange-mode main

　　//IKE 协商的模式为主模式,可选 aggressive 野蛮模式

[R3-ike-profile-shh3c]quit

配置 IPSec 安全策略:将 acl、安全提议进行关联,并指定 IPSec SA 的生成方式(IKE 协商方式)、本地地址、对等体 IP 地址、IKE 协商文件等。

[R3]ipsec policy shp 1 isakmp

　　//配置 ipsec 安全策略,序号 1,采用 ike 协商方式

[R3-ipsec-policy-isakmp-shp-1]security acl 3000

　　//关联 acl3000

[R3-ipsec-policy-isakmp-shp-1]transform-set sh

　　//关联安全提议 sh

[R3-ipsec-policy-isakmp-shp-1]local-address 222.2.2.2

　　//隧道本地地址 222.2.2.2

[R3-ipsec-policy-isakmp-shp-1]remote-address 211.1.1.1

　　//隧道远程地址 211.1.1.1

[R3-ipsec-policy-isakmp-shp-1]ike-profile shh3c

　　//关联 ike profile 的 bjh3c,缺省情况下,IPSec 安全策略没有

　　引用任何 IKE profile。若系统视图下配置了 IKE profile,则使

　　用系统视图下配置的 IKE profile 进行性协商,否则使用全局的

　　IKE 参数进行协商

④ 配置流量的静态路由。

[R3]ip route-static 192.168.1.0 24 211.1.1.1

⑤ IPSec 安全策略应用于接口。

[R3-GigabitEthernet0/0] ipsec apply policy shp

测试北京分公司与上海分公司之间相互 ping 通,并检查配置结果。

查看 IKE 提议:display ike proposal(手工方式生成 IPSec SA,不会有 IKE 提议)。

查看 IKE 安全联盟:display ike sa(手工方式生成 IPSec SA,不会有 IKE 安全联盟)。

查看 IPSec 安全提议:display ipsec transform-set。

查看 IPSec 安全策略:display ipsec policy。

查看 IPSec 安全联盟:display ipsec sa display ipsec sa brief。

* IKE 自动协商生成 IPSec SA 配置 IPSec 的小贴士

关于 IPSec 策略文件 policy 的配置:

(1) IPSec 安全提议 transform-set 是必须要配置。

（2）IPSec 策略 policy 必须关联 IPSec 安全提议 transform-set、acl、local-address、remote address。

（3）是否关联 ike profile 可选。

关于 ike 协商 profile 的配置：

（1）ike keychain 是必须要配置的。

（2）如果在 IPSec policy 中没有关联 ike 协商 profile，则只需要配置 ike keychain 即可，不需要创建 ike 协商 profile。

（3）如果在 IPSec policy 中关联了 ike 协商 profile，则 profile 中必须要有 keychain、local-identity、match remote 三个参数。

实验 C-38　策略路由 PBR 的配置

1. 实验组网图（见图 C-54）

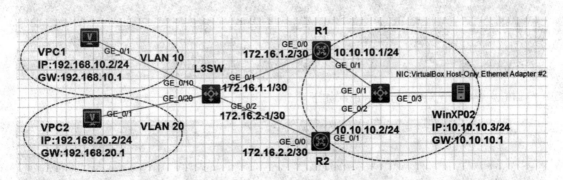

图 C-54　策略路由配置实验拓扑

2. 实验任务：配置策略路由

步骤 1：完成物理连接及各台主机的 IP 地址配置，完成 L3SW 的 VLAN 配置、VLAN 虚接口配置、G1/0/1 和 G1/0/2 路由口的 IP 地址配置，完成 R1、R2 的接口 IP 地址配置，然后分别在 L3SW、R1、R2 上启动 RIP 路由协议，实现全网互通。

在各台路由器上使用 ip ttl-expires enable 启动 ICMP 的 TTL 超时。

步骤 2：按照以下内容完成 L3SW 上完成策略路由的配置。

```
[H3C]acl basic 2000
[H3C-acl-ipv4-basic-2000]rule permit source 192.168.10.0 0.0.0.255
[H3C-acl-ipv4-basic-2000]quit
[H3C]acl basic 2001
[H3C-acl-ipv4-basic-2001]rule permit source 192.168.20.0 0.0.0.255
[H3C-acl-ipv4-basic-2001]quit
[H3C]policy-based-route test permit node 1
[H3C-pbr-test-1]if-match acl 2000
[H3C-pbr-test-1]apply next-hop 172.16.1.2
[H3C-pbr-test-1]quit
```

　　　　　　[H3C]policy-based-route test permit node 2

　　　　　　[H3C-pbr-test-2]if-match acl 2001

　　　　　　[H3C-pbr-test-2]apply next-hop 172. 16. 2. 1

　　　　　　[H3C-pbr-test-2]quit

　　　　　　[H3C]interface vlan 10

　　　　　　[H3C-Vlan-interface10]ip policy-based-route test

　　　　　　[H3C-Vlan-interface10]quit

　　　　　　[H3C]interface vlan 20

　　　　　　[H3C-Vlan-interface20]ip policy-based-route test

　　步骤 3：在 L3SW 上使用 display ip policy-based-route 查看策略路由配置情况。

　　步骤 4：结果验证，分别在 VPC1、VPC2 上使用 tracert 命令查询到 10. 10. 10. 3 的路由，可以发现 VPC1 前往 10. 10. 10. 3 的路由是走 R1，而 VPC2 前往 10. 10. 10. 3 的路由是走 R2。

　　VPC1——>WinXP02 的路由跟踪如下：

```
<H3C>tracert 10.10.10.3
traceroute to 10.10.10.3 (10.10.10.3), 30 hops at most, 40 bytes each packet, press CTRL_C to
break
 1  192.168.10.1 (192.168.10.1)  1.000 ms  0.000 ms  0.000 ms
 2  172.16.1.2 (172.16.1.2)  2.000 ms  1.000 ms  1.000 ms
 3  10.10.10.3 (10.10.10.3)  1.000 ms  1.000 ms  1.000 ms
<H3C>
```

　　VPC2——>WinXP02 的路由跟踪如下：

```
<H3C>tracert 10.10.10.3
traceroute to 10.10.10.3 (10.10.10.3), 30 hops at most, 40 bytes each packet, press CTRL_C
break
 1  192.168.20.1 (192.168.20.1)  1.000 ms  0.000 ms  1.000 ms
 2  172.16.2.2 (172.16.2.2)  2.000 ms  0.000 ms  1.000 ms
 3  10.10.10.3 (10.10.10.3)  1.000 ms  2.000 ms  1.000 ms
<H3C>
```

实验 C-39　路由引入（路由重分发）的配置

1. 实验组网图（见图 C-55）

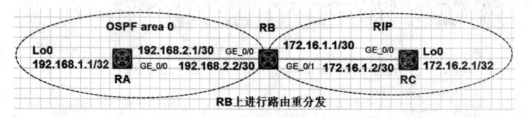

图 C-55　路由引入实验拓扑

2. 实验任务：配置路由引入

　　步骤 1：完成各台路由器的接口 IP 地址配置。

　　步骤 2：在 RA 上完成 OSPF 路由协议部署。

```
[RA]ospf 10
[RA-ospf-10]area 0. 0. 0. 0
[RA-ospf-10]network 192. 168. 2. 0 0. 0. 0. 3
[RA-ospf-10]network 192. 168. 1. 1 0. 0. 0. 0
```

步骤 3：在 RC 上完成 RIP 路由协议部署。

```
[RC]rip
[RC-rip-1]version 2
[RC-rip-1]undo summary
[RC-rip-1]network 172. 16. 1. 0 0. 0. 0. 3
[RC-rip-1]network 172. 16. 2. 1 0. 0. 0. 0
```

步骤 4：在 RB 上完成 OSPF、RIP 路由协议的部署。

```
[RB]ospf 10
[RB-ospf-10]area 0. 0. 0. 0
[RB-ospf-10]network 192. 168. 2. 0 0. 0. 0. 3
[RB-ospf-10]quit
[RB]rip
[RB-rip-1]version 2
[RB-rip-1]undo summary
[RB-rip-1]network 172. 16. 1. 0 0. 0. 0. 3
[RB-rip-1]quit
[RB]
```

步骤 5：检查 RA、RC 上的路由表。

可以发现 RA 无法学习到 172. 16. 1. 0/30、172. 16. 2. 1/32 两个 IP 网络。

可以发现 RC 无法学习到 192. 168. 1. 1/32、192. 168. 2. 0/30 两个 IP 网络。

步骤 6：在 RB 上进行路由引入，将 OSPF 学习到的路由、直连路由引入到 RIP 中，将 RIP 学习到的路由、直连路由引入到 OSPF 中。

```
[RB]ospf 10
[RB-ospf-10]import-route direct
[RB-ospf-10]import-route rip
[RB-ospf-10]quit
[RB]rip
[RB-rip-1]import-route direct
[RB-rip-1]import-route ospf 10
```

步骤 7：检查 RA、RC 上的路由表进行结果验证。

可以发现 RA 学习到 172. 16. 1. 0/30、172. 16. 2. 1/32 两个 IP 网络。

可以发现 RC 学习到 192. 168. 1. 1/32、192. 168. 2. 0/30 两个 IP 网络。

实验 C-40　BGP 的配置、通告原则和同步

1. 实验组网图（见图 C-56）

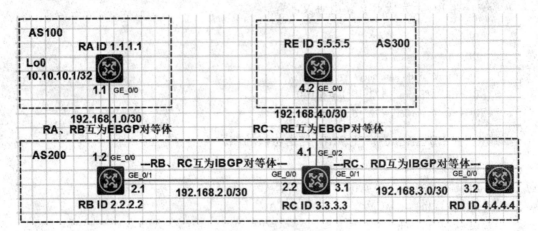

图 C-56　BGP 配置实验拓扑

2. 实验任务

（1）实验任务 1：配置 EBGP 和 IBGP

步骤 1：完成各台路由器接口 IP 地址配置和 Router ID 配置。

步骤 2：在各台路由器上完成 EBGP、IBGP 对等体 peer 的配置。

```
［RA］bgp 100
［RA-bgp-default］peer 192. 168. 1. 2 as-number 200
［RA-bgp-default］address-family ipv4
［RA-bgp-default-ipv4］peer 192. 168. 1. 2 enable
```

```
［RB］bgp 200
［RB-bgp-default］peer 192. 168. 1. 1 as-number 100
［RB-bgp-default］peer 192. 168. 2. 2 as-number 200
［RB-bgp-default］address-family ipv4
［RB-bgp-default-ipv4］peer 192. 168. 1. 1 enable
［RB-bgp-default-ipv4］peer 192. 168. 2. 2 enable
```

```
［RC］bgp 200
［RC-bgp-default］peer 192. 168. 2. 1 as-number 200
［RC-bgp-default］peer 192. 168. 3. 2 as-number 200
［RC-bgp-default］peer 192. 168. 4. 2 as-number 300
［RC-bgp-default］address-family ipv4
［RC-bgp-default-ipv4］peer 192. 168. 2. 1 enable
［RC-bgp-default-ipv4］peer 192. 168. 3. 2 enable
```

［RC-bgp-default-ipv4］peer 192. 168. 4. 2 enable

［RD］bgp 200

［RD-bgp-default］peer 192. 168. 3. 1 as-number 200

［RD-bgp-default］address-family ipv4

［RD-bgp-default-ipv4］peer 192. 168. 3. 1 enable

［RE］bgp 300

［RE-bgp-default］peer 192. 168. 4. 1 as-number 200

［RE-bgp-default］address-family ipv4

［RE-bgp-default-ipv4］peer 192. 168. 4. 1 enable

步骤 3：使用 display bgp peer ipv4 检查各台路由器的 BGP 对等体 peer 的连接情况。

（2）实验任务 2：理解 BGP 通告原则和 BGP 同步的概念

步骤 4：在 RA 路由器上通过 BGP 发布 10. 10. 10. 1/32。

　　［RA-bgp-default-ipv4］network 10. 10. 10. 1 32

步骤 5：分别在 RB、RC、RD、RE 上检查 BGP 路由。

　　［RB］display bgp routing-table ipv4

Network	NextHop	MED	LocPrf	PrefVal Path/Ogn
* >e 10. 10. 10. 1/32	192. 168. 1. 1	0		0　　　100i

　　［RB］

说明：* 表示有效的，> 表示最佳的，e 表示自治系统以外的来源。

<RC>display bgp routing-table ipv4

......

Network	NextHop	MED	LocPrf	PrefVal Path/Ogn
i 10. 10. 10. 1/32	192. 168. 1. 1	0	100	0　　　100i

<RC>

说明：i 表示自治系统以内的来源。

<RD>display bgp routing-table ipv4

Total number of routes：0

<RD>

说明：没有发现 10. 10. 10. 1/32 的路由。

<RE>display bgp routing-table ipv4

Total number of routes：0

<RE>

说明：没有发现 10. 10. 10. 1/32 的路由。

步骤 6：结果分析，BGP 的通告原则如下。

① BGP Speaker 从 EBGP 获得的路由会向它所有的 BGP 对等体公告（包括 EBGP 和 IB-GP）。例如 RB 从 EBGP 对等体 RA 获得了 10. 10. 10. 1/32，公告给了 RB 的 IBGP 对等体 RC。

② BGP Speaker 从 IBGP 获得的路由不向它的 IBGP 对等体公告。例如 RC 从 IBGP 对等体 RB 获得了 10. 10. 10. 1/32，不向 RC 的 IBGP 对等体 RD 公告。

③ BGP Speaker 从 IBGP 获得的路由是否通告给它的 EBGP 对等体，依赖于 IGP 和 BGP 的同步情况而定。

➤ IGP 和 BGP 同步。BGP 协议规定，一个 BGP 路由器不将从 IBGP 对等体得知的路由信息通告给自己的 EBGP 对等体，除非该路由信息也能通过 IGP 得知。

➤ 解决 IGP 和 BGP 同步。可以采用路由引入 import-route 的办法，也可以采用 IBGP 全互连的办法。

也就是说，RC 是通过 IBGP 获得的 10. 10. 10. 1/32，如果 RC 能通过 IGP（例如 OSPF、RIP 等）获得 10. 10. 10. 1/32 的路由信息，那么 RC 就会将 10. 10. 10. 1/32 公布给自己的 EBGP 对等体 RE。

步骤 7：然后分别在 RB、RC 上完成 OSPF 配置，进行 BGP 与 IGP 的同步。

```
[RB]ospf 10
[RB-ospf-10]area 0
[RB-ospf-10-area-0. 0. 0. 0]network 192. 168. 2. 0 0. 0. 0. 3
[RB-ospf-10]import-route bgp 200
[RB-ospf-10]import-route direct
------------------------------------------------------------------
[RC]ospf 10
[RC-ospf-10]area 0
[RC-ospf-10-area-0. 0. 0. 0]network 192. 168. 2. 0 0. 0. 0. 3
------------------------------------------------------------------
```

步骤 8：然后再次在 RE 上检查 BGP 路由，可以发现 BGP 同步之后，RC 通过 IBGP 获得的 10. 10. 10. 1/32，由于 IGP 与 BGP 同步，所以 RC 将 10. 10. 10. 1/32 发布给了自己的 EBGP 对等体 RE。

```
<RE>display bgp routing-table ipv4
 *  >e 10. 10. 10. 1/32        192. 168. 4. 1                              0         200 100i
<RE>
```

参 考 文 献

［1］ FROOM R. CCNP 学习指南：组建 Cisco 多层交换网络（BCMSN）. 4 版 . 北京：人民邮电出版社，2007.
［2］ TEARE D. CCNP 学习指南：组建可扩展的 Cisco 互连网络（BSCI）. 3 版 . 北京：人民邮电出版社，2007.
［3］ EWARD W. CCNP 四合一学习指南 . 中文版 . 北京：人民邮电出版社，2005.
［4］ LEWIS W. 思科网络技术学院教程：CCNA 交换基础与中级路由 . 北京：人民邮电出版社，2008.
［5］ ODOM W. 思科网络技术学院教程：CCNA 路由器与路由基础 . 北京：人民邮电出版社，2008.
［6］ 曹炯清 . 网络互联技术与实训 . 北京：科学出版社，2009.
［7］ KENNETH D. 网络互联设备 . 北京：电子工业出版社，2002.
［8］ 梁广民 . 思科网络实难室路由、交换实验指南 . 北京：电子工业出版社，2007.
［9］ 张保通 . 网络互联技术：路由、交换与远程访问 . 北京：中国水利水电出版社，2004.
［10］ DOYLE J. TCP/IP 路由技术 . 2 版 . 北京：人民邮电出版社，2007.
［11］ 程庆梅 . 计算机网络实训教程 . 北京：高等教育出版社，2005.
［12］ 谢希仁 . 计算机网络 . 4 版 . 北京：电子工业出版社，2003.
［13］ 雷震甲 . 计算机网络 . 2 版 . 西安：西安电子科技大学出版社，2003.